Concepts of Electronic Circuits

제3판

개념잡이 전자회로

기현철 지음

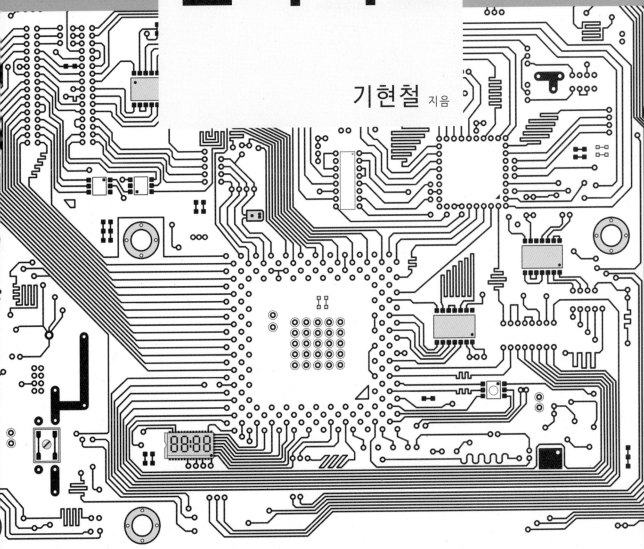

한티미디어

저자소개

기현철(寄鉉哲)

1984년	한양대학교 졸업(공학학사)
1986년	한양대학교 대학원 졸업(공학석사)
1992년	한양대학교 대학원 졸업(공학박사)
1986~89년	한국 전자통신연구원
1996~97년	미국, Georgia Tech. Visiting Professor
2011~12년	미국, 미국UCLA. Visiting Professor
1992~현재	가천대학교 전자공학과 교수

연구분야:
RF/아날로그 회로 설계, 광통신용 집적회로, 메타물질응용설계 등

개념잡이
전자회로
제3판

발행일	2009년 3월 7일 초판 1쇄
수정판	2012년 3월 2일 2판 1쇄
	2014년 3월 2일 2판 2쇄
	2018년 3월 2일 3판 1쇄
	2019년 2월 15일 3판 2쇄
저 자	기현철
발행인	김준호
발행처	한티미디어 | **주 소** 서울시 마포구 연남동 570-20
등 록	제15-571호 2006년 5월 15일
전 화	02)332-7993~4 | **팩 스** 02)332-7995
ISBN	978-89-6421-327-8 (93560)
정 가	25,000원

마케팅 박재인 최상욱 김원국 \| **관 리** 김지영
편 집 김은수 유채원

이 책에 대한 의견이나 잘못된 내용에 대한 수정정보는 한티미디어 홈페이지나 이메일로 알려주십시오.
독자님의 의견을 충분히 반영하도록 늘 노력하겠습니다.
홈페이지 www.hanteemedia.co.kr \| **이메일** hantee@empal.com

PREFACE

우리는 전자기기의 현란한 기능들을 늘 누리며 살고 있고 그 화려한 마술에 감탄하고 즐거워하면서도 그 근간에 무엇이 있는지에 대해 관심을 갖는 데는 인색한 듯하다. 전자회로의 꽃이 너무도 화려하여 그 뿌리에까지 관심이 미치질 못하고 있다는 생각이 든다. 그러나 계속해서 화려한 꽃을 피우기 위해서는 뿌리가 계속 성장하여 그에 걸맞은 역할을 담당해주는 것이 필수적이다.

전자기기는 그 종류가 매우 다양하며 지금도 계속해서 새로운 시스템이 창출되고 있으니 그 범위가 가히 무한하다 할 수 있다. 또한 기술적으로도 아날로그 회로와 디지털 회로가 혼재되고, 고속화되어가고, 초미세화되어가면서 예전에는 예기치 못했던 새로운 문제가 대두되고 새로운 기술이 창출되며 계속해서 새로운 지식이 요구되고 있다. 이와 같은 지식과 기술의 바다 속에서 학생들에게 무엇을 선택하여 어떻게 전달할 것인가 하는 문제는 결코 쉽지만은 않을 것이다. 필자도 10여 년간 전자회로를 강의해오면서 의욕적으로 많은 지식을 전달하려고 애쓰면 학생들이 녹아서 떨어지고 그렇다고 학생들이 이해하기 쉬운 것만을 가르치려니 중요한 개념이 다 빠져버려서 속 빈 강정이 되는 딜레마에 시달려왔었다. 그래서 학생들이 어려워하거나 지루해하지 않으면서 전자회로의 핵심 개념들을 이해하게 할 수는 없을까 하는 생각을 늘 해왔으며 그런 바람으로 이 책을 집필하였다.

이 책의 1장부터 8장까지는 전자회로의 기초 부분을 다루고 있으며 단시일 내에 회로적 기본개념을 확립할 수 있도록 하는 데에 역점을 두었다. 따라서 회로적 기본개념이 확립되지 않은 상태에서 같은 기능의 다른 소자를 공부하느라고 혼란을 느끼거나 초점이 흐려지지 않도록 BJT 소자를 중심으로 일관되게 설명하였다. 9장부터 15장까지는 MOS회로를 근간으로 전자회로의 기초를 갖춘 학생들이 회로 설계에 대해 한 단계 진보된 원리와 개념을 이해하고 이를 바탕으로 핵심적인 회로블록들에 대해 공부함으로써 응용능력과 실제 회로에서의 적응능력을 배양하도록 하는 데에 초점을 맞추었다.

또한, 이 책의 전반에 걸쳐 학생들이 핵심적 원리와 개념에 관심을 집중하도록 유도하였다. 습득훈련을 위한 예제 및 문제도 복잡하고 지루한 계산으로 학생들이 녹아버리지 않도록 배려하였으며 원리와 개념을 보다 쉽고 직접적으로 설명하도록 노력하였다. 그러나 중요한 원리나 개념에 대해서는 다소 난해할지라도 결코 피해가지 않았다. 반도체 물성은 어려운 수식을 배제하고 이야기 식으로 그 개념을 설명했다. 그러나 가급적 반도체 소자를 이해하는 데에 개념적으로 부족함이 없도록 근원적인 개념의 설명에도 주저하지 않았다.

그러나 이런 의도와 노력에도 불구하고 필자가 보기에도 크게 미흡하여 송구한 마음 금할 길이 없다. 어렴풋이라도 의도하는 마음이 전달될 수 있다면 더한 다행이 없으리라 생각한다.

끝으로, 좋은 벗으로서 허심탄회한 토의와 지지를 아끼지 않은 임승찬 교수께 고마운 마음을 전하고, 교정에 수고를 아끼지 않아준 RF/아날로그 연구실의 학생들과 이 책이 출판되기까지 도와주신 한티미디어 모든 분들께 감사드리며 늘 제 역할을 다하지 못하는 가장으로서 반성과 아울러 가족에게 미안한 마음을 전하는 바이다.

2018년 2월
영장산 기슭에서
저자 씀

CONTENTS

CHAPTER 3 **다이오드**

CHAPTER 4 **다이오드 응용회로**

CHAPTER 5　쌍극접합 트랜지스터

CHAPTER 6   BJT 소신호 증폭기

CHAPTER 9   MOS 트랜지스터

CHAPTER 10   MOS 회로 소신호 해석

CHAPTER 11   주파수응답

CHAPTER 14   실용 연산증폭기와 응용

CHAPTER 15   주요 응용회로

01

전자회로 개론

1.1 전자 시스템

• **전자 시스템의 개념** 자연계의 **신호**는 우리가 살고 있는 세상의 다양한 정보를 포함하고 있다. 예를 들어 기온, 기압, 풍속 등의 신호는 일기에 대한 정보를 내포하고 있으므로 이들 신호를 분석하면 향후 기후가 어떻게 변할지를 예상할 수 있다. 이것을 일기예보라고 한다. 우리가 대화할 때 내뱉은 말은 공기압의 변화인 음파신호로서 화자의 의사정보를 포함하고 있다. 이 음파신호가 상대의 귀에 전달되어 정보가 추출됨으로써 화자의 의사가 전달된다. 이와 같이 신호에 내포되어 있는 정보를 뽑아내기 위해서 미리 정한 방식으로 신호를 가공해야 할 필요가 있다. 이와 같이 신호를 가공 혹은 처리하는 것을 **신호처리**라고 부른다.

그러나 자연계에는 음파, 기압, 풍속, 온도 등의 다양한 종류의 신호가 존재하며, 신호의 종류에 따라 가공 방법이나 가공의 어려움 정도가 다르다. 따라서 다양한 자연계 신호를 가장 다루기 쉽고 편리한 전기적 신호로 변환하여 가공하는 것이 현명할 것이다. 이와 같이 자연계 신호를 전기적 신호로 변환하거나 그 역으로 변환하는 소자가 필요하며 이 소자를 **트랜스듀서**라고 한다. 또한 전기적 신호를 가공함으로써 결과적으로 유용한 기능을 수행하는 시스템을 **전자기기** 혹은 **전자 시스템**이라고 한다. 다시 말해서 전자기기는 전기적 신호를 가공함으로써 우리에게 유용한 기능들을 제공하고 있는 것이다.

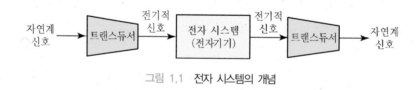

그림 1.1 **전자 시스템의 개념**

예를 들어 휴대폰과 같이 먼 거리에 떨어져 있는 사람에게 무선으로 음성을 전달하는 기능을 하는 전자기기인 무선통신기의 원리를 가장 단순한 형태로 가정하여 생각해보자. 그림 1.2(a)는 무선통신기기가 본래의 기능을 수행하기 위해 신호의 파형을 가공하는 과정을 간략히 보여주고 있다. 먼저, 사람의 말인 음파신호가 마이크라는 트랜스듀서를 통해 전기적 신호로 변환된다. 이 음성정보를 내포한 저주파 신호는 먼 거리까지 방사되기에는 주파수가 너무 낮다. 따라서 방사될 수 있는 높은 주파수의 사인파에 이 신호를 삽입하는 가공을 거쳐 안테나를 통해 공간으로 방사된다. 방사된 신호는 멀리 떨어져 있는 수신기의 안테나를 통해 포착되고 역가공 과정을 거쳐 음성정보를 포함한 저주파 신호를 복원한다. 복원된 신호는 스피커라는 트랜스듀서를 통해 본래의 음파를 재생함으로써 말을 들을 수 있도록 해준다. 이 과정에서 볼 수 있듯이 휴대폰도 전기적 신호의 파형을 가공함으로써 본래의 무선통신 기능을 수행하고 있다.

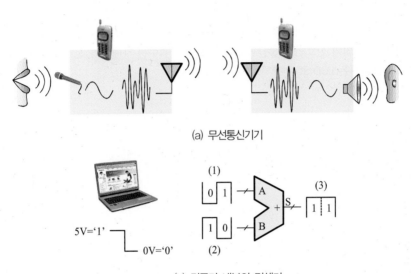

(a) 무선통신기기

(b) 컴퓨터 내부의 덧셈기

그림 1.2 전자기기가 신호의 파형을 가공하는 과정

또 다른 예로 컴퓨터 내부에서 덧셈 기능을 수행하는 덧셈기의 동작을 살펴보자. 그림 1.2(b)는 덧셈기 동작을 간략히 보여주고 있다. 컴퓨터와 같은 디지털 회로는 2진수 시스템으로서 모든 정보가 '1'과 '0'으로 표시된다. 따라서 신호의 전압이 5V이면 '1'로 인식하고 0V이면 '0'으로 인식하여 신호전압의 높낮이로써 '1'과 '0'을 구분한다. 이런 이유로 디지털 회로에서의 신호는 구형파가 된다. 한편, 덧셈기는 A와 B의 두 2진 숫자 값을 인가되는 신호전압의 높낮이로써 구분하여 읽고 그 합에 해당하는 2진수 값을 신호전압의 파형으로 나타내줌으로써 그 합 S를 표시해준다. 그림에서의 경우 A(1 = '01') + B(2 = '10') = S(3 = '11')의 계산 예를 보여준다. 이 경우 덧셈기는 A와 B의 신호 파형을 받아서 합 S에 해당하는 파형으로 가공해내는 역할을 하고 있음을 알 수 있다. 따라서 컴퓨터 내부의 덧셈기도 전기적 신호의 파형을 가공함으로써 본연의 계산 기능을 수행하고 있음을 알 수 있다.

예제 1.1

우리가 사용하는 휴대폰에는 어떤 종류의 트랜스듀서가 있는가?

풀이

음파신호를 전기적 신호로 바꿔주는 마이크와 전기적 신호를 다시 음파신호로 변환하는 스피커가 있을 것이다. 또한 빛의 신호인 화상을 전기적 신호로 바꿔주는 카메라와 전기적 신호를 빛의 신호인 화상으로 변환하는 LCD 표시 장치가 있다.

개념잡이

전자 시스템, 신호처리, 트랜스듀서

1.2 전자소자

- **전자소자의 개념**   전자기기는 근본적으로 전기적 신호의 파형을 가공함으로써 우리에게 유용한 기능들을 제공하고 있음을 살펴보았다. 신호의 파형을 가공하는 것은 조각가가 나무나 돌을 자르고 깎아서 원하는 모양으로 가공하는 것에 비유될 수 있다. 조각가가 나무를 가공하기 위해서는 톱, 칼, 끌, 대패 등의 다양한 도구가 필요하다. 마찬가지로 전기적 신호의 파형을 가공하기 위해서도 다양한 도구가 필요하며 이를 **전자소자**라고 부른다. 가장 기본이 되는 전자소자로는 저항, 인덕터, 커패시터, 다이오드 및 트랜지스터를 들 수 있다. 저항은 신호의 크기를 감쇄시키는 도구로 사용된다. 인덕터는 신호의 고주파 성분은 차단하고 저주파 성분만을 통과시키고 반대로 커패시터는 신호의 저주파 성분은 차단하고 고주파 성분만을 통과시키므로 이들이 신호의 주파수 성분에 따라 차별적으로 가공하는 것을 가능하게 해준다.

  다이오드는 파형의 전압레벨에 따라 온-오프되는 스위치로 작동하며 파형의 특정 레벨 이상이나 이하를 잘라내는 칼 또는 대패와 유사한 역할을 한다. 트랜지스터는 파형의 크기나 전력을 증폭하는 소자로서 전자회로에서 가장 중요한 소자이다.
- **선형-비선형, 수동-능동**   저항, 인덕터 및 커패시터는 전류-전압 관계가 선형적이므로 **선형소자**로 분류한다. 또한 전력을 소모할 뿐 발생시키지 못하므로 **수동소자**로 분류한다. 반면에 다이오드와 트랜지스터는 전류-전압 관계가 비선형적이므로

비선형소자로 분류한다. 또한 트랜지스터는 입력 신호보다 더 큰 전력의 신호를 출력하여 전력을 발생시키므로 **능동소자**로 분류한다. 터널 다이오드는 부성저항 특성을 띠고 부성저항 영역에서 전력을 발생시킬 수 있으므로 능동소자로 분류한다. 그러나 그 밖의 부성저항 특성을 띠지 않는 다이오드는 수동소자로 분류한다. 저항, 인덕터, 커패시터 등의 선형소자만으로 구성된 회로를 **선형회로**라고 한다. 선형회로에는 마디해석법이나 망로해석법과 같은 선형회로해석법을 적용하여 비교적 용이하게 회로를 해석할 수 있다. 선형회로해석법은 우리의 교과과정으로 볼 때 회로이론이란 과목에서 다루게 된다. 반면에 전자회로에서는 다이오드와 트랜지스터 등의 비선형소자까지 포함한 회로를 다루게 된다. 한 개 이상의 비선형소자를 포함한 회로를 **비선형회로**라고 한다.

비선형회로해석은 일반적으로 방대한 양의 계산을 필요로 하므로 컴퓨터를 이용한 정밀한 회로해석법이 주로 사용된다. 반면에 일반적인 근사해석에서는 비선형소자를 근사적으로 선형화하고 선형회로해석법을 적용하여 해석한다.

개념잡이

전자소자, 선형소자, 비선형소자, 수동소자, 능동소자, 선형회로, 비선형회로

예제 1.2

알고 있는 전자소자의 이름을 열거해보시오.

풀이

선형소자로서 저항, 커패시터, 인덕터가 있고 능동소자로서 다이오드, 트랜지스터 등이 있으며 이들 다이오드와 트랜지스터는 그 동작원리와 사용되는 목적에 따라 또다시 여러 종류로 분류된다.

1.3 신호 증폭과 증폭기

- **신호 증폭의 필요성** 전자기기 내에서 신호를 가공함에 있어 신호 증폭은 매우 중요한 의미를 갖는다. 트랜스듀서가 회로의 입력으로 공급하는 신호는 일반적으로 마이크로 볼트[μV] 내지 밀리 볼트[mV] 단위의 매우 작은 신호이므로 다음 단계의 신호처리를 위해 신호 증폭이 필요하게 된다. 또한 큰 전력의 출력 신호가 요

구될 경우도 최종 신호를 증폭하여 출력해줘야 한다. 그러나 그보다 더욱 중요한 것은 신호처리 과정에서 손실되는 신호의 전력을 증폭작용으로 보상할 수 있다는 점이다. 만약 증폭을 할 수 없다면 신호처리 과정에서 신호전력의 손실을 피할 수 없게 되고 신호의 전력은 신호처리 과정이 반복될수록 작아져서 결국에는 더 이상 신호처리를 할 수 없는 상황에 이르게 될 것이다. 그러나 일반적으로 전자기기는 수없이 많은 신호처리 과정을 거치면서 그 본래의 기능을 수행하므로 증폭을 할 수 없다면 현재와 같이 발달된 전자기기의 실현은 불가능했을 것이다. 실제로 전자기기 내에서 거의 모든 신호처리 작용은 증폭작용과 겸하여 동시에 이루어지고 있다.

- **증폭기의 회로심벌** 증폭기는 입력포트(port)와 출력포트의 2개의 포트를 갖는 2포트 회로로서 그림 1.3(a)과 같은 회로심벌로 나타낸다. 증폭기 심벌인 삼각형 모양을 화살표의 머리로 간주할 때 화살표 방향은 신호 흐름의 방향을 의미한다. 따라서 증폭기의 입력포트와 출력포트를 따로 표기하지 않아도 심벌로써 구분할 수 있도록 하고 있다.

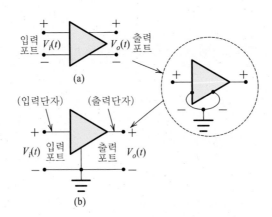

그림 1.3 증폭기의 회로심벌
(a) 증폭기의 회로심벌 (b) 입·출력포트의 공통 단자를 갖는 증폭기의 회로심벌

한편, 실제 상황에서는 입력포트의 두 단자 중 한 단자와 출력포트의 두 단자 중 한 단자가 하나의 기준전압에 공통으로 연결되어 쓰이게 되는 경우가 더 일반적이며, 이 경우 회로접지(circuit ground)가 기준전압으로 사용된다. 따라서 그림 1.3(b)가 증폭기의 회로심벌로서 더 일반적으로 쓰인다.

- **신호 증폭의 개념** 증폭기의 입력 신호를 $v_i(t)$, 출력 신호를 $v_o(t)$라고 할 때, 입력 신호와 출력 신호가 다음 수식과 같은 관계를 나타내면 A를 증폭기 이득이라고 한다.

$$v_o(t) = Av_i(t) \tag{1.1}$$

입력 신호의 크기에 상관 없이 이득(A)이 일정한 증폭기를 **선형 증폭기**라고 한다. 비선형 증폭기는 입력 신호의 크기에 따라 이득이 변화하는 증폭기로서 신호의 증폭 과정에서 왜곡이 발생한다. 따라서 본 장에서는 모든 증폭기가 왜곡 없이 이상적으로 증폭작용을 하는 선형 증폭기라고 가정하기로 한다.

증폭작용에 대한 이해를 돕기 위해 그림 1.4에 보인 바와 같이 증폭기의 입력포트에 전압 신호원 $v_i(t)$를 인가하고 출력포트에 부하저항 R_L을 연결한 증폭회로를 생각하자. 입력포트에 인가된 전압 신호원에 의해 입력단자에는 입력전류 $i_i(t)$가 발생하게 된다. 증폭기는 이를 증폭하여 증폭된 전류 $i_o(t)$가 출력단자에 흐르게 하며 이것이 부하저항 R_L을 통해 흐르면서 출력포트에 출력전압 $v_o(t)$를 생성한다.

● **전압이득** 입력포트 전압 $v_i(t)$와 출력포트 전압 $v_o(t)$로 증폭기의 이득을 표현한 것을 **전압이득**(A_v)이라고 하며 다음 수식으로 표현된다.

$$\text{전압이득 } (A_v) \equiv \frac{v_o}{v_i} \tag{1.2}$$

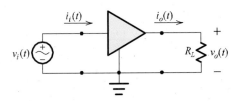

그림 1.4 증폭회로

● **전달특성곡선** 회로의 특성을 파악하기 위해 쓰이는 가장 일반적인 방법은 그 회로의 전달특성곡선(transfer characteristic curve)을 그려보는 것이다. **전달특성곡선**이란 입력전압에 대한 출력전압의 관계를 그래프로 그린 선이다. 그림 1.4의 증폭회로에 대해 전달특성곡선을 그리면 식 (1.2)로부터 그림 1.5와 같이 기울기가 A_v인 직선으로 그려진다. 입력전압 $v_i(t)$가 a점에서 b점으로 이동하여 Δv_i만큼 변동을 할 때에 출력전압 $v_o(t)$는 전달특성곡선을 따라 a′점에서 b′점으로 이동하여 $\Delta v_o(= A_v\Delta v_i)$만큼 변동을 한다. 따라서 출력전압 신호는 입력전압 신호가 A_v배로 크기가 증폭되어 나타나게 됨을 알 수 있다.

● **전류이득** 한편, 입력단자 전류 $i_i(t)$와 출력단자 전류 $i_o(t)$로 증폭기의 이득을 표현한 것을 **전류이득**(A_i)이라고 하며 다음 수식으로 표현된다.

$$전류이득\,(A_i) \equiv \frac{i_o}{i_i} \tag{1.3}$$

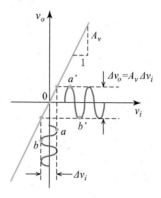

그림 1.5 증폭회로의 전달특성곡선

● **전력이득** 마찬가지로 입력전력 $p_i(=v_i i_i)$와 출력전력 $p_o(=v_o i_o)$로 증폭기의 이득을 표현한 것을 **전력이득**(A_p)이라고 하며 다음 수식으로 표현된다.

$$전력이득\,(A_p) \equiv \frac{p_o}{p_i} = \frac{v_o i_o}{v_i i_i} = A_v A_i \tag{1.4}$$

증폭기는 그 구조에 따라 전압이득은 1보다 크게 할 수 있지만 전류이득은 1보다 클 수 없거나, 혹은 반대로 전류이득은 1보다 크게 할 수 있지만 전압이득은 1보다 클 수 없는 경우가 있다. 그러나 그 어느 경우도 전압이득과 전류이득의 곱으로 표현되는 전력이득은 1보다 크게 할 수 있다.

예제 1.3

신호를 증폭해야 하는 이유를 설명하시오.

풀이

신호의 전력을 더 크게 하는 목적과 신호처리 과정에서 필연적으로 동반되는 신호 감쇄를 보상해주기 위함이라 할 수 있다.

개념잡이

증폭의 필요성, 증폭기의 회로심벌, 증폭의 개념, 전달특성곡선, 전압이득, 전류이득, 전력이득

1.4 증폭기의 회로모델

● **회로모델의 필요성과 개념** 그림 1.4의 증폭회로에서 회로심벌로 표시된 증폭기는 증폭작용을 하는 소자라는 것 외에는 아무것도 알 수 없는 블랙박스(black box)이다. 증폭기 내부에 어떤 소자로 얼마나 복잡한 회로를 구성하여 증폭작용이 되도록 했는지, 그래서 각 단자들이 이들 회로와 어떻게 연결되었는지 등에 대한 그 어떤 정보도 없다. 따라서 이 상태로는 회로해석이 불가능하다.

하지만 증폭기는 외부회로와 오로지 외부단자를 통해서만 연결되므로 증폭기 내부를 모를지라도 각 단자들이 서로 어떤 관계를 갖고 동작하는지를 알면 회로해석이 가능해진다. (실제의 경우 측정을 통해서 각 단자들 간의 관계를 알아내는 것이 가능하다.)

따라서 이 증폭기와 같이 내부를 알 수 없는 블랙박스로 표현된 회로블록을 각 단자들 간의 상호 관계를 기술함으로써 그 블록의 특성을 묘사한 것을 모델이라고 한다. 블록의 각 단자들 간의 상호 관계는 일반적으로 저항, 커패시터, 인덕터 등의 수동소자와 종속전원을 사용하여 등가회로를 구성하는 방식으로 묘사하며 이렇게 구성된 등가회로를 그 블록에 대한 **회로모델**(circuit model)이라고 한다.

예를 들어 지금까지 블랙박스로 취급된 증폭기에 대해 저항과 종속전압원을 써서 회로모델을 구하면 그림 1.6과 같이 될 수 있다. 증폭기의 입력저항을 저항 R_i로 표현하고 출력저항을 저항 R_o로 표현했다. 전압이 증폭되는 기능은 수동소자로는 표현될 수 없으므로 전압제어 종속전압원을 써서 표현하였다. 이로써 증폭기 각 단자들 간의 상호 관계가 명확하게 기술됐다. 여기서 사용된 변수인 입력저항 R_i, 출력저항 R_o 및 전압이득 A_{vo}는 실제 증폭기를 측정함으로써 구해질 수 있다.

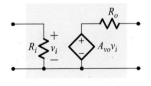

그림 1.6 **증폭기의 회로모델**

그림 1.4의 증폭회로에서 증폭기 회로심벌을 그림 1.6의 증폭기 회로모델로 대체하면 그림 1.7에 보인 등가회로가 구해진다. 이 경우 증폭기의 회로심벌이 회로모델로 대체되어 증폭기 각 단자들 간의 상호 관계가 명확하게 기술되었으므로 회로해석이 가능해졌다. 따라서 구해진 등가회로로부터 회로해석을 통해 전압이득

을 구해보자. 우선 출력전압 v_o는 종속전원 전압 $A_{vo}v_i$가 저항 R_o와 R_L에 의해 전압분배된 전압이 되므로 다음 수식으로 표현된다.

$$v_o = A_{vo}v_i \frac{R_L}{R_L + R_o} \tag{1.5}$$

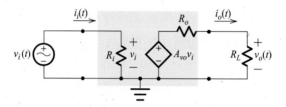

그림 1.7 증폭회로의 등가회로

따라서 증폭회로의 전압이득 A_v는 식 (1.5)로부터 다음과 같이 구해진다.

$$A_v \equiv \frac{v_o}{v_i} = A_{vo} \frac{R_L}{R_L + R_o} \tag{1.6}$$

식 (1.6)으로부터 부하저항 $R_L = \infty$가 되면 $A_v = A_{vo}$가 된다. 따라서 A_{vo}를 무부하 전압이득 혹은, 개방회로 전압이득(open-circuit voltage gain)이라고 부른다.

한편, 출력루프(loop)에 키르히호프 전압법칙을 적용하여 출력전류 i_o를 구하면 다음과 같다.

$$i_o = \frac{A_{vo}v_i}{R_L + R_o} \tag{1.7}$$

입력루프에서 입력전류 $i_i = v_i/R_i$가 되므로 증폭회로의 전류이득 A_i는 식 (1.8)로 표현된다.

$$A_i \equiv \frac{i_o}{i_i} = A_{vo} \frac{R_i}{R_L + R_o} \tag{1.8}$$

또한, 증폭회로의 전력이득 A_p는 전력이득 정의식인 식 (1.4)에 식 (1.6)과 식 (1.8)을 대입함으로써 다음과 같이 구해질 수 있다.

$$A_p \equiv \frac{p_o}{p_i} = A_v A_i = A_{vo}^2 \frac{R_i R_L}{(R_L + R_o)^2} \tag{1.9}$$

결과적으로 회로모델이란 내부를 알 수 없어 해석이 불가능한 회로블록을 각 단자들 간의 상호 관계를 묘사해줌으로써 해석이 가능하도록 변환한 등가회로임을 알 수 있다. 이러한 개념은 내부를 알 수 없는 경우뿐만 아니라 내부가 너무 복잡하여 해석이 난감한 회로블록에도 그대로 적용할 수 있다. 또한, 트랜지스터나 다이오드와 같이 능동이나 비선형 특성을 갖고 있을 경우 바이어스나 신호 크기 등의 외부조건에 따라 소자의 특성이 달라지게 되므로 주어진 조건에 따라 적합한 등가회로를 별도로 구하여 사용하여야 한다. 이와 같이 각 조건에 따른 별도의 등가회로를 구할 때도 회로모델 개념을 그대로 활용하게 된다.

개념잡이

회로모델의 개념, 무부하 전압이득, 개방회로 전압이득

예제 1.4

증폭기의 형태를 4가지로 분류해보시오.

풀이

증폭기는 입력이 전압 신호이고 출력도 전압 신호인 전압 증폭기, 입력이 전류 신호이고 출력도 전류 신호인 전류 증폭기, 입력이 전류 신호이고 출력은 전압 신호인 트랜스임피던스 증폭기 및 입력이 전압 신호이고 출력은 전류 신호인 트랜스컨덕턴스 증폭기의 4가지로 분류된다.

1.5 증폭기의 주파수응답

● 주파수응답 　 주파수응답(frequency response)이란 어떤 시스템 이득의 크기와 위상이 주파수에 따라 변화하는 특성을 말한다. 그렇다면 주파수 변화에 따라 시스템의 특성을 변화시키는 근본 요인은 무엇일까?

그림 1.8은 세 가지 기본 소자인 저항(R), 커패시터(C), 인덕터(L)의 임피던스 크기가 주파수에 따라 변화하는 특성을 보여주고 있다. 저항의 임피던스(Z_R)는 주파수의 변화에 상관없이 일정한 특성을 보여주고 있다. 반면에 인덕터의 임피던스(Z_L)와 커패시터의 임피던스(Z_C)는 주파수가 변화함에 따라 특성 변화를 보이고 있어 이 두 소자가 주파수 변화에 따라 시스템의 특성 변화를 야기시키는 근본 요

인이 되고 있음을 알 수 있다. 실례로서 그림 1.7에 보인 증폭회로는 인덕터나 커패시터가 없이 저항으로만 구성되었으므로 식 (1.6)에서 확인할 수 있듯이 전압이득이 주파수와는 무관하게 일정한 특성을 보이고 있다.

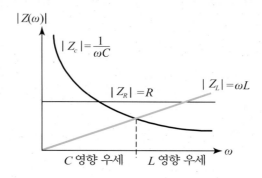

그림 1.8 기본 소자의 주파수에 따른 임피던스 특성 변화

또한, 커패시터의 임피던스(Z_C)는 주파수가 감소함에 따라 커지는 특성을 보이는 반면에 인덕터의 임피던스(Z_L)는 주파수가 증가함에 따라 커지고 있어 높은 주파수에서는 인덕터의 영향이 우세하고 낮은 주파수에서는 커패시터의 영향이 우세하다는 것을 알 수 있다. 실제로 초고주파 대역에서는 인덕터 성분에 의해 주파수 응답이 크게 영향을 받는다. 그러나 실제로 전자회로설계에서 사용하는 주파주 대역은 초고주파보다 매우 낮은 주파수 대역이므로 주로 커패시터 성분에 의해 주파수응답이 좌우되며 인덕터 성분의 영향은 극히 미미하여 일반적으로 무시된다. 따라서 초고주파보다 훨씬 낮은 주파수에서 다뤄지는 전자회로의 경우 주파수응답은 커패시터 성분에 의한 영향만을 취급하게 될 것이다.

개념잡이

주파수응답, 주파수에 따라 시스템 특성이 변화하는 요인

1.6 전압 및 전류의 표기법

● 신호 성분의 표기 전압이나 전류 신호는 일반적으로 시간에 따라 변화하는 교류성분과 시간에 따라 일정한 직류성분의 합으로 구성되어 있다. 즉, 그림 1.9는 어떤 전압 신호의 성분 구성을 예로서 보여주고 있다. (a)는 전체 신호를 나타내고 (b)는 교류성분만을 (c)는 직류성분을 나타내고 있으며 (a)신호는 (b)신호와 (c)신호가 합해진 신호이다.

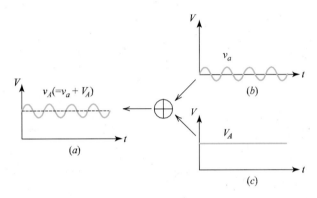

그림 1.9 전압 신호의 성분 분석
(a) 전체 신호 (b) 교류성분 (c) 직류성분

이와 같은 신호를 변수로 표시할 때 어떤 성분을 의미하는지 혼란이 생길 수 있다. 이와 같은 혼란을 피하기 위해 IEEE(the Institute for Elecrical and Electronic Engineers)에서 표 1.1에 보인 바와 같은 전압 및 전류 표기법의 표준을 제시하여 세계적으로 널리 쓰이고 있다.

표 1.1은 전압 및 전류 표기법을 요약하여 보여주고 있다. 우선 본자의 경우 소문자는 순시 값(instantaneous value)을 의미하고, 대문자는 비순시 값, 즉 실효치(rms value) 혹은 평균치(average value)를 의미한다. 첨자의 경우 소문자는 교류성분만 표현한다는 의미이고, 대문자는 교류와 직류성분 모두를 포함한다는 의미이다.

표 1.1 전압 및 전류 표기법

본자	첨자	표현 성분	예시
소문자	소문자	교류성분	v_a , i_a
소문자	대문자	직류+교류	v_A , i_A
대문자	소문자	실효치 혹은 평균치	V_a , I_a
대문자	대문자	직류성분	V_A , I_A
대문자	대문자2	직류전원	V_{AA} , I_{AA}

위 예시에서 v_a의 경우 소문자 첨자는 교류성분을 의미하고 소문자 본자는 순시 값을 의미하므로 그림 1.9(b)와 같은 교류신호의 순시 값을 표현한다. v_A의 경우 첨자가 대문자로 바뀌었으므로 교류와 직류성분 모두를 포함한 신호의 순시 값이므로 그림 1.9(a)와 같은 총신호의 순시 값을 표현한다. 또한, V_a의 경우 소문자 첨자는 교류성분을 의미하고 대소문자 본자는 실효치를 의미하므로 교류신호의 실효치를 표현한다. V_A의 경우 첨자가 대문자로 바뀌었으므로 교류와 직류성분 모두를 포함한 신호의 평균치가 되므로 그림 1.9(c)와 같은 전체 신호의 평균치, 즉 직류성분이 된다. 한편, 직류 표현에서 대문자 첨자를 두 번 반복하여 쓸 경우 특별히 직류전원임을 의미한다.

• 신호의 방향 표기   전압이나 전류는 크기뿐만 아니라 방향도 갖고 있으며 그 방향은 다음 그림 1.10과 같이 표시한다.

우선, 전압의 방향은 측정하는 두 지점에 의해 결정되므로 두 개의 첨자를 써서 첫째 첨자가 +지점을 나타내고 둘째 첨자가 −지점을 나타내도록 하여 방향을 표시한다. −지점이 GND일 경우 둘째 첨자를 생략한다. v_{ab}의 경우 a지점을 +로 하고 b지점을 −로 하여 측정한 전압임을 의미한다. v_a의 경우 −지점이 GND이므로 GND를 기준으로 하여 측정한 a지점의 전압이 된다.

한편, 전류는 화살표로써 전류 흐름의 방향을 표시한다.

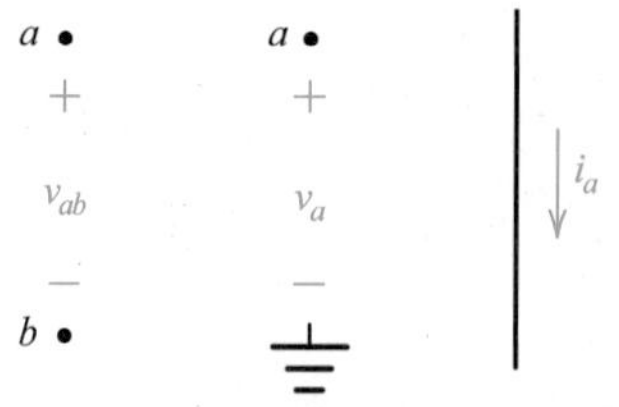

그림 1.10 전압 및 전류 신호의 방향 표기

1.7 전자회로를 배우는 자세

우리는 전자기기의 현란한 기능들을 늘 누리며 살고 있고 그 화려한 마술에 감탄하고 즐거워하면서도 그 근간에 무엇이 있는지에 대해 관심을 갖는 데는 인색한 듯하다. 전자회로의 꽃이 너무도 화려하여 그 뿌리에까지 관심이 미치질 못하고 있다는 생각이 든다. 그러나 계속해서 화려한 꽃을 피우기 위해서는 뿌리가 계속 성장하여 그에 걸맞은 역할을 담당해주는 것이 필수적이다.

전자회로 분야는 계속해서 새로운 시스템이 창출되고 있어 거의 무한하다고 하리만큼의 다양한 응용시스템들이 있다. 또한, 이들 모두를 다 배우는 것은 불가능한 일이다. 따라서 전자회로는 회로의 근본 원리와 개념을 이해하고 이를 응용하는 능력을 배양함으로써 새로운 시스템을 고안하거나 기존의 시스템을 이해하고 적응하는 데 필요한 근본 소양을 갖추는 데 목적이 있다 하겠다.

EXERCISE

[1.1] 자연계의 여러 신호와 그에 상응하는 트랜스듀서의 종류를 아는 대로 열거하시오.

[1.2] 선형소자와 비선형소자의 차이점을 설명하시오.

[1.3] 능동소자와 수동소자의 차이점을 설명하시오.

[1.4] 전달특성곡선에 대해 설명하시오.

[1.5] 증폭기의 형태를 4가지로 분류하고 각각에 대해 등가모델을 그려 설명하시오.

[1.6] 회로모델이 왜 필요한지를 설명하시오.

[1.7] 주파수가 변화함에 따라 회로의 특성이 변화하는 요인을 설명하시오.

[1.8] 그림 P1.8에서 보인 전류 신호의 성분을 다음과 같이 표기했을 때 각각의 파형을 그리고 그 값을 표시하시오.

(a) i_a (b) i_A (c) I_a (d) I_A

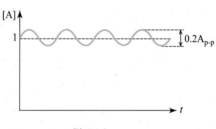

그림 P1.8

[1.9] 그림 P1.9에 표기된 전압과 전류의 값을 구하시오.

(a) V_{AB} (b) V_A (c) I_A

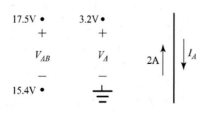

그림 P1.9

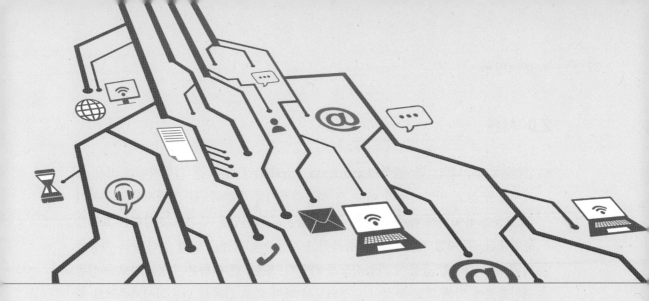

CHAPTER **02**

이상적인 연산증폭기

2.0 서론

● **연산증폭기의 내력** **연산증폭기**(operational amplifier)란 매우 큰 입력저항과 작은 출력저항을 갖고 전압이득이 매우 큰 차동증폭기를 말한다. 큰 입력저항은 증폭기의 구동을 용이하게 해주고 작은 출력저항은 출력전압을 부하로 전달하는 효율을 높여준다. 두 지점 전압의 차를 증폭하는 차동증폭 기능은 단일 입력 증폭 기능에 비해 매우 다양한 응용이 가능하도록 해준다. 또한, 큰 이득은 수동소자로 구성된 귀환회로에 의해 회로 특성이 결정되도록 하여 회로 설계를 단순화시켜주므로 회로 설계가 매우 용이하도록 하여준다.

연산증폭기는 아날로그 컴퓨터의 연산을 구현하기 위한 증폭기로서 최초로 고안되었고 연산증폭기란 이름도 여기서 유래되었다. 연산증폭기는 그 다양한 응용성 때문에 아날로그 컴퓨터 외에도 다양한 회로에서 광범위하게 사용되면서 아날로그 회로에서 가장 유용한 회로블록 중의 하나로 자리 잡게 되었다.

초기의 연산증폭기는 진공관이나 트랜지스터 등의 개별소자를 사용하여 만들어졌으며 매우 고가였다. 그러나 집적회로 기술의 발달로 현재는 단일칩화되었고 이제는 매우 싼 가격으로 좋은 성능의 연산증폭기를 구할 수 있게 되었다.

연산증폭기로 거의 모든 것을 할 수 있다고 말할 수 있을 정도로 다양한 응용성과 연산증폭기를 사용하여 설계할 경우 설계가 매우 쉬워지고 결과특성도 이론적 예상과 잘 일치하는 편리성 등의 장점으로 인해 연산증폭기는 앞으로도 계속해서 다양한 분야에서 유용한 회로블록으로 활용될 것으로 예상된다. 연산증폭기를 공부함에 있어 이 장에서는 연산증폭기의 특성이 이상적이라는 가정하에 이야기하게 될 것이고 실제적 연산증폭기에서 나타나는 문제점과 그에 따른 설계방법은 뒤에서 다루기로 한다.

2.1 연산증폭기

● **연산증폭기의 회로심벌** 신호상으로 볼 때, 연산증폭기는 2개의 입력단자와 1개의 출력단자를 갖는 3단자 소자로서 그림 2.1과 같은 **회로심벌**로 표현된다.

두 개의 입력단자 중 '-'로 표시된 입력단자의 신호(v_-)는 출력 신호(v_o)와 180° 위상차를 갖게 되어 **반전입력단자**(inverting input terminal)라고 부른다. 반면에 '+'로 표시된 입력단자의 신호(v_+)는 출력 신호(v_o)와 0° 위상차, 즉 동상이 되어 **비반전입**

력단자(noninverting input terminal)라고 부른다. 차동 신호(v_d: differential signal)는 비반전입력단자 신호(v_+)에서 반전입력단자 신호(v_-)를 뺀 값 즉, $v_d = v_+ - v_-$로 정의하기로 한다.

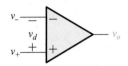

그림 2.1 연산증폭기의 회로심벌

모든 능동회로와 마찬가지로 연산증폭기도 신호단자 외에도 전력을 공급하기 위한 전원단자가 필요하다. 일반적으로 연산증폭기의 바이어스는 같은 크기의 +전원(V_{CC})와 -전원(V_{EE})의 2종류의 전원을 사용하고 입출력 신호는 접지(GND)를 기준으로 한 전압으로 정의한다. 그림 2.2(a)는 연산증폭기에 바이어스 전원과 입력 신호가 연결되는 형태를 보여준다. 그림 2.2(a)의 전원연결은 그림 2.2(b)와 같이 간략화하여 표현하는 것이 보다 더 일반적이다. 또한, 특별히 전원연결을 표시해야 할 필요가 없는 경우 전원단자는 회로심벌에서 흔히 생략하여 그림 2.1의 회로심벌로 쓴다.

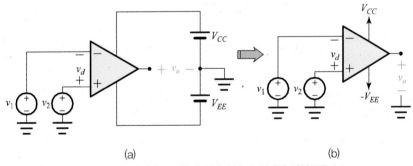

(a)   (b)

그림 2.2 바이어스 전원과 입력 신호가 연결된 연산증폭기

● **연산증폭기의 등가회로** 연산증폭기를 블랙박스로 보고 회로모델을 구하면 그림 2.3과 같은 등가회로를 얻을 수 있다. R_i는 연산증폭기의 입력저항을 표현하고 R_o는 출력저항을 표현한다. 이득은 전압제어 종속전압원 A_d로 표현함으로써 연산증폭기가 전압증폭형의 증폭기임을 나타낸다. 또한, 차동이득을 표현하는 종속전압원의 제어변수를 차동전압 v_d로 표시하여 연산증폭기가 두 입력단자 전압의 차를 증폭하는 차동증폭기(differential amplifier)임을 표현한다.

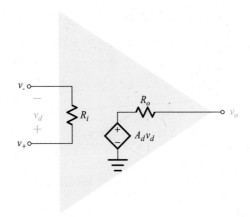

그림 2.3   연산증폭기의 등가회로

연산증폭기 회로심벌, 반전단자, 비반전단자, 차동신호, 차동증폭기, 등가회로

예제 2.1

다음의 연산증폭기 회로에서 출력전압 v_o를 구하시오. 단, 연산증폭기의 $R_i = 1000\,K\Omega$, $R_o = 10\,K\Omega$, $A_d = 10000$이고, 입력 전압 $V_1 = 1.599V$, $V_2 = 1.601V$이다.

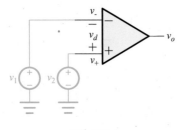

그림 2E1.1

풀이

연산증폭기를 그림 2.3의 연산증폭기의 등가회로로 대체하면 그림 2E1.2의 등가회로를 얻는다. 따라서 등가회로로부터

$$v_o = A_d v_d = A_d(v_2 - v_1) = 1000(1.601 - 1.599) = 2V$$

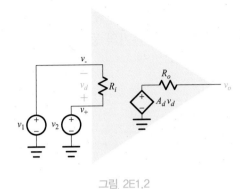

그림. 2E1.2

2.2 이상적인 연산증폭기

- **이상적인 연산증폭기의 특성**   연산증폭기는 어떤 특성을 갖추는 것이 가장 좋고 바람직할까? 우선 입력저항 R_i는 커질수록 입력구동에 필요한 전류가 작아져서 구동하기가 용이해질 것이므로 $R_i \to \infty$로 되는 것이 이상적일 것이다. 출력저항 R_o는 작을수록 출력전압이 출력전류의 변화에 따른 영향을 덜 받고 큰 부하를 구동하기에 유리할 것이므로 $R_o = 0$이 되는 것이 이상적일 것이다. 개방루프 전압이득 A_d와 주파수대역폭 BW도 클수록 좋으므로 $A_d \to \infty$, $BW \to \infty$로 되는 것이 이상적일 것이다. 또한, 차동증폭기이므로 입력의 차동전압 $v_d = 0$이면 출력전압 $v_o = 0$이 되어야 한다. 이와 같이 증폭기로서 이상적인 조건을 모두 만족하는 가상의 연산증폭기를 **이상적인 연산증폭기**(ideal operational amplifier)라고 하며 그 조건을 요약하면 표 2.1과 같다.

표 2.1   이상적인 연산증폭기의 특성

	항목	특성
1	입력저항	$R_i \to \infty$
2	출력저항	$R_o = 0$
3	개방루프 전압이득	$A_d \to \infty$
4	주파수 대역폭	$BW \to \infty$
5	오프셋전압	$v_+ = v_-$일 때 $v_o = 0$

그림 2.3의 연산증폭기의 등가회로에 연산증폭기의 특성을 적용하여 수정하면 그림 2.4에서와 같은 이상적인 연산증폭기의 등가회로가 얻어진다.

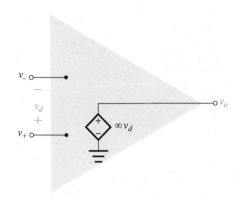

그림 2.4 이상적인 연산증폭기의 등가회로

● 이상적인 연산증폭기의 해석(가상단락) 이상적인 연산증폭기의 특성으로부터 연산증폭기 회로해석을 매우 단순화시킬 수 있는 조건을 찾아낼 수 있다. 우선, 두 입력단자 사이에 흐르는 전류(i)를 입력저항 $R_i \rightarrow \infty$란 특성을 고려하여 구하면 다음 수식으로 구해진다.

$$i = \frac{v_d}{R_i} = \frac{v_d}{\infty} \rightarrow 0 \ [\text{A}] \tag{2.1}$$

식 (2.1)로부터 두 입력단자 사이는 마치 개방회로처럼 전류가 흐르지 않음을 알 수 있다.

한편, 출력전압(v_o)의 크기가 유한하다고 가정하고 이때의 차동입력전압($v_d = v_+ - v_-$)을 구하면 이득 $A_d \rightarrow \infty$이므로 다음과 같이 구해진다.

$$v_d = v_+ - v_- = \frac{v_O}{A_d} = \frac{v_O}{\infty} \rightarrow 0 \ [\text{V}] \tag{2.2}$$

따라서 $v_+ = v_-$가 되어 두 입력단자의 전압 v_+와 v_-는 마치 단락된 회로처럼 항상 같다는 것을 알 수 있다.

이와 같이 개방된 것처럼 두 단자 사이로 전류가 흐르지 못하지만($i = 0$) 마치 단락된 것처럼 두 단자의 전압이 항상 같은($v_+ = v_-$) 것을 가상단락(virtual short)이라고 부른다. 한편, 그림 2.5와 같이 v_+단자가 접지인 경우 $v_- = v_+ = 0V$가 되므로 가상접지 (virtual ground)라고 부른다. 연산증폭기의 두 입력단자 사이로 전류는 못 흐르나 두 단자의 전압은 같다는 가상단락 조건은 이상적인 연산증폭기 회로해석을 용이하게 하는 매우 중요한 실마리가 된다. 이 가상단락 조건은 실용 연산증폭기라도 개방 루프이득(A_d)이 충분히 크면 근사적으로 적용할 수 있으므로 매우 유용하다.

개념잡이

이상적인 연산증폭기, 이상적인 연산증폭기의 특성, 이상적인 연산증폭기의 등가회로, 가상단락

예제 2.2

이상적인 연산증폭기의 두 입력단자는 왜 가상단락이 되는가?

풀이

$R_i \rightarrow \infty$의 이상적인 연산증폭기의 특성에 의해

$$i = \frac{v_d}{R_i} = \frac{v_d}{\infty} \rightarrow 0 \ [\text{A}]$$

이므로 두 단자 사이로 전류가 흐를 수 없다. 반면에 $A_d \rightarrow \infty$의 이상적인 연산증폭기의 특성에 의해

$$v_+ - v_- = \frac{v_O}{A_d} = \frac{v_O}{\infty} \rightarrow 0 \ [\text{V}]$$

이므로 두 단자의 전압은 같다. 따라서 이상적인 연산증폭기의 두 입력단자는 가상단락 조건을 만족한다.

예제 2.3

이상적인 연산증폭기에서 이득을 유한한 값으로 대체하여 $A_d = 1000$이라고 한다면 출력전압 $v_o = 2V$일 때 입력의 차동전압 v_d는 몇 V인가?

풀이

$$v_d = v_+ - v_- = \frac{v_O}{A_d} = \frac{2}{1000} = 2mV$$

2.3 반전 구조

2.3.1 반전증폭기

- **폐루프이득과 개방루프이득** 선형 증폭 기능으로 사용할 경우 연산증폭기는 일반적으로 출력단자와 반전입력단자를 귀환저항(R_F)으로 연결함으로써 부귀환(negative feedback)을 걸어 사용한다. 그림 2.5는 연산증폭기에 귀환저항(R_F)으로 부귀환을 걸어 구성한 선형 증폭기의 예를 보여준다. 이와 같이 입력과 출력 사이에 귀환루프(feedback loop)가 형성된 상태에서의 이득을 **폐루프이득**(closed-loop gain: A_v)이라고 하며 다음과 같이 정의된다.

$$A_v \equiv \frac{v_O}{v_I} \quad (2.3)$$

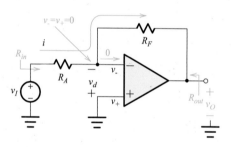

그림 2.5 반전증폭기

반면에 귀환루프가 형성되지 않은 상태에서의 이득을 **개방루프이득**(open-loop gain: A_d)이라고 하며 다음과 같이 정의된다.

$$A_d \equiv \frac{v_O}{v_d} \tag{2.4}$$

이상적인 연산증폭기의 $A_d \rightarrow \infty$이므로 $v_d = 0$, 즉 $v_+ = v_-$가 된다.

- **반전증폭기** 한편, 그림 2.5와 같이 비반전단자를 기준(접지)전압에 고정하고 반전단자에 입력 신호를 인가하면 출력 신호 v_o는 입력 신호 v_I와 180° 위상차를 갖게 되어 반전된 출력을 얻게 된다. 따라서 이를 **반전증폭기**(inverting amplifier)라고 부른다.

그림 2.5는 반전증폭기의 기본 형태로서 폐루프이득 A_v는 다음과 같이 구한다. 먼저, 가상단락 조건으로부터

$$v_- = v_+ = 0 \qquad\qquad (2.5)$$

따라서 저항 R_A를 통해 흐르는 전류 i는

$$i = \frac{v_I - v_-}{R_A} = \frac{v_I}{R_A} \qquad\qquad (2.6)$$

가상단락 조건에 의해 입력단자로는 전류가 흐르지 못하므로 저항 R_A를 통해 흐른 전류 i는 모두 귀환저항 R_F로 흐른다. 따라서 출력전압 v_O는

$$v_O = -i \cdot R_F \qquad\qquad (2.7)$$

가 된다. 따라서 폐루프이득 A_v는

$$A_v \equiv \frac{v_O}{v_I} = -\frac{R_F}{R_A} \qquad\qquad (2.8)$$

여기서, 이득 A_v는 전적으로 외부 수동소자(R_F / R_A)에 의해서 결정됨을 알 수 있다. 이것은 수동소자의 값을 적절히 선택하여 원하는 증폭기 이득을 구현할 수 있음을 의미한다. 따라서 연산증폭기를 이용하여 증폭회로를 설계할 경우 설계가 매우 쉬워지고 이론적 설계 특성과 실제 특성이 비교적 잘 일치한다.

• **반전증폭기의 입력저항**　한편 반전증폭기의 입력저항(R_{in})은 다음과 같이 구해진다.

$$R_{in} \equiv \frac{v_I}{i} = \frac{v_I}{v_I / R_A} = R_A \qquad\qquad (2.9)$$

입력저항(R_{in})을 크게 하기 위해서는 R_A저항 값을 크게 하여야 한다. 그러나 요구되는 이득이 클 경우 식 (2.8)로부터 R_F저항 값이 비현실적으로 커지게 되므로 R_A 저항 값을 크게 하기 어렵다. 따라서 반전증폭기의 입력저항(R_{in})은 일반적으로 크지 못하다.

• **반전증폭기의 출력저항**　반전증폭기의 출력저항(R_{out})은 연산증폭기의 출력저항(R_o)과 같으므로 다음 수식으로 표현된다.

$$R_{out} = R_o \,|_{이상연산폭기} = 0 \qquad\qquad (2.10)$$

즉, 반전증폭기의 출력저항은 0Ω이 된다.

개념잡이

반전증폭기, 폐루프이득, 개방루프이득, 반전증폭기의 입력저항

개념잡이

이상적인 연산증폭기 회로를 해석할 때는 먼저 가상단락 조건을 적용한 후에 해석하면 쉽게 해석된다.

예제 2.4

이상적인 연산증폭기를 사용한 다음의 반전증폭기에 대해 전압이득 A_v와 입력저항 R_{in}을 구하시오.

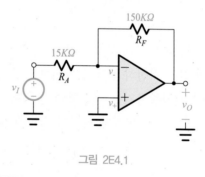

그림 2E4.1

풀이

식 (2.8)로부터 전압이득 A_v는

$$A_v = -\frac{R_F}{R_A} = -\frac{150K\Omega}{15K\Omega} = -10$$

식 (2.9)로부터 입력저항 R_{in}은

$$R_{in} = R_A = 15K\Omega$$

예제 2.5

이상적인 연산증폭기를 사용하여 전압이득이 −10, 입력저항이 $10\,K\Omega$, 출력저항이 $100\,\Omega$인 반전 증폭기를 설계하시오.

풀이

그림 2E5.1의 반전증폭기 회로에서 입력저항은 식 (2.9)로부터

$$R_{in} = R_A = 10\,K\Omega$$

한편, 전압이득은 식 (2.8)로부터

$$A_v \equiv \frac{v_O}{v_I} = -\frac{R_F}{R_A} = -10$$

이 되므로 $R_F = 100\,K\Omega$이 된다.

식 (2.10)으로부터 반전증폭기의 출력저항은 $0\,\Omega$이므로 출력저항을 $100\,\Omega$으로 만들기 위해서 그림 2E5.1에서와 같이 저항 $R_O = 100\,\Omega$을 출력단자에 직렬로 연결하여야 한다.

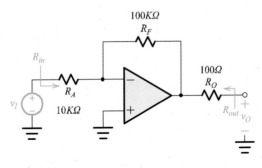

그림 2E5.1

예제 2.6

예제 2.5에서 설계된 회로의 출력단자에 부하저항 $R_L = 500\,\Omega$을 달았을 때의 전압이득을 구하시오.

풀이

연산증폭기 출력단자 전압이 출력저항 R_O와 부하저항 R_L에 의해 전압분배되어 출력전압 v_O로 나타나므로 전압이득이 다음의 비율로 감소하게 된다.

$$\frac{R_L}{R_O + R_L} = \frac{500}{100+500} = \frac{5}{6}$$

따라서 부하가 달린 상태에서의 전압이득 A_v는 다음과 같다.

$$A_v = -10 \times \frac{5}{6} = -8.3$$

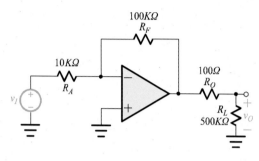

그림 2E6.1

이 경우 연산증폭기 출력단자 전압이 R_O와 R_L에 의해 전압분배되어 출력전압 v_O가 되므로 R_O가 0Ω이 아닌 한 부하저항 R_L의 값에 따라 출력전압이 변화하고 이에 따라 전압이득도 변화한다. 역으로 부하저항 R_L의 값을 변화시켜도 출력전압 v_O가 변하지 않는다면 그 회로의 출력저항 R_O가 0Ω임을 알 수 있다.

예제 2.7

그림 2E7.1 회로에서 전압이득 $A_v = v_O \, / \, v_I$와 전압비율 $v_O \, / \, v_{O1}$를 구하시오.

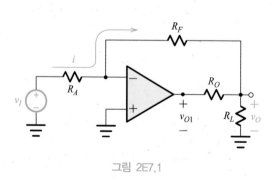

그림 2E7.1

풀이

출력전압 v_O는

$$v_O = -R_F i = -\frac{R_F}{R_A} v_I \tag{2E7.1}$$

이므로 전압이득 $A_v = -R_F \, / \, R_A$로서 그림 2.5 반전증폭기와 같다.

여기서, 출력전압 v_O는 식 (2E7.1)로부터 부하저항 R_L 값에 전혀 영향을 받지 않으므로 증폭기(그림 2E7.1)의 출력저항은 0Ω이 됨을 알 수 있다. 결과적으로 v_O와 v_{O1} 사이에 저항 R_O를 삽입해도 증폭기(그림 2E7.1)는 R_O를 삽입하지 않은 본래 증폭기(그림 2.5)와 동일한 출력을 낸다.

한편, v_O는 v_{O1}이 R_O와 $R_F \;//\; R_L$에 의해 전압분배된 전압이므로 전압비율 $v_O \,/\, v_{O1}$는 다음과 같이 표현된다.

$$\frac{v_O}{v_{O1}} = \frac{R_L \;//\; R_F}{R_L \;//\; R_F + R_O} < 1$$

즉, 신호 v_{O1}이 출력 신호 v_O보다 크다. 다시 말해, 저항 R_O를 삽입할 경우 R_O를 삽입하지 않은 경우와 동일한 출력(v_O)을 내면서 공연히 연산증폭기만 과도하게 동작시키게 된다. 따라서 연산증폭기 출력과 귀환저항 연결단자 사이에 직렬로 저항을 삽입하는 것은 바람직하지 못함을 알 수 있다.

2.3.2 반전 덧셈기

- **반전 덧셈기**   그림 2.6(a)는 반전증폭기를 이용한 아날로그 덧셈기의 구조를 보여주고 있다.

  v_a, $v_b \cdots v_m$의 m개의 입력 신호가 인가되었으므로 중첩원리를 적용하여 해석하기로 한다.

  먼저 그림 2.6(b)에 보인 바와 같이 v_a만이 인가되고 나머지 단자는 모두 접지(즉, $v_b = ... = v_m = 0V$)되었을 때의 출력전압을 v_{Oa}라고 하고 구해보자. 이 경우 반전단자는 가상접지되어 있으므로 저항 $R_b \sim R_m$은 양단자가 모두 접지되어 회로에 아무런 영향도 미치지 못한다. 따라서 반전 덧셈기는 R_a와 R_F로 이루어진 반전증폭기가 되므로 v_{Oa}는 다음과 같이 구해진다.

$$v_{Oa} = -\frac{R_F}{R_a} v_a \tag{2.11}$$

마찬가지 방법으로

$$v_{Ob} = -\frac{R_F}{R_b} v_b,$$

$$\cdots,$$

$$v_{Om} = -\frac{R_F}{R_m} v_m$$

출력전압 $v_O = v_{Oa} + v_{Ob} + \cdots + v_{Om}$이므로

$$v_O = -\left(\frac{R_F}{R_a} v_a + \frac{R_F}{R_b} v_b + \cdots + \frac{R_F}{R_m} v_m \right) \tag{2.12}$$

식 (2.12)은 각 입력 신호마다 가중치를 갖고 더해지고 있으므로 가중치가 있는 덧셈기이다.

만약 $R_a = R_b = \cdots = R_m = R_A$라고 하면 출력전압은

$$v_O = -\frac{R_F}{R_A}(v_a + v_b + \cdots + v_m) \tag{2.13}$$

식 (2.13)는 모든 입력 신호가 가중치 없이 일률적으로 더해지므로 가중치가 없는 덧셈기가 된다.

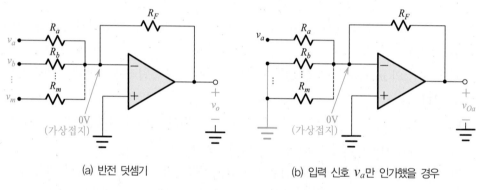

(a) 반전 덧셈기 　　　　　　　(b) 입력 신호 v_a만 인가했을 경우

그림 2.6　반전증폭기를 이용한 반전 덧셈기

예제 2.8

$y = -(x_a + x_b + x_c)$의 수식을 계산하는 덧셈기를 설계하시오.
단, 회로에서 사용되는 최소 저항 값은 $10 K\Omega$으로 한다.

풀이

식 (2.13)으로부터 $R_F / R_A = 1$로 하고 R_A를 저항 값은 $10 K\Omega$으로 설정하면 다음과 같은 덧셈기가 설계된다.

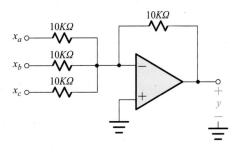

그림 2E8.1

예제 2.9

$y = -(2x_a + x_b + 8x_c)$의 수식을 계산하는 덧셈기를 설계하시오. 단, 회로에서 사용되는 최소 저항 값은 $10K\Omega$으로 한다.

풀이

식 (2.12)로부터

$$R_F / R_a = 2 \tag{2E9.1}$$
$$R_F / R_b = 1 \tag{2E9.2}$$
$$R_F / R_c = 8 \tag{2E9.3}$$

의 비율로 하고 R_C를 최소 저항 $10K\Omega$으로 설정하면

$$\frac{R_F}{R_C} = 8 \rightarrow R_F = 8 \times R_c = 80K\Omega$$

이 된다. 식 (2E9.1)과 식 (2E9.2)로부터 R_a와 R_b를 구하면

$$R_a = R_F / 2 = 40K\Omega$$
$$R_b = R_F / 1 = 80K\Omega$$

이 된다. 따라서 다음과 같은 덧셈기를 얻는다.

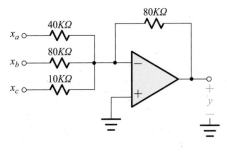

그림 2E9.1

2.3.3 T-귀환회로 반전증폭기

- T-귀환회로 반전증폭기 반전증폭회로에서 매우 큰 이득이 요구될 경우 식 (2.8)로
부터 R_F가 커지거나 R_A가 작아져야 한다. 그러나 R_A가 작아지면 식 (2.9)로부터
입력저항이 작아진다. 따라서 큰 입력저항과 큰 이득이 동시에 필요할 경우 요구
되는 귀환저항 R_F 크기가 비현실적으로 커지는 문제가 발생한다. 이 경우 그림
2.7에 보인 T-귀환회로 반전증폭기를 사용하여 이러한 문제를 해결할 수 있다.
그림 2.7의 T-귀환회로 반전증폭기의 전압이득을 구하기 위해 가상단락 조건을
적용하면 전류 i_1과 i_2는 다음 수식으로 표현된다.

$$i_1 = \frac{v_I}{R_1} = i_2 \tag{2.14}$$

i_2가 구해졌으므로 v_x는

$$v_X = -R_2 i_2 = -R_2 i_1 \tag{2.15}$$

앞에서 구한 v_x로부터 i_3는 다음 수식으로 표현된다.

$$i_3 = -\frac{v_X}{R_3} = \frac{R_2}{R_3} i_1 \tag{2.16}$$

i_4는 i_2와 i_3의 합이므로 다음과 같이 표현된다.

$$i_4 = i_2 + i_3 = i_1 + \frac{R_2}{R_3} i_1 = \left(1 + \frac{R_2}{R_3}\right) i_1 \tag{2.17}$$

출력전압 v_O는 v_x와 R_4 양단 전압의 합이므로 다음과 같이 표현된다.

$$v_O = v_X - i_4 R_4 = -\left\{R_2 + R_4\left(1 + \frac{R_2}{R_3}\right)\right\} i_1 = -\frac{R_2}{R_1}\left(1 + \frac{R_4}{R_2} + \frac{R_4}{R_3}\right) v_I \tag{2.18}$$

따라서 T-귀환회로 반전증폭기의 전압이득은 다음 수식으로 표현된다.

$$A_v \equiv \frac{v_O}{v_I} = -\frac{R_2}{R_1}\left(1 + \frac{R_4}{R_2} + \frac{R_4}{R_3}\right) \tag{2.19}$$

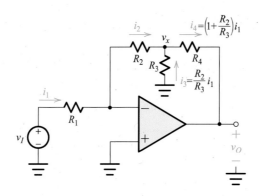

그림 2.7 T-귀환회로 반전증폭기

앞에서 설명한 반전증폭기에서 큰 입력저항을 얻기 위해 R_1을 크게 설정한 후 동시에 큰 이득이 필요할 경우 귀환저항에 해당하는 R_2나 R_4가 지나치게 큰 값이 요구되어 회로에서 사용할 수 있는 최대 저항 값을 초과할 수 있다. 그러나 그림 2.7과 같이 T-귀환회로를 사용할 경우 식 (2.19)의 이득 수식으로부터 R_2나 R_4를 크게 하는 대신 R_3를 작게 해줌으로써 큰 이득을 구현할 수 있음을 알 수 있다.

한편, R_3를 R_2보다 작게 하면 $i_3 = (R_2 / R_3)i_1$ 및 $i_4 = (1 + R_2 / R_3)i_1$의 수식으로부터 $(1 + R_2 / R_3)$배의 전류 증폭이 발생하게 된다. 이로 인해 큰 값의 R_4를 사용하지 않고도 R_4 양단에 큰 전압차를 야기하게 되어 큰 출력전압 v_O를 얻을 수 있다. 또한, R_4를 통해 흐르는 전류 i_4는 R_4와 독립적이므로 그림 2.7의 T-귀환회로 증폭기는 전류 증폭기로도 사용될 수 있다.

예제 2.10

입력저항이 $100\,K\Omega$이고 이득이 -200인 반전증폭기를 설계하시오. 단, 회로에서 사용할 수 있는 저항의 최댓값은 $1\,M\Omega$이다.

풀이

일반적인 반전증폭기로 구현해보자. 입력저항이 $100\,K\Omega$이므로 $R_1 = 100\,K\Omega$이 되어야 한다. 따라서 귀환저항 R_F는 다음과 같이 구해진다.

$$-200 = -\frac{R_F}{R_1} \rightarrow R_F = 200 \times R_1 = 20M\Omega > 1M\Omega$$

여기서, 필요로 하는 귀환저항 R_F의 크기가 저항의 최댓값을 초과하므로 일반적인 반전증폭기로는 구현할 수 없다는 것을 알 수 있다.

따라서 그림 2.7의 T-귀환회로 반전증폭기로써 구현하기로 한다.

이때도 입력저항이 $100\,K\Omega$이므로 $R_1 = 100\,K\Omega$이 되어야 한다. 한편 $R_2 = R_4 = 100\,K\Omega$으로 설정하고 이득이 -200이 되도록 하는 R_3 값을 구하면 식 (2.19)으로부터

$$200 = 1 + 1 + \frac{100K}{R_3} \rightarrow R_3 = \frac{100K}{198} = 0.5\,K\Omega$$

따라서 $R_3 = 0.5\,K\Omega$이 되고 아래 그림의 회로로 구현된다.

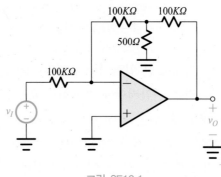

그림 2E10.1

2.3.4 전류–전압 변환기

● **전류–전압 변환기** 그림 2.7은 전류-전압 변환기로서 출력전압 v_O는 식 (2.20)로 표현된다.

$$v_O = -R_F i_I \tag{2.20}$$

출력전압 v_O는 입력전류 i_I에 비례하며 비례계수가 저항 R_F가 된다.

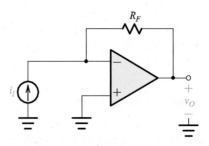

그림 2.8 전류–전압 변환기

예제 2.11

그림 2E11.1의 전류–전압 변환기에서 출력전압 v_O, 입력저항 R_{in} 및 출력저항 R_{out}을 구하시오.

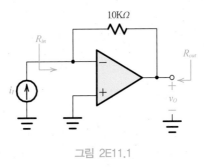

그림 2E11.1

풀이

출력전압 v_O은 식 (2.20)로부터

$$v_O = -R_F i_I = -10 \times 10^3 i_I$$

입력저항 R_{in}은 가상접지 개념으로부터

$$R_{in} = 0$$

출력저항 R_{out}은 이상적인 연산증폭기의 출력저항이 되므로

$$R_{out} = 0$$

2.4 비반전 구조

2.4.1 비반전증폭기

● 비반전증폭기 그림 2.9와 같이 반전 단자를 저항 R_A를 통해 기준(접지)전압에 고정하고 비반전 단자에 입력 신호를 인가하면 출력 신호 v_O는 입력 신호 v_I와 0° 위상차를 갖는 동상의 출력을 얻게 된다. 따라서 이를 비반전증폭기(noninverting amplifier)라고 부른다.

그림 2.9의 비반전증폭기에 대해 폐루프이득 A_v를 구하기로 한다. 먼저, 가상단락 조건으로부터

$$v_- = v_+ = v_I \qquad (2.21)$$

따라서 저항 R_A를 통해 흐르는 전류 i는

$$i = -\frac{v_I}{R_A} \tag{2.22}$$

가상단락 조건에 의해 입력단자로는 전류가 흐르지 못하므로 저항 R_A를 통해 흐른 전류 i는 모두 귀환저항 R_F로 흐른다. 따라서 출력전압 v_O는

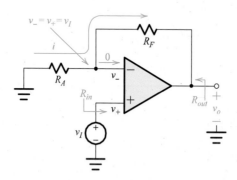

그림 2.9 비반전증폭기

$$v_O = -i \cdot R_F + v_I = v_I \left(1 + \frac{R_F}{R_A} \right) \tag{2.23}$$

가 된다. 따라서 폐루프이득 A_v는

$$A_v \equiv \frac{v_O}{v_I} = 1 + \frac{R_F}{R_A} \tag{2.24}$$

● 비반전증폭기의 입력저항   한편 비반전증폭기의 입력저항 R_{in}은 다음과 같이 구해진다.

$$R_{in} = R_i \big|_{\text{이상적연산폭기}} = \infty \tag{2.25}$$

비반전증폭기는 반전증폭기와는 달리 입력저항 R_{in}이 매우 크다.

● 비반전증폭기의 출력저항   한편, 출력저항 R_{out}은 다음 수식으로 표현된다.

$$R_{out} = R_O \big|_{\text{이상적연산폭기}} = 0 \tag{2.26}$$

즉, 비반전증폭기의 출력저항 0Ω이 된다.

예제 2.12

이상적인 연산증폭기를 사용하여 전압이득이 10인 비반전증폭기를 설계하시오. 단, 회로에서 사용되는 최소 저항 값은 $10K\Omega$이다.

풀이

저항 R_A를 최소 저항 값 $10K\Omega$으로 설정하면 식 (2.24)으로부터 저항 R_F는

$$10 = 1 + \frac{R_F}{10K\Omega} \rightarrow R_F = 9 \times 10K\Omega = 90K\Omega$$

이다. 따라서 아래 그림의 비반전증폭기가 구해진다.

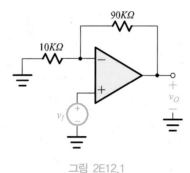

그림 2E12.1

2.4.2 비반전 덧셈기

- 비반전 덧셈기   그림 2.10은 그림 2.9의 비반전증폭기에 v_1 및 v_2의 2개의 입력 신호를 인가한 것이다. 이 경우의 출력전압 v_O를 구하기로 하자.

  v_1 및 v_2의 2개의 신호가 인가되므로 중첩의 원리를 적용하기로 한다. 먼저, v_2를 제거(전압원을 단락시킴)한 후 식 (2.23)로부터 출력전압 v_{O1}을 구하면

$$v_{O1} = \left(1 + \frac{R_F}{R_A}\right)v_+ \tag{2.27}$$

여기서, v_+은 v_1이 R_1과 R_2에 의해서 전압분배되어 인가된 전압이므로 다음 수식으로 표현된다.

$$v_+ = \left(\frac{R_2}{R_1 + R_2}\right)v_1 = \left(\frac{R_T}{R_1}\right)v_1 \tag{2.28}$$

여기서, $R_T = R_1 \,//\, R_2$이다. 따라서 출력전압 v_{O1}은

$$v_{O1} = \left(1 + \frac{R_F}{R_A}\right)\left(\frac{R_T}{R_1}\right)v_1 \tag{2.29}$$

이다. 같은 방법으로 v_1를 제거한 후 v_2에 의한 출력전압 v_{O2}를 구하면

$$v_{O2} = \left(1 + \frac{R_F}{R_A}\right)\left(\frac{R_T}{R_2}\right)v_2 \tag{2.30}$$

가 된다. 결과적으로 출력전압 v_O는 다음 수식으로 구해진다.

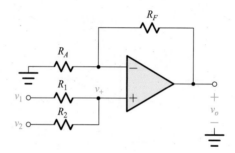

그림 2.10 비반전 덧셈기

$$v_O = v_{O1} + v_{O2} = \left(1 + \frac{R_F}{R_A}\right)\left[\left(\frac{R_T}{R_1}\right)v_1 + \left(\frac{R_T}{R_2}\right)v_2\right] \tag{2.31}$$

마찬가지 방법으로 그림 2.11과 같이 n개의 입력을 갖는 비반전 덧셈기에 대해 출력전압을 구하면 다음과 같다.

$$\begin{aligned} v_O &= v_{O1} + v_{O2} + \cdots + v_{On} \\ &= \left(1 + \frac{R_F}{R_A}\right)\left[\left(\frac{R_T}{R_1}\right)v_1 + \left(\frac{R_T}{R_2}\right)v_2 + \cdots + \left(\frac{R_T}{R_n}\right)v_n\right] \end{aligned} \tag{2.32}$$

여기서, $R_T = R_1 \,//\, R_2 \,//\, \cdots \,//\, R_n$이다.

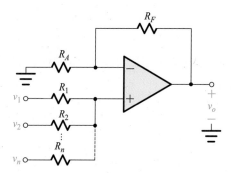

그림 2.11 n개의 입력을 갖는 비반전 덧셈기

예제 2.13

다음 비반전 덧셈기의 출력전압 v_O를 구하시오.

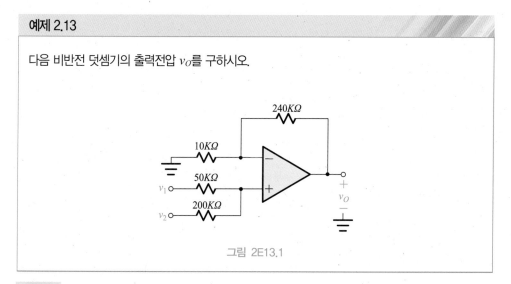

그림 2E13.1

풀이

식 (2.31)로부터

$$v_O = \left(1 + \frac{R_F}{R_A}\right)\left[\left(\frac{R_T}{R_1}\right)v_1 + \left(\frac{R_T}{R_2}\right)v_2\right]$$

$$= (1+24)\left[\frac{4}{5}v_1 + \frac{1}{5}v_2\right] = 20v_1 + 5v_2$$

예제 2.14

다음 $y = 2x_1 + 4x_2$의 수식을 계산하는 비반전 덧셈기를 설계하시오. 단, $R_A = R_T(=R_1 // R_2)$이고, $R_A = 10K\Omega$으로 설정하라.

풀이

$y = 2x_1 + 4x_2$의 수식을 식 (2.31)과 대비시키면 다음의 방정식을 얻는다.

$$\left(1+\frac{R_F}{R_A}\right)\left(\frac{R_T}{R_1}\right) = 2 \tag{2E14.1}$$

$$\left(1+\frac{R_F}{R_A}\right)\left(\frac{R_T}{R_2}\right) = 4 \tag{2E14.2}$$

(2E14.2)를 (2E14.1)로 나누어줌으로써 다음의 관계식을 얻는다.

$$\left(\frac{R_1}{R_2}\right) = 2 \rightarrow R_1 = 2R_2 \tag{2E14.3}$$

또한,

$$R_T = R_1 // R_2 = 2R_2 // R_2 = \frac{2}{3}R_2 = R_A = 10K\Omega \tag{2E14.4}$$

이 되므로 $R_2 = 15K\Omega$이 되고, (2E14.3)으로부터 $R_1 = 30K\Omega$이 된다.

위에서 구한 R_1, R_2, R_T 값을 (2E14.1)에 대입하면 다음과 같이 R_F 값이 구해진다.

$$R_F = 5R_A = 50K\Omega \tag{2E14.5}$$

그림 2E14.1은 설계된 비반전 덧셈기의 회로도이다.

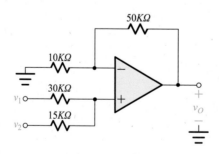

그림 2E14.1

2.4.3 전압팔로워

● **전압팔로워** 전압팔로워(voltage follower)는 단위 이득 비반전증폭기로서 그림 2.9의 비반전증폭기에서 $R_A \rightarrow \infty$로 설정하여 이득이 1이 되도록 함으로써 구현된다.

그림 2.12의 전압팔로워 회로에 가상접지 조건을 적용하면 다음의 관계를 얻을 수 있다.

$$v_O = v_- = v_+ = v_I \rightarrow v_O = v_I \tag{2.33}$$

따라서 전압이득이 1로서 출력전압은 입력전압을 그대로 따라가는 전압팔로워 기능을 한다. 전압팔로워는 전압이득은 1이지만 전류이득은 매우 크므로 전류버퍼 역할을 한다. 또한, 전압팔로워의 $R_{in} = \infty$, $R_{out} = 0$이 되므로 임피던스 변환기로 사용될 수도 있다.

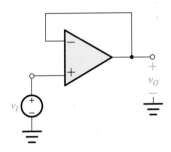

그림 2.12 전압팔로워

예제 2.15

그림 2E15.1의 회로에 대해 전압이득 A_v, 입력저항 R_{in}, 출력저항 R_{out}을 구하시오.

풀이

전압이득 A_v,

$$v_O = v_- = v_+ = v_I \rightarrow v_O = v_I$$

따라서

$$A_v = \frac{v_O}{v_I} = 1$$

입력저항이 R_i,

$$R_{in} = R_i \big|_{\text{이상적연산폭기}} = \infty$$

출력저항 R_{out},

$$R_{out} = R_O \big|_{\text{이상적연산폭기}} = 0$$

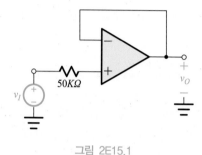

$50K\Omega$

v_I

v_O

그림 2E15.1

2.5 차동증폭기

2.5.1 차동증폭기의 정의

차동증폭기(differential amplifier)란 두 개의 입력단자를 갖고 있고, 두 입력 신호의 차동성분(v_d)만 증폭하고 공통성분(v_c)은 제거하는 증폭기를 말한다. 여기서, 차동성분 v_d는 두 입력 전압의 차 성분을 말하고, 공통성분 v_c는 두 입력단자에 공통으로 인가되는 성분으로 두 입력 전압의 평균값이 된다. 즉, 수식으로 표현하면 차동성분(v_d)과 공통성분(v_c)은 다음과 같이 정의된다.

$$v_d \equiv v_+ - v_- \tag{2.34a}$$

$$v_c \equiv \frac{v_+ + v_-}{2} \tag{2.34b}$$

그림 2.13(a)는 v_+와 v_-의 신호로부터 v_d와 v_c가 구해지는 과정을 보여주고 있다.

한편, 그림 2.13(b)의 v_+와 v_-의 두 입력 신호를 식 (2.34)의 차동성분 v_d와 공통성분 v_c로 표현하여 등가회로를 그리면 그림 2.13(c)와 같다.

차동성분 신호 v_d에 의한 동작을 차동모드(differential-mode) 동작이라고 하고, 공통성분 v_c에 의한 동작을 공통모드(common-mode) 동작이라고 한다. 차동모드 이득을 A_d라고 하고 공통모드 이득을 A_c라고 하면 출력전압 v_O는 다음과 같이 표현된다.

$$v_O = A_d v_d + A_c v_c \tag{2.35}$$

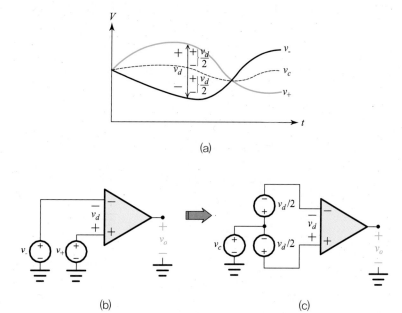

(a)

(b)   (c)

그림 2.13 차동증폭기의 입력 신호
(a) v_+와 v_-의 신호와 v_c와 v_d의 관계 (b) 두 입력 신호가 인가된 모양
(c) 차동성분과 공통성분을 구분한 등가 표현

차동증폭기의 성능은 차동모드 신호(v_d)에 비해 공통모드 신호(v_c)를 얼마나 많이 제거하는가로 평가한다. 공통모드 신호를 제거하는 효율을 **공통모드 제거비**(CMRR: Common-Mode Rejection Ratio)로 표현하며 다음과 같이 정의하고, 단위는 [dB]로 표시한다.

$$CMRR = 20\log\frac{|A_d|}{|A_c|} \quad [\text{dB}] \tag{2.36}$$

단일 연산증폭기로 차동증폭기를 구현할 수 있다. 그러나 보다 더 좋은 특성을 얻기 위해 여러 개의 연산증폭기로써 차동증폭기를 구성하기도 한다.

2.5.2 단일 연산증폭기로 구성된 차동증폭기

● **단일 연산증폭기로 구성된 차동증폭기**   그림 2.14는 단일 연산증폭기로 구성된 차동
증폭기이다. 두 입력 신호 v_1, v_2에 대해서 중첩원리(superposition)를 써서 해석
하기로 한다.

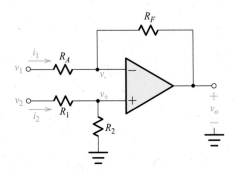

그림 2.14 단일 연산증폭기로 구성된 차동증폭기

● **출력전압 v_O**   먼저, 입력 신호 v_1만 인가했을 때의 출력을 v_{O1}이라고 하면 그림
2.15(a)와 같은 반전증폭기가 된다. 따라서 출력전압 v_{O1}은 다음과 같다.

$$v_{O1} = -\frac{R_F}{R_A} v_1 \qquad (2.37)$$

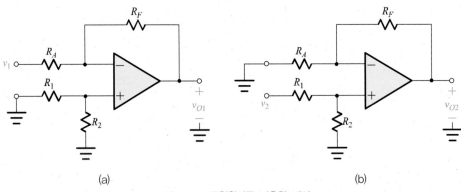

(a)   (b)

그림 2.15 중첩원리를 이용한 해석
(a) v_2는 제거하고 v_1만 인가된 경우
(b) v_1은 제거하고 v_2만 인가된 경우

이번에는 입력 신호 v_2만 인가했을 때의 출력을 v_{O2}라고 하면 그림 2.15(b)와 같은 비반전증폭기가 된다. 또한 입력 신호 v_2는 저항 R_1, R_2에 의해서 전압분배되어 비반전입력단자에 인가되므로 출력전압 v_{O2}는 다음과 같이 구해진다.

$$v_{O2} = \left(1 + \frac{R_F}{R_A}\right)\left(\frac{R_2}{R_1 + R_2}\right)v_2 \tag{2.38}$$

따라서 출력전압 v_O는 앞서 구한 두 출력전압 v_{O1}, v_{O2}의 합이 되므로 다음과 같이 구해진다.

$$v_O = v_{O1} + v_{O2} = \left(1 + \frac{R_F}{R_A}\right)\left(\frac{R_2}{R_1 + R_2}\right)v_2 - \frac{R_F}{R_A}v_1 \tag{2.39}$$

- **각 단자에서의 입력저항 R_{i1}, R_{i2}** 그림 2.14의 단일 연산증폭기로 구성된 차동증폭기를 등가회로로 표현하면 그림 2.16과 같다. v_2단자에서 본 입력저항 R_{i2}는 가상단락 조건에 의해 연산증폭기 입력단자로 전류가 흐르지 못하므로 R_1과 R_2의 직렬합성이 된다.

$$R_{i2} = R_1 + R_2 \tag{2.40}$$

v_1단자로 흐르는 전류 i_1은 가상단락 조건에 의해 $v_- = v_+$가 되므로 다음 수식으로 구해진다.

$$i_1 = \frac{v_1 - v_+}{R_A} = \frac{1}{R_A}\left(v_1 - \frac{R_2}{R_1 + R_2}v_2\right) = \frac{(R_1 + R_2) - R_2 v_2}{R_A(R_1 + R_2)} \tag{2.41}$$

따라서 v_1단자에서 본 입력저항 R_{i1}은 다음 수식으로 표현된다.

$$R_{i1} \equiv \frac{v_1}{i_1} = R_A \frac{(R_1 + R_2)v_1 - R_2 v_2 + R_2 v_2}{(R_1 + R_2) - R_2 v_2} = R_A + \frac{R_A R_2 v_2}{(R_1 + R_2)v_1 - R_2 v_2} \tag{2.42}$$

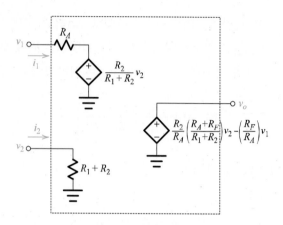

그림 2.16 단일 연산증폭기로 구성된 차동증폭기의 등가회로

- **출력저항** 차동증폭기의 출력저항 R_{out}은 이상적인 연산증폭기의 출력저항과 같으므로 0Ω이 된다.
- **공통모드 이득 A_c** 한편, 공통모드 이득 A_c를 구하기 위해 그림 2.17에서 보인 것처럼 $v_1 = v_2 = v_c$가 되도록 인가한다.

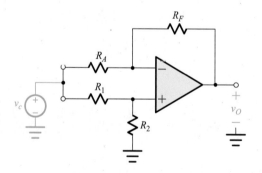

그림 2.17 공통모드 이득 해석

이 경우 $v_1 = v_2 = v_c$가 되므로 식 (2.39)로부터 공통모드 이득 A_c는 다음과 같이 구해진다.

$$A_c \equiv \frac{v_O}{v_c} = \left(1 + \frac{R_F}{R_A}\right)\left(\frac{R_2}{R_1 + R_2}\right) - \frac{R_F}{R_A}$$

$$= \left(\frac{R_2}{R_1 + R_2}\right)\left(1 + \frac{R_F}{R_A} - \frac{R_F}{R_A}\frac{R_1 + R_2}{R_2}\right) \qquad (2.43)$$

$$= \left(\frac{R_2}{R_1 + R_2}\right)\left(1 - \frac{R_F R_1}{R_A R_2}\right)$$

식 (2.43)에서 공통모드 이득 A_c가 적지 않은 값으로 차동증폭기의 요구 특성인 공통성분 제거가 제대로 이루어지지 못함을 알 수 있다. 그러나 $R_2 / R_1 = R_F / R_A$ 가 되도록 저항 값을 설정하여주면 다음과 같이 공통모드 이득 $A_c = 0$인 이상적인 특성을 얻을 수 있다.

$$A_c \equiv \frac{v_O}{v_c} = \left(\frac{R_2}{R_1 + R_2}\right)\left(1 - \frac{R_F R_1}{R_A R_2}\right)\Bigg|_{\frac{R_2}{R_1} = \frac{R_F}{R_A}} = 0 \qquad (2.44)$$

● **차동모드 이득 A_d**   식 (2.39)에 $R_2 / R_1 = R_F / R_A$의 조건을 적용하면 차동증폭기의 출력전압 v_O는 다음과 같이 표현된다.

$$v_O = \frac{R_F}{R_A}(v_2 - v_1) = \frac{R_F}{R_A}v_d \qquad (2.45)$$

따라서 차동모드 이득 A_d는 다음과 같다.

$$A_d \equiv \frac{v_O}{v_d} = \frac{R_F}{R_A} \qquad (2.46)$$

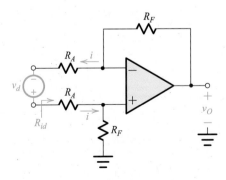

그림 2.18 차동모드 입력저항 구하기

● **차동모드 입력저항 R_{id}** 차동모드 입력저항(R_{id})을 구하기 위해 그림 2.18의 회로의 입력루프에 키르히호프 전압법칙을 적용하면 가상단락 조건으로부터 다음의 수식을 얻는다.

$$v_d = R_A i + 0 + R_A i \qquad (2.47)$$

따라서 차동모드 입력저항 R_{id}는 다음과 같이 구해진다.

$$R_{id} \equiv \frac{v_d}{i} = 2R_A \qquad (2.48)$$

이와 같은 구조의 차동증폭기는 큰 값의 차동모드 이득(R_F / R_A)이 필요한 경우 R_A가 필연적으로 작아질 수밖에 없으므로 차동모드 입력저항(R_{id})이 작아지는 단점이 있다. 또한, 이 같은 구조는 차동모드 이득을 변화시키는 것이 용이하지 않다. 이와 같은 단점들을 극복하기 위한 차동증폭기 구조로서 여러 개의 연산증폭기로 구성된 인스트루먼트 증폭기가 있다.

예제 2.16

다음의 차동증폭기에 대해서 차동모드 이득 A_d, 차동모드 입력저항 R_{id}를 구하시오.

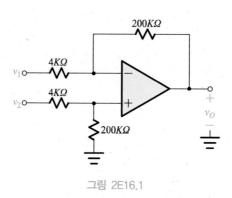

그림 2E16.1

풀이

$$A_d \equiv \frac{v_O}{v_d} = \frac{R_F}{R_A} = \frac{200K}{4K} = 50, \qquad R_{id} \equiv \frac{v_A}{i} = 2R_A = 8K\Omega$$

2.5.3 인스트루먼트 증폭기

● 인스트루먼트 증폭기 **인스트루먼트 증폭기**(instrumentation amplifier)는 입력버퍼를 갖춘 일종의 차동증폭기이다. 그림 2.19(a)에 보인 것처럼 그림 2.14의 기본 차동증폭기 입력에 한 쌍의 비반전증폭기로써 입력버퍼를 구성하여 입력단자가 증폭기 내부 저항 값의 영향을 받지 않도록 고립(isolation)시킴으로써 센서(sensor) 등을 인가했을 때 연결된 증폭기 영향으로 센서의 미세한 신호가 영향을 받는 문제를 해결한 것이다. 따라서 **인스트루먼트 증폭기**는 정밀을 요하는 측정장비에 사용하기 적합하며 낮은 DC 오프셋, 저잡음, 매우 큰 이득, 매우 큰 공통성분 제거비 및 매우 큰 입력 임피던스 특성을 갖는다.

그림 2.19(a)의 A_1과 A_2로 표시된 비반전증폭기는 각각 v_1과 v_2를 증폭하여 A_3로 표시된 차동증폭기 입력에 $(1 + R_F / R_A)v_d$의 전압을 야기시킨다. 따라서 차동증폭기의 출력전압 v_O는 다음과 같이 구해진다.

$$v_O = \frac{R_{F1}}{R_{A1}}\left(1 + \frac{R_F}{R_A}\right)v_d \tag{2.49}$$

따라서 인스트루먼트 증폭기의 차동모드 이득 A_d는 다음과 같이 표현된다.

$$A_d \equiv \frac{v_O}{v_d} = \frac{R_{F1}}{R_{A1}}\left(1 + \frac{R_F}{R_A}\right) \tag{2.50}$$

여기서, 차동모드 이득 A_d는 두 저항비 R_{F1} / R_{A1}와 R_F / R_A의 곱으로 표현되므로 큰 이득을 얻기가 용이하다. 또한 비반전증폭기의 입력저항은 무한대이므로 인스트루먼트 증폭기의 입력저항도 이득에 관계없이 무한대이다. 따라서 매우 큰 입력저항과 매우 높은 이득을 얻을 수 있는 장점을 갖게 된다. 또한, 차동증폭기 A_3의 공통모드 이득이 0이므로 인스트루먼트 증폭기의 공통모드 이득 $A_c = 0$가 된다.

한편, 이러한 구조의 인스트루먼트 증폭기는 다음과 같은 3가지 단점이 있다.

1. A_1과 A_2의 첫 단 버퍼증폭에서 입력 공통모드신호가 차동모드 신호와 마찬가지로 증폭되므로 차동증폭기 A_3의 입력에 큰 공통모드신호를 야기시킴으로써 차동증폭기가 포화영역에서 동작하게 됨으로써 정상적인 증폭작용이 불가능해지는 경우가 발생할 수 있다.

2. A_1과 A_2의 두 비반전증폭기가 완벽하게 서로 대칭적이지 못할 경우 이 두 증폭기의 이득차에 의해 발생된 오차전압이 다음 단의 차동증폭기에서는 차동모드 신호로 간주되어 증폭된다.

3. 인스트루먼트 증폭기의 이득을 가변할 경우 R_A로 표시된 2개의 저항 값을 동시에 똑같은 양만큼 변화시켜야 하며 이것은 실제 상황에서 매우 어려운 일이 된다.

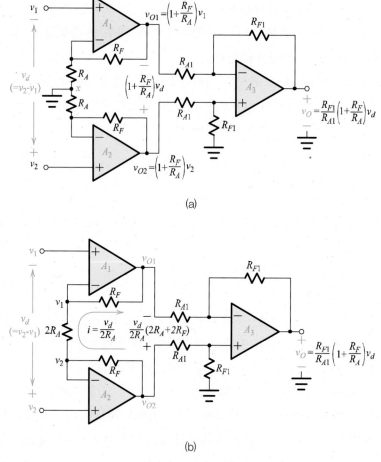

그림 2.19 인스트루먼트 증폭기
(a) x마디를 접지한 회로, (b) x마디를 플로우팅한 회로

이상의 3가지 문제는 그림 2.19(a)의 x점의 접지와의 연결을 끊어 회로를 그림 2.19(b)와 같이 수정함으로써 해결할 수 있다. 이 경우 직렬연결된 2개의 R_A 저항은 합성하여 $2R_A$로 표시하였다.

이 회로를 해석하기 위해 A_1과 A_2의 두 비반전증폭기의 입력에 가상단락 조건을 적용하면 입력전압 v_1과 v_2가 $2R_A$로 표시된 저항 양단에 나타난다. 따라서 $2R_A$를 통해 흐르는 전류 $i = v_d / 2R_A$가 된다. 이 전류 i는 가상단락 조건에 의해 연산증폭기의 입력단자로 흐를 수 없으므로 모두 R_F를 통하여 흐르게 되어 A_1과 A_2의 두 출력단자 사이에 다음과 같은 전압을 야기시킨다.

$$v_{O2} - v_{O1} = 2(R_A + R_F)i = \left(1 + \frac{R_F}{R_A}\right)v_d \tag{2.51}$$

따라서 인스트루먼트 증폭기의 출력전압 v_O는 다음과 같이 구해진다.

$$v_O = \frac{R_{F1}}{R_{A1}}(v_{O2} - v_{O1}) = \frac{R_{F1}}{R_{A1}}\left(1 + \frac{R_F}{R_A}\right)v_d \tag{2.52}$$

결과적으로 인스트루먼트 증폭기의 차동모드 이득 A_d는 식 (2.50)과 동일해짐을 알 수 있다.

$$A_d \equiv \frac{v_O}{v_d} = \frac{R_{F1}}{R_{A1}}\left(1 + \frac{R_F}{R_A}\right) \tag{2.53}$$

한편, 그림 2.19(b)와 같이 A_1과 A_2의 첫 단 버퍼증폭회로에서 x점이 플로팅(floating)될 경우 공통모드 신호 v_c가 두 입력단자에 공통으로 인가되어도 가상단락에 의해 A_1과 A_2의 반전 단자에 같은 전압이 나타나게 되므로 공통모드 신호에 의해 $2R_A$ 양단에 걸리는 전압은 0이고 따라서 흐르는 전류 $i = 0$이 된다. 또한, $2R_A$에 전류가 흐르지 못하므로 두 귀환저항 R_F를 통해 흐르는 전류도 0이 되어 A_1과 A_2의 출력전압은 입력전압 v_c와 같아진다. 다시 말해서 저항 R_F 값에 관계없이 A_1과 A_2의 공통모드 이득(A_c)은 항상 1이 되어 공통모드 신호는 증폭되지 않는다.

한편, A_1과 A_2의 두 증폭기가 완벽하게 서로 대칭적이지 못할 경우 예를 들어 두 R_F 저항 중 한 저항 값이 R_F'으로 다를 경우도 R_F 값에 관계없이 귀환저항을 통해 흐르는 전류도 0이 되므로 A_1과 A_2의 공통모드 이득(A_c)은 항상 1이 되어 공통모드 특성에 영향을 주지 못한다. 단지 차동모드 이득은 다음의 식으로 표현되어 다소 달라지나 차동모드 동작 자체가 영향을 받는 것은 아니다.

$$A_d = \frac{R_{F1}}{R_{A1}}\left(1 + \frac{R_F + R_F'}{2R_A}\right) \tag{2.54}$$

끝으로 식 (2.54)로부터 하나의 저항인 $2R_A$ 값을 변화시킴으로써 이득이 조절됨을 알 수 있다. 그림 2.19(b) 구조의 인스트루먼트 증폭기는 탁월한 특성을 갖는 차동증폭기로서 다양한 전자기기의 입력 증폭기로 광범위하게 사용되고 있다.

예제 2.17

그림 2.19(b) 구조로 $100\,K\Omega$의 가변저항을 사용하여 이득을 2부터 600까지 변화시킬 수 있는 인스트루먼트 증폭기를 설계하시오.

풀이

인스트루먼트 증폭기 설계에서 첫 단에서 필요로 하는 이득을 얻고 둘째 단의 이득은 1로 하되 첫 단의 두 출력의 차 성분을 취하는 기능을 하도록 하는 방법이 일반적으로 사용되므로 그 방법을 따라 설계하기로 한다.

따라서 그림 2.19(b)의 인스트루먼트 증폭기의 둘째 단의 저항을 $R_{F1}\,/\,R_{A1}=1$로 설정하면 이득은 다음 식으로 표현된다.

$$A_d = 1 + \frac{2R_F}{2R_A}$$

또한, $2R_A$ 중 일부는 고정하여 $R_{A,fix}$라고 하고 나머지 R_A를 $100\,K\Omega$의 가변저항으로 하여 $R_{A,\text{var}}$이라고 하면 이득을 다음과 같이 표현할 수 있다.

$$A_d = 1 + \frac{2R_F}{R_{A,fix} \mid R_{A,\text{var}}}$$

여기서, 이득을 2부터 600까지 변화될 수 있도록 하려면 다음의 두 조건을 만족시켜야 한다.

$$1 + \frac{2R_F}{R_{A,fix}+100K\Omega} = 2$$

$$1 + \frac{2R_F}{R_{A,fix}} = 600 \to 2R_F = 599R_{A,fix}$$

따라서, 위의 두 식으로부터 $R_{A,fix}$와 R_F를 구하면 다음과 같다.

$$\frac{599R_{A,fix}}{R_{A,fix}+100K\Omega} = 1 \to R_{A,fix} = 167.2\Omega$$

$$R_F = \frac{1}{2}599R_{A,fix} = 50.08K\Omega$$

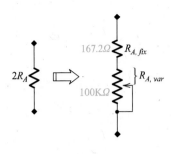

그림 2E17.1

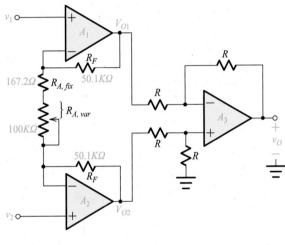

그림 2E17.2

2.6 미분기

그림 2.20는 반전증폭기에서 입력저항 R_1을 커패시터 C로 대체한 회로로서 반전단자에서 키르히호프 전류법칙을 적용하면 다음의 전류 관계식을 얻는다.

$$i_C = -i_R \tag{2.55}$$

그림 2.20 회로에서 가상접지 조건을 적용하여 i_C와 i_R을 구해서 식 (2.55)에 대입하면 다음의 수식을 얻는다.

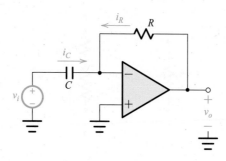

그림 2.20   미분기

$$C\frac{dv_I}{dt} = -\frac{v_O}{R} \qquad (2.56)$$

식 (2.56)을 출력전압 v_o에 대해서 다시 정리하면, 식 (2.57)의 입·출력전압 관계식을 얻는다.

$$v_O = -RC\frac{dv_I}{dt} \qquad (2.57)$$

식 (2.57)로부터 출력전압 v_o는 미분된 입력전압 v_I에 비례함을 알 수 있다. 따라서 그림 2.20 회로를 미분기(differentiator)라 부른다.

예제 2.18

그림 2E18.1의 미분기에 주어진 삼각파 신호가 입력으로 인가되었을 때 출력파형을 구하시오.

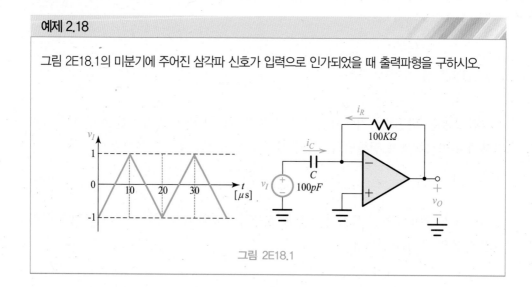

그림 2E18.1

풀이

우선 RC 값을 계산하면 다음과 같다.

$$RC = 100K\Omega \times 100pF = 10\mu s$$

$0 < t < 10\mu s$ 상승 구간에서 출력파형은 식 (2.57)로부터 다음과 같이 구해진다.

$$v_O = -RC\frac{dv_I}{dt} = -10\mu s\frac{2V}{10\mu s} = -2V$$

$10\mu s < t < 20\mu s$ 하강 구간에서 출력파형은 식 (2.57)로부터 다음과 같이 구해진다.

$$v_O = -RC\frac{dv_I}{dt} = -10\mu s\frac{-2V}{10\mu s} = 2V$$

따라서 출력파형을 그리면 다음과 같다.

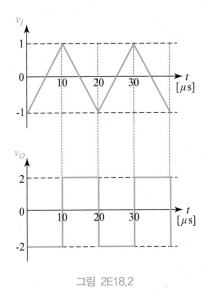

그림 2E18.2

2.7 적분기

그림 2.21는 반전증폭기에서 귀환저항 R_F을 커패시터 C로 대체한 회로로 반전 단자에서 키르히호프 전류법칙을 적용하면 다음의 전류 관계식을 얻는다.

$$i_R = -i_C \tag{2.58}$$

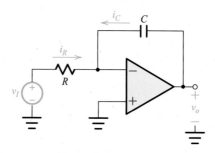

그림 2.21   적분기

그림 2.21 회로에서 가상접지 조건을 적용하여 i_C와 i_R을 구해서 식 (2.58)에 대입하면 다음의 수식을 얻는다.

$$\frac{v_I}{R} = -C\frac{dv_O}{dt} \tag{2.59}$$

식 (2.59)를 출력전압 v_O에 대해서 다시 정리하면, 식 (2.60)의 입·출력전압 관계식을 얻는다.

$$v_O = -\frac{1}{RC}\int v_I dt \tag{2.60}$$

식 (2.60)으로부터 출력전압 v_O는 적분된 입력전압 v_I에 비례함을 알 수 있다. 따라서 그림 2.21 회로를 적분기(integrator)라 부른다.

예제 2.19

그림 2E19.1의 적분기에 주어진 구형파 신호가 입력으로 인가되었을 때 출력파형을 구하시오. 단, 출력전압의 초기치 $V_o(0) = 0V$이다.

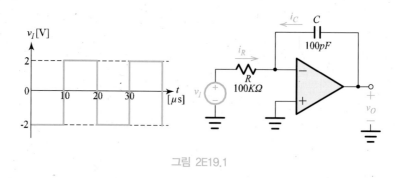

그림 2E19.1

풀이

우선 RC 값을 계산하면 다음과 같다.

$$RC = 100K\Omega \times 100pF = 10\mu s$$

$0 < t < 10\mu s$의 $v_I = -2V$ 구간에서 출력파형은 식 (2.60)으로부터 다음과 같이 구해진다.

$$v_O = -\frac{1}{RC}\int_0^t v_I dt + V_o(0\mu s) = -\frac{(-2)}{10\mu s}[t-0] = 2\frac{t}{10\mu s}$$

여기서, 출력전압의 초기치 $V_o(0\mu s)$는 $0V$로 가정하였으므로 제거되었다.

$10\mu s < t < 20\mu s$의 $v_I = 2V$ 구간에서 초기치 $V_o(10\mu s) = 2V$이므로 출력파형은 식 (2.60)으로부터 다음과 같이 구해진다.

$$v_O = -\frac{1}{RC}\int_{10\mu s}^t v_I dt + V_o(10\mu s) = -\frac{2}{10\mu s}[t-10\mu s]+2 = -2\frac{t}{10\mu s}+4$$

따라서 출력파형을 그리면 다음과 같다.

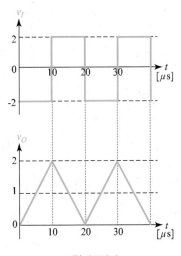

그림 2E19.2

[2.1] 그림 P2.1의 회로를 이용하여 이득이 −10이고 입력저항이 $20K\Omega$인 반전증폭기를 설계하시오.

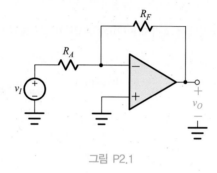

그림 P2.1

[2.2] 그림 P2.2의 회로에서 전압이득($A_V = v_O / v_I$)과 전류이득($A_I = i_L / i_I$)을 구하시오.

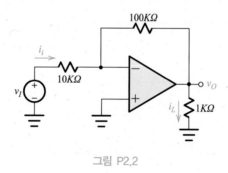

그림 P2.2

[2.3] $y = -(x_a + 9x_b + 5x_c)$의 수식을 계산하는 덧셈기를 설계하시오. 단, 회로에서 사용되는 최소 저항 값은 $10K\Omega$으로 한다.

[2.4] 그림 P2.4의 T-귀환회로 반전증폭기의 전압이득($A_V = v_O / v_I$)을 구하시오.

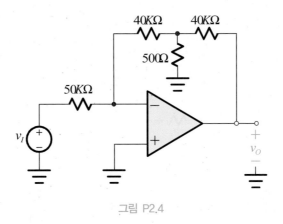

그림 P2.4

[2.5] 그림 P2.5의 전류–전압 변환기에서 출력전압 v_O, 입력저항 R_{in} 및 출력저항 R_{out}을 구하시오.

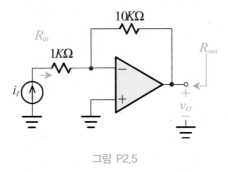

그림 P2.5

[2.6] 그림 P2.6의 비반전증폭기에서 전압이득($A_V = v_O / v_I$), 입력저항 R_{in} 및 출력저항 R_{out}을 구하시오.

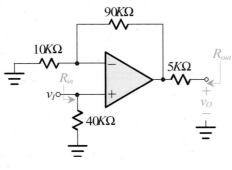

그림 P2.6

[2.7] 그림 P2.7의 비반전증폭기에서 전압이득($A_V = v_O / v_I$)과 부하전류 i_O를 구하시오.

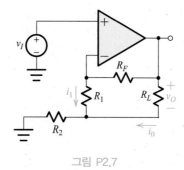

그림 P2.7

[2.8] 그림 P2.8의 비반전 덧셈기의 출력전압 v_O를 구하시오.

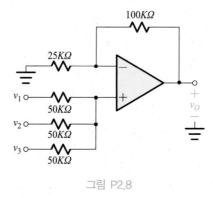

그림 P2.8

[2.9] 그림 P2.9의 회로에 대해 다음의 각 조건에서 입력단자 v_1에서 본 입력저항을 구하시오.

  (a) $v_2 = 0$ (b) $v_2 = -v_1$ (c) $v_2 = +v_1$

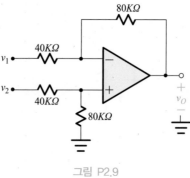

그림 P2.9

[2.10] 그림 P2.9의 회로에 대해 다음의 각 조건에서 입력단자 v_2에서 본 입력저항을 구하시오.

(a) $v_1 = 0$ (b) $v_1 = -v_2$ (c) $v_1 = v_2$

[2.11] 그림 P2.11의 회로에서 출력전압 v_O와 차동모드 입력저항 R_{id}를 구하시오.
단, $v_d = 0.2\sin(1000t)$이다.

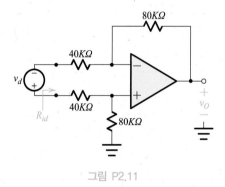

그림 P2.11

[2.12] 그림 P2.12의 회로에서 $v_{O1} - v_{O2}$를 구하시오.

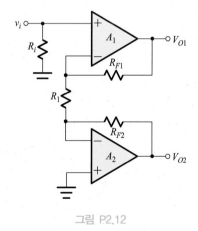

그림 P2.12

[2.13] 그림 2.20의 미분기에서 커패시터 C의 임피던스를 $Z_c(= 1/sC)$로 표현하여 복소주파수 영역에서 출력전압 $V_O(s)$를 구하고 시간 영역에서 구한 결과 $v_o(t)$와 동일함을 보이시오. 또한, 위의 미분기는 고역통과 필터(HPF)가 됨을 보이시오.

[2.14] 그림 2.21의 적분기에서 커패시터 C의 임피던스를 $Z_c(= 1/sC)$로 표현하여 복소주파수 영역에서 출력전압 $V_O(s)$를 구하고 시간 영역에서 구한 결과 $v_o(t)$와 동일함을 보이시오. 또한, 위의 적분기는 저역통과 필터(LPF)가 됨을 보이시오.

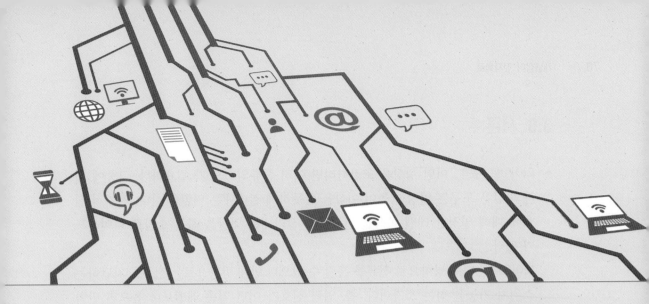

CHAPTER **03**

다이오드

3.0 서론

● **다이오드 개념**   어떤 형상을 조각하려면 여러 종류의 도구가 필요하다. 그중에 대패와 같은 도구는 일정한 높이 이상을 반듯하게 잘라내는 역할을 한다. 전기적 신호에 대해 일정한 레벨 이상을 반듯하게 잘라내는 역할을 하는 소자로 다이오드가 있다.

다이오드란 한쪽 방향으로 전류를 흘릴 수 있으나 반대 방향으로는 전류를 차단하는 스위치 기능을 하는 소자이다. 즉, 입력 신호가 어떤 기준 레벨보다 높으면 단락(short)되어 전류를 잘 통과시키지만 기준 레벨보다 낮으면 개방(open)되어 전류를 차단하는 기능을 한다. 따라서 다이오드는 인가되는 신호가 기준 레벨보다 높거나 낮음에 따라 자동으로 온-오프되는 스위치로 동작하여 신호의 기준 레벨 이상이나 이하를 반듯하게 잘라낼 수 있다.

이와 같이 다이오드는 전기적 신호의 모양을 가공하는 주요한 소자 중의 하나로서 입력 레벨에 따라 동작 특성이 달라지는 비선형 동작을 하므로 비선형소자로 분류된다.

다이오드

3.1 다이오드의 기본 정의

● **다이오드의 회로심벌**   다이오드는 2-단자 소자로서 회로심벌은 그림 3.1과 같다. 좌측 화살표 쪽의 단자를 어노드(anode: A)라고 하고 우측 짧은 막대 쪽의 단자를 캐소드(cathode: K)라고 부른다. 어노드(+)와 캐소드(-) 사이의 전압을 다이오드 전압, v_D라고 하고, 어노드로부터 캐소드 방향(=심벌의 화살표 방향)으로 흐르는 전류를 다이오드 전류, i_D라고 정의한다.

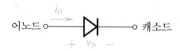

그림 3.1   다이오드의 회로심벌

● **바이어스와 역바이어스** 외부에서 전압을 인가하여 어노드 단자 전압이 캐소드 단자 전압보다 높아진 상태, 즉 $v_D > 0$인 상태를 순바이어스(forward bias)되었다고 한다. 반대로 어노드 단자 전압이 캐소드 단자 전압보다 낮아진 상태, 즉 $v_D < 0$인 상태를 역바이어스(reverse bias)되었다고 한다.

개념잡이

다이오드의 심벌, 전압 정의, 전류 정의, 순바이어스, 역바이어스

3.2 이상적인 다이오드

● **이상적인 다이오드의 전류–전압 특성** 다이오드로서의 이상적인 특성은 순바이어스($v_D > 0$)가 되면 단락회로가 되고, 역바이어스($v_D < 0$)가 되면 개방회로가 되는 것으로서 그림 3.2(a)와 같은 전류-전압 특성곡선을 보인다. 이런 특성을 갖는 가상적인 다이오드를 이상적인 다이오드(ideal diode)라고 부른다.

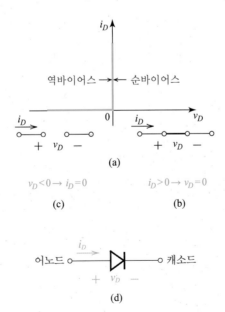

그림 3.2 이상적인 다이오드
(a) 전류–전압 특성 (b) 순바이어스 등가회로 (c) 역바이어스 등가회로 (d) 회로심벌

결국 이상적인 다이오드는 순바이어스($v_D > 0$)일 때 온(on)되고, 역바이어스($v_D <$ 0)일 때 오프(off)되는 스위치인 것이다. 또한, 순바이어스일 경우 단락회로로서 저항이 0Ω 이므로 $i_D > 0$이지만 $v_D = 0$인 상태가 된다.

개념잡이

이상적인 다이오드, 순바이어스 등가회로, 역바이어스 등가회로

예제 3.1

이상적인 다이오드로 구성된 다음 회로에서 다이오드를 통해 흐르는 전류 i_O와 다이오드 양단 전압 v_O를 구하시오.

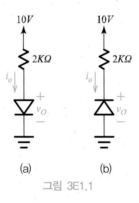

그림 3E1.1

개념잡이

[다이오드 회로해석 방법] 회로 내에서 다이오드의 온·오프 상태를 판정한 후에 등가회로를 적용하여 해석한다.
예) 이상적인 다이오드의 경우 온상태압($v_D > 0$)는 단락회로로, 오프 상태($v_D < 0$)는 개방회로로 놓고 해석한다.

풀이

다이오드의 온-오프 상태를 바이어스 상태로 판정한 후에 등가회로를 적용하여 해석하면 다음과 같다.

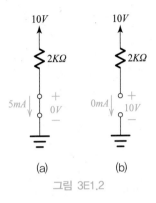

그림 3E1.2

예제 3.2

(정류회로) 신호 $v_I(t)$가 그림 3E2.1(a)와 같다. 그림 3E2.1(b) 회로에서 출력전압 v_O의 파형을 그리시오.

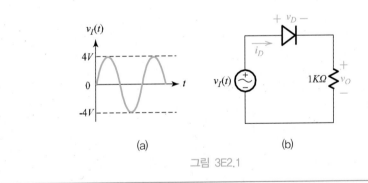

그림 3E2.1

풀이

$v_I(t) > 0V$ 구간에서는 다이오드가 순바이어스로 되므로 단락회로로 대체하면 다음과 같은 등가회로를 얻는다.

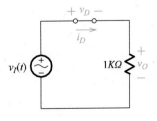

그림 3E2.2

위의 등가회로로부터 다이오드 전류를 구하면 다음과 같이 구해진다.

$$i_D = \frac{v_I(t)}{1K\Omega}$$

따라서 출력전압 v_O는 다음과 같이 구해진다.

$$v_O = 1K\Omega \times i_D = v_I(t)[\text{V}]$$

$v_I(t) < 0V$ 구간에서는 다이오드가 역바이어스로 되므로 개방회로로 대체하면 다음과 같은 등가회로를 얻는다.

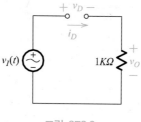

그림 3E2.3

이 경우 다이오드 전류 $i_D = 0$가 되므로

$$v_O = 1K\Omega \times 0A = 0[v]$$

가 된다.

따라서 v_O의 파형을 그리면 다음과 같다.

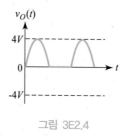

그림 3E2.4

 개념잡이

[정류기]: 그림 3E2.1의 회로와 같이 +/-의 양극으로 교번하여 평균값이 0인 교류신호(3E2.1(a))의 한 극성분만을 추출하여 평균값이 0이 아닌 맥류신호(3E2.4)로 변환하는 회로를 정류기라고 부른다.

예제 3.3

신호 $v_I(t)$가 그림 3E3.1(a)와 같다. 그림 3E3.1(b) 회로에서 출력전압 v_O의 파형을 그리시오.

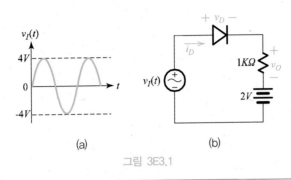

(a)   (b)

그림 3E3.1

풀이

$v_I(t) > 2V$ 구간에서는 다이오드가 순바이어스로 되므로 단락회로로 대체하고 다이오드 전류 $i_D(t)$를 구하면 다음과 같다.

$$i_D = \frac{v_I(t) - 2V}{1K\Omega}$$

여기서, 최대 다이오드 전류는

$$i_D = \frac{4-2}{1K\Omega} = 2mA$$

가 된다.

다이오드 전류 $i_D(t)$를 그래프로 그리면 아래 그림의 굵은 곡선으로 구해진다.

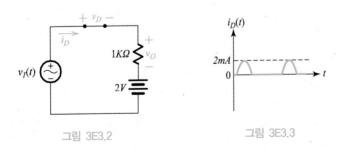

그림 3E3.2   그림 3E3.3

따라서 $1K\Omega$ 저항 양단에 걸리는 전압은 다음과 같이 구해진다.

$$v_O = 1K\Omega \times i_D$$

$v_I(t) < 2V$ 구간에서는 다이오드가 역바이어스로 되므로 개방회로로 대체하면 다이오드 전류 $i_D = 0$가 되므로 $v_O = 0V$가 된다.

따라서 v_O의 파형을 그리면 다음과 같다.

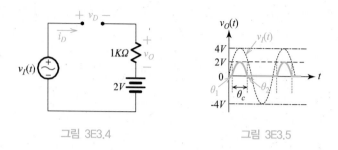

그림 3E3.4   그림 3E3.5

- **도통각**   여기서, 다이오드가 도통하는 경계점의 각도 θ_1 및 θ_2는 다음과 같이 구해진다.

$$4\sin\theta = 2 \rightarrow \theta_1 = 30^o, \quad \theta_2 = 150^o$$

따라서, 한 주기 동안의 도통하는 각도인 도통각 θ_c는

$$\theta_c = \theta_2 - \theta_1 = 150^o - 30^o = 120^o$$

가 된다.

3.3 실제 다이오드 특성

- **실제 다이오드의 특성**   앞 절의 이상적인 다이오드는 상상할 수 있는 이상적인 특성을 갖는 다이오드일 뿐 실제로 그대로 구현할 수는 없다. 실제로 사용되는 실제 다이오드는 주로 반도체의 접합특성을 이용하여 구현되며 그 특성은 이상적인 다이오드의 특성과 부분적으로 차이를 보이지만 근사적으로 닮았으므로 다이오드의 기능을 수행할 수 있다. 이 절에서는 실리콘 pn접합 다이오드를 예로서 실제 다이오드의 특성을 설명한다. 또한, 다이오드 단자에서의 전류-전압 특성을 결과식 위주로 다루고 물성적 이해와 동작원리는 뒤에서 다루기로 한다.

- **pn접합 다이오드의 특성**   pn접합 다이오드의 전류-전압 관계는 다음의 다이오드 수식으로 표현된다.

$$i_D = I_s(e^{\frac{v_D}{\eta V_t}} - 1) \tag{3.1}$$

여기서, I_S는 역포화전류(reverse saturation current), η는 이상인자(ideality factor), V_T는 열적전압(thermal voltage)이다.

위의 다이오드 수식을 그래프로 그리면 그림 3.3에 보인 pn접합 다이오드의 전류-전압 특성곡선을 얻는다. 특성곡선에서 볼 수 있듯이 다이오드의 특성은 다이오드 전압 $v_D > 0$인 순바이어스 영역과 다이오드 전압 $v_D < 0$인 역바이어스 영역으로 구분된다. 또한, 역바이어스 영역에서 역바이어스 전압이 지나치게 커지면 항복현상으로 인해 다이오드의 기능을 상실하게 되는데 이 영역을 항복 영역으로 구분한다. 따라서 다이오드의 특성은 순바이어스 영역, 역바이어스 영역 및 항복 영역의 세 영역으로 구분된다. 각 영역별로 특성을 살펴보면 다음과 같다.

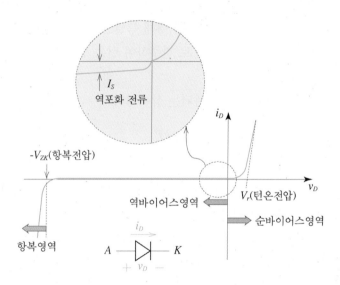

그림 3.3 pn접합 다이오드의 전류-전압 특성

● **순바이어스 특성** 다이오드 전압 $v_D > 0$이면 다이오드는 순바이어스 영역에서 동작하게 된다. 순바이어스 영역에서 다이오드 전류 i_D는 식 (3.1)의 다이오드 수식으로부터 다이오드 전압 v_D가 증가함에 따라 지수함수적으로 증가함을 알 수 있다. 지수함수의 특성상 전류가 커질수록 직선에 가까운 특성곡선이 된다. 따라서 i_D가 큰 영역에서의 특성곡선을 직선으로 근사하여 그 연장선이 v_D축과 만나는 점의 전압을 다이오드 **턴온 전압**(V_γ)으로 정의한다. 이 턴온 전압을 넘어서면서 다이오드의 전류는 급격히 증가하므로 턴온 전압을 다이오드가 턴온되는 임계전압으로 간주한다. 실리콘 다이오드의 경우 턴온 전압(V_γ)은 대략 0.7V이다. 따라서 실용 다이오드는 순바이어스되었다고 곧바로 턴온되지 않고 반드시 턴온 전압 이상

의 순바이어스가 인가되어야 턴온된다는 점에서 이상적인 다이오드와 차이를 보인다.

역포화전류 I_S는 그림 3.3의 확대 영역에서 보였듯이 역바이어스되었을 때 다이오드를 통해 흐르는 누설전류로서 극히 적은 양의 전류($10^{-14} \sim 10^{-15}$A)이다. 그러나 다이오드 수식에서 볼 수 있듯이 역포화전류 변화 비율은 곧바로 다이오드 전류 변화 비율로 나타나므로 다이오드 특성을 민감하게 변화시키는 변수가 된다. 또한, 역포화전류는 온도가 5℃ 증가할 때마다 대략 두 배씩 증가할 정도로 온도에 매우 민감하다.

이상인자(η)는 다이오드의 재료와 구조에 따라 1에서 2 사이의 값을 보이는 상수로서 Si의 경우 저전류 부분에서 2이고 턴온되어 전류가 많이 흐르면 1이 된다. 또한 Ge의 경우는 1이다. 앞으로 다이오드에 대해 특별한 언급이 없으면 이상인자(η)는 1로 간주하고 또한, 실리콘 다이오드로 간주하여 턴온 전압(V_γ)은 0.7V로 가정하기로 한다.

열적전압(V_t)은 다음 수식으로 표현되는 상수이다.

$$V_t = \frac{kT}{q} \tag{3.2}$$

여기서, k는 볼츠만 상수, T는 절대온도, q는 전자의 전하량을 의미하고, 상온(20℃)에서 열적전압은 $25mV$가 된다.

이후로, 특별한 언급이 없으면 이상인자(ideality factor) $\eta = 1$, 열적전압(thermal voltage) $V_t = 25mV$로 간주하기로 한다.

한편, $v_D \gg V_t$인 경우 식 (3.1)의 다이오드 수식은 다음과 같이 간략한 수식으로 근사된다.

$$i_D \approx I_s e^{\frac{v_D}{\eta V_t}} \tag{3.3}$$

● **다이오드 전류 변화에 대한 다이오드 전압 변화의 관계식** 식 (3.3)의 근사식은 다음과 같이 로그 수식으로 바꾸어 쓸 수 있다.

$$v_D = \eta V_t \ln \frac{i_D}{I_s} \tag{3.4}$$

다이오드 전류가 I_{D1}일 때의 다이오드 전압을 V_{D1}이라 하고, 다이오드 전류가 I_{D2}

일 때의 다이오드 전압을 V_{D2}이라 하면 식 (3.4)로부터

$$V_{D1} = \eta V_t \ln \frac{I_{D1}}{I_s}, \quad V_{D2} = \eta V_t \ln \frac{I_{D2}}{I_s}$$

따라서, 다이오드 전류 변화에 대한 다이오드 전압 변화의 관계식을 아래와 같이 구할 수 있다.

$$V_{D2} - V_{D1} = \eta V_t \ln \frac{I_{D2}}{I_{D1}} \tag{3.5}$$

식 (3.5)의 자연로그를 상용로그로 표시함으로써 아래의 식 (3.6)과 같은 다이오드 전류가 10의 지수적으로 변화함에 따른 다이오드 전압 변화 관계 수식을 얻을 수 있다.

$$V_{D2} - V_{D1} = 2.3 \eta V_t \log \frac{I_{D2}}{I_{D1}} \tag{3.6}$$

식 (3.6)은 다이오드 전류가 10배로 증가할 때 다이오드 전압은 $2.3\eta V_t$만큼 증가함을 보여주고 있다.

- **역바이어스 특성** 다이오드 전압 $v_D < 0$이면 다이오드는 역바이어스 영역에서 동작하게 된다. v_D 값이 음이고 그 크기가 $V_t (\approx 25mV)$의 수배 이상 커지면 식 (3.1)에서 지수함수 항이 1보다 매우 작아지므로 무시되어 다이오드 전류 $i_D \approx -I_s$가 된다. 이와 같이 역바이어스되었을 때 다이오드를 통해 흐르는 미세한 전류 I_s를 **역포화전류**라고 부른다. I_s는 수식상으로는 상수로 표현되었으나 실제로는 역바이어스 전압이 증가함에 따라 미세하게 증가하며 특히, 온도 증가에 대해서 매우 민감하게 증가하는 특성을 보인다.

- **항복 영역** 역바이어스 전압이 증가하여 일정 한계를 넘어서면 갑자기 다이오드의 전류가 급격히 증가하는데 이를 항복현상(breakdown)이라고 하고 이때의 한계전압을 **항복전압**(breakdown voltage: V_{ZK})이라고 한다. 항복현상이 발생하면 정상적인 다이오드의 기능을 상실하게 되므로 제너다이오드를 제외한 모든 다이오드는 항복현상이 발생하지 않는 범위 안에서만 사용한다.

- **다이오드의 온도 특성** I_s와 V_t가 온도에 대한 함수이므로 다이오드의 전류-전압 특성도 그림 3.4와 같이 변한다. 다이오드 전류는 온도가 증가함에 따라 증가하는 특성을 갖는다. 이를 고정된 다이오드의 전류로 표현하면 다이오드 전압은 온도가 증가함에 따라 감소하는 특성으로 나타나게 된다. 이 경우 다이오드의 전압은 식 (3.7)에서 표현된 것과 같이 온도가 1℃ 증가함에 따라 $2.2mV$씩 감소한다.

$$\frac{dV_D}{dT} \approx -2.2 \ \text{mV/}^\circ\text{C} \tag{3.7}$$

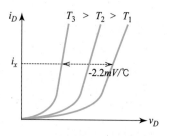

그림 3.4   다이오드의 온도 특성

pn접합 다이오드 전류식, 턴온 전압, 역포화전류, 항복전압

예제 3.4

다이오드 전압 $V_{D1} = 0.7V$일 때 다이오드 전류 $i_{D1} = 1mA$ 이었다. 다이오드 전류 $i_{D2} = 2mA$로 증가했다면 이때의 다이오드 전압 V_{D2}는 몇 V인가? (단, $T = 293^\circ \ K$, $\eta = 1$)

풀이

식 (3.5)로부터

$$V_{D2} - V_{D1} = \eta V_t \ln \frac{I_{D2}}{I_{D1}}$$

$$\rightarrow V_{D2} = V_{D1} + \eta V_t \ln \frac{I_{D2}}{I_{D1}} = 0.7 + 0.025 \ln \frac{2mA}{1mA} = 0.717V$$

즉, $V_{D2} = 717mV$가 된다.

3.4 다이오드 회로 직류해석

● **비선형회로해석**   다이오드와 같은 비선형소자가 포함된 회로를 비선형회로라고 부르며 지금까지 사용해온 선형회로해석법을 적용할 수 없다. 따라서 비선형회로를 해석할 수 있는 방법을 찾아야 한다.

3.4.1 부하선 개념

- **부하선 개념**   소자의 전류와 전압을 i_D와 v_D라는 변수로 놓고 전원(V_A), 부하(R) 및 소자를 그림 3.5(a)와 같이 직렬로 연결하여 폐루프를 형성한 후, 키르히호프의 전압법칙을 적용하면 i_D와 v_D를 관계 짓는 다음의 방정식을 얻는다.

$$i_D = -\frac{1}{R}v_D + \frac{V_A}{R} \tag{3.8}$$

식 (3.8)은 직선방정식으로서 i_D - v_D 평면상에 그리면 그림 3.5(b)와 같이 기울기가 $-1/R$이고 y축 절편이 V_A/R인 직선을 얻는다. 이 직선을 부하선(load line)이라고 하고 식 (3.8)을 부하선 방정식(load line equation)이라고 한다.

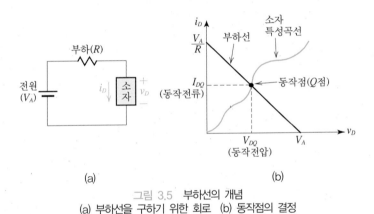

그림 3.5 부하선의 개념
(a) 부하선을 구하기 위한 회로 (b) 동작점의 결정

한편, 소자의 특성을 그림 3.5(b)에서와 보인 바와 같이 동일 그래프상에 그리면 그림 3.5(a)의 회로는 부하선과 소자 특성을 동시에 만족시키며 동작해야 하므로 두 선의 교점에서 동작하게 된다. 이 점을 **동작점**(operating point) 혹은 **Q점**(Quiescent point)이라고 하고, 이 점에서의 전압과 전류를 **동작전압**(V_{DQ})과 **동작전류**(I_{DQ})라고 부른다. 여기서, 부하선은 소자의 전류와 전압을 i_D와 v_D라는 변수로 놓고 구했으므로 소자의 특성과는 독립적이며 전원(V_A)과 부하(R)에 의해서만 결정된다. 따라서 부하선은 소자를 제외한 회로의 특성을 규정하고 있음을 알 수 있으며 소자를 어떤 다른 소자로 대체해도 부하선 방정식은 그대로 적용된다. 또한, 부하도 반드시 저항일 필요는 없으며 그런 경우 부하선은 직선이 아닌 곡선이 될 수도 있다.

부하선 개념을 이용하면 그래프적 작도만으로 회로의 동작점을 알아낼 수 있으므로 복잡한 비선형회로의 동작을 쉽게 해석할 수 있다.

3.4.2 부하선 개념을 이용한 그래프적 해석법

그림 3.6에 보인 간단한 다이오드 회로를 앞서 공부한 부하선 개념을 이용하여 그래프적으로 해석하기로 하자.

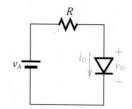

그림 3.6 간단한 다이오드 회로

소자인 다이오드의 전압을 v_D, 전류를 i_D라는 변수로 놓고, 그림 3.6의 다이오드 회로에 키르히호프의 전압법칙을 적용하면 다음의 부하선 방정식을 얻는다.

$$i_D = -\frac{1}{R}v_D + \frac{V_A}{R} \tag{3.9}$$

식 (3.9)로부터 부하선을 그리면 그림 3.7에서 보인 바와 같이 기울기가 $-1/R$이고 y축 절편이 V_A/R인 직선이 그려진다.

한편, 소자의 특성곡선을 그리려면 소자를 표현하는 모델을 구해야 한다. 비선형 소자를 표현하는 방법으로 가장 쉽게 떠올릴 수 있는 방법은 소자의 비선형적인 전류-전압 관계식을 그대로 모델로 사용하는 것이다.

소자가 다이오드인 경우 식 (3.10)과 같이 지수함수로 표현되는 다이오드 전류식을 그대로 다이오드 모델로 사용하며 이를 다이오드의 지수함수 모델이라고 부른다.

$$i_D = I_s e^{\frac{v_D}{\eta V_t}} \tag{3.10}$$

식 (3.10)의 지수함수 모델로써 다이오드 특성곡선을 그리면 그림 3.7에서와 같은 지수함수 곡선을 얻는다.

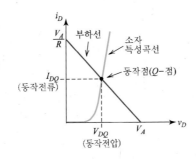

그림 3.7 부하선 개념을 이용한 그래프적 해석

다이오드 회로는 두 선의 교점인 동작점에서 동작한다. 그림 3.7에서 다이오드 전류 $i_D = I_{DQ}$가 되므로 그래프 눈금에서 읽음으로써 i_D의 값을 구할 수 있다. 마찬가지로 다이오드 전압 $v_D = V_{DQ}$가 되므로 그 값을 그래프에서 읽음으로써 v_D의 값도 구할 수 있다.

개념잡이

부하선 개념, 부하선 방정식, 동작점, 다이오드 지수함수 모델

예제 3.5

다음의 다이오드 회로에 대해 그래프적 해석법으로 푸시오. 단, 다이오드의 특성은 아래 모눈종이에 그려져 있다.

(a) 전원(V_A) = 2.0V, 부하(R) = 100Ω일 때 다이오드의 전압(v_D)과 전류(i_D)을 구하시오.

(b) 전원(V_A) = 2.0V, 부하(R) = 150Ω일 때 다이오드의 전압(v_D)과 전류(i_D)을 구하시오.

(c) 전원(V_A) = 2.0V, 부하(R) = 50Ω일 때 다이오드의 전압(v_D)과 전류(i_D)을 구하시오.

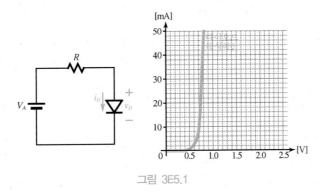

그림 3E5.1

풀이

(a) 전원(V_A) = 2.0V, 부하(R) = 100Ω일 때 식 (3.9)의 부하선 방정식에 V_A = 2.0V과 R = 100Ω을 대입하여 부하선을 그려서 다이오드 특성곡선과의 교점을 구하고 그 점에서의 값을 읽어내면 다음과 같다. 다이오드의 전압(v_D) = 0.70V 전류(i_D) = 13.0mA

(b) 전원(V_A) = 2.0V, 부하(R) = 150Ω일 때 마찬가지 방법으로,
    다이오드의 전압(v_D) = 0.67V 전류(i_D) = 8.7mA.

(c) 전원(V_A) = 2.0V, 부하(R) = 50Ω일 때 마찬가지 방법으로,
    다이오드의 전압(v_D) = 0.73V 전류(i_D) = 25.0mA.

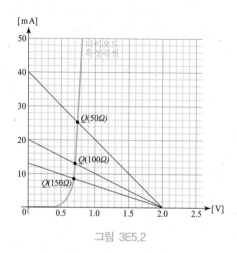

그림 3E5.2

예제 3.6

다음의 다이오드 회로에 대해 그래프적 해석법으로 푸시오. 단, 다이오드의 특성은 [예제 3.5]에서와 같다.

(a) 전원(V_A) = 2.0V, 부하(R) = 100Ω일 때 다이오드의 전압(v_D)과 전류(i_D)을 구하시오.

(b) 전원(V_A) = 2.5V, 부하(R) = 100Ω일 때 다이오드의 전압(v_D)과 전류(i_D)을 구하시오.

(c) 전원(V_A) = 1.5V, 부하(R) = 100Ω일 때 다이오드의 전압(v_D)과 전류(i_D)을 구하시오.

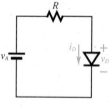

그림 3E6.1

풀이

(a) 전원(V_A) = 2.0V, 부하(R) = 100Ω일 때

   식 (3.9)의 부하선 방정식에 V_A = 2.0V과 R = 100Ω을 대입하여 부하선을 그려서 다이오드 특성 곡선과의 교점을 구하고 그 점에서의 값을 읽어내면 다음과 같다.

   다이오드의 전압(v_D) = 0.69V 전류(i_D) = 13.0mA.

(b) 전원(V_A) = 2.5V, 부하(R) = 100Ω일 때

   마찬가지 방법으로,

   다이오드의 전압(v_D) = 0.70V 전류(i_D) = 18.0mA.

(c) 전원(V_A) = 1.5V, 부하(R) = 100Ω일 때

   마찬가지 방법으로,

   다이오드의 전압(v_D) = 0.67V 전류(i_D) = 8.3mA.

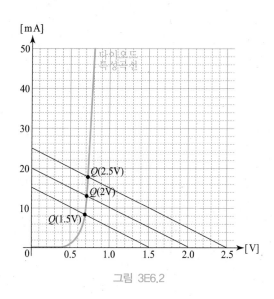

그림 3E6.2

3.4.3 해석을 위한 다이오드 근사 모델

비선형소자를 다루는 또 다른 방법은 소자의 비선형적인 특성을 구간별로 적절히 분할하고 분할된 각 구간특성을 직선으로 근사하여 선형 모델을 구축하는 것이다. 선형 모델을 사용할 경우 선형회로해석법을 적용할 수 있으므로 쉽고 빠른 해석이 가능해진다.

선형모델은 근사하는 정도에 따라 여러 형태로 모델화될 수 있다. 근사를 심하게 할 경우 모델이 단순해지는 반면 오차가 커지고, 근사를 적게 할 경우 오차는 적어지

나 모델이 복잡해지는 단점이 있다. 따라서 일반적으로 몇 가지의 모델을 구축하여 상황에 따라 적절한 모델을 선택하여 쓰도록 하고 있다.

1. 구간선형 모델

● **구간선형**　다이오드의 지수함수적 특성을 선형화하기 위한 구간분할은 턴온 전압을 경계로 하는 것이 일반적이다. 그림 3.8(a)의 점선으로 표시된 곡선은 pn접합 다이오드의 전류-전압 특성곡선이다. 이 특성곡선을 턴온 전압 V_γ를 경계로 두 구간으로 분할하고 각 구간을 직선으로 근사화함으로써 두 개의 직선구간을 얻을 수 있다.

턴온 이후의 직선구간은 기울기를 갖는 직선이다. 여기서, 기울기는 $\Delta i_D / \Delta v_D$로 턴온된 다이오드의 컨덕턴스, 즉 다이오드 턴온 저항의 역수가 된다. 다이오드 턴온 저항을 R_f로 표시하면 다음 식으로 표현된다.

$$기울기 \equiv \frac{di_D}{dv_D} = \frac{1}{R_f} \tag{3.11}$$

또한, 턴온이 되기 위해서는 V_γ만큼의 바이어스 전압이 필요하다. 이를 직류전압원 V_γ로 표현하여 등가회로를 구하면 그림 3.8(b)로 된다.

턴온 이전의 직선구간에서 $i_D = 0A$이므로 개방회로로 표현하여 그림 3.8(c)와 같은 등가회로를 얻는다.

이와 같이 다이오드의 비선형 특성을 구간별로 직선 근사하여 선형화한 모델을 **구간선형(piecewise linear) 모델**이라고 한다.

다이오드 회로를 해석할 때에는 먼저 다이오드 상태를 살펴서 $v_D > V_\gamma$이면 그림 3.8(b)의 턴온 등가회로를 적용하고, $v_D > V_\gamma$이면 그림 3.8(c)의 턴오프 등가회로를 적용하여 해석한다.

턴온 및 턴오프의 두 등가회로는 이상적인 다이오드를 사용하여 그림 3.8(d)와 같이 하나의 등가회로로 표현될 수도 있다.

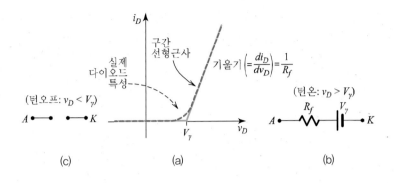

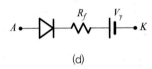

그림 3.8   구간선형(piecewise linear) 모델
(a) 다이오드의 비선형 특성의 구간선형   (b) 턴온 상태 다이오드의 등가회로
(c) 턴오프 상태 다이오드의 등가회로   (d) 이상적인 다이오드를 이용한 등가회로

예제 3.7

다음의 다이오드 회로에 대해 구간선형 모델을 써서 각 항에 답하시오. 단, $R_f = 20\Omega$, $V_\gamma = 0.7V$
이다.

(a) 전원$(V_A) = 5.0V$, 부하$(R) = 500\Omega$일 때 다이오드의 전압(v_D)과 전류(i_D)을 구하시오.

(b) 전원$(V_A) = 0.5V$, 부하$(R) = 500\Omega$일 때 다이오드의 전압(v_D)과 전류(i_D)을 구하시오.

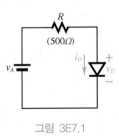

그림 3E7.1

풀이

(a) $V_A = 5.0V$이므로 다이오드는 턴온 상태압이다. 따라서 다이오드를 턴온 등가회로로 표현하면
그림 3E7.2(a)의 등가회로를 얻는다.

$$i_D = \frac{V_A - V_\gamma}{R + R_f} = \frac{5 - 0.7}{500 + 20} = 8.27mA$$

$$v_D = R_f i_D + V_\gamma = 20 \times 8.27 \times 10^{-3} + 0.7 = 0.865V$$

(b) $V_A = 0.5V < V_\gamma = 0.7V$이므로 다이오드는 턴오프 상태이다. 따라서 다이오드를 개방회로로 표현하면 그림 3E7.2(b)의 등가회로를 얻는다. 따라서

$$i_D = 0mA$$
$$v_D = 0.5V$$

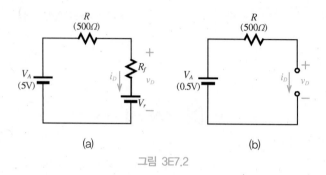

그림 3E7.2

2. 고정전압 모델

구간선형화 모델에서 R_f는 다이오드 턴온 상태의 특성을 보다 정확하게 표현해주는 이점이 있기는 하나 이로 인해 다이오드 회로해석에 번거로운 계산이 많이 추가된다. 따라서, 구간선형화 모델에서 턴온 저항 $R_f = 0$으로 근사하여 단순화하면 그림 3.9과 같은 다이오드 모델을 얻는데 이를 고정전압(constant voltage-drop) 모델이라 부른다.

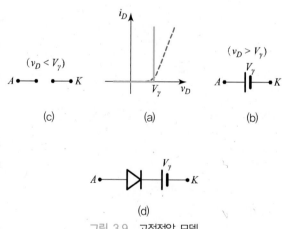

그림 3.9 고정전압 모델
(a) 고정전압–강하 특성 (b) 다이오드의 온상태 등가회로
(c) 다이오드의 오프 상태 등가회로 (d) 이상적인 다이오드를 이용한 등가회로

  고정전압 모델은 실제 다이오드의 턴온 전압(V_γ)만을 고려하여 단순화한 모델로 턴온 전압을 고려한 다이오드 회로의 단순 동작을 이해하는 데에 매우 유용한 모델이 된다.

예제 3.8

예제 3.7을 고정전압 모델을 써서 다시 풀어보고 다이오드의 전압(v_D)과 전류(i_D)의 변화 비율을 구해보시오.

풀이

(a) $V_A = 5.0V$이므로 다이오드는 턴온 상태압이다. 따라서 다이오드를 턴온 등가회로로 표현하면 그림 3E8.1(a)의 등가회로를 얻는다.

$$i_D = \frac{V_A - V_\gamma}{R} = \frac{5 - 0.7}{500} = 8.6mA$$

$$i_D \text{ 변화율} = \frac{8.6 - 8.27}{8.27} \times 100 = 4\%$$

$$v_D = V_\gamma = 0.7V$$

$$v_D \text{ 변화율} = \frac{0.865 - 0.7}{0.865} \times 100 = 19.1\%$$

(b) $V_A (= 0.5V) < V_\gamma (= 0.7V)$이므로 다이오드는 턴오프 상태이다. 따라서 다이오드를 개방회로로 표현하면 그림 3E8.1(b)가 되어 그림 3E7.2(b)와 동일한 등가회로를 얻는다. 따라서

$$i_D = 0mA$$

$$v_D = 0.5V$$

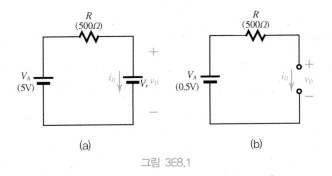

(a)   (b)

그림 3E8.1

3. 이상적인 다이오드 모델

고정전압 모델에서 턴온 전압(V_γ)마저도 무시하여 극단적으로 단순화할 경우 그림 3.10과 같은 이상적인 다이오드 모델(ideal diode model)로 된다. 이상적인 다이오드 모델은 다이오드 회로의 기능을 간략히 파악하고자 할 때에 유용하게 사용된다.

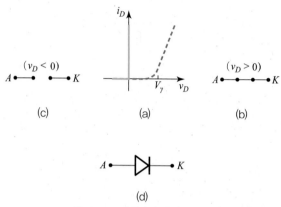

그림 3.10 이상적인 다이오드 모델
(a) 이상적인 다이오드 특성 (b) 다이오드의 온상태 등가회로
(c) 다이오드의 오프 상태 등가회로 (d) 이상적인 다이오드 심벌

예제 3.9

예제 3.7을 이상적인 다이오드 모델을 써서 다시 풀어보고 다이오드의 전압(v_D)과 전류(i_D)의 변화 비율을 구해보시오.

풀이

(a) $V_A = 5.0V$이므로 다이오드는 턴온 상태압이다. 따라서 다이오드를 턴온 등가회로로 표현하면 그림 3E9.1(a)의 등가회로를 얻는다.

$$i_D = \frac{V_A}{R} = \frac{5}{500} = 10mA \qquad i_D \text{ 변화율} = \frac{10-8.27}{8.27} \times 100 = 20.9\%$$

$$v_D = 0V \qquad v_D \text{ 변화율} = \frac{0.865-0}{0.865} \times 100 = 100\%$$

(b) $V_A(= 0.5V) > 0V$이므로 다이오드는 턴온 상태압이다. 따라서 다이오드를 단락회로로 표현하면 그림 3E9.1(b)의 등가회로를 얻는다. 따라서

$$i_D = \frac{V_A}{R} = \frac{0.5}{500} = 1mA \qquad v_D = 0 \times 1mA = 0V$$

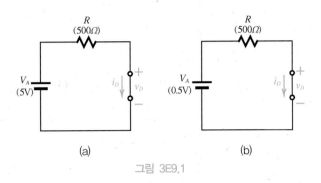

그림 3E9.1

다이오드 선형화 모델 3가지: 구간선형 모델, 고정전압 모델, 이상적인 다이오드 모델

3.5 다이오드 회로 소신호 해석

3.5.1 다이오드 소신호 동작의 그래프적 이해

다이오드의 소신호 동작을 이해하기 위해 그림 3.11(b)의 다이오드 회로를 생각하기로 한다. 앞서 예제 3.6에서 인가전압 V_A가 변화함에 따라 부하선이 평행이동을 함을 확인했다. 여기서는 인가전압 V_A를 직류전원 V_{BB}에 사인파형의 소신호 $v_s(t)(= V_m \sin(\omega t))$를 더해줘서 그림 3.11(a)에서 보인 것과 같은 파형을 인가한다.

인가된 사인파 소신호가 다이오드 회로에서 어떻게 작용하는지를 소신호 성분에 주목하여 살펴보기로 한다.

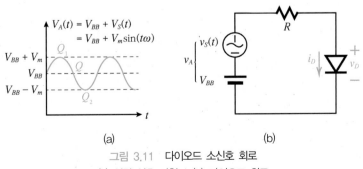

그림 3.11 다이오드 소신호 회로
(a) 입력 신호 파형   (b) 다이오드 회로

먼저, 소신호 $v_s(t) = 0$일 때를 가정하면 $V_A = V_{BB}$가 되므로 그림 3.11(b) 회로에 키르히호프의 전압법칙을 적용하면 식 (3.12)의 부하선 방정식을 얻는다.

$$i_D = -\frac{1}{R}v_D + \frac{V_{BB}}{R} \tag{3.12}$$

위 식으로부터 부하선을 그리면 그림 3.12의 실선으로 그려진다. 동작점은 다이오드 특성곡선과의 교점인 Q점에서 형성되므로 다이오드 전류 $i_D = I_{DQ}$, 전압 $v_D = V_{DQ}$가 된다.

이 상태에서 진폭이 V_m인 사인파 $v_s(t)$를 인가하면 그림 3.11(a)에 보인 것처럼 V_A는 V_{BB}를 중심으로 V_m만큼의 증가와 감소를 반복한다. V_A의 증감은 그림 3.12의 점선으로 표시된 것같이 부하선을 상하로 평행 이동시켜주고 이에 따라 Q점은 Q_1과 Q_2 사이를 반복적으로 오간다. 이 같은 소신호 $v_s(t)$에 의한 Q점의 움직임은 그림 3.12에서처럼 $v_s(t)$와 같은 모양의 $i_d(t)$와 $v_d(t)$를 발생시킨다. 이들은 각각 I_{DQ}와 V_{DQ}를 기준 레벨로 하고 있으므로 직류성분과 소신호 성분을 함께 표현하면 다음과 같다.

$$i_D(t) = I_{DQ} + i_d(t) \tag{3.13}$$

$$v_D(t) = V_{DQ} + v_d(t) \tag{3.14}$$

결과적으로 직류성분인 전압 V_{BB}는 다이오드의 직류 동작점 I_{DQ}와 V_{DQ}를 결정하고 있음을 알 수 있다. 반면에 교류성분인 소신호 $v_s(t)$는 교류성분의 소신호 $i_d(t)$와 $v_d(t)$를 발생시키고 있음을 알 수 있다.

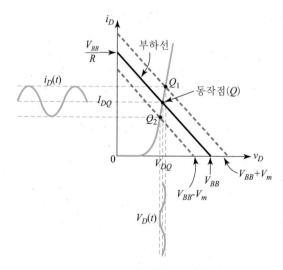

그림 3.12 다이오드의 소신호 동작

　　따라서 만약에 인가된 소신호에 대한 소신호 출력에만 관심이 있다면 교류등가회로를 통해 소신호 성분만을 다룸으로써 해석을 매우 단순화할 수 있다. 더구나 소신호는 동작점 Q를 중심으로 극히 좁은 영역 내에 국한되어 동작하므로 Q점에서의 특성을 모델화하는 것으로 정확한 교류등가회로를 얻을 수 있다.

3.5.2 다이오드의 소신호 모델

1. 대신호 모델과 소신호 모델

● **대신호 모델과 소신호 모델** 　구간별로 선형화한 모델의 경우 구간마다 모델 특성이 다르므로 신호가 어느 구간에서 동작하는가를 고려하여 거기에 맞는 모델을 적용하여야 한다. 그러나 신호가 아주 작을 경우 어느 한 구간 내에서만 동작할 것이다. 반면에 신호가 커질수록 여러 구간을 거치면서 동작하게 되며 아주 커질 경우 모든 구간을 거치면서 동작할 것이다. 따라서 신호의 크기에 따라서 요구되는 모델 범위가 달라지게 된다.

　　실제로 소자모델은 신호의 크기에 따라 대신호 모델과 소신호 모델로 구분한다. 신호 크기가 커서 소자의 비선형 특성 전 영역에 걸쳐 동작할 경우 비선형 전 영역을 모델화해야 하며 따라서 여러 구간으로 분할하여 구간별로 선형근사를 하게 된다. 이러한 모델을 **대신호 모델**(large signal model)이라고 한다. 따라서 앞 절에서 설명한 구간선형 모델을 비롯한 3종류의 다이오드 모델은 대신호 모델인 것이다. 반면에 신호가 극히 작아서 소자의 전체 비선형영역 중 극히 좁은 영역에만 국한되어 동작할 경우 그 좁은 구간만 선형근사하여 모델을 구한다. 이러한 모델을 소신호 모델(small signal model)이라고 한다.

2. 다이오드의 소신호 모델

● **다이오드의 소신호 모델** 　그림 3.13에서 보인 것처럼 다이오드 특성곡선에서 Q_1과 Q_2 사이 구간을 직선으로 근사할 경우 교류등가저항 r_d는 직선기울기의 역수로써 구해진다. 직선기울기는 동작 구간의 중간점인 동작점(Q)에서 특성곡선의 기울기를 구해 얻는다. 결국, 교류등가저항 r_d는 동작점(Q)에서 다이오드 동저항이 됨을 알 수 있다. 따라서 이 저항 r_d를 **다이오드 소신호 저항**(diode small-signal resistance) 혹은 **동저항**(dynamic resistance)이라고 부른다.

　　식 (3.3)의 다이오드 수식으로부터 동작점에서의 기울기를 구하면 식 (3.15)와 같이 다이오드 소신호 컨덕턴스(diode small-signal conductance: g_d) 수식이 구해진다.

$$g_d \equiv \frac{1}{r_d} \equiv \frac{di_D}{dv_D}\bigg|_{v_D=V_{DQ}} = \frac{d[I_s(e^{\frac{v_D}{\eta V_t}}-1)]}{dv_D}\bigg|_{v_D=V_{DQ}} = \frac{I_{DQ}}{\eta V_t} \tag{3.15}$$

따라서 다이오드 소신호 저항 r_d는 다음의 수식으로 표현된다.

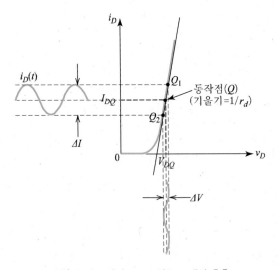

그림 3.13   다이오드 소신호 모델의 추출

$$r_d = \frac{1}{g_d} = \frac{\eta V_t}{I_{DQ}} \tag{3.16}$$

특히, $\eta = 1$이고 상온($T = 293°K$)이라고 가정하면 r_d는 다음과 같이 동작점에서의 다이오드 전류 I_{DQ}만으로 간단히 구해진다.

$$r_d = \frac{25 \text{ mV}}{I_{DQ}} \tag{3.17}$$

● 다이오드 소신호 모델   다이오드의 소신호 모델은 그림 3.14에서와 같이 동저항 r_d로 간단히 표현된다.

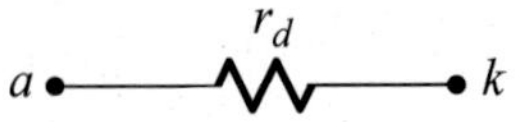

$$a \bullet\!\!-\!\!-\!\!-\!\!\overset{r_d}{\wedge\!\!\wedge\!\!\wedge}\!\!-\!\!-\!\!-\!\!\bullet k$$

그림 3.14   다이오드의 소신호 모델

예제 3.10

그림 3E10.1의 회로에서 직류전원 $V_{BB} = 2V$, 교류신호 $v_s(t) = 1 \times 10^{-4} \sin(\omega t)V$ 및 $R = 100\Omega$ 일 때 다음 각 항목에 답하시오. (단, $T = 293\degree K$, $\eta = 2$)

(a) 교류등가회로를 그리시오.

(b) 교류 소신호 $v_s(t)$에 의해서 발생한 다이오드 소신호 전류 i_d, 다이오드 소신호전압 v_d 및 저항 R 의 소신호전압 v_R을 구하시오.

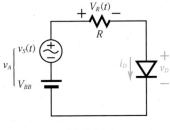

그림 3E10.1

풀이

(a) 다이오드 동작전류 I_{DQ}

$$I_{DQ} = \frac{V_{BB} - V_\gamma}{R} = \frac{2 - 0.7}{100} = 13mA$$

다이오드 동저항 r_d

$$r_d = \frac{2 \times 25\,mV}{I_{DQ}} = \frac{50 \times 10^{-3}V}{13 \times 10^{-3}A} = 3.85\Omega$$

따라서 교류등가회로는

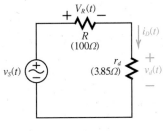

그림 3E10.2

(b) 다이오드 소신호 전류 i_d

$$i_d(t) = \frac{v_s(t)}{R + r_d} = \frac{1 \times 10^{-4} \sin(\omega t)}{103.85} = 0.96 \sin(\omega t) \ [\mu A]$$

다이오드 소신호전압 v_d

$$v_d(t) = r_d i_d(t) = 3.85 \times 0.96 \times 10^{-6} \sin(\omega t) = 3.7 \sin(\omega t) \ [\mu V]$$

소신호전압 $v_R(t)$

$$v_R(t) = R i_d(t) = 100 \times 0.96 \times 10^{-6} \sin(\omega t) = 96 \sin(\omega t) \ [\mu V]$$

3. 다이오드의 고주파 모델

● 고주파 모델 pn접합에는 매우 적은 양의 커패시터 성분이 기생적으로 생성되는
데 이를 기생(parasitic) 커패시터라고 한다. 이 기생 커패시터는 일반적으로 매우 작
은 양이어서 낮은 주파수에서는 거의 영향을 주지 못하나 고주파 대역의 높은 주
파수에서는 적지 않은 영향을 미치므로 그 영향을 고려하여야 한다.

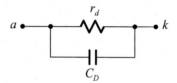

그림 3.15 다이오드의 고주파 모델

따라서 그림 3.15에 보인 것처럼 다이오드 소신호 모델에 병렬로 기생 커패시터
를 연결하여줌으로써 고주파 모델을 얻는다.

3.6 반도체 물성과 다이오드 동작의 이해

오늘날 전자소자는 거의가 반도체로 만들어진다. 따라서 전자소자를 이해하기 위
해서는 반도체를 이해할 수 있어야 한다. 특히, pn접합 다이오드는 가장 기본적인 반
도체 소자로서 다른 반도체 소자를 이해하는 데에 바탕이 된다. pn접합 다이오드를
이해하는 것은 반도체 소자를 이해하는 근간이 되므로 중요하게 다루고자 한다. 그
러나 어려운 수식을 동원한 엄밀한 설명보다는 물성적인 개념을 쉽게 이해할 수 있
도록 하는 데에 역점을 두고 설명한다.

3.6.1 간단한 반도체 물성 이야기

● **고체 내부에서 흐르는 전류** 전류란 무엇인가? 전하를 띤 입자의 움직임이 전류이다. 그렇다면 전하는 어디서 발생하는가? 원자에는 그림 3.16(a)에 보인 것처럼 양전하를 띠고 핵 속에 있는 양성자와 음전하를 띠고 그 외각을 돌고 있는 전자가 같은 수로 존재한다. 이들은 원자라는 극히 작은 공간에 갇혀 있으므로 거시적으로 보면 양전하와 음전하가 중화되어 전하가 없는 중성의 물질로 보인다. 그러나 어떤 이유에서건 원자 내의 전자가 떨어져 나간다면 그 전자는 음전하를 띤 입자가 되고 남아 있는 원자는 양이온이 되어 양전하를 띤 입자가 된다.

이러한 전하입자가 기체 상태로 움직이며 전류를 발생시키는 예가 번개이다. 번개는 양전하를 띤 구름과 음전하를 띤 구름이 근접하여 방전되면서 강한 전류가 흘러 발생한 아크 빛이다. 액체 상태에서 흐르는 전류의 예는 소금물의 전기분해에서 볼 수 있다. 소금이 물에 녹아 나트륨이란 양이온과 염소란 음이온의 전하입자가 되고 이들이 전계에 의해 움직임으로써 전류가 흐르는 것이다.

그렇다면 반도체와 같은 고체에서는 어떻게 전류가 흐르는 것일까? 고체 내부의 원자는 그림 3.16(b)에 보인 것처럼 매우 규칙적이고 강하게 결합되어 있으므로 이온상태압의 원자가 움직이는 것은 생각할 수 없다. 따라서 고체 내부에서 움직일 수 있는 전하입자는 전자가 된다. 그렇다면 전자가 움직일 수 있는 여건은 어떨 지를 알아보기 위해 전자의 입장에 서보자. 전자는 핵 속의 양자에 의해 끌어당겨지므로 사람이 지구에 의해 끌어당겨지는 것과 같은 상황이다. 따라서 핵으로부터 멀어질수록 위치에너지가 커지므로 그림 3.16(b)에서 볼 수 있듯이 고체 내부에서 원자가 일렬로 줄지어 있는 줄을 따라 움직이면 위치에너지는 그림 3.17(a)와 같이 핵의 위치에서 가장 낮고 핵과 핵 사이에서 가장 높아지는 것이 반복되어 마치 우물 모양이 형성되는데 이를 포텐셜 웰(potential well)이고 한다.

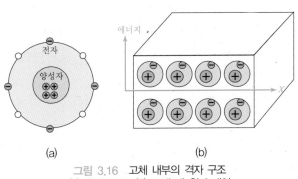

그림 3.16 고체 내부의 격자 구조
(a) 원자 구조 (b) 고체 내 원자 배열

이와 같은 포텐셜 웰 안에서 전자가 존재하는 형태를 양자역학으로 풀어보면 그림 3.17(a)에서 볼 수 있듯이 전자가 존재할 수 있는 에너지 레벨이 불연속적으로 분포하여 대역을 형성하고 그 사이는 전자가 존재할 수 없는 금지대역이 형성된다. 전자가 움직이기에 가장 용이한 레벨은 핵과의 인력이 가장 약한 최상위 레벨의 대역이 될 것이다. 그러나 이 최상위 레벨에서조차도 핵과 핵 사이에 존재하는 에너지 장벽으로 인해 전자가 이동할 수 없어 고체 내에서는 전자의 이동이 불가능해 보인다.

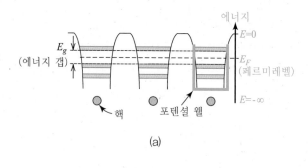

(a)

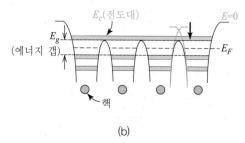

(b)

그림 3.17　고체 내부의 에너지 레벨
(a) 격자 간격이 넓은 경우　(b) 격자 간격이 좁은 경우

그러나 실제의 원자와 원자 사이는 매우 좁으므로 그림 3.17(b)에서와 같이 장벽의 양 끝이 겹쳐짐으로써 낮아져서 전자가 자유롭게 이동할 수 있는 통로가 형성된다. 이를 전도대(conduction band: E_c)라고 한다. 전도대 바로 아래 대역을 기저대(valance band: E_v)라고 하고 이 두 대역으로 에너지 밴드 다이어그램(energy band diagram)을 나타낸다.

기저대에 있는 전자는 상온에서 열적으로 여기되면 금지대역인 에너지 갭(energy gap: E_g)을 뛰어넘어 전도대로 올라갈 수 있다. 전도대로 올라온 전자는 자유롭게 움직일 수 있는 전하입자(반송자)가 되므로 전계가 가해지면 전류가 흐르게 되므로 고체 내에서도 전류가 흐를 수 있게 된다.

● 부도체, 반도체 및 도체   그림 3.18은 부도체, 반도체 및 도체의 에너지 갭을 비교하여 보여준다. 에너지 갭이 매우 큰 물질은 상온에서 전도대로 전자가 거의 못 올라오므로 자유롭게 움직일 수 있는 전하입자가 없고 전류가 흐르지 못한다. 이런 물질을 부도체라고 한다. 반면에 도체의 경우 전도대가 기저대와 겹쳐 있으므로 상온에서 기저대의 모든 전자가 자유롭게 움직일 수 있는 전하입자가 되어 전류가 매우 잘 흐르게 된다.

반도체는 상온에서 소수지만 전자가 전도대로 올라온다. 따라서 부도체처럼 전류가 전혀 못 흐르는 것은 아니지만 도체처럼 전류가 잘 흐르지도 못하는 특성을 보인다.

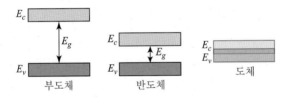

그림 3.18 **부도체, 반도체 및 도체의 에너지 밴드 다이어그램**

● 진성반도체   순수 실리콘 결정체는 4가 원소인 실리콘이 그림 3.19와 같이 공유결합을 하여 최외각 전자가 8인 것처럼 안정된 결합을 이룬다. 이와 같이 불순물 없이 순수 실리콘만으로 이루어진 반도체를 **진성반도체**라고 한다.

진성반도체는 상온에서 기저대의 전자 중 매우 소수가 열적으로 여기되어 전도대로 뛰어 올라간다. 이 경우 전도대로 전자 1개가 올라가면 기저대에는 1개의 전자가 빠져나간 빈자리인 정공이 형성된다. 따라서 열적 여기에 의해 전자가 생성될 때는 항상 전자-정공 쌍으로 생성된다. 전도대의 전자 수와 기저대의 전자의 빈자리인 정공의 수가 같으므로 전자가 존재할 확률이 1/2로 정의되는 페르미레벨(E_F)은 전도대와 기저대의 중앙에 위치하게 된다. 이때의 페르미레벨을 특별히 진성레벨(E_i)이라고 부른다. 따라서 **진성반도체에서는 $E_F = E_i$가 된다.**

기저대의 정공은 양전하를 띤 입자로 작용하여 전도대의 전자와 마찬가지로 자유롭게 움직일 수 있는 전하입자가 된다. 따라서 반도체에는 전자와 정공이라는 2종류의 반송자가 존재한다. 그러나 상온에서 열적으로 생성되는 전자-정공 쌍은 극히 적은 수이므로 진성반도체의 전기적 특성은 부도체에 가까울 정도로 전류가 잘 흐르지 못한다.

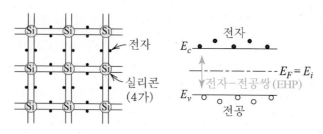

그림 3.19 진성반도체

- **n형 반도체**   진성반도체에 인(P)과 같은 5가 불순물을 첨가한 것을 n형 반도체라
고 한다. 이 경우 그림 3.20에서와 같이 인(P) 원자는 주변의 4가 실리콘 원자와
공유결합하고 전자가 1개 남게 된다. 이 잉여전자는 전도대 바로 아래에 불순물
레벨이라는 새로운 에너지 레벨을 형성하여 그 안에 있게 된다. 이 전자는 전도대
바로 아래에 있으므로 상온에서 열적 여기에 의해 거의 모두가 전도대로 올라간
다. 따라서 첨가하는 불순물의 농도를 높일수록 전도대의 전자 수가 많아져서 도
체처럼 전류가 잘 흐르게 된다. 이 경우 불순물은 전자-정공 쌍이 아닌 전자만을
생성하므로 전자의 수가 정공의 수에 비해 월등히 많아진다. 따라서 n형 반도체
에서 전자를 다수 반송자라고 하고 정공을 소수 반송자라고 한다. 또한, 기저대의
정공 수보다 전도대의 전자 수가 많으므로 페르미레벨이 전도대 쪽으로 이동하여
n형 반도체에서는 $E_F > E_i$가 된다.

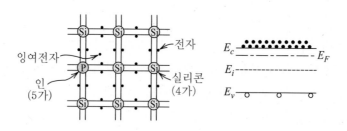

그림 3.20 n형 반도체

- **p형 반도체**   진성반도체에 붕소(B)와 같은 3가 불순물을 첨가한 것을 p형 반도체
라고 한다. 이 경우 그림 3.21에서와 같이 붕소(B) 원자는 주변의 4가 실리콘 원자
와 공유결합하기 위해 전자가 1개 모자라게 되므로 전자의 빈자리인 정공을 생성
한다. 이 정공은 기저대 바로 위에 불순물 레벨을 형성하여 전자가 들어올 수 있
는 빈자리를 만들게 된다. 이 빈자리는 기저대 바로 위에 있으므로 상온에서 열적
여기에 의해 거의 모든 빈자리가 기저대의 전자에 의해서 채워지고 기저대에 그
수만큼의 정공을 생성한다. 따라서 첨가하는 불순물의 농도를 높일수록 기저대의

정공 수가 많아져서 도체처럼 전류가 잘 흐르게 된다. 이 경우도 불순물은 전자-정공 쌍이 아닌 정공만을 생성하므로 정공의 수가 전자의 수에 비해 월등히 많아진다. 따라서 p형 반도체에서 정공을 다수 반송자라고 하고 전자를 소수 반송자라고 한다. 또한, 전도대의 전자 수보다 기저대의 정공 수가 많으므로 페르미레벨이 기저대 쪽으로 이동하여 p형 반도체에서는 $E_F < E_i$가 된다.

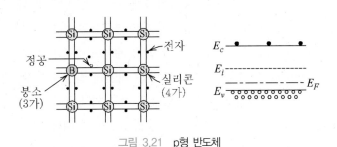

그림 3.21 p형 반도체

3.6.2 pn접합 다이오드

● pn접합   p형 반도체와 n형 반도체를 접합하면 어떤 현상이 발생할까? 모든 입자는 농도가 높은 곳에서 낮은 곳으로 이동하려는 힘을 갖는 것은 물리학의 기본 법칙 중의 하나이며 이 힘을 확산력이라고 부른다.

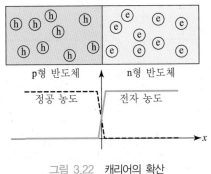

그림 3.22 캐리어의 확산

p형 반도체 내에는 정공이라는 입자의 농도가 매우 높은 반면 n형 반도체 내에는 전자라는 입자의 농도가 매우 높다. 따라서 이들이 접합되면 그림 3.22에서 볼 수 있듯이 정공과 전자의 농도차가 발생하므로 이들에게 확산력이 작용한다. 따라서 p형 반도체 내의 정공은 n형 반도체 내로 확산되고, n형 반도체 내의 전자는 p형 반도체 내로 확산되어 이동하게 된다.

n형 반도체 내의 전자가 p형 반도체 내로 이동하는 경우 그림 3.23에서 볼 수 있듯이 n형 반도체 내에는 중성인 원자에서 전자가 빠져나감에 따라 양이온만이 남게 되므로 양의 전하를 형성하며 이를 **공간전하**라고 한다. 또한, 전자가 이동하여 없어지므로 반송자가 없는 절연 영역이 된다. 한편, p형 반도체 내로 넘어온 전자는 p형 반도체 내에 있는 빈자리인 정공에 결합하여 함께 상쇄되지만 중성인 원자에 전자가 추가됐으므로 음이온을 형성하게 되고 p형 반도체 내에 음의 공간전하를 형성한다. 또한, 이 영역에는 정공이 사라졌으므로 반송자가 없는 절연 영역이 된다. 결국 전자와 정공의 확산으로 접합 경계를 중심으로 양쪽에 서로 상반되는 극성의 공간전하층을 형성하게 되고 이 층 내에는 반송자가 없으므로 **공핍층**이라고 부른다. 확산이 진행됨에 따라 공핍층도 계속 확대된다.

한편, 공핍층 내에는 서로 상반되는 극성의 공간전하에 의해 전계가 형성된다. 이 전계는 전자와 정공의 확산을 저지하는 방향으로 작용한다. 공핍층이 확대됨에 따라 이 전계의 세기도 증가하게 된다. 따라서 확산력과 전계에 의한 반발력이 서로 같아질 때에 확산이 멈춰지며 이 상태를 **평형 상태**라고 한다. 따라서 공핍층은 일정한 두께를 갖게 된다.

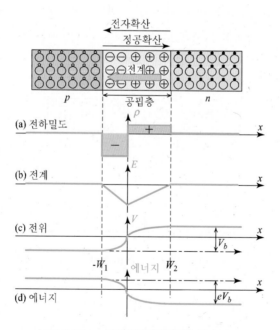

그림 3.23 pn접합에서 전위장벽의 형성 과정

그림 3.23(a)는 공핍층 내의 공간전하 밀도를 보여준다. 그림 3.23(b)는 상반되는 극성의 공간전하에 형성된 전계의 분포를 보여준다. 전계를 거리 x로 적분하면 그

림 3.23(c)의 전위 분포가 구해진다. 즉, 두 접합 사이에는 V_b만큼의 전위차가 생긴다. 이 전위차는 공핍층 내의 공간전하에 의해서 생성된 것으로 반송자의 확산을 막는 작용을 하므로 장벽으로 인식된다. 따라서 이 전위차 V_b를 **전위장벽**이라고 하며 실리콘 다이오드의 경우 $0.7V$ 정도가 된다.

에너지 밴드는 전위에 전자의 음전하량(e)를 곱하여 표현하므로 그림 3.23(d)와 같이 전위 분포가 뒤집힌 모양이 된다. 따라서 에너지 밴드는 p형에서 높고 n형에서 낮아지게 되어 그림 3.24와 같은 모양으로 굽게 된다. 이 경우 확산력과 전계의 힘이 평형을 이루고 있으므로 전자나 정공의 이동이 없고 전류도 흐르지 않는다.

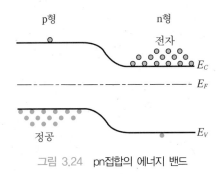

그림 3.24 pn접합의 에너지 밴드

한편, 그림 3.25(a)와 같이 바이어스 전압(V_D)을 인가한 경우를 살펴보자.

- **순바이어스 특성** 우선, 그림 3.25(b)와 같이 순바이어스($V_D > 0$)를 인가한 경우, 바이어스 전원은 공핍층 내의 전계와 반대 방향의 전계를 야기시키므로 공핍층 내의 전계를 감소시켜준다. 따라서 확산력이 전계의 반발력보다 커져서(=전위장벽이 낮아져서) 전자와 정공의 확산이 진행되어 전류가 흐르게 된다. 바이어스 전압(V_D)에 따른 전자와 정공의 확산량을 계산하여 전류 수식을 구하면 식 (3.1)의 다이오드 수식을 얻게 된다.

- **역바이어스 특성** 반면에 그림 3.25(c)와 같이 역바이어스($V_D < 0$)를 인가한 경우, 바이어스 전원은 공핍층 내의 전계와 같은 방향의 전계를 야기시키므로 공핍층 내의 전계를 증가시켜준다. 따라서 전계의 반발력이 확산력보다 커져서(=전위장벽이 높아져서) 전자와 정공의 확산이 더욱 어려워지므로 전류가 흐르지 못한다. 이 경우 소수 반송자(n형 내의 정공 과 p형 내의 전자)의 입장에서는 거꾸로 순바이어스 상태가 되므로 소수 반송자에 의한 전류가 흐르게 된다. 이것이 **역포화전류**이다. 그러나 상온에서 소수 반송자의 수는 극히 적으므로 역포화전류도 극히 미세한 전류가 된다.

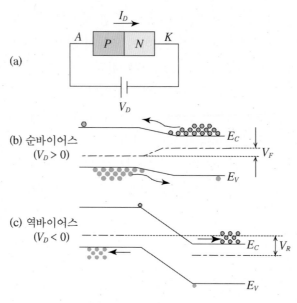

그림 3.25 바이어스에 따른 에너지 밴드의 변화

- **pn⁺ 접합** pn접합이 순바이어스일 때에 흐르는 전류는 전자와 정공의 확산에 의해서 흐른다. 만약 n형에서의 전자 농도가 p형에서의 정공 농도보다 높을 경우 전자에 의한 전류 성분이 정공에 의한 것보다 커진다. 전자 농도가 정공 농도보다 극단적으로 높을 경우(즉, pn⁺ 접합) 전자에 의한 전류 성분이 정공에 의한 것에 비해 극히 크므로 정공에 의한 전류를 무시하여 전체 다이오드 전류가 전자의 확산에 의해 흐른다고 간주하기도 한다. 이것은 BJT 트랜지스터 동작을 이해하는 데 있어 매우 중요한 특성이 된다.

  만약에 베이스인 p형 반도체의 불순물 농도(P)에 비해 이미터인 n형 반도체의 불순물 농도(N⁺)를 상대적으로 매우 높게 하면(N⁺ ≫ P) 다이오드 전류는 주로 전자주입에 의해서 이루어지고 그림 5.3에서 점선 화살표로 표시된 정공 주입량은 상대적으로 매우 적어 무시할 수 있게 된다. 따라서 이미터 접합 다이오드에 흐르는 전류는 전적으로 이미터로부터 베이스로 주입되는 전자에 의해서 이루어지는 것으로 간주하자.

3.6.3 다이오드의 항복현상

역바이어스 전압이 한계를 넘어 증가하면 다이오드의 역방향 전류가 갑자기 급격히 증가하는 항복현상이 발생한다. 항복현상은 다음의 2가지 원리에 의해 발생한다.

- **애벌런치 항복**   다이오드의 역바이어스 전압이 증가함에 따라 공핍층이 넓어지고 공핍층 내의 전계도 강해진다. 이때 공핍층 내에서 열적 여기에 의해 쌍으로 생성된 전자와 정공이 그림 3.26에서 보인 것처럼 가속을 받아 공핍층 내의 원자와 충돌함으로써 전자-정공 쌍을 생성하고 이렇게 생성된 전자와 정공이 또 다른 원자와 연쇄적으로 충돌하여 반송자가 기하급수적으로 증가하게 됨으로써 갑자기 큰 전류가 흐르게 되는데 이것을 애벌런치 항복(Avalanche breakdown)이라 한다.

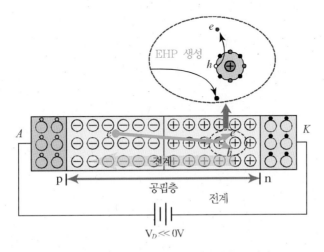

그림 3.26 공핍층 내에서의 애벌런치 항복 과정

- **제너 항복**   전계가 대략 $2 \times 10^7 \text{V/m}$보다 강해질 경우 반도체 원자의 가전자의 결합이 강한 전계에 의해 끊어짐으로써 전자-정공 쌍을 형성하게 되어 대량의 반송자가 갑자기 생성됨으로써 큰 전류가 흐르게 되는데 이를 제너 항복(Zener break-down)이라고 한다. 제너 항복은 불순물의 도핑 농도를 매우 높게 하여 다이오드를 제작할 경우 주로 이 원리에 의해 항복현상이 발생한다. 그림 3.27은 제너 항복이 발생할 때의 에너지밴드와 항복 과정을 보여주고 있다.

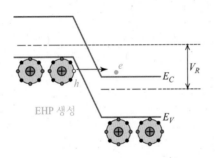

그림 3.27 제너 항복 과정

제너다이오드와 같이 불순물 농도가 높은 경우 pn접합의 전위장벽이 매우 얇게 형성되므로 그림 3.27에서 볼 수 있듯이 기저대역의 전자가 장벽을 넘지 않고 관통하여 반대편 전도대역으로 이동하는 터널링(tunnelling) 현상이 발생한다. 따라서 제너 항복은 터널링 현상으로도 설명된다.

[3.1] 다음의 이상적인 다이오드 회로에서 i_D와 v_D를 구하시오.

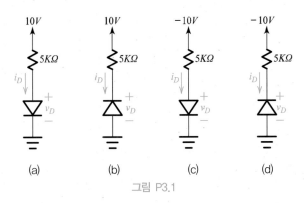

그림 P3.1

[3.2] 그림 P3.2의 이상적인 다이오드 회로에서 입력전압 v_I에 대한 출력전압 v_O에 대한 특성곡선인 회로의 전달특성곡선(transfer curve)을 그리고, v_O와 v_D의 파형을 그리시오.

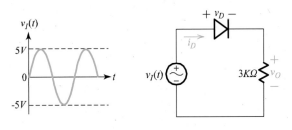

그림 P3.2

[3.3] 그림 P3.3의 다이오드 회로에서 v_O와 v_D의 파형을 그리시오. 단, 다이오드는 이상적인 다이오드로 가정한다.

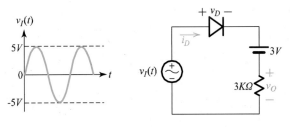

그림 P3.3

[3.4] 그림 P3.4와 같이 다이오드를 이용하여 논리 게이트를 구성하였다. $0V$를 논리 '0'이라 하고 $5V$를 논리 '1'이라고 할 때 오른쪽의 진리표를 완성하고, 어떤 논리 게이트인지 밝히시오. 단, 다이오드는 이상적인 다이오드로 가정한다.

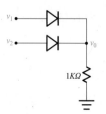

v_1[V]	v_2[V]	v_O[V]
0	0	
0	5	
5	0	
5	5	

그림 P3.4

[3.5] 그림 P3.5와 같이 다이오드를 이용하여 논리 게이트를 구성하였다. $0V$를 논리 '0'이라 하고 $5V$를 논리 '1'이라고 할 때 오른쪽의 진리표를 완성하고, 어떤 논리 게이트인지 밝히시오. 단, 다이오드는 이상적인 다이오드로 가정한다.

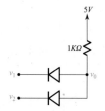

v_1[V]	v_2[V]	v_O[V]
0	0	
0	5	
5	0	
5	5	

그림 P3.5

[3.6] 그림 P3.6의 다이오드 회로에서 I와 V를 구하시오. 단, 다이오드는 이상적인 다이오드로 가정한다.

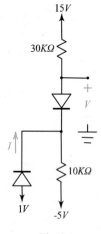

그림 P3.6

[3.7] 그림 P3.7의 다이오드 회로에서 다음의 3가지 다이오드 모델을 써서 I와 V를 구하시오. (단, $V_\gamma = 0.7V$, $R_f = 7\Omega$)

(a) 이상적인 다이오드 모델

(b) 고정전압 다이오드 모델

(c) 구간선형 다이오드 모델

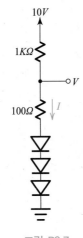

그림 P3.7

[3.8] 그림 P3.8의 회로에서 다음의 3가지 다이오드 모델을 써서 I와 V를 구하시오. 단, $V_\gamma = 0.7V$, $R_f = 35\Omega$이다.

(a) 이상적인 다이오드 모델

(b) 고정전압 다이오드 모델

(c) 구간선형 다이오드 모델

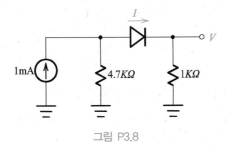

그림 P3.8

[3.9] 그림 P3.9에서와 같이 1.4V의 일정한 전압을 얻기 위해 다이오드 2개를 직렬연결하여 다이오드 레귤레이터 회로를 설계하고자 한다. 다음 각 항목에 답하시오. 단, $V_\gamma = 0.7V$, $T = 293°K$, $\eta = 1$, $R_f \approx 0$으로 가정한다.

(a) 스위치가 오프인 상황에서 I_D와 V_O를 구하시오.

(b) 스위치를 턴온한 후에 I_D와 V_O를 구하시오.

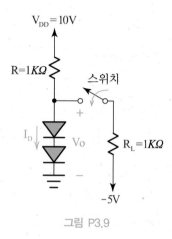

그림 P3.9

[3.10] 그림 P3.10의 다이오드 회로에서 직류 특성에 대해서는 관심이 없고 오로지 크기가 0.1V인 정현파 신호 v_s에 의해 부하 R_L에 발생하는 교류성분에 관심이 있다. v_s에 의해 부하 R_L에 발생하는 교류성분 v_o와 i_o를 구하시오. 단, $V_\gamma = 0.7V$, $T = 293°K$, $\eta = 1$, $R_f \approx 0$으로 가정한다.

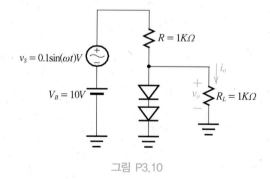

그림 P3.10

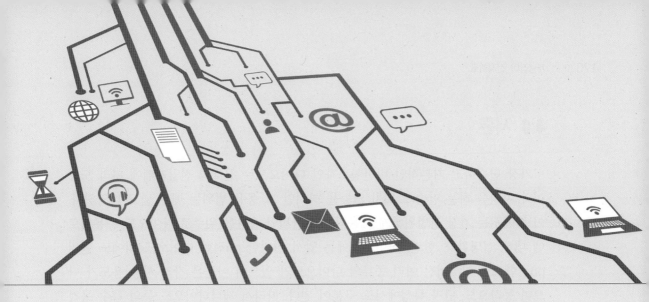

C H A P T E R **04**

다이오드 응용회로

4.0 서론

가장 단순하고 기본적인 비선형소자인 다이오드는 신호의 전압레벨에 따라 도통이나 차단을 하는 단순 스위치 기능을 하지만 그 응용 범위는 매우 넓고 다양하다. 이 장에서는 가장 광범위하게 사용되고 일반적인 응용을 위주로 다이오드 응용회로에 대해 설명한다. 한편, 다이오드에는 앞서 설명한 pn접합 다이오드 외에도 단일 pn접합으로 이루어진 여러 종류의 다이오드가 있으며 이들은 각기 사용 용도가 다르며 동작모드, 단자 특성에서도 구분이 된다. 따라서 제너다이오드 등의 특수 목적 다이오드도 살펴본다.

4.1 정류회로

다이오드의 중요한 응용으로 정류회로(rectifier)가 있다. 정류회로는 직류전원 장치의 기본 블록이 된다. 직류전원 장치는 다음의 구성으로 이루어져 있다.

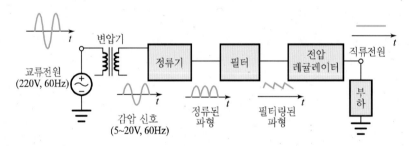

그림 4.1 직류전원 장치의 구조

$220V$(rms)의 교류전원은 변압기를 통해 $5 \sim 20V$ 정도의 적절한 크기의 교류신호로 변환된다. 정류기는 +/-의 양극으로 교번하여 평균값이 0인 교류파형의 한 극 성분만을 추출하여 평균값이 0이 아닌 맥류파형으로 변환하는 역할을 한다. 굴곡이 심한 맥류파형은 커패시터 필터를 통해 비교적 평탄한 파형으로 변환되어 직류와 유사한 형태로 된다. 전압 레귤레이터는 이 파형을 보다 완전한 직류파형으로 변환함과 아울러 부하 크기의 변화에 대해서도 일정한 전압을 유지할 수 있도록 하여줌으로써 완전한 전압원이 될 수 있도록 하는 역할을 한다.

4.1.1 반파정류기

그림 4.2는 반파정류기를 보여 주고 있다. 교류 입력 신호 $v_I(t)$가 인가되었을 때 출력전압 $v_O(t)$의 파형을 구해보기로 한다. 편의상 이상적인 다이오드로 가정하고 해석하기로 한다. 그러나 다이오드 턴온 전압 $V_\gamma = 0.7V$만큼의 파형 감쇄가 있음을 염두에 두도록 한다(예제 4.1 참고).

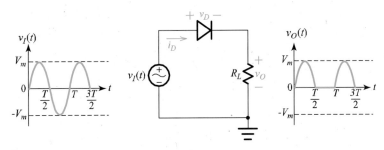

그림 4.2 반파정류회로

● **양의 반주기 동작** 양의 반주기 동작 동안의 다이오드는 순바이어스로 되기 때문에 다이오드는 단락회로로 대체되어 그림 4.3의 등가회로를 얻는다. 따라서 부하저항 R_L 양단에 나타나는 출력전압 v_O는 입력전압 v_I의 파형과 동일하게 된다.

$$v_O = v_I \quad (4.1)$$

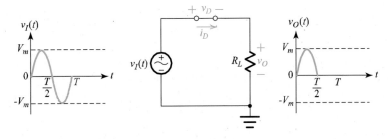

그림 4.3 반파정류회로의 양의 반주기 동작

● **음의 반주기 동작** 음의 반주기 동작 동안의 다이오드는 역바이어스로 되기 때문에 다이오드는 개방회로로 대체되어 그림 4.4의 등가회로를 얻는다. 따라서 회로 내에 전류가 흐르지 못하여 부하저항 R_L 양단에 나타나는 출력전압 v_O는 0이 된다.

$$v_O = 0 \qquad\qquad (4.2)$$

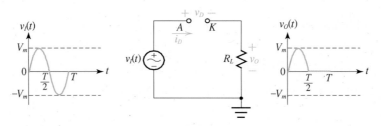

그림 4.4 반파정류회로의 음의 반주기 동작

- **최대 역전압 PIV** 이 경우, 역바이어스된 다이오드에 모든 입력 전압이 걸리게 되고 다이오드는 이 전압을 견뎌내야 한다. 역바이어스된 다이오드에 걸리게 되는 최대 전압을 최대역전압(PIV)이라고 부른다. 그림 4.4로부터 반파정류회로에서 PIV는 입력 신호의 진폭 V_m이 된다.

$$PIV = V_m \tag{4.3}$$

- **직류전압** 정류된 출력전압의 평균값을 구하면 그것이 얻을 수 있는 직류전압이 된다. 반파정류의 경우 평균값을 구하면

$$V_{dc} = \frac{1}{T}\int_0^{\frac{T}{2}} v_o dt = \frac{1}{T}\int_0^{\frac{T}{2}} V_m \sin(\frac{2\pi}{T})t dt$$
$$= \frac{V_m}{\pi} \cong 0.318 V_m \tag{4.4}$$

 개념잡이

정류기에서 다이오드는 역바이어스 상태에서 걸리는 전압을 항복현상 없이 견뎌내야 한다. 따라서 역바이어스 상태에서 다이오드에 걸리는 최대 역전압은 매우 중요한 변수가 되며 이를 다이오드 최대 역전압(Peak Inverse Voltage: PIV)이라고 한다. 정류기를 설계할 때, 다이오드는 항복전압이 정류회로의 PIV보다 큰 것으로 선택해야 한다.

예제 4.1

그림 4.2 반파정류회로에 대해 0.7 V의 다이오드 턴온 전압을 고려하여 출력전압의 최대치를 구하시오.

풀이

0.7V의 다이오드 턴온 전압을 고려해주기 위해 고정전압 모델을 사용하여 등가회로를 그리면 그림 4E1.1과 같다.

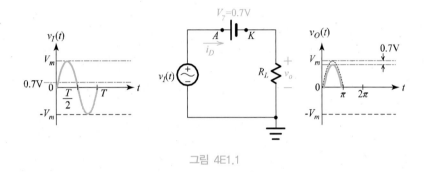

그림 4E1.1

따라서 전류 i_D의 최대치는

$$i_{D\_max} = \frac{v_I - V_\gamma}{R_L}\bigg|_{최대치} = \frac{V_m - 0.7V}{R_L}$$

이다. 따라서 출력전압의 최대치는

$$v_{O\_max} = R_L i_{D\_max} = V_m - 0.7V$$

즉, 다이오드가 턴온되기 위해서는 입력전압이 0.7V보다 커야 하므로 입력의 양의 반주기 중에 0.7V 이상에 대해서만 도통되어 출력이 나타난다. 따라서 출력전압의 최대치는 이상적인 다이오드를 가정했을 때보다 0.7V 낮아진다. 입력 신호가 클 경우 0.7V의 오차는 무시될 수 있지만 입력 신호가 작을 경우 고려해주어야 한다.

4.1.2 전파정류기

전파정류기는 음의 반주기 정류파형을 양의 반주기 정류파형에 더해줌으로써 음과 양의 반주기를 모두 사용하는 정류기이다. 전파정류기에는 중간탭(center-tapped) 방식과 브리지(bridge) 방식의 두 가지 형태가 있다.

1. 전파 중간탭 정류기

중간탭 정류기는 그림 4.5에서 볼 수 있듯이 중간탭을 갖는 변압기가 동일한 크기의 두 입력 신호 v_I를 생성해주고 이를 두 개의 다이오드로 정류한다.

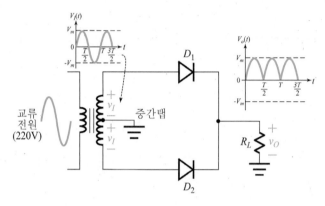

그림 4.5 중간탭 정류기

- **양의 반주기 동작** v_I의 양의 반주기 동안 D_1은 순바이어스되어 턴온되고, D_2는 역바이어스되어 턴오프된다. 따라서 전류는 그림 4.6에 굵은 화살표로 표시되어 있듯이 D_1을 지나는 경로를 통해 R_L로 흘러 들어가므로 양의 v_O가 발생된다.

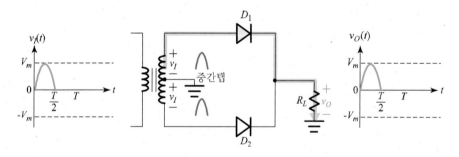

그림 4.6 중간탭 정류기의 양의 반주기 동안의 동작 경로

- **음의 반주기 동작** v_I의 음의 반주기 동안 D_2는 순바이어스되어 턴온되고, D_1은 역바이어스되어 턴오프된다. 따라서 전류는 그림 4.7에 굵은 화살표로 표시되어 있듯이 D_2을 지나는 경로를 통해 R_L로 흘러 들어가므로 양의 반주기 동작에서와 동일한 극성인 양의 v_O가 발생된다. 따라서 음의 반주기와 양의 반주기가 출력에서 모두 한 극성으로 합해지는 전파정류기가 된다.

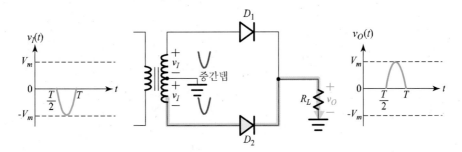

그림 4.7 중간탭 정류기의 음의 반주기 동안의 동작 경로

- PIV 한편 역바이어스되는 다이오드의 캐소드가 V_m일 때 어노드는 항상 $-V_m$이 되므로 최대역전압 PIV는 $2V_m$이 되어 반파정류기 때의 2배가 된다.

$$PIV = 2V_m \text{ (중간탭 경우)} \quad (4.5)$$

- 직류전압 전파정류에서의 정류된 출력은 반파정류의 2배가 되므로 평균값은 다음 수식으로 표현된다.

$$V_{dc} = \frac{2V_m}{\pi} \cong 0.636V_m \quad (4.6)$$

2. 전파 브리지 정류기

브리지 정류기는 그림 4.8에서와 같이 4개의 다이오드를 휘스톤 브리지로 연결한 정류기이다.

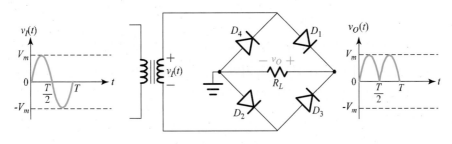

그림 4.8 브리지 정류기

- 양의 반주기 동작 v_I의 양의 반주기 동안 D_1, D_2는 순바이어스되어 턴온되고, D_3, D_4는 역바이어스되어 턴오프된다. 따라서 전류는 그림 4.9에 굵은 화살표로 표시되어 있듯이 D_1, R_L과 D_2를 지나는 경로를 통해 흐르므로 양의 v_O가 발생된다.

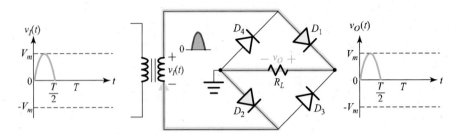

그림 4.9 브리지 정류기의 양의 반주기 동안의 동작 경로

- 음의 반주기 동작 v_I의 음의 반주기 동안 D_3, D_4는 순바이어스되어 턴온되고, D_1, D_2는 역바이어스되어 턴오프된다. 따라서 전류는 그림 4.10에 굵은 화살표로 표시되어 있듯이 D_3, R_L과 D_4를 지나는 경로를 통해 흐르므로 양의 v_O가 발생된다.

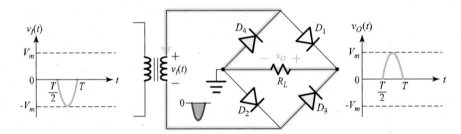

그림 4.10 브리지 정류기의 음의 반주기 동안의 동작 경로

결과적으로 음의 반주기에서도 양의 반주기에서와 동일한 극성의 v_O가 발생된다. 따라서 음의 반주기와 양의 반주기가 출력에서 모두 한 극성으로 합해지는 전파 정류기가 된다.

- *PIV* 한편 역바이어스되는 다이오드는 항상 접지와 V_m 사이나 접지와 $-V_m$ 사이에 있게 되므로 최대역전압 *PIV*는 V_m이 되어 중간탭 정류기 때의 반으로 작아짐을 알 수 있다. 이것은 중간탭 정류기와는 달리 변압기가 반드시 필요하지 않다는 점과 함께 브리지 정류기의 분명한 장점이 된다.

$$PIV = V_m \text{ (브리지 경우)} \tag{4.7}$$

4.2 필터 커패시터

- **필터 커패시터** 정류기의 출력전압은 매우 급격한 변동을 보인다. 이러한 변동을 효과적으로 줄이는 간단한 방법은 그림 4.11에 보인 것처럼 부하저항 R에 병렬로 커패시터를 달아주는 것이다. 이 필터 커패시터는 다이오드와 함께 작용하여 정류기의 출력전압 변동을 극적으로 줄여주는 작용을 하여 효과적인 평활용 필터가 된다.

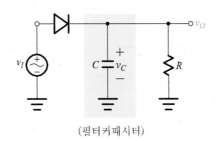

(필터커패시터)

그림 4.11 **필터 커패시터**

그림 4.11 회로에서 $v_I > v_C$일 때에 다이오드는 턴온되어 그림 4.12(a)의 충전동작 등가회로로 표현된다. 이상적인 다이오드로 가정할 경우 충전할 때 시상수가 0이 되므로 충전 구간에서 $v_I = v_C$인 상태로 충전되어 그림 4.12(b)에서 보였듯이 v_I의 첨두치 V_p까지 충전된다. 이후부터는 v_I가 감소하기 시작하므로 $v_I < v_C$가 되어 다이오드가 턴오프되므로 그림 4.12(c)의 방전동작 등가회로로 표현된다. 이 경우 v_I와의 연결이 끊어지므로 커패시터에 충전되어 있던 전하가 부하 R_L을 통해 시상수 $\tau = CR$로 서서히 방전하게 된다. v_C는 방전을 통하여 계속 감소하나, v_I는 교번하는 교류신호이므로 감소 후 다시 증가하여 v_C와 같아지게 되며 이 시점부터 다시 $v_I > v_C$가 되므로 다시 충전을 시작한다.

- **리플전압** 결과적으로 그림 4.12(b)와 같이 커패시터 전압 v_C는 첨두치 V_p까지 증가했다가 서서히 감소하고 다시 재충전되어 V_p까지 증가하기를 반복하는 파형이 된다. 이때 출력전압인 v_C의 변동 성분을 **리플전압**(V_r: ripple voltage)이라고 한다. 커패시터 C의 값을 충분히 크게 하여 시상수 $\tau(= CR)$가 주기 T보다 훨씬 더 커지면, 즉 $CR \gg T$가 되면 방전 곡선은 기울기가 V_p / CR인 직선으로 근사화할 수 있다. 리플전압은 이 기울기로 주기 T시간 동안 변동한 전압 값이 되므로 다음의 근사식으로 표현될 수 있다.

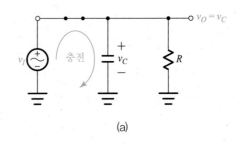

(a)

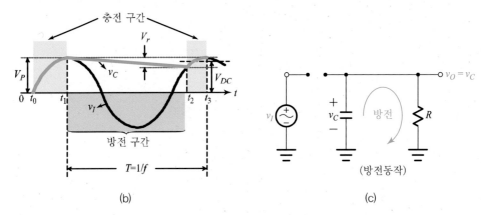

(b)   (c)

그림 4.12 / 필터 커패시터의 충·방전 과정
(a) 충전동작 때의 등가회로 (b) 입력 및 출력 파형 (c) 방전동작 때의 등가회로

$$V_r = \frac{V_p}{CR}T = \frac{V_p}{fCR} \quad \text{(반파정류 리플전압)} \tag{4.8a}$$

여기서, V_p는 v_C의 첨두치이고, f는 입력 신호의 주파수이다. 리플전압은 첨두 대 첨두(peak to peak) 전압으로 표시하고 $[V_{p\text{-}p}]$의 단위를 쓴다. 반파정류의 경우 리플 주파수는 입력 신호의 주파수와 같다$(f_r = f)$.

한편, 전파정류의 경우 리플 주파수는 입력 신호의 주파수의 2배$(f_r = 2f)$가 되므로 리플전압은 다음과 같이 표현된다.

$$V_r = \frac{V_p}{2fCR} \quad \text{(전파정류 리플전압)} \tag{4.8b}$$

● **직류전압** 출력전압 v_C가 평활화되어 완전한 평탄해졌을 때의 전압 값을 직류전압(V_{DC})이라 하고, 이것은 출력전압 v_C의 평균값이 된다. 직류전압이 리플의 변동 범위 중간에 위치한다고 가정하면 직류전압(V_{DC})은 다음 수식으로 표현된다.

$$V_{DC} = V_p (1 - \frac{1}{2fCR}) \quad \text{(반파정류 직류전압)} \tag{4.9a}$$

$$V_{DC} = V_p (1 - \frac{1}{4fCR}) \quad \text{(전파정류 직류전압)} \tag{4.9b}$$

● **리플 계수** 식 (4.8)로부터 시상수 $\tau(= CR)$를 크게 해줄수록 리플전압이 감소하여 평활 작용이 잘 이루어진다. 필터의 효율은 다음 수식으로 정의되는 리플 계수(r: ripple factor)로 나타낸다.

$$r \equiv \frac{V_r}{V_{DC}} \tag{4.10}$$

리플 계수가 작을수록 필터의 효율이 좋음을 의미한다.

예제 4.2

그림 4E2.1과 같이 브리지 전파정류회로에 필터 커패시터를 써서 평활회로를 구성하였을 때, 출력 파형이 그림 4E2.2와 같았다. 리플전압 V_r을 구하시오. 단, 시상수 $\tau(= CR) \gg T$라고 가정한다.

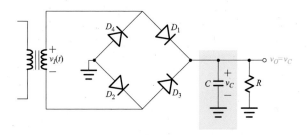

그림 4E2.1

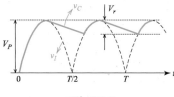

그림 4E2.2

풀이

$\tau(=CR) \gg T$이므로 방전 곡선은 기울기가 V_p / CR인 직선으로 근사화할 수 있다. 한편, 전파정류이므로 리플전압은 기울기 V_p / CR로 반주기$(= T / 2)$ 동안 변동한 전압 값이 되므로 다음의 근사 식으로 표현될 수 있다.

$$V_r = \frac{V_p}{CR}\frac{T}{2} = \frac{V_p}{2fCR}$$

식 (4.8)의 반파정류 결과에 비해 전파정류의 경우 리플전압이 반으로 감소함을 알 수 있다. 또한, 전파정류의 경우 리플 주파수는 입력 신호의 주파수의 두 배가 된다$(f_r = 2f)$.

4.3 클리퍼(리미터)

클리퍼(clipper)는 신호의 일정한 레벨 위나 아래를 잘라내어 파형을 정형하는 회로를 말하며 리미터(limiter)라고도 부른다.

일정한 레벨 위를 자르는 회로를 **양의 클리퍼**(positive clipper)라고 하고 일정한 레벨 아래를 자르는 회로를 **음의 클리퍼**(negative clipper)라고 부른다.

일반적으로 클리퍼는 다이오드, 저항 및 직류전원으로 구성된다. 클리퍼는 각 구성 소자들의 위치를 상호 교환하거나 직류전원의 전압을 변화시킴으로써 클리핑 레벨을 변화시킬 수 있다.

개념잡이

일정 레벨을 기준으로 위나 아래를 자른다는 것은 일정 레벨 이하나 이상으로 제한한다고 표현할 수도 있으므로 클리퍼는 리미터라고도 부른다. 또한, 클리퍼를 써서 신호의 위나 아래를 잘라내어 진폭을 특정 범위로 제한하는 회로를 특별히 진폭 선택회로(amplitude selector), 또는 슬라이서(slicer)라고 부른다.

4.3.1 클리퍼의 동작

이 절에서는 클리퍼의 동작에 대해 설명하기로 하며, 편의상 모든 클리퍼 회로에서 $R_L \gg R$이라고 가정하고 설명하기로 한다.

● 양의 클리퍼 그림 4.13은 입력 신호의 일정 레벨 위를 잘라 제한하는 양의 클리퍼다. 입력전압의 양의 반주기 동안 다이오드는 순바이어스가 된다. 다이오드가 턴온되면 $0.7V$의 턴온 전압으로 다이오드 전압이 제한된다. 따라서 병렬연결된 부하저항 R_L 양단의 출력전압 v_O도 $0.7V$로 제한된다.

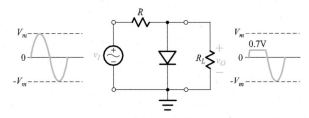

그림 4.13 양의 클리퍼($R_L \gg R$)

한편, 입력전압의 음의 반주기 동안 다이오드는 역바이어스되어 턴오프가 된다. 이 경우 다이오드는 개방회로가 되므로 출력전압 v_O는 R과 R_L에 의해 전압분배되어 다음 수식으로 표현된다.

$$v_O = v_I \frac{R_L}{R + R_L} \overset{R_L \gg R}{\approx} v_I \tag{4.11}$$

● 바이어스된 클리퍼 그림 4.14와 같이 다이오드에 직렬로 바이어스 전압 V_B를 인가해줌으로써 클리핑 레벨을 원하는 대로 조정할 수 있다. 이 경우 다이오드가 턴온되기 위해서 $v_I > v_B + 0.7V$의 조건을 만족해야 한다. 따라서 다이오드가 턴온되면 $v_B + 0.7V$의 전압으로 출력전압 v_O가 제한된다.
한편, $v_I < v_B + 0.7V$일 경우 다이오드는 역바이어스되어 턴오프가 된다. 이 경우 다이오드는 개방회로가 되므로 출력전압 v_O는 R과 R_L에 의해 전압분배되어 다음 수식으로 표현된다.

$$v_O = v_I \frac{R_L}{R + R_L} \overset{R_L \gg R}{\approx} v_I \tag{4.12}$$

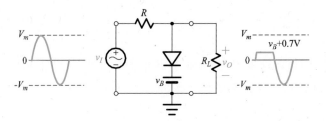

그림 4.14 바이어스된 클리퍼($R_L \gg R$)

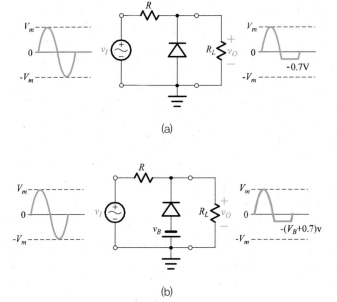

(a)

(b)

그림 4.15 음의 클리퍼 특성($R_L \gg R$)
(a) 음의 다이오드 클리퍼 특성 (b) 바이어스된 음의 클리퍼 특성

- **음의 클리퍼** 그림 4.13 양의 클리퍼에서 다이오드 방향을 반대로 바꾸면 음의 클리퍼가 된다. 양의 클리퍼 해석과 마찬가지 방법으로 음의 클리퍼도 해석되며 그 결과를 그림 4.15에 보였다.

4.3.2 슬라이서

- **슬라이서** 그림 4.16에서 보인 것처럼 양의 리미터와 음의 리미터를 결합하여 신호의 위와 아래 전압레벨을 제한함으로써 신호의 진폭을 특정 범위 이내로 제한할 수 있다. 이러한 회로를 슬라이서(slicer)라고 한다.

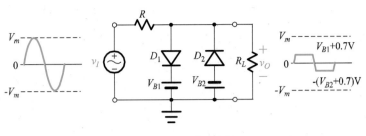

그림 4.16 슬라이서

4.3.3 직렬 및 병렬 클리퍼

● **직렬/병렬 클리퍼** 클리퍼는 신호전원과 다이오드가 연결되는 방식에 따라 직렬 클리퍼와 병렬 클리퍼로 분류된다. 다이오드가 신호전원과 직렬로 연결되면 **직렬 클리퍼**라고 부르고, 다이오드가 신호전원과 병렬로 연결되면 **병렬 클리퍼**라고 부른다. 앞에서 설명한 모든 클리퍼는 병렬 클리퍼이다.

직렬 클리퍼의 한 예를 그림 4.17에 보였다. 클리핑 레벨을 조절하기 위해 바이어스 전압을 인가할 때는 다이오드에 직렬로 연결하여준다.

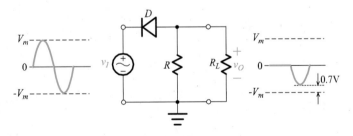

그림 4.17 직렬 클리퍼

4.4 클램퍼

파형의 형태는 변화시키지 않고 직류레벨을 이동시켜 어떤 다른 레벨에 고정 (clamp)시키는 역할을 하는 회로를 **클램퍼**(clamper)라고 한다. 클램퍼는 다이오드와 커패시터를 이용하여 교류신호에서 직류전압 성분을 만들어 더해주는 방법으로 그 역할을 수행한다. 더해주는 직류성분이 양이면 양의 **클램퍼**(positive clamper)라고 하고 음이면 음의 **클램퍼**(negative clamper)라고 한다.

4.4.1 클램퍼의 동작

그림 4.18은 양의 클램퍼 회로를 보여주고 있다. 편의상 이상적인 다이오드로 가정하고 초기에 커패시터 C에 충전 전하가 없어 C 양단의 전압이 $0V$라고 가정한다.

● C 충전 과정　입력 신호의 음의 1/4주기 동안 다이오드는 순바이어스되어 턴온되고 이 동안 커패시터 C는 충전된다. 턴온되었을 때 다이오드는 단락회로이므로 입력전압 v_I는 순간적으로 C에 충전되어 같은 크기를 유지하며 피크치 $-V_m$까지 충전된다. 이때 충전 방향은 그림 4.18의 커패시터 C에 표시된 것과 같다.

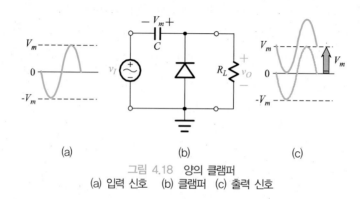

그림 4.18　양의 클램퍼
(a) 입력 신호　(b) 클램퍼　(c) 출력 신호

● C 방전 과정　감소하던 입력 신호 v_I가 피크치를 넘어서면 증가로 돌아서므로 다이오드는 역바이어스가 되어 턴오프된다. 따라서 C에 충전된 전하는 R_L을 통하여 방전을 시작한다.

이와 같은 충·방전 작용은 매 주기마다 반복되게 된다. 여기서, R_L을 크게 하여 방전 시상수를 충분히 늘려주면 방전속도가 매우 느려지므로 C를 일종의 직류전압원으로 간주할 수 있게 된다. 이 경우 키르히호프의 전압법칙을 적용하여 출력전압 v_O를 구하면 다음과 같이 입력 신호에 V_m만큼의 직류성분이 더해진 파형을 얻게 된다.

$$v_O = v_I + V_m \tag{4.13}$$

이에 대한 파형은 그림 4.18(c)에 보였다.

예제 4.3

그림 4.18 양의 클램퍼에서 다이오드를 고정전압 모델(턴온 전압 = V_r)로 해석하여 출력 파형을 구하시오.

풀이

C에 충전되는 전압이 $V_m - V_r$가 되므로 신호가 $V_m - V_r$만큼 위로 이동된다.

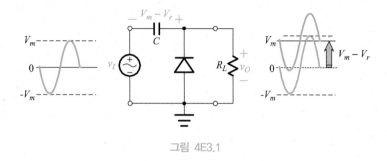

그림 4E3.1

4.4.2 바이어스된 클램퍼

- *C 충전 과정* 그림 4.19는 바이어스된 클램퍼를 보여주고 있다. 다이오드는 입력 신호의 음의 반주기 중에 턴온될 수 있으며 음의 신호의 크기가 바이어스 전압(V_B)과 다이오드 턴온 전압($V_r = 0.7V$)의 합보다 커질 때 비로소 턴온된다. 따라서 콘덴서 C에 충전되는 전압 V_C는 다음의 수식으로 구해진다.

$$V_C = V_m - V_B - V_\gamma \qquad (4.14)$$

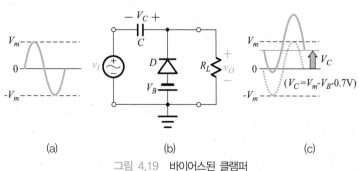

그림 4.19 바이어스된 클램퍼
(a) 입력 신호 (b) 클램퍼 (c) 출력 신호

- C 방전 과정   감소하던 입력 신호 V_i가 피크치를 넘어서면 증가로 돌아서므로 다이오드는 역바이어스가 인가되어 턴오프된다. 따라서 C에 충전된 전하는 R_L을 통하여 방전을 시작한다.

  이와 같은 충·방전 작용은 매 주기마다 반복되게 된다. 여기서, R_L을 크게 하여 방전 시상수를 충분히 늘려주면 방전속도가 매우 느려지므로 C를 일종의 직류전압원으로 간주할 수 있게 된다. 이 경우 키르히호프의 전압법칙을 적용하여 출력 전압 v_O를 구하면 다음과 같이 입력 신호에 V_C만큼의 직류성분이 더해진 파형을 얻게 된다.

$$v_O = v_I + V_C = v_I + V_m - V_B - V_\gamma \tag{4.15}$$

  식 (4.12)로부터 출력 파형을 그리면 그림 4.19의 오른쪽에 보인 실선의 파형을 얻게 된다.

4.4.3 음의 클램퍼

- 음의 클램퍼   그림 4.18의 양의 클램퍼에서 다이오드 반대 방향으로 바꾸면 음의 클램퍼가 된다. 다이오드 방향이 반대로 바뀌었으므로 다이오드 턴온 때에 커패시터 C에 충전되는 전압의 방향도 반대로 바뀌게 된다. 따라서 더해지는 직류성분이 음이 되고, 그림 4.20에 보인 것처럼 파형이 아래로 V_m만큼 이동하게 된다.

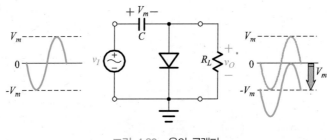

그림 4.20   음의 클램퍼

 개념잡이

- 클램퍼 회로의 동작은 다이오드가 순방향 바이어스일 때부터 시작하도록 하자.
- 클램퍼에서 C는 배터리처럼 작용한다.

4.5 배전압 회로

배전압 회로는 진폭이 비교적 작은 변압기 출력의 교류신호로부터 신호진폭(V_m)의 2배, 3배, 혹은 그 이상의 정류 전압을 얻을 수 있도록 해주는 회로이다. 배전압 회로는 클램퍼와 첨두전압 검출기(peak voltage detector)로 구성되어 클램퍼에 의해 이동된 신호의 첨두값을 검출하는 방식으로 신호진폭(V_m)의 정수 배의 정류 전압을 얻는다.

4.5.1 2배전압 회로

그림 4.21은 신호진폭(V_m)의 2배에 해당하는 정류전압을 얻기 위한 반파 배전압 회로이다. 변압기 2차측 전압 신호 v_I의 양의 반주기 동안 D_1은 순바이어스가 되어 도통하고 D_2는 역바이어스가 되어 차단되므로 C_1이 v_I의 피크값 V_m으로 충전된다. 음의 반주기 동안에는 D_1은 역바이어스가 되어 차단되고 D_2는 순바이어스가 되어 도통하므로 바깥 루프를 통해 C_2가 $2V_m$만큼 충전된다.

C_2의 양단에 부하를 연결하면 C_2는 v_I의 양의 반주기 동안은 부하를 통해 방전하고 음의 반주기 동안은 $2V_m$으로 충전한다.

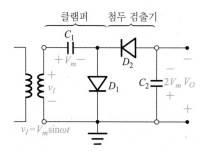

그림 4.21 · 2배전압 회로

4.5.2 3배전압 회로

그림 4.22는 3배전압 회로를 보여준다. 입력 신호의 양의 반주기 동안 D_1을 통해 C_1은 입력 v_I의 첨두값 V_m까지 충전된다. 음의 반주기 동안 D_2을 통해 C_2는 $2V_m$까지 충전된다. 다음 양의 반주기 동안 D_3을 통해 C_3은 $2V_m$까지 충전된다. 따라서, C_1과 C_3의 양단에서 출력전압을 따내면 출력전압은 다음과 같이 $3V_m$의 정류전압을 얻는다.

$$V_O = V_{C1} + V_{C3} = V_m + 2V_m = 3V_m \qquad (4.16)$$

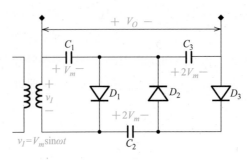

그림 4.22 3배전압 회로

4.5.3 4배전압 회로

그림 4.23은 4배전압 회로를 보여준다. 입력 신호의 양의 반주기 동안 D_1을 통해 C_1은 입력 v_I의 첨두값 V_m까지 충전된다. 음의 반주기 동안 D_2을 통해 C_2는 $2V_m$까지 충전된다. 다음 양의 반주기 동안 D_3은 $2V_m$까지 충전된다. 그다음의 음의 반주기 동안 D_4을 통해 C_4는 $2V_m$까지 충전된다 따라서, C_2와 C_4의 양단에서 출력전압을 따내면 출력전압은 다음과 같이 $4V_m$의 정류전압을 얻는다.

$$V_O = V_{C2} + V_{C4} = 2V_m + 2V_m = 4V_m \qquad (4.17)$$

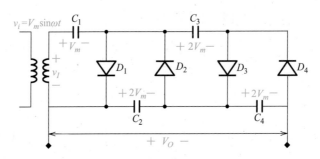

그림 4.23 4배전압 회로

4.6 제너다이오드

- **항복 영역에서 동작하는 다이오드**   일반적으로 다이오드는 항복현상이 발생하지 않는 영역 내에서 사용한다. 항복 영역에서의 과전류에 의한 열로 다이오드가 파괴되기 때문이다. 그러나 항복 영역에서 사용해도 파괴되지 않도록 다이오드를 특별히 제작할 수 있는데 이를 제너(Zener) 다이오드라고 한다.

  제너다이오드는 항복상태에서 전류 변화에 대한 전압 변화가 적은 현상을 이용하여 전원공급장치가 부하의 변화에도 불구하고 일정한 직류전압을 공급할 수 있도록 해주는 정전압 회로에 주로 사용된다. 제작사에서는 다양한 항복전압을 갖는 제너다이오드를 생산하므로 용도에 맞는 것을 선택하여 사용하면 된다.

4.6.1 제너다이오드의 전류-전압 특성

- **회로심벌**   그림 4.24는 제너다이오드의 회로심벌을 보여준다. 정상적인 사용에서 제너다이오드 전류는 캐소드에서 어노드로 흐르고, 캐소드 전압이 어노드 전압보다 높아서 그림 4.24의 I_Z와 V_Z는 양의 값을 나타낸다. 제너다이오드는 회로심벌에서 캐소드 쪽이 꺾어진 막대모양을 하고 있어 일반 다이오드 심벌과 구분되도록 하고 있다.

캐소드(K)

I_z $+$
V_z
$-$

어노드(A)

그림 4.24   제너다이오드의 회로심벌

- **전류-전압 특성**   그림 4.25는 항복 영역에서의 제너다이오드 전류-전압 특성을 보여준다. 역바이어스가 증가하여 항복현상이 발생하기 시작함에 따라 전류가 증가하여 전류-전압 특성곡선의 기울기가 급격히 커지다가 I_{ZK}로 표시된 **무릎전류**(knee current)보다 큰 전류영역에서는 전류-전압 특성이 거의 직선이 된다.

  제작사는 그림 4.25에서 Q점과 같은 특정 테스트 전류 I_{ZT}에서 제너다이오드 전압 V_Z를 측정하여 특성을 파악한다. 즉, 제너다이오드를 통해 흐르는 전류를 테스트 전류 I_{ZT}에서 ΔI만큼 변화시키면 제너다이오드 전압 V_Z도 다음과 같은 관계를 같고 ΔV만큼 변화할 것이다.

$$\Delta V = r_z \Delta I \qquad (4.18)$$

여기서, r_Z는 Q점에서 기울기의 역수로 제너 동저항(dynamic resistance of the zener) 이라 부른다. 제너 동저항은 수~수십Ω 정도로 매우 낮으므로 제너다이오드 전류가 무릎전류보다 크면 전류가 증가해도 전압은 거의 일정한 값을 유지한다. 그러나 무릎전류보다 작아지면 제너 동저항 값이 급격히 증가하므로 전류의 증감에 따라 전압도 급격히 변화한다. 따라서 제너다이오드 회로를 설계할 때에 전류가 무릎전류 I_{ZK}보다 큰 영역에서 동작하도록 하는 것이 중요하다. 또한 제너다이오드도 한계 이상의 전류를 흘리면 파괴되므로 한계전류($I_{Z,\lim}$)를 넘지 않는 범위 내에서 사용하여야 한다.

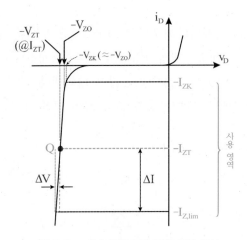

그림 4.25 제너다이오드의 전류–전압 특성

4.6.2 제너다이오드의 모델

● 제너다이오드의 모델 제너 동저항 r_z를 이용하여 제너다이오드의 선형 등가모델을 구하면 그림 4.26과 같다. 여기서, V_{ZO}는 그림 4.25 제너다이오드의 전류–전압 특성에서 볼 수 있듯이 Q점에서의 기울기(= $1/r_z$)를 갖는 직선의 연장선이 전압축과 만나는 점에서의 전압이 된다. V_{ZO}는 무릎전류에 상응하는 전압인 무릎전압 (knee voltage) V_{ZK}와 거의 같다. 따라서, $V_{ZK} = V_{ZO}$로 가정하고 제너다이오드의 등가모델을 구하면 그림 4.26과 같다.

등가 모델로부터 제너다이오드 전압 V_Z는 다음 수식으로 표현된다.

$$V_Z = V_{ZO} + r_z I_Z \qquad (4.19)$$

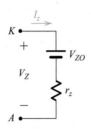

그림 4.26   제너다이오드의 모델

- **제너다이오드의 사용 영역**   제너다이오드가 항복 영역에서 사용할 수 있도록 제작되었지만 한계를 넘는 전류가 흐를 경우는 파괴된다. 따라서 최대 사용 한계전류인 $I_{Z,\text{lim}}$ 값을 넘지 않는 범위에서 동작하여야 한다. 또한, I_Z 변화에 따른 V_Z 변화를 최소화하기 위해 제너다이오드는 무릎전류 I_{ZK}보다 큰 전류 영역에서 사용하여야 한다. 따라서 제너다이오드는 무릎전류 I_{ZK}와 최대 한계전류 $I_{Z,\text{lim}}$ 사이에서 동작하도록 설계하여야 한다.

예제 4.4

제너다이오드의 동저항 $r_Z = 3\,\Omega$이고, 제너다이오드의 특성은 $I_Z = 50\,mA$에서 $V_Z = 5V$일 때 다음에 답하시오.

(a) 제너다이오드 전류가 $100\,mA$일 때 제너다이오드 양단의 전압은 얼마인가?

(b) 제너다이오드 전류가 $20\,mA$일 때 제너다이오드 양단의 전압은 얼마인가?

풀이

(a) 식 (4.19)로부터 V_{ZO}를 구하면

$$V_{ZO} = V_Z - r_z I_Z = 5V - 3 \times 50mA = 4.85V$$

따라서 제너 전류가 $100\,mA$일 때 제너다이오드 양단의 전압은

$$V_Z = V_{ZO} + r_z I_Z = 4.85 + 3 \times 0.1 = 5.15V$$

(b) 제너 전류가 $20\,mA$일 때 제너다이오드 양단의 전압은

$$V_Z = V_{ZO} + r_z I_Z = 4.85 + 3 \times 0.02 = 4.91V$$

4.6.3 제너 레귤레이터

● **제너 레귤레이터 특성** 그림 4.27은 제너다이오드를 이용한 레귤레이터를 보여준다. 레귤레이터의 기능은 부하전류 I_L의 변동과 입력전압 V_S의 변동에도 불구하고 일정한 출력전압 V_O를 유지하는 것이고 그 성능은 다음과 같이 정의되는 부하-레귤레이션(load regulation)과 선-레귤레이션(line regulation) 값으로 평가된다.

$$부하\text{-}레귤레이션 \equiv \frac{\Delta V_O}{\Delta I_L} \qquad (4.20)$$

$$선\text{-}레귤레이션 \equiv \frac{\Delta V_O}{\Delta V_S} \qquad (4.21)$$

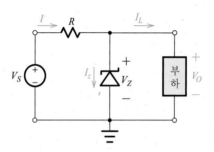

그림 4.27 제너 레귤레이터

그림 4.27의 제너 레귤레이터를 해석하기 위해 제너다이오드를 그림 4.26의 제너다이오드 모델로 대체하여 등가회로를 구하면 그림 4.28과 같다. 그림 4.28의 등가회로에서 출력전압 V_O를 구하면 다음 수식으로 구해진다.

$$V_O = V_{ZO}\frac{R}{R+r_z} + V_S\frac{r_z}{R+r_z} - I_L(r_z /\!/ R) \qquad (4.22)$$

식 (4.22)으로부터 부하-레귤레이션과 선-레귤레이션은 다음과 같이 구해진다.

$$부하\text{-}레귤레이션 \equiv \frac{\Delta V_O}{\Delta I_L} = -(r_z /\!/ R) \qquad (4.23)$$

$$선\text{-}레귤레이션 \equiv \frac{\Delta V_O}{\Delta V_S} = \frac{r_z}{R+r_z} \qquad (4.24)$$

일반적으로 $r_z \ll R$이므로 식 (4.23)로부터 부하-레귤레이션은 r_z에 의해서 결정되며 부하-레귤레이션을 개선하려면 r_z를 최소화시키면 된다. 그러나 r_z 값은 제너다이오드를 제작할 때에 결정되는 값으로 설계에서 자유롭게 변화시킬 수 있는 값이 아니다. 한편, 선-레귤레이션을 개선하려면 식 (4.24)로부터 R을 크게 하면 된다. 그러나 R이 커지면 I_Z가 무릎전류 I_{ZK}보다 작아질 수 있으므로 제너다이오드가 일정한 제너 전압을 유지할 수 없게 된다. 따라서 레귤레이터 성능을 극대화하기 위한 R의 최적 값이 존재하며 이를 도출해내는 것이 제너 레귤레이터의 설계라 할 수 있다.

한편, 레귤레이터의 성능을 식 (4.25)로 정의되는 퍼센트 레귤레이션(percent regulation: $\%reg$)으로 표시하기도 한다.

$$\%reg \equiv \frac{V_{O,\max} - V_{O,\min}}{V_{O,\,no\,\min al}} \tag{4.25}$$

여기서, $V_{O,\,no\,\min\,al}$은 명목상의 레귤레이터 출력전압 혹은, 이상적인 레귤레이터 ($r_z = 0\Omega$)의 출력전압을 의미하고, $V_{O,\max}$와 $V_{O,\min}$은 실제 레귤레이터 출력전압의 최대치와 최소치를 의미한다. 따라서 $\%reg$은 다음과 같이 표현된다.

$$\%reg \equiv \frac{V_{O,\max} - V_{O,\min}}{V_{O,\,no\,\min al}} = \frac{(V_{ZO} + r_z I_{Z,\max}) - (V_{ZO} + r_z I_{Z,\min})}{V_{ZO}} = \frac{r_z(I_{Z,\max}) - (I_{Z,\min})}{V_{ZO}} \tag{4.26}$$

• **제너 레귤레이터 설계**　제너 레귤레이터의 설계는 입력전압(V_S)과 부하전류(I_L)가 변해도 출력전압(V_O)을 상대적으로 가장 일정하게 유지하기 위한 저항 R의 값을 구하는 것이다. 여기서, 편의상 제너다이오드를 이상적($r_z = 0\Omega$)으로 가정하기로 한다.

그림 4.28 등가회로에서 V_Z 마디에 키르히호프 전류법칙을 적용하면 I는 다음과 같이 구해진다.

$$I = I_Z + I_L \tag{4.27}$$

그림 4.28의 등가회로에서 저항 R에 대한 수식을 구한 후에 식 (4.27)을 대입하면 저항 R에 대한 다음 수식을 얻을 수 있다.

$$R = \frac{V_S - V_O}{I} = \frac{V_S - V_Z}{I_Z + I_L} \tag{4.28}$$

여기서, V_S 및 I_L의 범위와 V_Z 값은 레귤레이터 설계 때 주어지는 값이므로 식 (4.28)은 R과 I_Z의 관계를 나타내는 수식이라 할 수 있다.

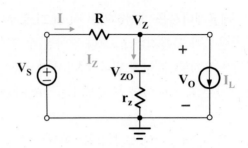

그림 4.28 제너 레귤레이터의 등가회로

한편, 식 (4.28)에서 I_Z가 최소가 되는 조건을 생각해보면 V_S가 최소가 되고 I_L이 최대일 때이므로 이 조건을 식 (4.28)에 대입함으로써 식 (4.29)의 I_Z가 최소일 때 저항 R을 결정하는 수식을 얻는다.

$$R = \frac{V_{S,\min} - V_Z}{I_{Z,\min} + I_{L,\max}} \qquad (4.29)$$

한편, I_Z가 최대가 되는 조건을 생각해보면 V_S가 최대가 되고 I_L이 최소일 때이므로 이 조건을 식 (4.28)에 대입함으로써 식 (4.30)의 I_Z가 최대일 때 저항 R을 결정하는 수식을 얻는다.

$$R = \frac{V_{S,\max} - V_Z}{I_{Z,\max} + I_{L,\min}} \qquad (4.30)$$

위의 두 경우에서 저항 R의 값은 같아야 하므로 식 (4.29)와 식 (4.30)을 같게 놓음으로써 다음의 수식을 얻는다.

$$\frac{V_{S,\min} - V_Z}{I_{Z,\min} + I_{L,\max}} = \frac{V_{S,\max} - V_Z}{I_{Z,\max} + I_{L,\min}} \qquad (4.31)$$

제너 레귤레이터를 설계할 제너다이오드에 흐르는 전류 I_Z는 일반적으로 최대일 때가 최소일 때의 10배가 되도록 설계한다. 즉, 제너다이오드에 흐르는 최대 전류 $I_{Z,\max}$와 최소 전류 $I_{Z,\min}$은 다음의 관계를 갖도록 설계한다.

$$I_{Z,\max} = 10 I_{Z,\min} \qquad (4.32)$$

이 경우 식 (4.31) 및 식 (4.32)로부터 다음의 $I_{Z,\max}$에 대한 수식을 얻을 수 있다.

$$I_{Z,\max} = \frac{I_{L,\min}(V_Z - V_{S,\min}) + I_{L,\max}(V_{S,\max} - V_Z)}{V_{S,\min} - 0.9V_Z - 0.1V_{S,\max}} \tag{4.33}$$

식 (4.33)으로 구한 $I_{Z,\max}$를 식 (4.30)에 대입하거나, $I_{Z,\min}(= 0.1I_{Z,\max})$을 식 (4.29)에 대입함으로써 저항 R의 값을 계산할 수 있다.

예제 4.5

그림 4E5.1의 회로로 $9V$의 제너 레귤레이터를 설계하고자 한다. $V_S = 11 \sim 15V$이고 $I_L = 50 \sim 150mA$이다. 제너다이오드의 특성은 $r_z = 1.5\Omega$이고 $V_{ZO} = 9V$이다. 저항 R의 값을 구하고 제너 레귤레이터의 선-레귤레이션, 부하-레귤레이션 그리고 퍼센트 레귤레이션($\%reg$)을 구하시오.

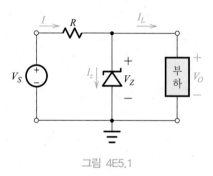

그림 4E5.1

풀이

우선, $I_{Z,\max}$를 구하기 위해 식 (4.33)으로부터

$$I_{Z,\max} = \frac{I_{L,\min}(V_Z - V_{S,\min}) + I_{L,\max}(V_{S,\max} - V_Z)}{V_{S,\min} - 0.9V_Z - 0.1V_{S,\max}}$$

$$= \frac{20 \times 10^{-3}(9 - 11) + 100 \times 10^{-3}(15 - 9)}{11 - 0.9 \times 9 - 0.1 \times 15} = 311mA$$

식 (4.30)으로부터

$$R = \frac{V_{S,\max} - V_Z}{I_{Z,\max} + I_{L,\min}} = \frac{15 - 9}{0.311 + 0.02} = 18.1\Omega$$

선-레귤레이션과 부하-레귤레이션을 구하면 다음과 같다.

$$\text{선-레귤레이션} \equiv \frac{\Delta V_O}{\Delta V_S} = \frac{r_z}{R + r_z} = \frac{1.5}{18.1 + 1.5} = 76.5[mV/V]$$

$$\text{부하-레귤레이션} \equiv \frac{\Delta V_O}{\Delta I_L} = -\frac{Rr_z}{R + r_z} = -\frac{18.1 \times 1.5}{18.1 + 1.5} = -1.39[V/A]$$

퍼센트 레귤레이션을 구하면

$$\%reg \equiv \frac{r_z(I_{Z,max} - I_{Z,min})}{V_{ZO}} = \frac{1.5 \times (311 \times 10^{-3} - 31.1 \times 10^{-3})}{9} = 47 \times 10^{-3} (\text{or } 4.7\%)$$

4.7 기타 특수 다이오드

4.7.1 쇼트키 다이오드

반도체-반도체 접합인 pn접합 다이오드와는 달리 금속-반도체 접합으로 만들어진 다이오드를 쇼트키(Schottky) 다이오드라고 한다. 쇼트키 다이오드는 표면장벽(surface barrier) 다이오드 또는 핫-캐리어(hot-carrier) 다이오드로도 불린다.

쇼트키 다이오드는 턴온-전압이 0.3V이며 빠른 응답시간과 낮은 잡음지수 등의 특성으로 매우 높은 주파수 영역에 응용되고 있으며, 저전압/고전류 전원, 교류-직류 변환기, 레이더 시스템, 컴퓨터, 계측, A/D 변환기(analog-to-digital converter) 등 다양하게 응용되고 있다.

쇼트키 장벽 다이오드의 구조는 금속-반도체 접합으로 반도체는 거의 n형 실리콘이며, 금속으로 몰리브덴, 백금, 크롬, 텅스텐이 사용된다. 제작 기준을 달리하여 증가된 주파수 영역이나 낮은 순방향 바이어스 전압 등을 나타내는 다른 특성을 얻을 수 있다.

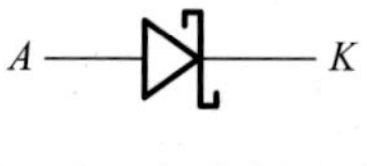

$$A \longrightarrow\!\!\!\!\!|\!\!>\!|\longrightarrow K$$

그림 4.29 쇼트키 다이오드의 회로심벌

4.7.2 버랙터 다이오드

pn접합을 역바이어스로 하면 역바이어스의 크기에 따라 공핍층의 두께가 달라지므로 다이오드 접합용량이 변화하게 된다. 버랙터(varctor: variable capacitor) 다이오드는 이와 같이 다이오드 접합용량이 전압에 의해 변화하는 특성을 이용한 가변 커패시터로서 전압으로 용량을 조절할 수 있다.

버랙터는 AFC(Automatic Frequency Control), 동조회로, 주파수 채배용 등 통신회로에서 널리 사용된다. 그림 4.30은 버랙터 다이오드의 회로심벌을 보여준다.

$$A \ -\!\!\!\blacktriangleright\!\!|\!- \ K$$

그림 4.30   버랙터 다이오드의 회로심벌

4.7.3 발광 다이오드

발광다이오드는 비화갈륨 등을 소자로 한 갈륨, 비소, 인 등 직접 천이형(direct-band gap) 반도체로 pn접합 다이오드를 형성하고 순방향 전압을 인가하면 p형의 다수캐리어인 정공은 n 영역으로, n형의 다수캐리어인 전자는 p 영역으로 확산되는데, 이때 전자와 정공이 접합면 근처에서 서로 재결합할 때 에너지 갭에 해당하는 만큼의 파장을 갖는 빛이 발광된다. 이와 같은 다이오드를 발방 다이오드(Light Emitting Diode: LED)라고 한다. 방출되는 빛의 파장은 사용되는 재료에 따라 달라진다. 발광 다이오드는 순바이어스로 되어 전류가 흐르면 발광하므로 고체램프, 모자이크 상으로 구성되는 문자, 숫자 등의 표시기에 사용된다. 그림 4.31은 발광 다이오드의 회로심벌을 보여준다.

그림 4.31   발광 다이오드의 회로심벌

4.7.4 포토 다이오드

pn접합에 아날로그 회로를 가하고, 접합면(공핍층)에 빛을 쬐면 전자-정공쌍(EHP: Electron-Hole Pair)이 생성되어 전류가 흐르게 된다. 이 현상을 이용하여 광을 검출할 수 있도록 제작된 다이오드를 포토 다이오드(photo diode)라고 한다. 포토 다이오드에는 게르마늄·실리콘·화합물 반도체가 주로 쓰이고, 이들 반도체의 에너지 갭의 크기에 따라서 검출 광의 파장이 결정된다. 포토 다이오드는 광신호를 전기적 신호로 변환하는 역할을 하므로 광통신 회로에서 수광소자로 널리 쓰인다. 그림 4.32는 포토 다이오드의 회로심벌을 보여주고 있다.

그림 4.32   포토 다이오드의 회로심벌

E X E R C I S E

[4.1] 그림 P4.1의 반파정류회로에 대해 다음 각 경우에 출력전압 v_O를 구하고 그 파형을 그리시오.
(a) 이상적인 다이오드 모델 적용
(b) 고정전압 모델 적용

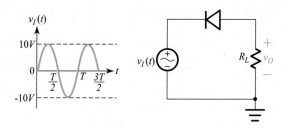

그림 P4.1

[4.2] 그림 P4.2의 전파정류회로에 대해 다음 각 경우에 답하시오. (단, 이상적인 다이오드 모델 적용)
(a) v_O의 파형을 그리시오.
(b) PIV를 구하시오.
(c) 얻을 수 있는 직류전압을 구하시오.

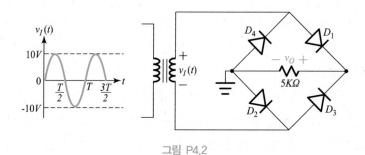

그림 P4.2

[4.3] 그림 P4.3의 전파정류회로에 대해 다음 각 경우에 답하시오. 단, 이상적인 다이오드 모델을 적용한다.

(a) v_O의 파형을 그리시오.

(b) PIV를 구하시오.

(c) 얻을 수 있는 직류전압을 구하시오.

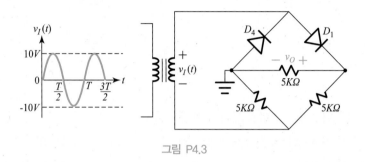

그림 P4.3

[4.4] 그림 P4.4 회로에서 주어진 입력에 대한 출력 v_O를 구하시오. 단, 이상적인 다이오드 모델을 적용한다.

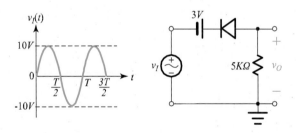

그림 P4.4

[4.5] 그림 P4.5 회로에서 주어진 입력에 대한 출력 v_O를 구하시오. 단, 이상적인 다이오드 모델을 적용한다.

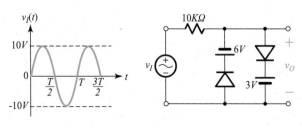

그림 P4.5

[4.6] 그림 P4.6 회로에서 주어진 입력에 대해 정상상태에서 출력 v_O를 구하고 1주기 동안의 파형을 그리시오. 단, $T = 2\mu s$이고, 이상적인 다이오드 모델을 적용한다.

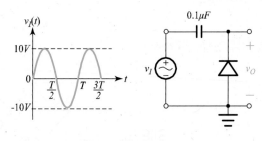

그림 P4.6

[4.7] 그림 P4.7 회로에서 주어진 입력에 대해 답하시오.

(a) 스위치가 오프일 때, 정상 상태에서 출력 v_O를 구하고 2주기 동안의 파형을 그리시오.

(b) 스위치가 온일 때, 정상 상태에서 출력 v_O를 구하고 2주기 동안의 파형을 그리시오.

단, $T = 40\mu s$이고, 이상적인 다이오드 모델을 적용한다.

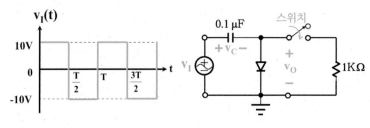

그림 P4.7

[4.8] 그림 P4.8 회로에서 주어진 입력에 대한 출력 v_O를 구하고 정상상태에서의 2주기 동안의 파형을 그리시오. 단, $T = 20\mu s$이고, 이상적인 다이오드 모델을 적용한다.

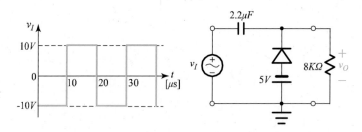

그림 P4.8

[4.9] 그림 P4.9 회로에서 $V_S = 20\text{V}$, $R = 167\,\Omega$, $V_Z = 10\text{V}$이고, $R_L = 200\,\Omega$일 때, V_O, I_L, I_Z 및 I를 구하시오.

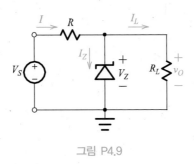

그림 P4.9

[4.10] 연습문제 4.9에서 $R_L = 400\,\Omega$으로 바뀌었을 때, V_O, I_L, I_Z 및 I를 구하시오.

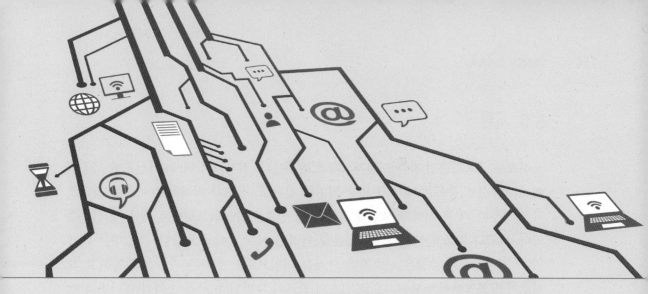

CHAPTER **05**

쌍극접합 트랜지스터

5.0 서론

신호를 증폭하는 소자를 트랜지스터라고 부른다. 전자기기 내에서 (신호를 가공함에 있어) 신호 증폭은 매우 중요한 의미를 갖는다. 신호가 처리하기 어려울 정도로 작을 경우나 더 큰 전력의 신호가 요구될 때 신호를 증폭함으로써 문제를 해결할 수 있다. 그러나 더욱 근본적인 중요성은 자연적인 신호 감쇄를 보상할 수 있다는 데에 있다. 전자기기는 수많은 신호처리 단계를 거침으로써 원하는 기능을 수행하고 각 신호처리 과정에서는 필연적으로 신호의 감쇄가 수반된다. 증폭 소자가 없다면 신호가 여러 처리 단계를 거침에 따라 결국에는 처리할 수 없을 정도로 신호의 크기가 작아져서 더 이상의 처리가 불가능해질 것이다. 따라서 여러 단계의 신호처리를 하는 데에 심각한 제한이 가해질 것이고 현재 우리가 유용하게 사용하고 있는 전자기기의 대부분은 구현이 불가능했을 것이다. 실제로 대부분의 회로에서는 신호처리와 동시에 증폭이 수행되고 있어 신호의 감쇄를 막고 자유로운 신호 가공을 가능하게 한다. 따라서 증폭 기능은 전자회로의 근간을 이루고 있으며 회로의 대부분은 트랜지스터 소자로 구성된다.

트랜지스터는 전자와 정공으로 도전하는 쌍극(bipolar) 계열과 전자나 정공 중 어느 하나로 도전하는 단극(unipolar) 계열의 두 부류로 분류된다. 이 장에서는 쌍극(bipolar) 계열의 대표적인 소자인 **쌍극접합 트랜지스터**(BJT: Bipolar Junction Transistor)에 대해서 설명한다.

5.1 BJT 동작의 이해

5.1.1 BJT의 구조와 회로심벌

- BJT 구조와 명칭　BJT는 3층의 서로 다른 형의 반도체를 붙이고 각 층에서 단자를 뽑아낸 3단자 소자이다. 가운데 층을 베이스(base: B)라고 부르고 그 양옆 층을 각각 이미터(emitter: E) 및 콜렉터(collector: C)라고 부른다. 결과적으로 BJT는 3장에서 공부한 pn접합 다이오드 2개가 붙어 있는 구조이다. 따라서 베이스와 이미터의 pn접합을 이미터 접합이라 하고, 베이스와 콜렉터의 pn접합을 콜렉터 접합이라고 한다.

  또한, BJT는 그림 5.1(a)와 (b)의 두 가지 구조가 가능하며 그림 5.1(a)를 npn형 트랜지스터 그림 5.1(b)를 pnp형 트랜지스터라고 부른다. 이 두 형태의 트랜지스터는 다이오드 방향이 서로 반대로 되어 있어서 서로 상보적인 전류-전압 특성을 갖는 것 외에 모든 동작원리가 동일하다. 그러나 실제 성능에 있어서는 전자의 이동도가 정공의 이동도보다 빠르므로 npn형 트랜지스터가 pnp형 트랜지스터보다 속도 특성이 우수하다. 따라서 일반적으로 npn형 트랜지스터를 기본적으로 사용하고 상보적인 특성이 필요할 때에 pnp형 트랜지스터를 쓴다.

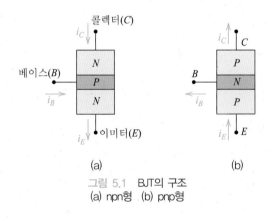

그림 5.1   BJT의 구조
(a) npn형 (b) pnp형

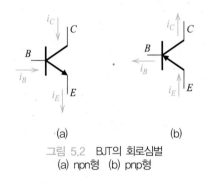

그림 5.2   BJT의 회로심벌
(a) npn형 (b) pnp형

● BJT의 회로심벌   그림 5.2(a)와 (b)는 각각 npn형과 pnp형 트랜지스터의 회로심벌이다. 이미터 단자의 화살표는 이미터 접합 다이오드가 순바이어스되었을 때 흐르는 전류 방향을 표시한다. 또한, 이미터 전류(i_E), 콜렉터 전류(i_C) 및 베이스 전류(i_B)는 각 단자에서 화살표 방향으로 흐르는 전류로 정의하기로 한다.

예제 5.1

다음의 npn형과 pnp형 트랜지스터에 대해 각각의 이미터 전류(i_E), 콜렉터 전류(i_C) 및 베이스 전류(i_B) 값은 몇 mA인가?

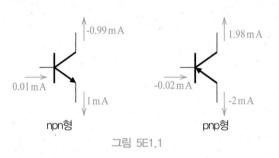

그림 5E1.1

풀이

이미터 전류(i_E), 콜렉터 전류(i_C) 및 베이스 전류(i_B)는 그림 5.2(a)와 (b)의 각 단자에서의 화살표 방향으로 정의하기로 약속했으므로 정의된 방향의 전류 성분을 구한다. 예를 들어 npn형의 i_E는 이미터 단자에서 나가는 방향의 전류로 정의했으므로 그림 5.2(a)의 화살표 방향과 같으므로 그대로 $1mA$가 된다. npn형의 i_C는 콜렉터 단자로 들어가는 방향의 전류로 정의했고 그림 5.2(a)의 화살표 방향과 반대이므로 부호가 바뀌어 $0.99mA$이다.

npn형 = 1/0.99/0.01 [mA], pnp형 = 2/1.98/0.02 [mA]

5.1.2 BJT의 동작모드

트랜지스터도 다이오드와 마찬가지로 바이어스 상태에 따라서 특성이 변하는 비선형소자이다. 다이오드의 특성을 바이어스 조건에 따라 순바이어스 동작과 역바이어스 동작으로 구분했듯이 트랜지스터의 특성도 바이어스 조건에 따라 구분된다. 다이오드가 한 개의 pn접합으로 구성된 데에 비해 트랜지스터는 이미터 접합과 콜렉터 접합의 두 개의 pn접합으로 구성되었으므로 각 접합의 바이어스 조건을 고려하면 표5.1에 정리해놓은 것같이 네 가지의 동작 모드로 구분된다.

* **순방향** 이미터 접합에 순바이어스를 걸어 동작시키는 것을 **순방향** 동작이라고 한다. 여기서, 콜렉터 접합이 역바이어스이면 순방향 **활성모드** 동작이라 하고 콜렉터 접합이 순바이어스이면 **포화모드** 동작이라 한다.
* **차단상태** 이미터 접합과 콜렉터 접합이 모두 역바이어스되면 트랜지스터는 어느 방향으로도 전류가 흐르지 못하는 **차단상태**가 된다.

- **역방향** 이미터 접합이 역바이어스되고 콜렉터 접합이 순바이어스되어 동작하는 것을 역방향 활성모드 동작이라고 한다.

표 5.1 트랜지스터의 동작 모드

동작 방향	모드	이미터접합	콜렉터접합
순방향	활성	순바이어스	역바이어스
	포화	순바이어스	순바이어스
-	차단	역바이어스	역바이어스
역방향	활성	역바이어스	순바이어스

실제 트랜지스터에서 역방향 동작은 증폭 효율이 현저히 떨어지므로 거의 사용하지 않는다. 또한, 차단상태는 전류가 흐르지 못하는 비활성 상태이므로 자연히 앞으로의 관심은 순방향 동작에 집중하게 될 것이다. 그중에서도 순방향 활성모드는 증폭작용의 기본이 되는 동작모드로서 트랜지스터의 특성은 이 모드에서의 특성을 기준으로 한다.

예제 5.2

npn형과 pnp형 트랜지스터가 순방향 활성모드로 동작하도록 하는 바이어스 전압을 표시하시오.

풀이

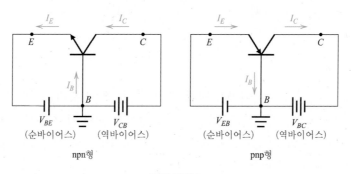

그림 5E2.1

5.1.3 BJT의 증폭 원리

그림 5.3의 npn형 트랜지스터 트랜지스터의 구조를 보여주고 있다. 우선, 트랜지스터가 증폭작용을 하기 위해서는 그림 5.2에 보인 것처럼 이미터 접합에는 순바이

어스, 콜렉터 접합에는 역바이어스를 인가하는 **순방향 활성모드**로 동작해야 한다.

이 경우 이미터 접합은 턴온되어 전류가 잘 흐르게 되고 이 다이오드 전류가 이미터 전류(i_E)가 된다. 여기서, 이미터의 불순물 농도(N^+)를 매우 높게 하여 N^+P 접합으로 만들어주면 정공 주입은 무시되고 전적으로 이미터로부터 베이스로 주입되는 전자에 의해서 이미터 전류가 흐르는 것으로 간주할 수 있다.

이렇게 해서 베이스로 주입된 전자 중 일부는 베이스 내의 정공과 재결합하여 베이스 단자로 빠져나감으로써 베이스 전류를 형성한다. 그러나 대부분의 전자는 미처 재결합하지 못하고 역바이어스로 형성된 콜렉터 접합의 공핍층 경계까지 도달하게 되고 공핍층 내에 있는 전계에 의해서 콜렉터 쪽으로 재빨리 끌려가서 콜렉터 전류(i_C)를 형성하게 된다. 이 경우 베이스 폭을 얇게 할수록 베이스 내의 정공과 재결합할 기회가 적어져서 더 많은 전자가 콜렉터로 넘어간다. 실제로 베이스 폭을 얇게 하여 베이스로 주입된 전자의 99% 이상이 콜렉터로 넘어가도록 만들 수 있다.

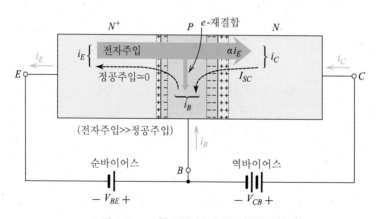

그림 5.3 npn형 트랜지스터 내의 전류 흐름

결과적으로 순바이어스된 이미터 접합 다이오드를 통해 흘려준 이미터 전류(i_E)는 대부분 역바이어스된 콜렉터 접합 다이오드를 넘어 콜렉터 단자로 흐르게 된다. 이미터에서 베이스로 주입된 전자가 콜렉터로 넘어가는 비율을 α로 표시하여 콜렉터 전류(i_C)를 표현하면 아래 수식으로 된다.

$$i_C = \alpha i_E \tag{5.1}$$

예를 들어 이미터 전류의 99%가 콜렉터로 넘어갈 경우 α는 0.99가 된다.

결국 BJT는 순바이어스 접합으로 구성되어 저항이 작은 입력루프(loop)에 흘려준 전류(i_E)를 역바이어스 접합으로 구성되어 저항이 큰 출력루프로 넘겨주는 작용을 하고 있다. 트랜지스터(transistor = transfer + resistor)라는 이름도 이러한 작용으로
부터 유래했다.

개념잡이

- 이미터에서 출발한 전자는 이미터 접합을 넘어 베이스에 도달한 후 베이스 단자로 빠져나가기보다는
  대부분 콜렉터 접합을 넘어 콜렉터에 도달한다.
- 저항이 낮은(순바이어스) 이미터 접합으로 흘려준 전류가 저항이 높은(역바이어스) 콜렉터 접합으로
  넘어가 흐른다.
- 전류를 저항이 더 큰 회로로 넘겨주는 것이 증폭작용이다.

예제 5.3

아래 그림 5E3.1과 같이 $10\,\Omega$ 저항으로 구성된 루프에 흐르는 전류를 $2\,K\Omega$ 저항으로 구성된 루프
로 넘겨주는 트랜지스터(transfer + resistor) 회로가 있다. 입력에 $0.01\,V$의 사인파 입력전압을 인가
했을 때 출력전압(v_O)과 전압 증폭률을 구하시오.

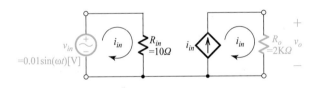

그림 5E3.1　트랜지스터(transfer+resistor) 회로

풀이

우선, 입력루프의 전류 i_{in}을 구하면

$$i_{in} = \frac{v_{in}}{R_{in}} = \frac{0.01\sin(\omega t)}{10} = 1\times10^{-3}\sin(\omega t)\ [\text{A}]$$

트랜지스터(transfer + resistor) 회로가 입력루프의 전류를 그대로 출력루프로 넘겨주므로 출력전압
v_O는

$$v_o = R_o \times i_{in} = 2\times10^3 \times 1\times10^{-3}\sin(\omega t) = 2\sin(\omega t)\ [\text{V}]$$

따라서, 전압 증폭률 A_v는

$$A_v = \frac{v_o}{v_{in}} = \frac{2}{0.01} = 200$$

따라서 200배의 전압증폭이 이루어지고 있으며 전류를 저항이 더 큰 회로로 넘겨주는 자체가 증폭
작용임을 알 수 있다.

5.2 BJT의 순방향 활성모드 동작

5.2.1 BJT의 대신호 모델

그림 5.2의 npn형 트랜지스터 구조로부터 순방향 활성모드에서 동작하는 BJT에 대한 대신호(large signal) 모델을 구하기로 하자. 순방향 활성모드의 경우 그림 5.2에서와 같이 이미터 접합은 순바이어스되어야 하고, 콜렉터 접합은 역바이어스되어야 한다.

- **이미터 접합의 등가화** 이미터 접합은 순바이어스 상태의 다이오드가 되므로 그림 5.4에서와 같이 다이오드로 표현한다. 이때 이미터 전류(i_E)는 다이오드 전류(i_{DE})가 되므로 식 (5.2)의 다이오드 전류식으로 표현된다.

$$i_E = i_{DE} = I_{SE} e^{\frac{v_{BE}}{V_t}} \tag{5.2}$$

여기서, I_{SE}는 이미터 접합의 역포화전류이다.

- **콜렉터 접합의 등가화** 콜렉터 접합은 역바이어스 상태이므로 개방회로로 표현된다. 그러나 이미터 전류 i_E가 흐르면 식 (5.1)에 의해 αi_E만큼의 전류가 콜렉터에 흐르게 되므로 이를 그림 5.4에서와 같이 종속전류원(αi_E)으로 표현한다.

따라서 그림 5.4와 같은 순방향 활성모드에서 동작하는 BJT 대신호 모델을 얻을 수 있다.

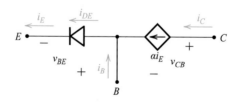

그림 5.4 순방향 활성모드에서 동작하는 BJT의 대신호 모델

그림 5.2에서 역바이어스된 콜렉터 접합으로 역포화전류 I_{SC}가 흐르게 된다. 역포화전류는 극히 작은 크기이므로 일반적으로 무시하지만 특정 회로의 경우 회로 동작에 큰 영향을 미칠 수 있으므로 그런 경우는 고려해주어야 한다.

예제 5.4

[콜렉터 역포화전류 I_{SC}의 모델]
그림 5.4의 BJT의 대신호 모델을 역포화전류 I_{SC}가 고려된 모델로 수정하시오.

풀이

역포화전류 I_{SC}는 역바이어스 전압 v_{CB}의 변화에 대해 큰 변화를 보이지 않고 비교적 일정한 값을 유지하므로 독립 전류원으로 표현할 수 있다. 따라서 그림 5.4의 BJT의 대신호 모델을 아래 그림과 같이 수정함으로써 역포화전류 I_{SC}가 포함된 모델로 수정할 수 있다.

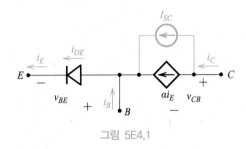

그림 5E4.1

따라서 식 (5.1)의 콜렉터 전류식을 엄밀히 말하면

$$i_C = \alpha i_E + I_{SC}$$

가 된다.

5.2.2 BJT의 단자 전류 관계식

그림 5.4의 대신호 모델에 식 (5.1)과 식 (5.2)를 적용하여 순방향 활성모드에서 동작하는 트랜지스터의 단자 전류 관계식을 구하기로 하자.

● BJT 단자전류 관계식   우선 식 (5.1)로부터 이미터 단자전류에 대한 콜렉터 단자전류의 비를 구하면 다음 수식을 얻는다.

$$\frac{i_C}{i_E} = \alpha \tag{5.3}$$

여기서, α를 공통베이스 전류이득(common-base current gain)이라고 부른다.
또한, 트랜지스터를 하나의 마디로 간주하여 키르히호프의 전류법칙을 적용하면 다음의 단자전류 간의 관계가 구해진다.

$$i_B = i_E - i_C = \frac{(1-\alpha)}{\alpha} i_C \tag{5.4}$$

여기서, $\frac{\alpha}{(1-\alpha)} \equiv \beta$라고 정의하고 베이스 단자전류에 대한 콜렉터 단자전류의 비를 구하면 다음 수식을 얻는다.

$$\frac{i_C}{i_B} = \beta \tag{5.5}$$

여기서, β를 **공통이미터 전류이득**(common-emitter current gain)이라고 부른다. 또한, 이미터 전류(i_E)는 식 (5.2)의 다이오드 전류식으로 표현된다.

● pnp형 트랜지스터의 특성 pnp형은 npn형과 비교할 때 각 단자의 전류 방향이 반대가 되는 것 외에는 동작원리나 특성이 동일하다. 따라서 pnp형 트랜지스터에 대해서도 같은 방법으로 단자 전류 관계식을 구할 수 있다.

pnp형의 단자 전류 방향을 그림 5.2(b)와 같이 정의하면 단자 전류식은 그림 5.2(a)로 정의한 npn형 단자 전류식과 동일해진다. 따라서 npn형과 pnp형이 동일한 단자 전류 관계식으로 표현될 수 있다. 단, 이미터 다이오드 전류식은 npn형에서 v_{BE}가 pnp형에서는 v_{EB}로 바꾸어야 한다.

이상의 npn형과 pnp형 트랜지스터의 단자전류 수식을 표5.2에 요약해 놓았다.

표 5.2 npn형과 pnp형 트랜지스터의 단자전류 수식 요약

관계 수식	$\begin{aligned} i_C &= \alpha i_E \\ i_C &= \beta i_B \\ i_E &= i_C + i_B \end{aligned}$ $\beta \equiv \dfrac{\alpha}{(1-\alpha)}$ $i_E = I_{ES} e^{\frac{v_{BE}}{V_t}}$ (npn형) $\{ = I_{ES} e^{\frac{v_{EB}}{V_t}}$ (pnp형) $\}$
전류 방향	

예제 5.5

콜렉터 역포화전류 I_{SC}가 포함된 그림 5E4의 등가회로로부터 엄밀히 말하면 식 (5.1)의 콜렉터 전류식은 다음의 식 (5.1a)로 표현된다.

$$i_C = \alpha i_E + I_{SC} \qquad (5.1a)$$

이 경우 i_B, i_E, α 및 β의 엄밀한 수식을 유도하고 근사적으로 표5.2가 됨을 보여라.

풀이

$$i_C = \alpha i_E + I_{SC} (\approx \alpha i_E)$$

$$i_E = \frac{i_C - I_{SC}}{\alpha}$$

$$i_B = i_E - i_C = \frac{i_C - I_{SC}}{\alpha} - i_C = \frac{1-\alpha}{\alpha} i_C - \frac{I_{SC}}{\alpha} = \frac{i_C}{\beta} - \frac{I_{SC}}{\alpha} \left(\approx \frac{i_C}{\beta} \right)$$

$$\alpha i_E = i_C - I_{SC} \rightarrow \alpha = \frac{i_C - I_{SC}}{i_E} \left(\approx \frac{i_C}{i_E} \right)$$

$$\beta \equiv \frac{\alpha}{1-\alpha} = \frac{\dfrac{i_C - I_{SC}}{i_E}}{1 - \dfrac{i_C - I_{SC}}{i_E}} = \frac{i_C - I_{SC}}{i_E - i_C + I_{SC}} = \frac{i_C - I_{SC}}{i_B + I_{SC}} \left(\approx \frac{i_C}{i_B} \right)$$

예제 5.6

$\alpha = 0.99$이고 콜렉터 전류가 $1\,mA$인 트랜지스터에 대해 다음 물음에 답하시오.

(a) 트랜지스터의 β를 구하시오.

(b) 이미터 전류(i_E)와 베이스 전류(i_B)를 구하시오.

풀이

(a) $\beta \equiv \dfrac{\alpha}{(1-\alpha)} = \dfrac{0.99}{(1-0.99)} = 99$

(b) $i_E = \dfrac{i_C}{\alpha} = \dfrac{1\ \text{mA}}{0.99} = 1.001\text{mA}$

$\quad\ i_B = \dfrac{i_C}{\beta} = \dfrac{1\ \text{mA}}{99} = 0.01\text{mA}$

예제 5.7

다음 회로에서 트랜지스터의 $\beta = 100$이다. 콜렉터 전류 $I_C = 2mA$일 때 V_C, V_E, V_{BE}는 각각 몇 V 인가?

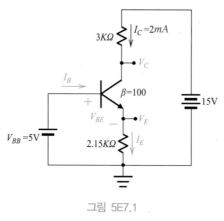

그림 5E7.1

풀이

(a) $I_C = 2mA$이므로

$$V_C = 15V - 3K\Omega \times 2mA = 9V$$

$$I_E = I_C + I_B = I_C + I_C / \beta = 2mA + 2mA/100 = 2.02mA$$

$$V_E = 2.15K\Omega \times 2.02mA = 4.343V$$

$$V_{BE} = 5V - V_E = 0.657V$$

예제 5.8

다음의 다이오드–접속 트랜지스터에서 전류 $i = 1mA$일 때 전압 $v = 0.7V$였다. 전류 $i = 2mA$일 때 전압 v는 얼마인가?

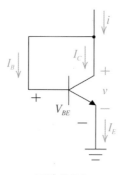

그림 5E8.1

풀이

그림 5E8.1에서 $i = I_E$이고 $v = V_{BE}$이므로 i와 v는 이미터 접합 다이오드를 통해 흐르는 전류와 양단의 전압이 된다. 따라서 편의상 전류 $i = I_E = 1mA$일 때의 각 변수에는 아래첨자 1을 붙이고, $i = I_E = 2mA$일 때의 각 변수에는 아래첨자 2를 붙여 구분하기로 한다.

우선, $i = 1mA$일 때 i를 I_{E1}, v를 v_{BE1}이라고 하면 식 (5.2)의 이미터 접합 다이오드 수식으로부터 I_{E1}은 다음 수식으로 표현된다.

$$I_{E1} = I_{ES}e^{\frac{v_{BE1}}{V_t}}$$

또한, $i = 2mA$일 때 i를 I_{E2}, v를 v_{BE2}이라고 하면 I_{E2}는 다음 수식으로 표현된다.

$$I_{E2} = I_{ES}e^{\frac{v_{BE2}}{V_t}}$$

위의 두 수식을 나누어주고 양변에 로그를 취함으로써 다음의 관계식을 얻을 수 있다.

$$v_{BE2} = V_{BE1} + V_t \ln(\frac{I_{E2}}{I_{E1}})$$

여기에 I_{E1}, v_{BE1} 및 I_{E2}의 값을 대입함으로써 v_{BE2}를 구하면 다음과 같다.

$$v_{BE2} = 0.7 + 0.025\ln\left(\frac{2}{1}\right) = 0.717\text{V}$$

즉, 다이오드-접속 트랜지스터에서 전류 $i = 2mA$일 때 전압 $v = 717mV$이다.

5.3 접속방식에 따른 BJT의 특성

트랜지스터는 접속방식에 따라 그 특성이 달라진다. 이 절에서는 npn형을 기준으로 하여 접속방식에 따른 BJT의 특성을 설명한다. 접속방식은 공통베이스 접속과 공통이미터 접속으로 구분하여 설명한다.

5.3.1 공통베이스 특성

● **공통베이스 접속** 그림 5.5에서와 같이 베이스 단자를 공통으로 접지하고 이미터 단자를 입력단자로 콜렉터 단자를 출력단자로 사용하는 것을 **공통베이스 접속**이라고 부른다.

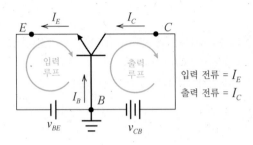

그림 5.5 공통베이스 회로

여기서, 이미터 단자가 포함된 루프를 **입력루프**라고 하고 콜렉터 단자가 포함된 루프를 **출력루프**라고 한다.

● **입력특성** 입력전압이 V_{BE}이고 입력전류가 I_E로서 이미터접합 양단의 전압과 전류가 된다. 따라서 입력포트의 전류-전압 특성은 식 (5.6)와 같은 pn접합 다이오드 수식으로 표현되며 그림 5.6과 같은 지수함수 특성곡선이 된다.

$$I_E = I_{SE}e^{\frac{V_{BE}}{V_t}}$$ (5.6)

특성곡선에서 V_{BE}가 0.5V보다 작을 경우 전류 I_E는 거의 0A로서 무시할 수 있다. 반면에 정상적인 전류가 흐를 때의 V_{BE} 구간은 0.6V ~ 0.8V 사이이다. 또한, 개략적 DC 근사의 경우 일단 다이오드가 턴온되면 V_{BE} = 0.7V로 가정한다.

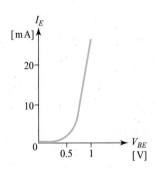

그림 5.6 공통베이스 구조 입력특성(npn형)

● **출력특성** 출력전압이 V_{CB}이고 출력전류가 I_C로서 출력특성곡선의 형태를 그림 5.7에 보여주고 있다. 출력특성은 활성모드 영역, 포화모드 영역 및 차단모드 영역으로 구분된다.

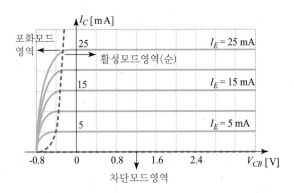

그림 5.7 공통베이스 출력특성(npn형)

- **활성모드 특성** 순방향 활성모드는 이미터접합이 순바이어스되고 콜렉터접합이 역바이어스된 상태의 동작을 말한다. 콜렉터접합의 공핍층에 형성된 전계는 이미터로부터 베이스로 주입된 캐리어(전자)를 콜렉터로 재빨리 쓸어가므로 콜렉터 전류는 주입된 캐리어 양에 의해 제한된다. 따라서 출력전류인 콜렉터 전류는 베이스로 주입된 캐리어 양에 비례하나 콜렉터 접합에서의 전계 세기, 즉 콜렉터 접합에서의 역바이어스(V_{CB}) 크기와는 무관하게 된다.

  그림 5.7의 활성영역에서의 출력특성곡선에서도 출력전류(I_C) 크기는 입력전류(I_E) 크기에 비례하고 있어 출력전류가 주입된 캐리어 양에 비례함을 보여주고 있다. 반면에 고정된 입력전류(I_E)에 대해 출력전압(V_{CB})이 증가해도 출력전류(I_C)는 일정한 크기를 유지하고 있어 출력전류는 역바이어스(V_{CB}) 크기와는 무관함을 보여준다.

- **포화모드 특성** 활성모드에서 콜렉터접합의 역바이어스가 순바이어스로 바뀌면 포화모드가 된다. 그림 5.7에서 $V_{CB} = 0V$일 때 콜렉터 접합에는 아직 빌트인(built-in) 전압(~ 0.7V)에 의한 전계가 존재하므로 활성모드 동작을 계속한다. 그러나 V_{CB}가 음으로 증가함에 따라 콜렉터 접합에서의 (built-in 전압에 의한) 전계가 작아지게 되므로 베이스로 주입된 캐리어가 콜렉터로 잘 넘어가지 못하게 된다. 따라서 활성모드에서 거의 1이었던 α 값이 급격히 감소하게 되므로 콜렉터 전류도 급격히 감소하게 된다. $V_{CB} = -0.8V$가 되면 built-in 전압에 의한 전계가 완전히 소멸된다. 따라서 콜렉터 전류도 0A가 되어 그림 5.7과 같은 포화모드 특성을 보이게 된다.

  활성영역에서 α는 1에 가까운 값으로 거의 일정하여 상수로 취급되는 반면에 포화영역에서의 α는 콜렉터 접합의 전압에 따라 급격히 변화하므로 고정된 값으로 취급할 수 없다.

- **차단모드 특성** 이번에는 활성모드에서 이미터접합의 순바이어스가 역바이어스로 바뀌면 **차단모드**가 된다. 이 경우 입력전류인 이미터접합 다이오드 턴-오프 되어 전류가 0A가 되므로 이미터에서 베이스로의 캐리어 주입이 없고 따라서 콜렉터 전류도 0A가 된다. 따라서 트랜지스터는 턴-오프 상태가 된다.

- **공통베이스 전류이득** 공통베이스 회로의 전류이득은 다음 수식으로 표현된다.

$$전류이득 = \frac{출력전류}{입력전류} = \frac{i_C}{i_E} = \alpha$$

따라서 α를 공통베이스 전류이득(common base current gain)이라고 부른다. α < 1이므로 공통베이스 전류이득은 1보다 작다.

5.3.2 공통이미터 특성

- **공통이미터 접속** 그림 5.8과 같이 이미터 단자를 공통으로 접지하고 베이스 단자를 입력단자로 콜렉터 단자를 출력단자로 사용하는 것을 **공통이미터 접속**이라고 한다. 따라서 베이스 단자가 포함된 루프를 **입력루프**라고 하고 콜렉터 단자가 포함된 루프를 **출력루프**라고 한다.

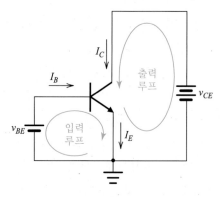

그림 5.8 **공통이미터 회로**

- **입력특성** 입력전압이 V_{BE}이고 입력전류가 I_B로서 이미터 접합 양단의 전압과 전류가 되므로 공통베이스 접속 때와 같이 다이오드 특성을 보이게 된다. 그러나 중요한 차이점은 이미터 단자 대신 베이스 단자를 통해 이미터 접합 다이오드를 보고 있다는 점이다.

트랜지스터 단자전류 관계식 $i_B + i_C = i_E$로부터 $(1 + \beta)i_B = i_E$가 되므로 입력전류 (i_B)는 다음 수식으로 표현된다.

$$i_B = \frac{i_E}{\beta+1} \overset{\beta \gg 1}{\approx} \frac{i_E}{\beta} = (\frac{I_{SE}}{\beta})e^{\frac{v_{BE}}{V_t}} \tag{5.7}$$

입력전류(i_B)의 특성은 공통베이스에서와 같은 다이오드 특성을 보이지만 전류 크기는 $1/\beta$배로 작아진다. 식 (5.7)로부터 입력전류-전압 특성은 식 (5.6)의 이미터 다이오드 수식에서 역포화전류(I_{SE})를 $1/\beta$배로 축척한 형태이므로 그림 5.9의 전류-축척된 지수함수 특성곡선을 보인다.

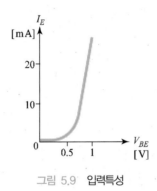

그림 5.9 입력특성

● **출력특성** 출력전압이 V_{CE}이고 출력전류가 I_C로서 출력특성곡선의 형태를 그림 5.10에 보여주고 있다. 출력특성은 공통베이스에서와 마찬가지로 활성모드 영역, 포화모드 영역 및 차단모드 영역으로 구분된다.

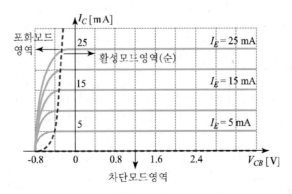

그림 5.10 공통이미터 출력특성(npn형)

공통이미터의 경우 $V_{CE} = V_{CB} + V_{BE}$이므로 $V_{CE} = 0$V일 때 $V_{CB} = -V_{BE} \cong -0.7$V가 된다. 이 경우 콜렉터 접합의 built-in 전압에 의한 전계가 거의 소멸된다. 따라서 $V_{CE} = 0$V일 때 $\alpha = 0$이 되므로 콜렉터 전류도 0A가 되어 그림 5.10과 같이 포화영역이 $V_{CE} > 0$에 위치하는 특성을 보인다. 또한, 공통이미터 접속은 활성영역에서 V_{CE} 증가에 따른 I_C 증가가 비율이 공통베이스 접속에 비해 큰 특성을 보인다.

- **공통이미터 전류이득** 공통이미터 회로의 전류이득은 다음 수식으로 표현된다.

$$전류이득 = \frac{출력전류}{입력전류} = \frac{i_C}{i_E} = \beta$$

따라서 β를 공통이미터 전류이득(common emitter current gain)이라고 부른다. $\beta \gg 1$이므로 공통이미터 전류이득은 매우 크다.

5.3.3 공통이미터형 대신호 모델

그림 5.4에서의 BJT의 대신호 모델은 공통베이스 접속으로부터 구해졌으므로 편의상 공통베이스형 대신호 모델이라고 부르기로 하자. 이 공통베이스형 대신호 모델은 공통이미터 접속에 사용하기 편리한 공통이미터형 대신호 모델로 변환할 수 있다.

- **전류 축척** 그림 5.4의 공통베이스형 대신호 모델에서 이미터접합 다이오드는 이미터 단자에 연결되었다. 이 이미터접합 다이오드를 식 (5.7)에 의해 전류 축척하여 그림 5.11과 같이 베이스 단자에 연결해도 등가적으로 같다. 이 경우 베이스 전류(i_B)는 축척된 다이오드 전류(i_{DB})가 되며 다음 수식으로 표현된다.

$$i_B = i_{DB} = (\frac{I_{SE}}{\beta})e^{\frac{v_{BE}}{V_t}} = \frac{i_{DE}}{\beta} \tag{5.8}$$

또한, $\alpha i_E = i_C = \beta i_B$의 관계를 이용하여 종속전류원($\alpha i_E$)도 베이스 전류($i_B$)로 제어되도록 함으로써 그림 5.11과 같은 공통이미터형의 대신호 모델을 얻을 수 있다.

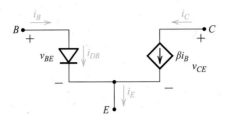

그림 5.11 활성모드에서 동작하는 BJT의 공통이미터형 대신호 모델

5.3.4 Early 효과

● Early 효과　앞에서 콜렉터 전류는 콜렉터 접합에서의 역바이어스가 증가해도 일
정하게 유지된다고 설명했다. 그러나 실제 트랜지스터의 출력특성을 측정해보면
역바이어스가 증가함에 따라 콜렉터 전류(i_C)도 미세하게 증가함을 확인할 수 있
으며 이런 현상은 공통베이스 접속보다 공통이미터 접속에서 훨씬 더 심하게 나
타난다.

이 현상은 콜렉터 접합에서의 역바이어스가 증가에 따른 유효 베이스 폭의 감소
에 기인한다. 그림 5.12은 npn형 트랜지스터를 베이스를 확대하여 보여주고 있
다. p형 반도체인 베이스 구간 중에서 실제 베이스 폭은 양쪽 접합에서의 공핍층
에 의해 침식된 부분을 제외한 부분이 되고 이를 유효 베이스 폭이라고 부른다. 콜
렉터 접합에서의 역바이어스가 증가하면 콜렉터 접합에서의 공핍층이 확장되어
유효 베이스 폭이 감소한다. 유효 베이스 폭이 얇아지면 α의 크기가 증가하여 전
류이득을 증가시킨다. 결과적으로 콜렉터 역바이어스가 증가함에 따라 콜렉터 전
류가 미세하게 증가하게 된다. 이를 Early 효과라고 부른다.

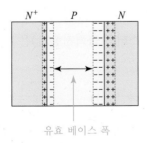

유효 베이스 폭

그림 5.12 npn형 트랜지스터 베이스 폭의 변화

Early 효과의 정도는 Early 전압으로 나타낸다. 그림 5.13에서처럼 활성영역에서
의 특성곡선을 직선으로 근사하고 그 직선의 연장선을 그으면 모두 한 점에서 만

나게 되는데 이 점에서의 전압(V_A)을 Early 전압이라고 한다. Early 효과가 클수록 Early 전압의 크기는 작아진다.

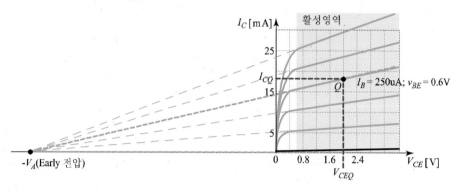

그림 5.13 Early 전압

5.3.5 BJT 출력저항(r_o)

● BJT 출력저항(r_o)　활성영역에서의 특성곡선 기울기의 역수는 트랜지스터의 출력 저항(r_o)이 된다.

그림 5.13에서 한 동작점 Q에서의 기울기를 구하기 위해 이 점에서의 전류를 I_{CQ}, 전압을 V_{CEQ}라고 하고 굵은 점선으로 그려진 삼각형으로부터 기울기를 구한다. 구한 기울기의 역수를 취함으로써 다음과 같은 출력저항(r_o) 계산식을 얻는다.

$$r_o = \frac{V_A + V_{CEQ}}{I_{CQ}} \overset{V_A \gg V_{CEQ}}{\approx} \frac{V_A}{I_{CQ}} \tag{5.9}$$

따라서 Q점에서의 동작전류 I_{CQ}와 Early 전압 V_A를 알면 트랜지스터의 출력저항 (r_o)을 구할 수 있다. 트랜지스터의 출력저항(r_o)은 Early 효과가 커질수록 작아진다.

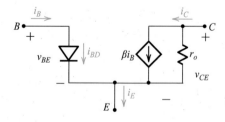

그림 5.14 출력저항(r_o)이 포함된 BJT의 공통이미터형 대신호 모델

예제 5.9

Early 전압 $V_A = 100V$인 트랜지스터가 동작전류 $I_{CQ} = 0.1mA$, $1mA$ 및 $10mA$에서 동작할 때의 각각의 출력저항 r_o를 구하시오.

풀이

$$r_o = \frac{V_A}{I_{CQ}} = \frac{100}{0.1\text{mA}} = 1\text{M}\Omega$$

마찬가지 방법으로 $1mA$ 및 $10mA$일 때 $100K\Omega$ 및 $10K\Omega$의 출력저항을 얻는다.

이상으로 BJT의 단자 전류-전압 특성에 대한 공부를 마치고 결과를 다음의 표 5.3에 요약한다.

표 5.3 npn형과 pnp형 트랜지스터의 단자전류 수식 요약

타입	npn형	pnp형
심벌 & 전류 방향		
	$i_E = I_{ES} e^{\frac{v_{BE}}{V_t}}$	$i_E = I_{ES} e^{\frac{v_{EB}}{V_t}}$
관계 수식	$i_C = \alpha i_E$ $i_C = \beta i_B$ $i_E = i_C + i_B$ $\beta \equiv \dfrac{\alpha}{(1-\alpha)}$	
대신호 등가 회로		

5.4 BJT의 대신호 해석

BJT의 단자 특성에 대한 공부를 마쳤으므로 BJT를 응용한 회로에 대해 공부하기로 한다. 일반적으로 BJT는 아날로그 회로에서 신호 증폭기로 활용되거나 디지털 회로에서 스위치로 활용된다. 신호 증폭기로 활용되기 위해서는 BJT는 활성모드로 동작하여야 한다. 이 경우 동작점 설계를 위한 DC해석과 증폭신호 해석을 위한 소신호 ac해석이 필요하다. 한편, 스위치로 활용될 경우 BJT는 차단모드로부터 포화모드까지를 오가며 동작하게 되므로 대신호 해석이 필요하다. 따라서 대신호 해석과 DC해석을 차례로 공부하기로 하고 소신호 ac해석은 다음 장에서 공부하기로 한다.

5.4.1 BJT의 대신호 동작

- **BJT의 스위칭 동작** 그림 5.15(a)의 공통이미터 증폭회로의 출력전압 v_O는 다음 식으로 표현된다.

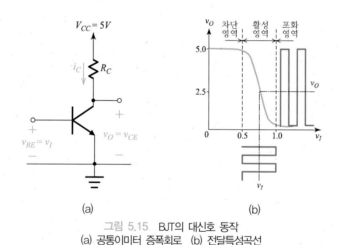

그림 5.15 BJT의 대신호 동작
(a) 공통이미터 증폭회로 (b) 전달특성곡선

$$v_O = v_{CE} = V_{CC} - R_C i_C \tag{5.10}$$

한편, 이미터 접합 다이오드 수식으로부터 i_C는 다음 수식으로 표현된다.

$$i_C \approx i_E = I_{ES} e^{\frac{v_{BE}}{V_t}} = I_{ES} e^{\frac{v_I}{V_t}} \tag{5.11}$$

식 (5.11)을 식 (5.10)에 대입하면 다음과 같은 입력전압 v_I에 대한 출력전압 v_O의 수식을 얻을 수 있다.

$$v_O = V_{CC} - R_C I_{ES} e^{\frac{v_I}{V_t}} \tag{5.12}$$

식 (5.12)로부터 $v_I < 0.5V$에서는 트랜지스터가 아직 차단상태로서 $i_C = 0$이 되므로 $v_O = V_{CC}$가 된다. v_I가 0.5V보다 커지면서 트랜지스터가 턴온되어 활성모드로 동작하고 i_C가 증가하므로 v_O는 감소한다. 이때에 i_C는 지수함수적으로 증가하므로 v_O는 그림 5.15(b)에서처럼 급격히 감소한다. v_I가 더욱 증가하면 트랜지스터가 포화영역으로 접어들어서 i_C 증가가 멈추게 되므로 v_O의 감소도 멈추게 되어 일정한 값을 유지하게 된다. 결과적으로 그림 5.15(b)와 같은 전달특성곡선을 얻게 된다.

한편, 입력단자에 그림 5.15(b)에 v_I로 표시된 모양의 펄스열을 인가하면 트랜지스터는 차단과 포화상태를 반복하며 스위칭하게 되어 출력단자에 그림 5.15(b)에 v_O로 표시된 모양의 펄스열을 생성한다.

예제 5.10

그림 5.15(b)에서 $R_C = 1K\Omega$으로 가정하고 $I_C = 0,1,2,3,4,5mA$일 때의 출력전압 v_O를 구하시오.

풀이

$v_O = V_{CC} - R_C I_C = 5 - 1K\Omega \times 0mA = 5V$

마찬가지 방법으로 v_O를 구하면 각각 4, 3, 2, 1, 0V가 된다.

5.5 BJT의 DC해석

BJT가 포함된 회로의 DC해석을 효율적으로 수행하는 방법은 회로의 DC 등가회로를 구하여 해석하는 것이다. 회로의 DC 등가회로를 구하기 위해서는 BJT의 DC 등가모델이 반드시 필요하다. 그림 5.11의 BJT 대신호 모델로부터 BJT의 DC 등가모델을 구하기로 한다.

5.5.1 BJT의 DC 등가 모델

● BJT의 DC 등가 모델 그림 5.14의 BJT 대신호 모델로부터 활성모드와 포화모드에서의 DC 등가모델을 구하기로 하자.

우선 순방향 동작에서 이미터 접합은 순바이어스 상태이므로 다이오드 턴온 전압 0.7V의 DC 전원으로 표현한다.

콜렉터 접합이 역바이어스인 경우 활성모드로 정상적인 증폭작용을 하므로 콜렉터 전류는 그림 5.16(a)와 같이 종속전류원(βI_B)으로 표현된다.

반면에 콜렉터 접합이 순바이어스인 경우 포화모드로 동작한다. 이 경우 전류이득(β)은 일정하지 않고 V_{CE} 값의 감소에 따라 급격히 감소하므로 활성모드에서처럼 콜렉터 전류를 전류이득을 써서 표현하는 것은 의미가 없다. 한편 콜렉터 접합과 이미터 접합이 모두 순바이어스 상태이고 두 접합은 서로 반대 방향으로 직렬 연결됐으므로 콜렉터와 이미터 사이의 전압 V_{CE}는 이론적으로 0V로 고정되어야 한다. 그러나 실제상황에서는 이미터 접합의 순바이어스 정도가 콜렉터 접합에 비해 크므로 V_{CE}는 대략 0.2V가 된다. 따라서 그림 5.16(b)에서와 같이 콜렉터와 이미터 사이를 0.2V DC 전원으로 표현한다.

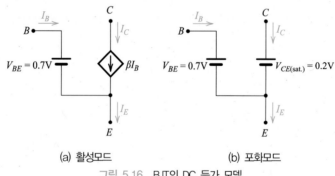

(a) 활성모드   (b) 포화모드

그림 5.16 BJT의 DC 등가 모델

예제 5.11

그림 5E10.1에서 $\beta = 100$, $V_{CC} = 10V$ 및 $V_{BB} = 2V$이다. 다음의 (a) 및 (b)의 경우에 대하여 각각의 I_B와 i_C를 구하시오.

(a) $R_C = 1\,K\Omega$, $R_B = 30\,K\Omega$일 경우

(b) $R_C = 1\,K\Omega$, $R_B = 10\,K\Omega$일 경우

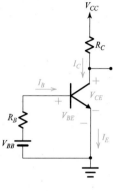

그림 5E10.1

풀이

(a) $R_C = 1\,K\Omega$, $R_B = 30\,K\Omega$일 경우

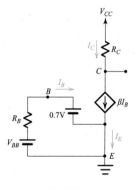

그림 5E10.2

활성영역에서 동작하는 것으로 가정하여 그림 5E10.2에서와 같이 트랜지스터를 활성영역 등가회로로 바꾼다. 입력루프에 KVL을 적용하면

$$-V_{BB} + R_B I_B + V_{BE} = 0$$

$$I_B = \frac{V_{BB} - V_{BE}}{R_B} = \frac{2 - 0.7}{30 \times 10^3} = 43\mu A$$

$$I_C = \beta I_B = 4.3mA$$

출력루프에 KVL을 적용하면

$$-V_{CC} + R_C I_C + V_{CE} = 0$$
$$V_{CE} = V_{CC} - R_C I_C = 10 - 1 \times 10^3 \times 4.3 \times 10^{-3} = 5.7V$$

따라서 트랜지스터가 활성영역에 있음을 확인했다.

(b) $R_C = 1K\Omega$, $R_B = 10K\Omega$일 경우

마찬가지 방법으로 활성영역에서 동작하는 것으로 가정하여 트랜지스터를 활성영역 등가회로로 바꾼 후 입력루프에 KVL을 적용하면

$$I_B = \frac{V_{BB} - V_{BE}}{R_B} = \frac{2 - 0.7}{10 \times 10^3} = 130\mu A$$
$$I_C = \beta I_B = 13mA$$

출력루프에 KVL을 적용하면

$$V_{CE} = V_{CC} - R_C I_C = 10 - 1 \times 10^3 \times 13 \times 10^{-3} = -3V$$

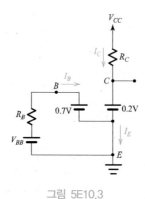

그림 5E10.3

$V_{CE} < 0V$이므로 트랜지스터는 포화영역에 있음을 알 수 있다. 즉, 처음 가정이 틀렸다. 따라서 트랜지스터를 그림 5E10.3에서와 같이 포화영역 등가회로로 바꾼 후 입력루프에 KVL을 적용하면

$$-V_{BB} + R_B I_B + 0.7 = 0$$
$$I_B = \frac{V_{BB} - 0.7}{R_B} = \frac{2 - 0.7}{10 \times 10^3} = 130\mu A$$

출력루프에 KVL을 적용하면

$$-V_{CC} + R_C I_C + 0.2 = 0$$
$$I_C = \frac{V_{CC} - 0.2}{R_C} = \frac{10 - 0.2}{1 \times 10^3} = 9.8mA$$

5.5.2 DC 동작의 그래프적 이해

앞에서 해석한 [예제 5.10]의 DC 동작을 그래프적으로 이해함으로써 트랜지스터가 동작 상황에 따라 모드가 변화는 과정을 쉽게 이해할 수 있다. 그림 5.17에서 $\beta = 100$, $V_{CC} = 10V$ 및 $V_{BB} = 2V$이다. 먼저 (a) $R_C = 1K\Omega$, $R_B = 30K\Omega$인 경우에 대해서 살펴보기로 한다.

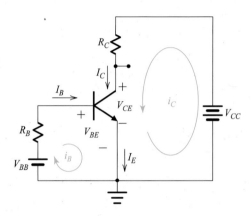

그림 5.17 트랜지스터의 직류 동작

● 입력특성 입력특성을 구하기 위해 소자전류 I_B와 소자전압 V_{BE}에 부하선 개념을 적용하기로 하자. 이 경우 소자는 이미터 접합 다이오드가 되므로 소자 특성을 그래프로 그리면 그림 5.18(a)에서의 지수함수 곡선이 된다. 입력루프에 KVL을 적용하면 식 (5.13)의 부하선 방정식을 얻게 된다.

$$I_B = -\frac{1}{R_B}V_{BE} + \frac{V_{BB}}{R_B}$$

(5.13)

소자 특성곡선에 부하선을 그려 그 교점을 구하면 그림 5.18(a)에서의 Q_a로 표시된 동작점을 얻는다. Q_a점에서의 전류가 동작전류가 되고 그래프에서 읽었을 때 $43\mu A$였다고 가정하자.

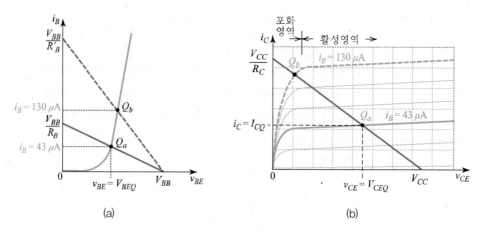

그림 5.18 R_C 변화에 따른 트랜지스터 동작점의 이동
(a) 입력특성 (b) 출력특성

● **출력특성** 출력루프 내의 I_C와 V_{CE}가 소자의 전류, 전압이 되므로 그림 5.18(b)의 트랜지스터 출력특성곡선이 소자 특성곡선이 된다. 입력특성에서의 부하선 개념을 적용하기로 하자. 이 경우 소자는 이미터 접합 다이오드가 되므로 소자 특성을 그래프로 그리면 그림 5.18(a)에서의 지수함수 곡선이 된다. 입력루프에서 구한 입력의 동작전류가 $43\mu A$였으므로 $i_B = 43\mu A$의 곡선이 된다. 출력루프에 KVL을 적용하면 식 (5.14)의 부하선 방정식을 얻는다.

$$I_C = -\frac{1}{R_C}V_{CE} + \frac{V_{CC}}{R_C} \tag{5.14}$$

식 (5.14)로 부하선을 그려서 교점을 찾음으로써 Q_a로 표시된 동작점을 얻는다. 여기서, 동작점 Q_a가 활성영역에 위치하고 있음을 볼 수 있다. 따라서 (a)조건의 경우 트랜지스터는 활성영역에서 동작함을 알 수 있다.

한편, (b) $R_C = 1K\Omega$, $R_B = 10K\Omega$일 경우에 대해서도 같은 방법으로 동작점을 구하면 입력 부하선은 그림 5.18(a)의 점선으로서 Q_b로 표시된 동작점을 얻게 되고 동작전류가 $130\mu A$로 증가한다. 따라서 그림 5.18(b)의 출력특성에서 소자 특성곡선이 $i_B = 130\mu A$의 곡선으로 바뀌게 되어 Q_b로 동작점이 이동하게 된다. 여기서, Q_b는 포화영역에 위치하고 있음을 볼 수 있다. 따라서 트랜지스터는 포화모드로 동작하게 된다.

EXERCISE

[5.1] 그림 P5.1의 npn형과 pnp형 트랜지스터에 대해 각각의 i_E, i_C, i_B, v_{BE}, v_{CE} 값을 구하시오. 단, 전류 방향은 그림 5.2에서와 같이 정의한다.

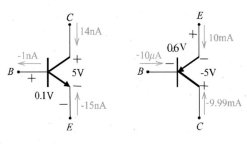

그림 P5.1

[5.2] npn형과 pnp형 트랜지스터가 다음의 모드로 동작하도록 하는 바이어스 전압을 표시하시오.

(a) 순방향 포화모드

(b) 차단모드

(c) 역방향 활성모드

[5.3] 그림 P5.3(a)의 npn형 트랜지스터 증폭회로를 그림 P5.3(b)와 같이 등가회로로 표현하였다. $v_{BE} = 0.65$V일 때 $i_E = 2.5mA$ 이었다. 입력단자에 $10mV$의 정현파를 인가했을 때 다음의 물음에 답하시오. 단, $\alpha = 0.99$이다.

(a) 입력저항 r_d를 구하시오.

(b) 출력전압 v_o를 구하시오.

(c) 전압이득 $A_v = v_o / v_{in}$를 구하시오.

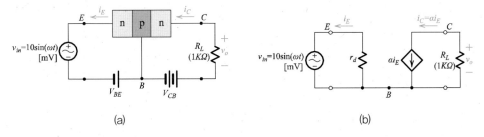

(a)   (b)

그림 P5.3

[5.4] 그림 P5.4 회로에서 트랜지스터의 $\beta = 100$이다. $I_C = 2mA$ 일 때 $v_{BE} = 0.657$V였다면 $I_C = 3mA$가 되게 하기 위해서 V_{BB}는 몇 V이어야 하는가?

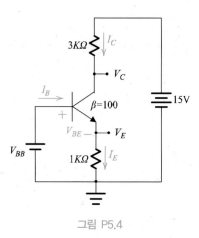

그림 P5.4

[5.5] 그림 P5.5의 회로에서 트랜지스터의 $\beta = 60$, $V_{CC} = 15$V 및 $V_{BB} = 5$V이다. $V_E = 4.3$V라고 할 때 I_C, I_E 및 I_B를 구하시오.

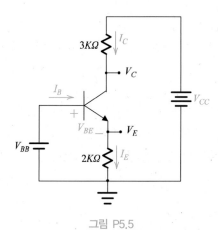

그림 P5.5

[5.6] 그림 P5.6의 회로에서 트랜지스터의 $\beta = 100$ 및 $V_{CC} = 15\text{V}$이다. $V_E = 10.3\text{V}$라고 할 때 I_C, I_E 및 I_B를 구하시오.

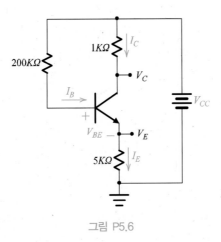

그림 P5.6

[5.7] 그림 P5.7의 회로에서 트랜지스터의 $\beta = 100$, $V_{CC} = 15\text{V}$ 및 $V_{BB} = 10\text{V}$이다. $V_E = 10.7\text{V}$라고 할 때 I_C, I_E 및 I_B를 구하시오.

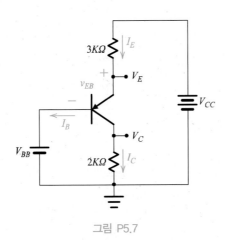

그림 P5.7

[5.8] 그림 P5.8의 고정 바이어스 회로에서 트랜지스터의 $\beta = 100$, $V_{CC} = 5V$이다. 동작점에서의 I_C, V_{CE} 및 I_B를 구하시오.

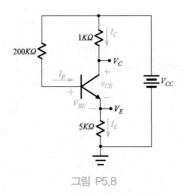

그림 P5.8

[5.9] 그림 P5.9의 고정 바이어스 회로에서 트랜지스터의 $\beta = 50$, $V_{EE} = 5V$이다. 동작점에서의 I_C, V_{CE} 및 I_B를 구하시오.

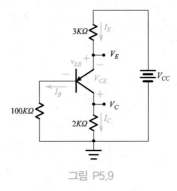

그림 P5.9

[5.10] 그림 P5.10의 전압분배 바이어스 회로에서 트랜지스터의 $\beta = 100$, $V_{CC} = 5V$이다. 동작점에서의 I_C, V_{CE} 및 I_B를 구하시오.

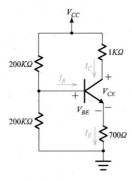

그림 P5.10

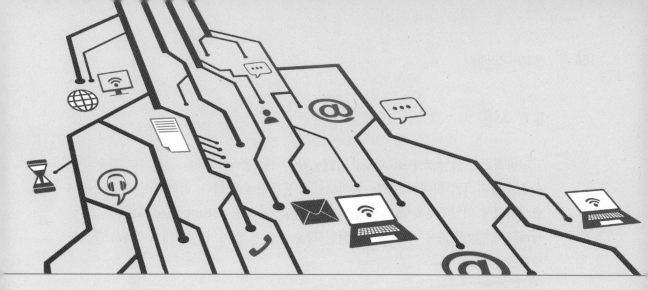

CHAPTER **06**

BJT 소신호 증폭기

6.0 서론

　일반적으로 아날로그 회로에서 BJT는 작은 신호를 증폭하는 증폭기로 활용된다. 신호를 증폭하기 위해서 BJT는 활성모드로 동작하여야 한다. 따라서 먼저 동작점이 활성영역에 위치하도록 직류전원을 인가해주는데 이를 **직류바이어스**라고 부른다. 이 상태에서 입력단자에 증폭하고자 하는 작은 신호를 인가하면 출력단자에서 증폭된 신호를 얻을 수 있다.

6.1 그래프에 의한 소신호 증폭 동작의 이해

6.1.1 직류바이어스에 의한 동작점 설정

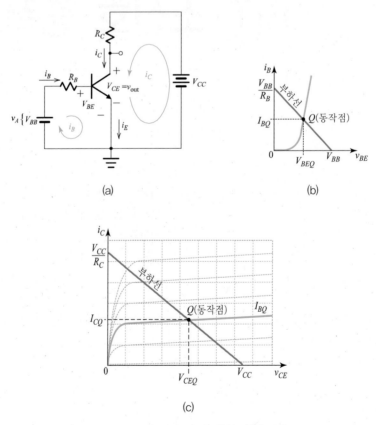

그림 6.1　직류바이어스에 의한 동작점 설정
(a) 직류바이어스 회로　(b)입력 동작점　(c)출력 동작점

- **입력에서의 동작점** 그림 6.1(a)에서 입력루프에 키르히호프의 전압법칙을 적용하면 다음의 입력 부하선 방정식을 얻는다.

$$i_B = -\frac{1}{R_B}v_{BE} + \frac{v_A}{R_B} \tag{6.1}$$

여기서, $v_A = V_{BB}$이다. 이 경우 소자는 베이스 단자에서 본 이미터 접합 다이오드이므로 그림 6.1(b)에서 보인 것처럼 지수함수 형태의 특성곡선을 갖는다. 이 특성곡선과 식 (6.1)의 부하선과의 교점으로부터 동작점 Q를 구한다. 이때의 베이스 전류가 입력 동작점 전류 I_{BQ}가 된다.

- **출력에서의 동작점** 출력루프에 키르히호프의 전압법칙을 적용하면 다음의 출력 부하선 방정식을 얻는다.

$$i_C = -\frac{1}{R_C}v_{CE} + \frac{V_{CC}}{R_C} \tag{6.2}$$

이 부하선과 BJT 출력특성 중 그림 6.1(c)에서 보인 것처럼 베이스 전류가 I_{BQ}일 때의 특성곡선과의 교점으로부터 동작점 Q를 구할 수 있다. 이 점에서의 콜렉터 전류가 출력 동작점 전류 I_{CQ}가 되고 출력전압이 출력 동작점 전압 V_{CEQ}가 된다.

6.1.2 교류 소신호 인가에 따른 신호 증폭 동작

- **교류 증폭 동작** 그림 6.2(a)는 그림 6.1(a) 회로에서 직류전원 V_{BB}에 직렬로 증폭하고자 하는 교류신호 $V_m \sin(\omega t)$를 인가한 회로로서 총 인가전압 V_A는 다음과 같다.

$$v_A = V_{BB} + v_{sig} = V_{BB} + V_m \sin(\omega t) \tag{6.3}$$

이 경우 총 인가전압 V_A는 V_{BB}를 중심으로 $V_{BB} + V_m$과 $V_{BB} - V_m$의 사이에서 증감을 반복한다. 이에 따라 입력루프의 부하선도 그림 6.2(b)에서처럼 색칠된 구간 내에서 상하로 평행이동을 반복하게 된다. 이 경우 특성곡선과 부하선의 교점은 동작점(Q)을 중심으로 화살표 방향으로 상하 운동을 반복하여 사인파형의 베이스 전류 성분 $\Delta I_B \sin(\omega t)$을 생성한다. 따라서 베이스 전류($i_B$)는 직류 동작전류 I_{BQ}에 사인파 교류전류 $\Delta I_B \sin(\omega t)$가 더해져서 다음 수식으로 표현된다.

$$i_B = I_{BQ} + i_b = I_{BQ} + \Delta I_B \sin(\omega t) \tag{6.4}$$

그림 6.2(c)의 출력특성곡선에서 Q점은 베이스 전류가 $I_{BQ} + \Delta I_B$와 $I_{BQ} - \Delta I_B$의 사이에서 증감을 반복하므로 교점은 동작점(Q)을 중심으로 색칠된 구간 내에서 상하 운동을 반복한다. 이 경우 출력전류 i_C는 직류 동작전류 I_{CQ}에 사인파 교류 전류 $\Delta I_C \sin(\omega_t)$가 더해져서 다음 수식으로 표현된다.

$$i_C = I_{CQ} + i_c = I_{CQ} + \Delta I_C \sin(\omega t) \tag{6.5}$$

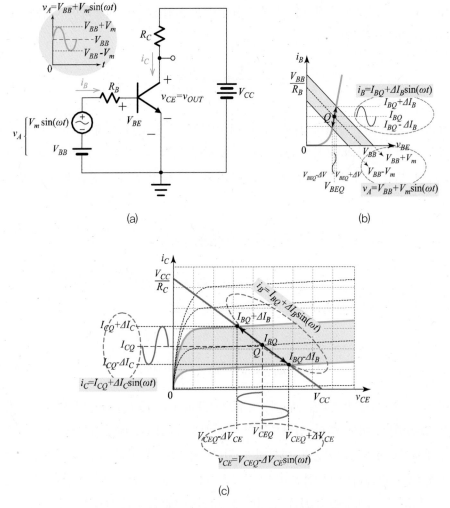

(a)

(b)

(c)

그림 6.2 교류 소신호 인가에 따른 신호 증폭 동작
(a) 소신호 증폭회로 (b)입력 신호 동작 (c)출력 신호 동작

또한 출력전압 v_{CE}는 직류 동작전압 V_{CEQ}에 사인파 교류전류 $-\Delta V_{CE}\sin(\omega_t)$가 더해져서 다음 수식으로 표현된다.

$$v_{CE} = V_{CEQ} + v_{ce} = V_{ECQ} + \Delta v_{CE}\sin(\omega t) \tag{6.6}$$

결과적으로 입력 신호 $V_m\sin(\omega t)$는 증폭되어 $-\Delta V_{CE}\sin(\omega t)$의 출력 신호로 나타난다.

6.1.3 BJT의 소신호 등가회로모델

베이스에서 본 베이스와 이미터 사이의 소신호 입력저항을 r_π라고 하면 다음의 관계식을 얻는다.

$$r_\pi \equiv \frac{v_{be}}{i_b} = \frac{\partial v_{BE}}{\partial i_B} = \beta\frac{\partial v_{BE}}{\partial i_C} \cong \beta\frac{\partial v_{BE}}{\partial i_E} = \beta r_e \tag{6.7}$$

여기서, r_e는 이미터 접합 다이오드의 동저항으로 다음 수식으로 표현된다.

$$r_e \equiv \frac{\partial v_{BE}}{\partial i_E} = \frac{V_t}{I_{EQ}} \cong \frac{V_t}{I_{CQ}} \tag{6.8}$$

또한, 콜렉터 전류 $i_c = \beta i_b$이므로 BJT를 전류제어 종속전류원으로 표현하면 그림 6.3(a)의 BJT 소신호 모델을 얻는다.

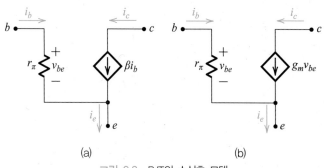

그림 6.3 BJT의 소신호 모델
(a) 전류이득 표현 (b) 전달컨덕턴스 표현

한편, 이득을 전달컨덕턴스 $g_m(\equiv i_c/v_{be})$으로 표시하면 $i_c = g_m v_{be}$가 되므로 BJT가 전압제어 종속전류원으로 표현되어 그림 6.3(b)의 또 다른 BJT 소신호 모델을 얻는다. 저주파에서는 두 모델이 모두 사용되나 고주파에서는 그림 6.3(b) 형태의 모델이 더 정확하여 주로 쓰인다.

개념잡이

이미터 접합을 보다 엄밀하게 표현하면 아래 그림과 같다. 베이스 단자에서 접합에 도달하기까지의 기생 저항을 r_b라고 하고 접합저항을 r_π라고 한다. 접합의 기생 커패시터 C_π는 r_π와 병렬로 연결되어 있다. 주파수가 높아질 경우 i_b의 상당 부분이 C_π를 통해 바이패스되고 이 성분은 증폭되지 못하며 i_c에 기여하지 못한다. 따라서 i_c가 i_b에 의해 제어되도록 한 모델은 고주파에서 많은 오차를 야기하게 된다. 따라서 고주파에서는 i_c가 i_b가 아닌 이미터의 접합전압에 의해 제어되도록 하여 오차를 줄여준다. 한편, r_b 양단의 전압을 $v_{bb'}$라고 하면 $v_{be} = v_{bb'} + v_\pi$로서 v_{be}에는 접합전압이 아닌 $v_{bb'}$ 성분이 포함되어 있으며 고주파에서 C_π를 통한 바이패스 전류가 커질 경우 $v_{bb'}$ 성분은 접합전압인 v_π에 비해 무시할 수 없을 정도로 커질 수 있다. 따라서, 고주파 모델에서는 i_c가 v_π에 의해 제어되도록 하여(즉, $i_c = g_m v_\pi$) 모델의 정확도를 높이게 된다.

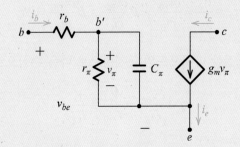

이 책에서는 편의상 $r_b = 0$으로 가정하여 $v_{be} = v_\pi$로서 v_{be}와 v_π를 동일하게 취급할 것이다. 그러나 엄밀히 말해 $v_{be} = v_{bb'} + v_\pi$ 임을 명심해두자.

이상의 결과를 요약하면 다음과 같다.

$$r_\pi \equiv \frac{v_{be}}{i_b} = \beta r_e \cong \beta \frac{V_t}{I_{CQ}} \tag{6.9}$$

$$i_c = \beta i_b = g_m v_{be} = g_m r_\pi i_b \tag{6.10}$$

$$g_m = \frac{\beta}{r_\pi} = \frac{I_{CQ}}{V_t} \cong \frac{I_{CQ}}{25\text{mV}} \tag{6.11}$$

Early 효과로부터 출력저항 r_o는 다음 수식으로 표현되는 유한한 저항 값을 갖게 된다.

$$r_o = \frac{V_A}{I_{CQ}} \tag{6.12}$$

따라서 그림 6.4와 같이 출력저항 r_o를 병렬로 연결하여 줌으로써 Early 효과를 고려하여줄 수 있다.

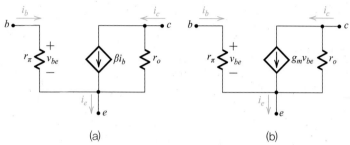

(a)   (b)

그림 6.4 Early 효과를 고려한 BJT의 소신호 모델

출력저항은 매우 큰 값이므로 요구되는 해석의 정확도에 따라서 r_o를 포함 혹은 무시한다.

예제 6.1

그림 6E1.1 회로에 있는 트랜지스터의 소신호 등가 모델을 구하시오. 단, $\beta = 100$이고 $V_A = \infty$이다.

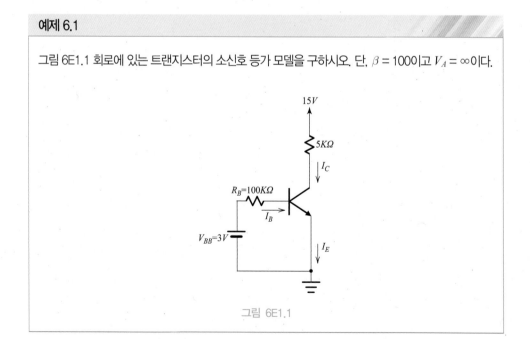

그림 6E1.1

동작전류를 구하기 입력루프에 키르히호프 전압법칙을 적용하면

$$I_{BQ} = \frac{V_{BB} - V_{BE}}{R_B} = \frac{3 - 0.7}{100K} = 0.023\text{mA}$$

$$I_{CQ} = \beta I_{BQ} = 2.3\text{mA}$$

$$r_\pi \cong \beta \frac{V_t}{I_{CQ}} = 100 \frac{25\text{mV}}{2.3\text{mA}} = 1.09\text{K}\Omega$$

$$g_m = \frac{\beta}{r_\pi} = \frac{100}{1.09\text{K}\Omega} = 92\text{mA/V}$$

따라서,

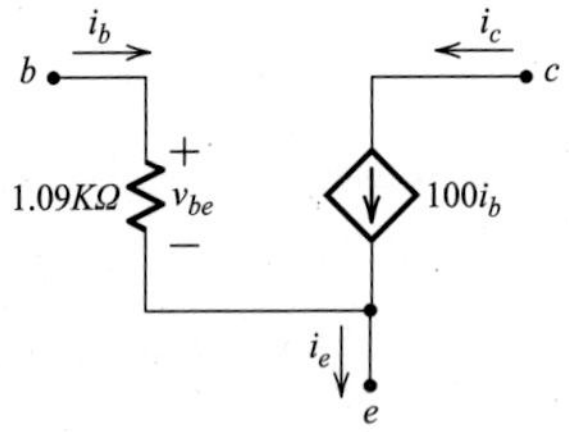

그림 6E1.2

혹은,

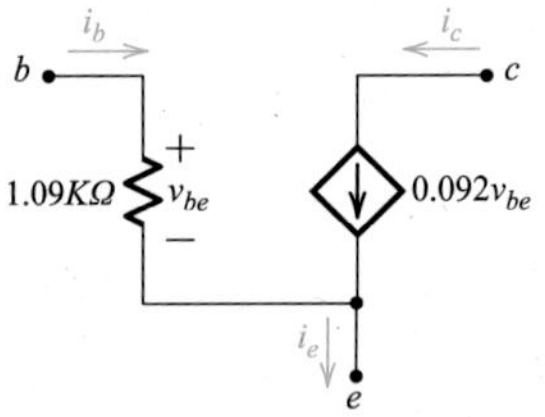

그림 6E1.3

예제 6.2

[예제 6.1]에서 트랜지스터의 Early 전압 $V_A = 50V$라고 하면 출력저항 r_o는 얼마인지 구하시오.

$$r_o = \frac{V_A}{I_{CQ}} = \frac{50\text{V}}{2.3\text{mA}} = 21.7\text{K}\Omega$$

6.2 공통이미터 선형 증폭기의 소신호 해석

그림 6.5는 전압분배 바이어스 전압로 설계된 BJT 증폭기이다. V_{CC} 전원이 R_C를 통해 출력 바이어스로 인가되고 R_1과 R_2를 통해 전압분배되어 입력 바이어스로 인가되어 트랜지스터가 활성영역에서 동작하도록 하여준다. R_E는 바이어스 전압의 온도 안정화를 위해 삽입되었으나 이미터 커패시터 C_E를 통해 교류적으로 바이패스되도록 하여 교류이득 저하를 방지하고 있다. 따라서 이와 같은 기능을 하는 커패시터를 **바이패스 커패시터**(bypass capacitor)라고 부른다. 입력과 출력단자에 있는 C_{C1}과 C_{C2}는 직류전압을 차단하여 직류바이어스 전압을 보호하여주는 역할을 하므로 **블록킹 커패시터**(blocking capacitor)라고 부르며, 동시에 교류신호를 통과시켜 교류적으로 입출력단자를 증폭기와 연결하여주는 역할을 하므로 **커플링 커패시터**(coupling capacitor)라고도 부른다.

베이스 단자를 입력단자로 콜렉터 단자를 출력단자로 하되 이미터 단자를 공통의 접지로 사용하는 접속을 **공통이미터 접속**이라고 부른다. 그림 6.5의 증폭기는 베이스 단자를 입력단자로 콜렉터 단자를 출력단자로 하고 있으며 이미터가 C_E를 통해 교류적으로 접지되어 있어 입력과 출력의 공통접지 역할을 하고 있으므로 **공통이미터 증폭기**이다.

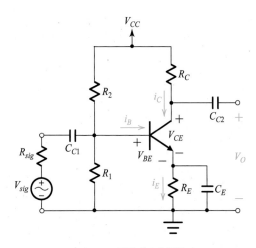

그림 6.5 공통이미터 증폭기

개념잡이

이후로, 문제에서 V_A가 주어지지 않았으면 r_o 값이 별도로 주어지지 않는 한 $r_o = \infty$로 가정하여 문제를 풀기로 한다. 또한, 특별한 언급이 없는 한 결합 커패시터(coupling capacitor) 및 바이패스 커패시터의 임피던스는 사용하는 동작 주파수에서 충분히 작아 0Ω, 즉 단락회로로 등가할 수 있다고 가정하기로 한다.

6.2.1 직류바이어스 전압의 해석

● **직류등가회로** 직류에서 커패시터는 개방회로이므로 그림 6.5 공통이미터 증폭기에 대한 직류등가회로는 그림 6.6(a)와 같이 구해진다. R_1과 R_2로 이루어진 전압분배회로를 테브냉 등가회로로 변환하면 그림 6.6(b)와 같이 간략화된 등가회로를 얻을 수 있다. 이때 테브냉 전압과 등가저항은 식 (6.13)과 식 (6.14)로부터 구해진다.

$$V_{BB} = \frac{R_1 V_{CC}}{R_1 + R_2} \tag{6.13}$$

$$R_B = R_1 // R_2 = \frac{R_1 R_2}{R_1 + R_2} \tag{6.14}$$

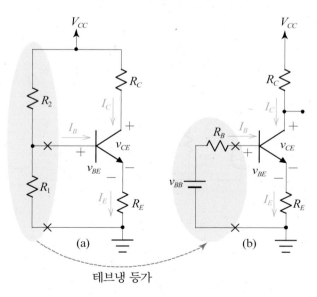

테브냉 등가

그림 6.6 공통이미터 증폭기의 직류등가회로
(a) 직류등가회로 (b) 테브냉 등가된 직류등가회로

● **직류해석(동작점)** 입력루프에서 키르히호프의 전압법칙을 적용하면 동작점에서의 베이스 전류 I_{BQ}를 구할 수 있다.

$$I_{BQ} = \frac{V_{BB} - V_{BEQ}}{R_B + \beta R_E}$$ (6.15)

동작점에서의 콜렉터 전류 I_{CQ}는 위에서 구한 I_{BQ}로부터 구해진다.

$$I_{CQ} = \beta I_{BQ} = \frac{V_{BB} - V_{BEQ}}{\dfrac{R_B}{\beta} + R_E}$$ (6.16)

6.2.2 교류등가회로

그림 6.5의 공통이미터 증폭기에 대한 교류등가회로를 그리면 그림 6.7과 같이 표현된다. 여기서, BJT 트랜지스터도 교류등가회로로 표현되어야 하므로 BJT에 대한 교류등가회로가 필요하다. 크기가 대략 $10mV$ 이하로 작은 신호를 **소신호**라고 부른다. 소신호와 같이 극히 좁은 구역 내에서 동작하는 경우 트랜지스터의 특성을 동작점에서의 특성으로 근사할 수 있다. 따라서 앞 절의 직류바이어스 전압의 해석으로 구한 동작점에서 BJT의 특성을 추출하여 교류등가회로를 구성한다. 이를 **소신호 모델**이라고 부른다.

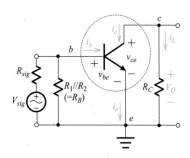

그림 6.7 공통이미터 증폭기에 대한 교류등가화

6.2.3 교류 해석

그림 6.7의 회로에서 BJT를 소신호 등가모델로 대체함으로써 그림 6.8에서와 같은 공통이미터 증폭기에 대한 완전한 교류등가회로를 얻게 된다. 일반적으로, $R_B(= R_1$

$// R_2) \gg r_\pi$가 되므로 회로를 간략히 하기 위해, $R_B // r_\pi \approx r_\pi$로 근사하여 R_B를 무시하기로 한다.

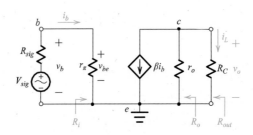

그림 6.8 공통이미터 증폭기에 대한 교류등가회로

- **전압이득** 전압이득 A_v는 아래 식으로 구해진다.

$$A_v \equiv \frac{v_o}{v_{sig}} = \frac{-\beta i_b (r_o // R_C)}{i_b (R_{sig} + r_\pi)} = \frac{-\beta (r_o // R_C)}{R_{sig} + r_\pi} \tag{6.17}$$

Early 효과에 의한 저항인 r_o는 매우 큰 값이므로 $r_o \gg R_C$의 조건을 적용하면 위의 전압이득은 다음과 같이 간단한 근사식으로 표현된다.

$$A_v \cong -\beta \frac{R_C}{R_{sig} + r_\pi} \tag{6.18}$$

여기서, 전압이득이 음수로 나타난 것은 출력 신호가 입력과 180°의 위상차를 갖는 반전된 신호임을 나타낸다.

- **전류이득** 그림 6.8의 교류등가회로로부터 전류이득 A_i를 구하면 아래 식으로 표현된다.

$$A_i \equiv \frac{i_L}{i_b} = \frac{\dfrac{r_o}{r_o + R_C}(-\beta i_b)}{i_b} = -\beta \frac{r_o}{r_o + R_C} \tag{6.19}$$

$r_o \gg R_C$의 조건을 적용하면 위의 전류이득 수식은 다음과 같이 간단한 근사식으로 표현된다.

$$A_i \approx -\beta = -g_m r_\pi \tag{6.20}$$

전압이득과 마찬가지로 전류이득도 음수로 나타난 것은 반전증폭이 이루어짐을 나타낸다.

● 입력저항 증폭기의 입력단자에서 들여다본 입력저항 R_i는 정의식에 의해 다음과 같이 간단히 구해진다.

$$R_i \equiv \frac{v_b}{i_b} = r_\pi \qquad (6.21)$$

● 출력저항 증폭기 내의 종속전류원 βi_b는 i_b에 의해서 제어되므로 출력단자에서 보면 독립 전류원으로 보인다. 따라서 출력저항을 계산할 때에 종속전류원이 있는 가지는 개방회로로 간주된다. 결과적으로 R_C를 떼어내고 출력단자에서 들여다본 출력저항 R_o는 다음과 같이 간단히 구해진다.

$$R_o = r_o \qquad (6.22a)$$

R_C를 붙이고 출력단자에서 들여다본 출력저항 R_{out}은 R_o와 R_C의 병렬합성이 되므로 다음과 같이 구해진다.

$$R_{out} = R_o \mathbin{/\mkern-5mu/} R_C = r_o \mathbin{/\mkern-5mu/} R_C \overset{r_o \gg R_C}{\approx} R_C \qquad (6.22b)$$

예제 6.3

[예제 6.1]의 소신호 증폭기에 소신호 $v_{sig} = 0.01\sin(\omega t)V$를 인가하여 그림 6E3.1의 회로를 구성하였다. 전압이득 $A_v(= v_o / v_{sig})$를 구하시오.

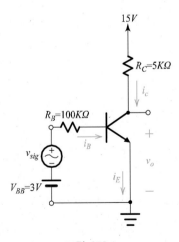

그림 6E3.1

풀이

교류등가회로를 그리면 아래와 같다.

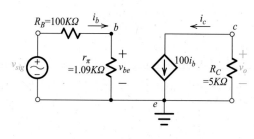

그림 6E3.2

$$i_b = \frac{v_{sig}}{R_B + r_\pi}$$

$$v_o = -R_C \beta i_b = -R_C \beta \frac{v_{sig}}{R_B + r_\pi}$$

$$A_v \equiv \frac{v_o}{v_{sig}} = -\frac{R_C \beta}{R_B + r_\pi} = -\frac{5K \times 100}{100K + 1.09K} = -4.95$$

6.2.4 공통이미터 증폭기에서 이미터 저항의 영향

그림 6.5의 공통이미터 증폭기에서 바이패스 커패시터 C_E를 제거하면 교류등가회로에서 이미터 저항 R_E가 제거되지 않고 남게 되어 그림 6.9와 같은 교류등가회로를 얻게 된다. 여기서, R_B와 r_o는 회로를 단순화하기 위해 ∞로 가정하여 무시하였다. 이 등가회로로부터 이미터 저항이 증폭기에 미치는 영향을 알아보자.

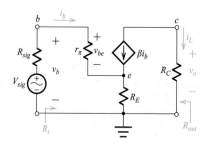

그림 6.9 공통이미터 증폭기의 이미터 저항이 있는 교류등가회로

개념잡이

이미터 저항 R_E가 있는 경우 $R_B(= R_1//R_2)$는 $r_\pi + (\beta + 1)R_E$와 병렬이 되고, $(\beta + 1)R_E$가 매우 큰 값이 될 수 있으므로 $R_B \gg r_\pi + \beta + 1R_E$라고 보기 어려워진다. 따라서 R_E가 있는 경우 R_B를 ∞로 가정하여 무시할 수 없고 실제 계산에서 R_B를 그대로 고려하여주어야 한다. 단, 여기서는 처음 접하는 개념을 선명하게 이해할 수 있도록 하기 위해 무시한 것뿐이다. 뒤의 공통콜렉터 증폭기에서도 마찬가지다. (R_B를 고려한 경우를 연습문제에서 풀어보기 바란다.)

- **입력저항** 그림 6.9의 등가회로로부터 입력저항을 구하면 다음과 같다.

$$R_i \equiv \frac{v_b}{i_b} = \frac{i_b r_\pi + R_E(i_b + \beta i_b)}{i_b} = r_\pi + R_E(1 + \beta) \tag{6.23}$$

위의 결과를 이미터 저항이 없을 때의 수식인 식 (6.21)과 비교하면 이미터 저항 R_E가 입력저항을 $R_E(1 + \beta)$만큼 증가시키고 있음을 알 수 있다. 즉, 적은 이미터 저항의 증가라도 매우 큰 입력저항의 증가를 초래한다.

- **저항반사법칙** 식 (6.23)에서 재미있는 현상은 이미터 단자에 있는 저항(R_E)을 베이스에서 들여다보면 $(1 + \beta)$배로 커져 보인다는 것이다. 역으로 베이스에 있는 저항을 이미터에서 들여다보면 $1/(1 + \beta)$배로 작게 보인다. 이 것을 **저항반사법칙** (resistance—reflection rule)이라고 부른다. 저항반사법칙의 두 번째 경우는 6.4절에서 증명할 것이다.

- **전압이득** 한편, 전압이득은 다음과 같이 구해진다.

$$A_v \equiv \frac{v_o}{v_{sig}} = \frac{-\beta i_b R_C}{i_b(R_{sig} + r_\pi + \beta R_E)} = -\frac{\beta R_C}{(R_{sig} + r_\pi) + \beta R_E} \tag{6.24}$$

위의 결과식을 이미터 저항이 없을 때의 수식인 식 (6.18)과 비교하면 이미터 저항 R_E가 증폭기의 전압이득을 현저하게 저하시키게 됨을 알 수 있다. 따라서 바이패스 커패시터 C_E는 증폭기의 교류 전압이득을 저하시키지 않기 위해서 반드시 필요하다.

전류이득과 출력저항은 이미터 저항의 영향을 받지 않으므로 이미터 저항이 없을 때의 공통이미터 증폭기의 결과와 동일하다.

예제 6.4

그림 6E4.1의 이미터 저항이 있는 소신호 공통이미터 증폭기에서 $\beta = 100$이고 $v_{sig} = 0.01 \sin(\omega t)V$ 이다. 입력저항 R_i, 전압이득 A_v, 전류이득 A_i 및 출력저항 R_{out}을 구하시오.

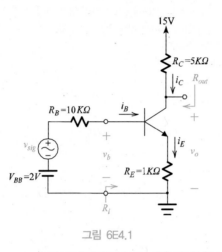

그림 6E4.1

풀이

직류등가회로를 구하면 아래와 같다.

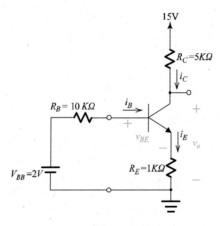

그림 6E4.2

입력루프에 KVL 적용

$$-V_{BB} + R_B i_B + V_{BE} + R_E i_E = 0$$

$$I_{BQ} = \frac{V_{BB} - V_{BE}}{R_B + (\beta+1)R_E} = \frac{2 - 0.7}{10K + 101 \times 1K} = 11.7 \mu A$$

$$I_{CQ} = \beta I_{BQ} = 1.17 mA$$

$$r_\pi \cong \beta \frac{V_t}{I_{CQ}} = 100 \frac{25mV}{1.17mA} = 2.14K\Omega$$

$$g_m = \frac{\beta}{r_\pi} = \frac{100}{2.14K\Omega} = 46.7mA/V$$

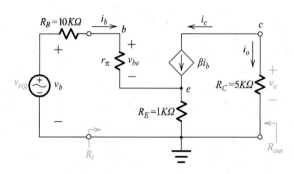

그림 6E4.3

입력저항 R_i는

$$R_i \equiv \frac{v_b}{i_b} = \frac{i_b r_\pi + R_E(i_b + \beta i_b)}{i_b} = r_\pi + R_E(1+\beta)$$
$$= 2.14K + 1K \times 101 = 103.14K\Omega$$

전압이득 A_v는

$$A_v \equiv \frac{v_o}{v_{sig}} = \frac{-\beta i_b R_C}{i_b \{R_B + r_\pi + (\beta+1)R_E\}} \approx -\frac{\beta R_C}{R_B + r_\pi + (\beta+1)R_E} = -\frac{100 \times 5}{10 + 2.14 + 101 \times 1} = -4.4$$

전류이득 A_i는

$$A_i \equiv \frac{i_o}{i_b} = \frac{-\beta i_b}{i_b} = -\beta = -100$$

출력저항 R_{out}은

$$R_{out} \cong R_C = 5K\Omega$$

6.3 공통베이스 선형 증폭기의 소신호 해석

이미터 단자를 입력단자로 콜렉터 단자를 출력단자로 하되 베이스 단자를 공통의 접지로 사용하는 접속을 **공통베이스 접속**이라고 부른다. 그림 6.10(a)는 공통베이스 접속 증폭기로서 베이스는 커패시터 C_B를 통해 교류적으로 접지되어 있어 입력과 출력의 공통접지 역할을 한다.

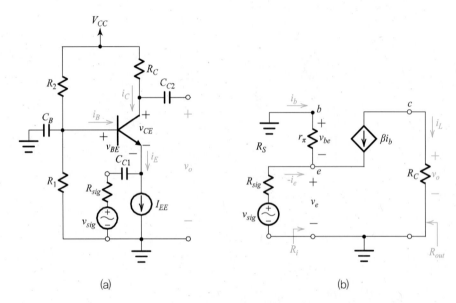

그림 6.10   공통베이스 증폭기
(a) 공통베이스 증폭기의 구조   (b) 공통베이스 증폭기의 교류등가회로

그림 6.10(b)는 그림 6.10(a)의 공통베이스 증폭기에 대한 교류등가회로이다. 출력 저항 r_o는 회로의 간략화를 위해 무시하기로 한다.

● **전류이득**   그림 6.10(b)의 교류등가회로로부터 공통베이스 증폭기의 전류이득 A_i 를 구하면 다음 수식으로 구해진다.

$$A_i \equiv \frac{i_L}{-i_e} = \frac{-\beta i_b}{-(i_b + \beta i_b)} = \frac{\beta}{1+\beta} = \alpha \tag{6.25}$$

전류이득은 1보다 작으므로 공통베이스 구조에서는 전류가 증폭될 수 없음을 알 수 있다.

● **입력저항**   입력저항을 구하면 식 (6.26)과 같이 구해진다.

$$R_i \equiv \frac{v_e}{-i_e} = \frac{-v_{be}}{-(1+\beta)i_b} = \frac{r_\pi}{1+\beta} \approx \frac{r_\pi}{\beta} = \frac{1}{g_m} \tag{6.26}$$

공통베이스 증폭기에서 입력저항은 베이스 저항 r_π를 이미터 단자에서 본 값이 되므로 저항반사법칙에 의해서 $r_\pi / (1 + \beta)$로 쉽게 구할 수도 있다. 또한 공통베이스 구조의 입력저항은 공통이미터 구조에 비해 $1/(1 + \beta)$배로 작음을 알 수 있다.

- 전압이득 공통베이스 증폭기에서의 전압이득 A_v는 다음 수식으로 표현된다.

$$A_v \equiv \frac{v_o}{v_{sig}} = \frac{i_L R_C}{-i_e(R_{sig} + R_i)} = \frac{-\beta i_b R_C}{-(1+\beta)i_b\left(R_{sig} + \dfrac{r_\pi}{\beta}\right)} \approx \frac{R_C}{R_{sig}} \tag{6.27}$$

여기서, R_{sig}는 전압원의 내부저항으로서 일반적으로 매우 작은 값이므로 $R_{sig} \ll R_C$이다. 따라서 공통베이스 증폭기의 전압이득은 매우 크다.

또한, 전압이득과 전류이득이 양수이므로 입력 신호와 출력 신호는 위상차가 없는 동상이 된다. 따라서 공통베이스 증폭기는 비반전증폭기이다.

- 출력저항 트랜지스터 출력저항 $r_o = \infty$로 가정하여 무시하였으므로 그림 6.10(b)로부터 출력저항 R_{out}을 구하면 다음과 같다.

$$R_{out} = R_C \tag{6.28}$$

공통베이스 증폭기는 전류는 증폭할 수 없으나 전압 증폭률은 매우 크다. 입력저항이 매우 작고 출력저항이 매우 크므로 작은 임피던스 회로의 신호를 큰 임피던스 회로로 정합해주는 정합회로로 사용될 수 있다.

예제 6.5

그림 6E5.1에 보인 것처럼 50Ω 동축케이블의 신호를 입력저항이 1 $K\Omega$인 시스템에 인가하고자 한다. 공통베이스 증폭기를 이용하여 정합회로를 구현하시오. 단, 트랜지스터의 $\beta = 100$이다.

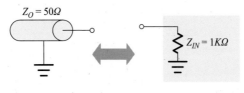

그림 6E5.1

풀이

50W 동축케이블의 신호를 테브냉 등가회로로 변환하면 아래 그림의 좌측에서와 같이 내부 저항 $R_{sig} = 50\Omega$인 전압원으로 된다. 따라서 임피던스 정합을 위해서 공통베이스 증폭기를 입력저항이 50W으로, 출력저항은 1KW으로 설계해야 한다.

$$R_i = \frac{1}{g_m} = \frac{V_t}{I_{EQ}} = 50\Omega \ \rightarrow I_{EQ} = \frac{25mV}{50\Omega} = 0.5mA = I_{EE}$$

따라서 입력저항을 50W으로 하기 위해서 동작전류 $I_{EQ} = I_{EE} = 0.5mA$가 되도록 설계하면 된다.

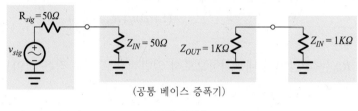

(공통 베이스 증폭기)

그림 6E5.2

또한, 출력저항을 1KW으로 하기 위해서

$$R_o = r_o \ // \ R_C \approx R_C = 1\text{K}\Omega$$

이므로 $R_C = 1 K\Omega$으로 설계한다.

결과적으로 설계된 최종 회로도는 아래 그림과 같다.

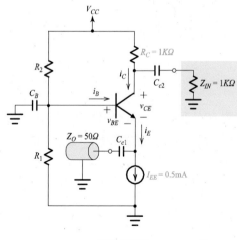

그림 6E5.3

6.4 공통콜렉터 선형 증폭기의 소신호 해석

베이스 단자를 입력단자로 이미터 단자를 출력단자로 하되 콜렉터 단자를 공통의 접지로 사용하는 접속을 **공통콜렉터 접속**(혹은, **이미터 팔로워**)이라고 부른다. 그림 6.11 (a)는 공통콜렉터 접속 증폭기로서 콜렉터는 직류전원 V_{CC}에 연결되어 있으므로 교류적으로 접지되었으며 입력과 출력의 공통접지 역할을 한다.

그림 6.11(b)는 그림 6.11(a)의 공통콜렉터 증폭기에 대한 교류등가회로이다. 저항 $R_B(= R_1 // R_2)$와 출력저항 r_o는 회로를 단순화하기 위해 ∞로 가정하여 무시하기로 한다.

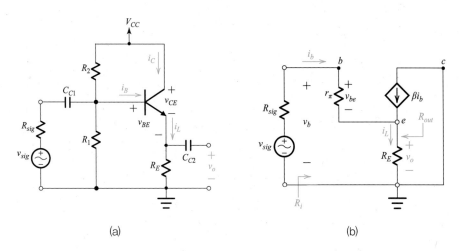

(a)   (b)

그림 6.11   공통콜렉터 증폭기
(a) 공통콜렉터 증폭기의 구조   (b) 공통콜렉터 증폭기의 교류등가회로

- **전류이득**   그림 6.11(b)의 교류등가회로로부터 공통콜렉터 증폭기의 전류이득 A_i 를 구하면 다음 수식으로 구해진다.

$$A_i \equiv \frac{i_L}{i_b} = \frac{i_b + \beta i_b}{i_b} = (1+\beta) \tag{6.29}$$

공통콜렉터 증폭기는 공통이미터의 경우와 마찬가지로 매우 큰 전류이득 특성을 보인다.

- **입력저항**   입력저항은 정의식에 의해 다음과 같이 구해진다.

$$R_i \equiv \frac{v_b}{i_b} = \frac{i_b r_\pi + R_E i_L}{i_b} = r_\pi + R_E(1+\beta) \approx r_\pi + \beta R_E \tag{6.30}$$

이미터 저항 R_E는 저항반사법칙에 의해 베이스 단자에서 $(1 + \beta)R_E$로 보이므로 r_π와 직렬합성함으로써 암산으로도 입력저항을 구할 수 있다.

식 (6.30)에서 볼 수 있듯이 공통콜렉터의 경우 공통이미터의 경우와는 달리 입력저항이 매우 크므로 R_B보다 매우 작다고 가정할 수 없고 따라서 실제로는 R_B를 무시할 수 없다. 여기서는 단지 회로의 기본 특성을 선명하게 이해시킬 목적으로 무시하였다. 따라서 개념적으로 R_B는 R_{sig}에 포함되어 표현되었다고 생각하면 될 것이다. R_B를 고려한 해석은 연습문제에서 다루었다.

- **전압이득** 전압이득은 정의식에 의해 다음과 같이 구해진다.

$$A_v \equiv \frac{v_o}{v_{sig}} = \frac{i_b(1+\beta)R_E}{i_b\{R_{sig} + r_\pi + (1+\beta)R_E\}} \overset{(R_{sig}+r_\pi) << \beta R_E}{\approx} 1 \quad (A_v < 1) \tag{6.31}$$

위 식으로부터 공통콜렉터 증폭기의 전압이득은 1보다 작으므로 전압 신호는 증폭될 수 없음을 알 수 있다. 일반적으로 $(R_{sig} + r_\pi) << \beta R_E$이므로 공통콜렉터 증폭기의 전압이득은 공통베이스 증폭기에서의 전류이득과 같이 1에 가까운 값이 된다.

- **출력저항** 그림 6.11(b)의 공통콜렉터 증폭기에서 부하저항 R_E를 떼어내고 이미터 단자에서 본 저항을 R_o라고 하면 출력저항 R_{out}은 R_o와 R_E의 병렬합성이 된다. 이미터 단자에서 본 저항을 R_o는 이미터 단자에서 테브냉의 등가저항을 구함으로써 얻어진다.

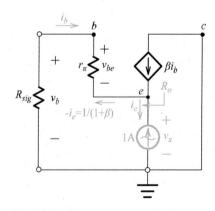

그림 6.12 공통콜렉터 증폭기의 출력단자인 이미터에서 본 등가저항 구하기

그림 6.12는 이미터 단자에서 테브냉의 등가저항을 구하기 위한 회로를 보여주고 있다. 입력의 신호원을 제거하고($v_{sig} = 0$) 이미터 단자에 1A의 전류원을 인가할 경우 이미터 전류 $i_e = -1A$가 된다. 따라서 베이스 전류 i_b는 다음과 같이 구해진다.

$$i_b = \frac{i_e}{1+\beta} = -\frac{1}{1+\beta} \tag{6.32}$$

이때의 이미터 단자 전압 v_x는 다음과 같이 구해진다.

$$v_x = (R_{sig} + r_\pi)(-i_b) = \frac{R_{sig} + r_\pi}{1+\beta} \tag{6.33}$$

따라서 이미터 단자에서 본 저항을 R_o는 다음과 같이 구해진다.

$$R_o = \frac{v_x}{1A} = \frac{R_{sig} + r_\pi}{1+\beta} \tag{6.34}$$

식 (6.34)는 베이스 단자에 있는 저항을 이미터에서 들여다보면 $1/(1 + \beta)$배만큼 작게 보이게 됨을 의미한다. 이로써 6.2.4절에서 언급한 저항반사법칙이 완전히 증명되었다.

한편, 출력저항 R_{out}은 R_o와 R_E의 병렬합성이 되므로 다음 수식으로 구해진다.

$$R_{out} = R_o \mathbin{//} R_E = \frac{R_{sig} + r_\pi}{1+\beta} \mathbin{//} R_E \tag{6.35}$$

공통콜렉터 증폭기는 전압은 증폭할 수 없으나 전류 증폭률은 매우 크다. 입력저항이 매우 크고 출력저항이 매우 작으므로 큰 임피던스 회로의 신호를 작은 임피던스 회로로 정합해주는 정합회로로 사용할 수 있다. 또한, 공통콜렉터 증폭기는 큰 입력저항, 작은 출력저항 및 큰 전류이득 등 버퍼회로가 필요로 하는 특성들을 잘 갖추고 있으므로 버퍼회로로도 널리 쓰이고 있다.

예제 6.6

그림 6E6.1의 공통콜렉터 증폭기 회로에서 $\beta = 50$, $V_{CC} = 5V$, $V_{BB} = 2V$ 및 $R_E = 1K\Omega$이다. 입력저항 R_i, 출력저항 R_{out}, 전류이득 A_i 및 전압이득 A_v를 구하시오.

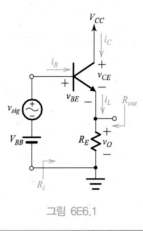

그림 6E6.1

풀이

동작전류를 구하기 위해 직류등가회로를 구하면 아래 그림처럼 소신호전원 v_{sig}를 제거함으로써 간단히 구해진다.

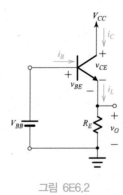

그림 6E6.2

입력루프에 KVL을 적용하면

$$-V_{BB} + V_{BE} + R_E i_E = 0$$

$$I_{EQ} = \frac{V_{BB} - V_{BE}}{R_E} = \frac{2 - 0.7}{1K} = 1.3\text{mA}$$

$$r_\pi = \beta \frac{V_t}{I_{EQ}} = 50 \frac{25\text{mV}}{1.3\text{mA}} = 962\Omega$$

교류등가회로를 구하면 다음과 같다.

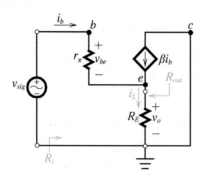

그림 6E6.3

입력저항 R_i:

저항반사법칙에 의해

$$R_i = r_\pi + (\beta+1)R_E = 562 + 51 \times 1000 = 51.562\text{K}\Omega$$

출력저항 R_{out}:

저항반사법칙에 의해 베이스 저항 r_π는 $r_\pi / (\beta+1)$이 되므로

$$R_{out} = \frac{r_\pi}{\beta+1} // R_E = 11//1000 = 562 + 51 \times 1000 = 10.8\Omega$$

전류이득 A_i:

$$A_i = \frac{i_L}{i_b} = \frac{(1+\beta)i_b}{i_b} = 51$$

전압이득 A_v:

$$i_b = \frac{v_{sig}}{r_\pi + (\beta+1)R_E}$$

$$v_o = (\beta+1)i_b R_E = \frac{(\beta+1)R_E v_{sig}}{r_\pi + (\beta+1)R_E}$$

따라서 전압이득 A_v는 다음과 같이 구해진다.

$$A_v = \frac{v_o}{v_{sig}} = \frac{(\beta+1)R_E}{r_\pi + (\beta+1)R_E} = \frac{51 \times 1000}{562 + 51 \times 1000} = 0.989$$

6.5 3가지 공통구조의 특성 비교

앞에서 공통이미터, 공통베이스 및 공통콜렉터의 3가지 접속에 의한 증폭기의 특성을 해석하였다. 표 6.1은 이상의 3가지 증폭기의 특성을 비교 요약해놓았다.

공통이미터 증폭기는 전류와 전압 모두를 증폭할 수 있으며 일반적인 증폭회로에서 가장 널리 사용되는 구조이다. 공통베이스 증폭기는 전류는 증폭할 수 없고 전압만을 증폭할 수 있다. 그러나 입력저항이 매우 작고 출력이 매우 큰 특성을 갖고 있어서 임피던스 정합회로로 유용하게 활용될 수 있다. 공통콜렉터(혹은 이미터 팔로워) 증폭기는 전압은 증폭할 수 없고 전류만을 증폭할 수 있어 공통베이스와 대조적특성을 보인다. 입출력저항에 있어서도 공통베이스와 대조를 이루어 입력저항이 매우 크고 출력이 매우 작은 특성을 갖는다. 입력저항이 크고 출력저항이 작으며 전류이득이 큰 것은 버퍼회로에서 요구되는 특성이므로 공통콜렉터 증폭기는 버퍼회로로 유용하게 활용될 수 있다.

표 6.1 3가지 공통구조의 특성 비교(단, $R_B (= R_1 // R_2)$는 R_{sig}에 포함된 것으로 가정)

구조 항목	공통이미터	공통베이스	공통콜렉터 (이미터 팔로워)
전류이득 (A_i)	크다 $A_i = -\beta \ (\gg 1)$	1보다 작다 $A_i = \alpha \ (\approx 1 < 1)$	매우 크다 $A_i = (1+\beta) \ (\gg 1)$
전압이득 (A_v)	크다 $A_v = -\beta \dfrac{R_C}{R_{sig} + r_\pi}$	매우 크다 $A_v \approx \dfrac{R_C}{R_{sig}}$	1보다 작다 $A_v = \dfrac{(1+\beta)R_E}{R_{sig} + r_\pi + (1+\beta)R_E} \ (\approx 1 < 1)$
입력저항 (R_i)	보통 $R_i = r_\pi$	매우 작다 $R_i \approx \dfrac{r_\pi}{1+\beta}$	매우 크다 $R_i = r_\pi + (1+\beta)R_E$
출력저항 (R_{out})	크다 $R_{out} = r_o // R_C \approx R_C$	크다 $R_{out} \approx R_C$	매우 작다 $R_{out} = \dfrac{(R_{sig} + r_\pi)}{(1+\beta)} // R_E$

6.6 BJT의 고주파 모델

pn접합 다이오드에서 설명하였듯이 pn접합에는 기생적으로 커패시턴스 성분이 발생한다. 이 기생 커패시턴스 성분은 일반적으로 매우 작은 값이므로 낮은 주파수 에서는 무시할 수 있다. 그러나 주파수가 높아질수록 기생 커패시턴스 성분의 영향 이 커지게 되므로 고주파수에서는 그 영향을 무시할 수 없다.

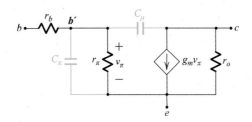

그림 6.13 BJT의 고주파 등가모델

BJT에는 이미터 접합과 콜렉터 접합이 있으며 각 접합에서의 기생 커패시터를 각 각 C_π 및 C_μ라고 하여 그림 6.4(b)의 등가모델에 추가하여주면 그림 6.13과 같은 BJT 의 고주파 등가모델을 얻게 된다. 베이스 단자로부터 이미터 접합에 도달하기까지의 직렬저항 r_b는 접합저항인 r_π에 비해 매우 작으므로 저주파 등가모델에서는 무시하 였다. 그러나 고주파 동작에서는 C_π의 임피던스가 r_b와 비슷할 정도로 작아지므로 r_b 영향을 결코 무시할 수 없다. 따라서 그림 6.13에서와 같이 고주파 등가모델에서는 r_b를 포함시킨다. 또한, 이 경우 이미터 접합 양단의 전압은 v_{be}가 아니라 v_π가 되므 로 드레인 전류를 나타내는 종속전류원은 v_π에 의해 제어된다.

6.7 차단주파수 f_T

● **차단주파수** f_T 트랜지스터의 사양서에는 차단주파수를 제시하여 고속 특성을 평 가할 수 있도록 하고 있다. **차단주파수**(f_T: cutoff frequency)는 공통이미터 증폭기의 단락-전류이득이 1이 되는 주파수로 정의한다. 따라서 차단주파수는 **단위이득 주 파수**(unity gain frequency)라고도 부른다.
그림 6.14는 출력단자를 단락시킨 공통이미터 증폭기의 고주파 등가회로이다. 여 기서, 입력전류는 i_b이고 출력전류는 i_c가 된다.

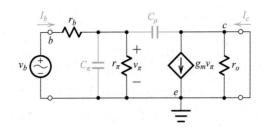

그림 6.14 BJT의 단락–회로 전류이득을 구하기 위한 회로

그림 6.14로부터 단락된 콜렉터 단자로 흐르는 출력전류 I_C를 구하면 다음과 같다.

$$I_c = g_m V_\pi - s C_\mu V_\pi$$

$g_m \gg s C_\mu$라고 가정하여 C_μ항을 무시하면

$$I_c \cong g_m V_\pi \qquad (6.36)$$

또한, 그림 6.14로부터 V_π를 구하면 다음과 같다.

$$V_\pi = I_b (r_\pi \mathbin{/\mkern-5mu/} C_\pi \mathbin{/\mkern-5mu/} C_\mu) = \frac{I_b}{1/r_\pi + s C_\pi + s C_\mu} \qquad (6.37)$$

식 (6.36)와 식 (6.37)으로부터 단락회로 전류이득 h_{fe}은 다음과 같이 구해진다.

$$h_{fe}(s) \equiv \frac{I_c}{I_b} = \frac{g_m r_\pi}{1 + s(C_\pi + C_\mu) r_\pi} = \frac{\beta_o}{1 + s/\omega_H} \qquad (6.38)$$

여기서, $\omega_H = 1/(C_\pi + C_\mu) r_\pi$로서 3-dB 주파수이고, $\beta_o = g_m r_\pi$로서 저주파에서의 β 값이다.

정현파에 대해 $s = j\omega$이고, $|h_{fe}| = 1$일 때의 주파수를 ω_T라고 하면

$$\left| h_{fe}(j\omega_T) \right| = 1 = \frac{\beta_o}{\sqrt{1 + (\omega_T/\omega_H)^2}} \qquad (6.39)$$

이 된다. 위의 식 (6.39)에서 $\omega_T \gg \omega_H$라고 가정하면 다음의 차단주파수(ω_T, 혹은 f_T) 수식을 얻는다.

$$\omega_T = \beta_o \omega_H \qquad (6.40a)$$

$$f_T = \beta_o f_H \qquad (6.40b)$$

식 (6.40)으로부터 차단주파수(ω_T, 혹은 f_T)는 이득(β_o)과 3-*dB* 대역폭(ω_H, 혹은 f_H)의 곱이 되는 것을 알 수 있다. 그리고 차단주파수는 다음 수식으로 표현된다.

$$\omega_T = \beta_o \omega_H = \frac{\beta_o}{(C_\pi + C_\mu)r_\pi} = \frac{g_m}{C_\pi + C_\mu} \tag{6.41a}$$

$$f_T = \beta_o f_H = \frac{g_m}{2\pi(C_\pi + C_\mu)} \tag{6.41b}$$

그림 6.15는 단락회로 전류이득의 크기 $|h_{fe}|$를 그린 보드선도이다.

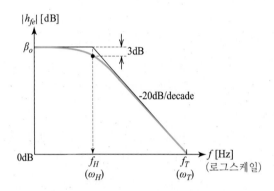

그림 6.15 | $|h_{fe}|$의 보드선도

한편, 차단주파수 f_T는 콜렉터의 바이어스 전류 I_C의 변화에 따라 변화한다. I_C가 작은 저전류 영역에서는 g_m이 I_C 증가에 따라 비례하여 증가하므로 f_T도 증가한다. 그러나 I_C가 매우 큰 고전류 영역에서는 I_C 증가에 따라 전류이득이 감소하게 되므로 f_T도 감소한다. 결과적으로 f_T는 I_C 변화에 따라 그림 6.16에서 보인 것과 같이 변화하여 f_T가 최대가 되는 I_C가 존재함을 알 수 있다.

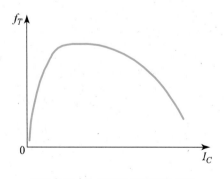

그림 6.16 I_C 변화에 따른 f_T의 변화

6.8 실제적 BJT 특성에 대한 고찰

지금까지 쌍극접합 트랜지스터(BJT)에 대해서 가급적 이상적인 특성만을 언급함으로써 근본 개념을 이해하는 데에 주력할 수 있도록 의도하였다. 그러나 실제 트랜지스터는 이상적인 특성과는 다소 차이가 있을 수 있다. 쌍극접합 트랜지스터에 대한 설명을 마치기 전에 그중 몇 가지 중요한 것들을 간략히 설명한다.

6.8.1 포화모드에서의 β

활성영역에서의 전류이득 β는 v_{CE}의 변화에 대해 거의 일정한 특성을 보이므로 상수로 표현할 수 있었고 활성영역에서의 선형적인 증폭작용이 가능하였다.

그러나 포화영역으로 들어서면 그림 6.17에서 볼 수 있듯이 β의 크기가 급격히 감소하기 시작하여 v_{CE}의 변화에 대해 민감하게 변화하므로 일정한 상수로 볼 수 없다. 포화영역에서의 β는 전반적으로 활성영역에서의 β에 비해 작으며 v_{CE} 감소에 따라 급격히 감소하여 v_{CE}가 0V로 접근하면 β도 0으로 된다.

따라서 포화영역에서는 증폭도 잘되지 않을 뿐만 아니라 선형성을 유지할 수 없다. 일반적으로 선형 증폭기의 동작은 활성영역에 국한되도록 함으로써 신호 왜곡을 방지한다. 그러나 스위치로 동작할 경우는 포화영역까지 사용된다.

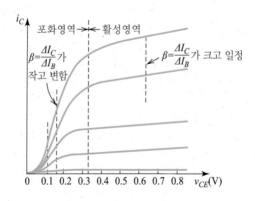

그림 6.17 v_{CE} 변화에 따른 β의 변화

6.8.2 동작전류와 온도에 따른 β의 변화

쌍극접합 트랜지스터의 전류이득 β는 동작전류와 온도에 따라 크게 변화한다. 그림 6.18은 집적회로 내의 쌍극접합 트랜지스터에 대한 온도 변화에 따른 β의 변화 특성을 보여주고 있다. 동작전류 I_C의 변화에 대해서 β는 최대치가 되는 구간을 갖고 있으며 그림의 경우 $I_C = 1mA$ 근처가 됨을 볼 수 있다. 이보다 동작전류가 커지거나 작아질 경우 전류이득은 감소하게 되므로 트랜지스터의 이득 성능을 최대로 활용하기 위해서는 설계 시 적절한 직류 동작전류를 선정해주는 것이 필요하다.

전류이득 β는 온도가 증가함에 따라 크게 증가하는 특성을 보인다. 그림 6.18에서 180°만큼의 온도 증가에 대해 β는 3배 이상 증가하고 있음을 보이고 있다. 온도 증가에 따른 β 증가의 특성은 동작전류의 전 구간에 대해 거의 동일한 경향을 보이고 있다.

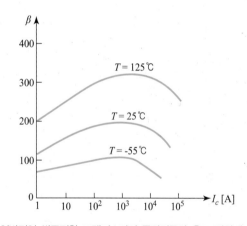

그림 6.18 일반적인 쌍극접합 트랜지스터의 동작전류와 온도 변화에 따른 β의 변화

6.8.3 트랜지스터 동작의 한계

트랜지스터는 실제 사용에 있어서 한계 영역이 존재한다.

우선 V_{CE}가 지나치게 커질 경우 그림 6.19에서 볼 수 있듯이 항복현상이 발생하여 정상적인 트랜지스터 동작을 하지 못하게 된다. 항복현상은 콜렉터 접합에서의 애벌런치 항복이나 펀치-스루(punch-through)에 의해서 발생하며 이로 인해 인가할 수 있는 V_{CE}의 한계가 존재하게 된다.

또 다른 한계 요소는 소모전력으로서 트랜지스터가 소모할 수 있는 최대 전력은 한계가 있으며 이를 초과할 경우 과열로 인해 트랜지스터가 파괴될 수 있다. 소모전력은 전압과 전류의 곱으로 표현되므로 한계 소모전력의 경계는 그림 6.19에서 볼 수 있듯이 곡선으로 나타나게 된다.

소모전력이나 V_{CE} 전압에 문제가 없을 경우에도 콜렉터 접합을 통해 흐를 수 있는 전류에 한계가 존재하므로 이에 의해서 트랜지스터 사용에 제한이 가해질 수 있다. 이 같은 콜렉터 전류의 한계는 콜렉터 접합 면적이나 단자 연결선 폭 등에 의해서 제한된다. 따라서 그림 6.19에서 보인 것과 같은 콜렉터 전류의 한계선이 존재하게 된다.

결과적으로 트랜지스터를 정상적으로 사용할 수 있는 영역은 이 모든 한계선을 넘지 않는 영역으로 국한된다.

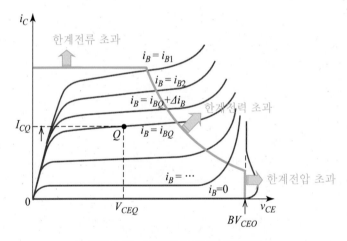

그림 6.19 트랜지스터 동작의 한계영역

EXERCISE

[6.1] 그림 P6.1의 공통이미터 소신호 증폭기에 대해 직류등가회로를 그리고 동작전류 I_{CQ} 를 구하시오. 단, $\beta = 100$, $R_{sig} = 50\,\Omega$, 이하 모든 문제에서 커플링 커패시터와 바이패스 커패시터의 임피던스는 동작주파수에서 매우 작아서 0으로 무시할 수 있다고 가정한다.

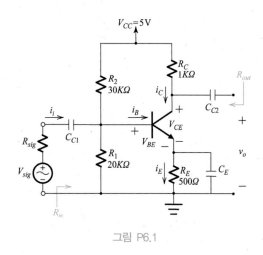

그림 P6.1

[6.2] 그림 P6.1의 소신호 증폭기에 대해 교류등가회로를 그리고 전압이득($A_v = v_o \,/\, v_{sig}$) 과 전류이득($A_i = i_c \,/\, i_i$)을 구하시오. 단, Early 효과는 무시한다.

[6.3] 그림 P6.1의 소신호 증폭기에 대해 입력저항 R_{in}과 출력저항 R_{out}을 구하시오.

[6.4] 그림 P6.4는 그림 P6.1에서 바이패스 커패시터를 제거한 증폭기이다. 직류등가회로를 그리고 동작전류 I_{CQ}를 구하시오. (단, $\beta = 100$, $r_o = \infty$)

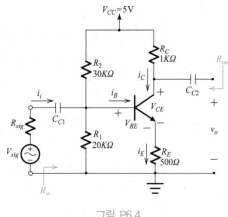

그림 P6.4

[6.5] 그림 P6.4의 증폭기에 대해 교류등가회로를 그리고 입력저항(R_{in}), 출력저항(R_{out}), 전압이득($A_v = v_o \,/\, v_{sig}$)과 전류이득($A_i = i_c \,/\, i_i$)을 구하시오. 단, $R_B(= R_1 \,/\!/\, R_2)$를 고려하여 계산하시오.

[6.6] 그림 P6.6의 공통베이스 소신호 증폭기에 대해 교류등가회로를 그리고 전압이득($A_v = v_o \,/\, v_{sig}$)과 전류이득($A_i = i_c \,/\, i_i$)을 구하시오. (단, $\beta = 100$, $R_{sig} = 50\,\Omega$, $r_o = \infty$)

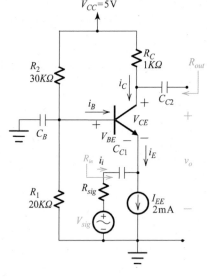

그림 P6.6

[6.7] 그림 P6.6의 공통베이스 증폭기에 대해 입력저항 R_{in}과 출력저항 R_{out}을 구하시오.

[6.8] 그림 P6.8의 공통콜렉터 소신호 증폭기에 대해 교류등가회로를 그리고 전압이득(A_v $= v_o / v_{sig}$)과 전류이득($A_i = i_e / i_i$)을 구하시오. 단, $\beta = 100$, $R_{sig} = 50\,\Omega$이고, $R_B(= R_1 \,/\!/\, R_2)$를 고려하시오.

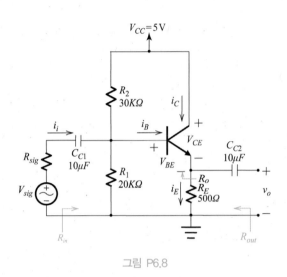

그림 P6.8

[6.9] 그림 P6.8의 공통콜렉터 증폭기에 대해 입력저항 R_{in}과 출력저항 R_{out}을 구하시오. 단, $R_B(= R_1 \,/\!/\, R_2)$를 고려하시오.

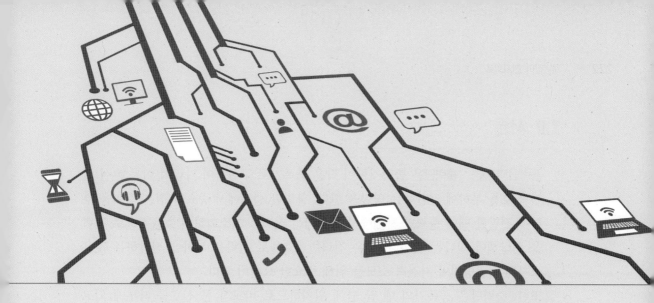

출력단과 전력증폭기

7.0 서론

- **출력단의 기능** 출력단은 출력저항이 작은 증폭기로 구현하여 가급적 이득 손실 없이 신호를 부하에 전달하는 역할을 한다. 출력단 설계에서 중요한 점은 전력을 부하에 전달할 때에 출력단 자체에서 소모되는 전력을 최소화하여 효율적으로 전력을 전달해야 한다는 것이다. 높은 전력변환효율로 전력을 부하에 전달하는 것은 소자의 과열방지와 저전력 소모를 위해 중요한 요건이 된다.
  또한, 출력단은 증폭기의 맨 끝 단에 위치하므로 비교적 큰 신호를 다루게 되고 비선형 특성에 의한 신호 왜곡이 중요한 문제로 대두된다. 따라서 선형근사 모델인 소신호 모델은 이와 같은 비선형 특성을 배제한 모델이므로 적용 시 많은 오차를 동반할 수 있음을 인식하고 이를 감안하여 신중하게 적용해야 한다.
- **전력증폭기** 출력단은 가급적 이득 손실 없이 신호를 부하에 전달하는 역할을 목적으로 할 뿐 다루는 전력의 크기에는 제한이 없다. 그러나 보통 1W 이상의 큰 전력을 다루는 출력단을 갖는 증폭기를 특별히 전력증폭기라고 부른다.

개념잡이

출력단, 전력증폭기

7.1 증폭기의 분류

- **증폭기의 동작점** 소신호 선형 증폭기를 설계할 때 동작점이 트랜지스터 출력특성곡선의 중앙에 위치하도록 직류바이어스 전압을 인가해주었다. 그러나 출력단 증폭기의 경우 반드시 그런 것은 아니다. 그림 7.1에서 보인 것처럼 출력단 증폭기는 트랜지스터 출력특성곡선의 중앙인 A점 외에도 트랜지스터의 턴오프 경계점인 B점, B점보다 약간 위인 AB점 및 트랜지스터의 차단영역인 C점에 동작점을 설정하여 사용하기도 한다.

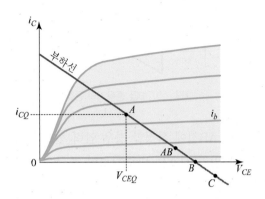

그림 7.1 출력단 증폭기에서 사용되는 동작점들

- **A급 증폭기** 동작점을 A점에 설정할 경우 입력 신호의 한 주기 전 구간에서 트랜지스터가 온상태압를 유지하며 증폭작용을 한다. 따라서 출력인 콜렉터 전류 i_C는 그림 7.2에서와 같이 입력 신호의 전 구간이 증폭된 파형이 된다.

  신호의 한 주기를 360°로 표현하고 그중 트랜지스터가 온상태압를 유지하며 증폭작용을 하고 있는 동안의 구간을 각도로 표시하여 **증폭각**이라고 부르기로 하면 증폭각은 360°가 된다. 이와 같이 신호의 전 구간에서 트랜지스터가 온상태압를 유지하며 증폭작용을 하여 증폭각이 360°가 되는 증폭기를 **A급 증폭기**라고 부른다. A급 증폭기는 일반적으로 트랜지스터 출력특성의 선형영역 내에서 동작하도록 설계한다.

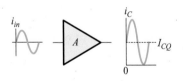

그림 7.2 A급 증폭기의 동작

- **B급 증폭기** 동작점을 B점에 설정할 경우 트랜지스터는 턴온과 턴오프의 경계점에 있게 되므로 입력 신호의 반주기 동안은 트랜지스터가 턴온되어 증폭작용을 수행하나 나머지 반주기 동안은 트랜지스터가 턴오프되어 차단된다. 따라서 콜렉터 전류 i_C는 그림 7.3에서와 같이 입력 신호의 반주기 구간만 증폭된 파형이 되며 증폭각은 180°가 된다.

  이와 같이 신호의 반주기 구간에서만 트랜지스터가 온상태압로 증폭작용을 하여 증폭각이 180°가 되는 증폭기를 **B급 증폭기**라고 부른다. B급 증폭기는 입력 신호가 0일 때 트랜지스터가 오프 상태에 있으므로 동작전류 I_{CQ}는 0이 된다.

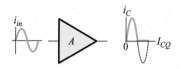

그림 7.3   B급 증폭기의 동작

- **AB급 증폭기**   동작점을 AB점에 설정할 경우 입력 신호가 0일 때 트랜지스터는 약간 턴온된 상태이므로 입력 신호의 반주기보다 조금 더 긴 구간 동안 트랜지스터가 턴온되어 증폭작용을 수행하고 나머지 구간 동안은 트랜지스터가 턴오프되어 차단된다. 따라서 콜렉터 전류 i_C는 그림 7.4에서와 같이 입력 신호의 반주기보다 조금 더 긴 구간이 증폭된 파형이 되며 증폭각은 180°보다 조금 더 커지게 된다. 이와 같이 신호의 반주기보다 조금 더 긴 구간 동안 트랜지스터가 온상태압로 증폭작용을 하여 증폭각이 180°보다 조금 더 큰 증폭기를 AB급 증폭기라고 부른다.

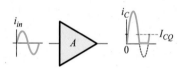

그림 7.4   AB급 증폭기의 동작

- **C급 증폭기**   동작점을 C점에 설정할 경우 트랜지스터는 턴오프 상태에 있게 되므로 입력 신호에 의해 트랜지스터가 턴온되어야 증폭작용을 할 수 있다. 따라서 입력 신호의 반주기보다 짧은 구간에서만 트랜지스터가 턴온되어 증폭작용을 수행하고 나머지 구간에서는 트랜지스터가 턴오프되어 차단된다. 따라서 콜렉터 전류 i_C는 그림 7.5에서와 같이 입력 신호의 반주기보다 짧은 구간만 증폭되어 출력되며 증폭각은 180°보다 작게 된다. 이와 같이 신호의 반주기보다 짧은 구간에서만 트랜지스터가 온상태압로 증폭작용을 하여 증폭각이 180°보다 작은 증폭기를 C급 증폭기라고 부른다.

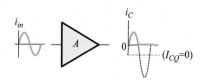

그림 7.5   C급 증폭기의 동작

개념잡이

A급, B급, AB급, C급

예제 7.1

A급, B급, AB급 및 C급 증폭기의 개념을 동작점의 관점에서 간략히 설명하시오.

풀이

본문 참조

7.2 A급 증폭기

제6장에서 공부한 소신호 선형 증폭기는 동작점이 트랜지스터 출력특성곡선의 중앙에 위치하도록 설계된 A급 증폭기였다. 여기서는 소신호 증폭기의 입력 바이어스 전압를 생략하여 간략화시킨 그림 7.6(a)와 같은 공통이미터 구조의 A급 증폭기를 생각하기로 하자.

부하선과 동작점을 그림 7.6(b)에 보였으며 동작점에서의 콜렉터 전류는 I_{CQ}이고 콜렉터-이미터 전압은 V_{CEQ}이다.

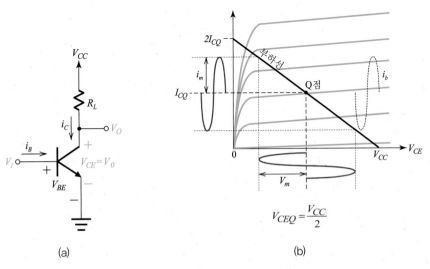

그림 7.6 공통이미터 구조의 A급 증폭기
(a) A급 증폭기 (b) A급 증폭기의 출력 신호 특성

그림 7.6(b)에 보인 것처럼 동작점을 부하선의 정중앙에 설정했다고 가정하면 $V_{CEQ} = V_{CC} / 2$가 되고 부하선에 의한 i_C축의 절편은 $2I_{CQ}$가 된다.

여기서, 베이스 단자에 사인파 입력을 인가하면 그림 7.6(b)에서와 같은 사인파형의 i_C와 v_{ce}가 유기된다. 콜렉터 전류 i_C는 I_{CQ}를 중심으로 증감하여 사인파형을 생성하므로 사인파형의 진폭을 I_m이라고 하면 다음 수식으로 표현된다.

$$i_C = I_{CQ} + I_m \sin \omega t \tag{7.1}$$

출력전압 v_o는 부하 R_L에 걸리는 전압으로서 전압 v_{CE}와 같다. 따라서 출력전압 v_o가 되는 v_{CE}는 $V_{CEQ}(= V_{CC} / 2)$를 중심으로 증감하여 사인파형을 생성하므로 사인파형의 진폭을 V_m이라고 하면 다음 수식으로 표현된다.

$$v_O = v_{CE} = \frac{V_{CC}}{2} - V_m \sin \omega t \tag{7.2}$$

식 (7.2)에서 공통이미터 증폭기는 반전증폭을 하므로 생성되는 사인파형이 반전되어 180°의 위상차를 갖게 되므로 '-' 부호로 표시되었다.

이 경우 출력의 최대 스윙(swing)은 그림 7.6(b)에 볼 수 있듯이 i_C는 I_{CQ}를 중심으로 최대 $\pm I_{CQ}$만큼 증감할 수 있고, v_{CE}는 V_{CEQ}를 중심으로 최대 $\pm V_{CC} / 2$만큼 증감할 수 있으므로 출력전류의 최대 진폭 $I_{m,\max} = I_{CQ}$이고, 출력전압의 최대 진폭 $V_{m,\max} = V_{CC} / 2$가 된다.

한편, 동작점 전류 I_{CQ}는 그림 7.6(a) 회로로부터 다음과 같이 구해진다.

$$I_{CQ} = \frac{V_{CC} - V_{CEQ}}{R_L} = \frac{V_{CC} - V_{CC}/2}{R_L} = \frac{V_{CC}}{2R_L} \tag{7.3}$$

7.2.1 A급 증폭기의 전력변환효율

신호가 증폭되는 에너지는 전원으로부터 얻어진다. 그렇다면 증폭기는 공급한 에너지를 얼마나 효율적으로 신호파형의 에너지로 변환할까?

전력변환효율(power-conversion efficiency: h)은 전원에 의해 증폭기에 공급된 전력에 대한 부하에 전달된 신호전력의 비로 정의되며 다음 수식으로 표현된다.

$$\eta \equiv \frac{\text{부하에 전달된 신호전력}(P_L)}{\text{공급전력}(P_S)} \times 100[\%] \tag{7.4}$$

앞에 언급한 A급 증폭기에 대해 진폭이 V_m인 사인파 출력전압을 가정하여 전력변환효율(η)을 구해보자.

- 부하신호전력 P_L 먼저, 부하 R_L로 전달되는 평균 신호전력 P_L은 출력 신호전압 $v_o(= V_m \sin \omega t)$의 실효치를 $V_{o,\text{rms}}(= V_m \sqrt{2})$라고 하면 다음과 같이 구해진다.

$$P_L = \frac{V_{o,rms}^2}{R_L} = \frac{1}{2}\frac{V_m^2}{R_L} \tag{7.5}$$

- 공급전력 P_S 한편, 전원 V_{CC}에 의해 증폭기에 공급된 전력 P_S는 전원 전압 V_{CC}와 콜렉터 전류 i_C의 평균치를 곱해줌으로써 구할 수 있다. 식 (7.1)로부터 i_C의 평균치는 I_{CQ}가 되고 I_{CQ}는 식 (7.3)에 의해 $V_{CC}/(2R_L)$로 표현되므로 P_S는 다음과 같이 구해진다.

$$P_S = V_{CC}i_{C, \text{평균치}} = V_{CC}I_{CQ} = \frac{V_{CC}^2}{2R_L} \tag{7.6}$$

- 전력변환효율 η 따라서, A급 증폭기의 전력변환효율은 다음과 같이 구해진다.

$$\eta \equiv \frac{P_L}{P_S} \times 100 = \frac{\left(\dfrac{V_m^2}{2R_L}\right)}{\left(\dfrac{V_{CC}^2}{2R_L}\right)} \times 100 = \left(\frac{V_m}{V_{CC}}\right)^2 \times 100 \tag{7.7}$$

식 (7.7)로부터 출력 신호진폭 V_m이 최대일 때 전력변환효율이 최대가 되므로 최대 전력변환효율($\eta_{\max}$)은 다음과 같이 구해진다.

$$\eta_{\max} = \left(\frac{V_{m,\max}}{V_{CC}}\right)^2 \Bigg|_{V_{m,\max} = \frac{V_{CC}}{2}} \times 100 = \frac{1}{4} \times 100 = 25\% \tag{7.8}$$

식 (7.8)로부터 이론상 A급 증폭기의 최대 전력변환효율은 25%이나 실제로는 10%에서 20% 사이 값으로 구현된다.

예제 7.2

그림 7.6(a) 구조의 A급 증폭기에서 $R_L = 1\,K\Omega$, $V_{CC} = 10V$이다. 출력이 최대 진폭일 때에 다음 각 항에 답하시오. 단, $I_{CQ} = 5mA$이다.

(a) 출력 신호의 크기가 최대일 때 부하 R_L로 전달된 평균 신호전력 P_L을 구하시오.

(b) 전원 V_{CC}에 의해 증폭기에 공급된 전력 P_S를 구하시오.

(c) 최대 전력변환효율($\eta_{\max}$)을 구하시오.

풀이

우선, $I_{CQ} = 5mA$이므로 그림 7.6(a)회로에서 V_{CEQ}를 구하면 다음과 같다.

$$V_{CEQ} = V_{CC} - R_L I_{CQ} = 10 - 10^3 \times 5 \times 10^{-3} = 5V$$

따라서 출력전류의 최대 진폭 $I_{m,\max} = I_{CQ} = 5mA$이고, 출력전압의 최대 진폭 $V_{m,\max} = V_{CC}/2 = 5V$임을 알 수 있다.

(a) 식 (7.5)로부터

$$P_L = \frac{1}{2}\frac{V_{m,\max}^2}{R_L} = \frac{1}{2}\frac{(V_{CC}/2)^2}{R_L} = \frac{1}{2} \times \frac{5^2}{10^3} = 12.5mW$$

(b) 식 (7.6)으로부터

$$P_S = \frac{V_{CC}^2}{2R_L} = \frac{10^2}{2 \times 10^3} = 50mW$$

(c) (a)에서 구한 P_L이 출력이 최대 진폭일 때 구한 값이므로 식 (7.7)로부터 η를 구하면 그것이 $\eta_{\max}$가 된다.

$$\eta_{\max} = \frac{P_L}{P_S} \times 100 = \frac{12.5mw}{50mW} \times 100 = 25\%$$

7.2.2 트랜지스터가 소모하는 전력

트랜지스터가 소모하는 전력은 열을 발생시켜 소자를 파괴시킬 수 있으므로 중요한 특성이 된다. 트랜지스터가 소모하는 순시전력 p_Q는 다음 수식으로 표현된다.

$$p_Q = i_C v_{CE} = (I_{CQ} + I_m \sin \omega t)(\frac{V_{CC}}{2} - V_m \sin \omega t)$$

$$= \frac{I_{CQ}V_{CC}}{2} + \frac{I_m V_{CC}}{2}\sin \omega t - I_{CQ}V_m \sin \omega t - I_m V_m \sin^2 \omega t \Big|_{\sin^2 \omega t = \frac{1-\cos 2\omega t}{2}}$$

$$= \frac{1}{2}(I_{CQ}V_{CC} - I_m V_m) + \frac{I_m V_{CC}}{2}\sin \omega t - I_{CQ}V_m \sin \omega t + \frac{I_m V_m \cos 2\omega t}{2}$$

(7.9)

트랜지스터가 소모하는 평균전력 P_Q는 다음 수식으로 표현된다.

$$P_Q = \frac{1}{T}\int_0^T p_Q dt = \frac{1}{T}\int_0^T \frac{1}{2}(I_{CQ}V_{CC} - I_m V_m)dt$$

$$= \frac{1}{2}(I_{CQ}V_{CC} - I_m V_m)$$

(7.10)

식 (7.10)으로부터 A급 증폭기에서 출력 신호의 크기가 최대가 되어 $I_m = I_{m,\max} = I_{CQ}$, $V_m = V_{m,\max} = V_{CC}/2$가 되면 트랜지스터가 소모전력 P_Q는 다음 수식으로 표현된다.

$$P_Q = \frac{I_{CQ}V_{CC}}{4}$$

(7.11)

반면에 출력 신호의 크기가 최소가 되어 $I_m = 0$, $V_m = 0$이 되면 트랜지스터가 소모하는 전력 P_Q는 다음 수식으로 표현된다.

$$P_Q = \frac{I_{CQ}V_{CC}}{2}$$

(7.12)

식 (7.11)과 식 (7.12)로부터 A급 증폭기에서 트랜지스터가 소모하는 전력은 출력 신호가 최대일 때 최소가 되고, 출력 신호가 0이 되어 출력 신호가 최소일 때 오히려 최대가 됨을 알 수 있다.

예제 7.3

그림 7.6(a) 구조의 A급 증폭기에서 $R_L = 1\,K\Omega$, $V_{CC} = 10V$일 때에 다음 각 항에 답하시오. 단, $I_{CQ} = 5mA$ 이다.

(a) 출력 신호의 크기가 최대일 때 트랜지스터가 소모하는 평균전력 P_Q를 구하시오.

(b) 출력 신호의 크기가 0일 때 트랜지스터가 소모하는 평균전력 P_Q를 구하시오

풀이

(a) 식 (7.11)로부터

$$P_Q = \frac{I_{CQ}V_{CC}}{4} = \frac{5 \times 10^{-3} \times 10}{4} = 12.5mW$$

(b) 식 (7.12)로부터

$$P_Q = \frac{I_{CQ}V_{CC}}{2} = \frac{5 \times 10^{-3} \times 10}{2} = 25mW$$

7.3 B급 증폭기

B급 증폭기는 신호의 반주기만을 증폭하므로 신호 전체를 증폭하기 위해서 그림 7.7에서와 같이 npn형과 pnp형을 상보형 쌍으로 접속하여 구현한다. 두 트랜지스터는 각기 서로 다른 반주기를 증폭하여 전체 신호가 증폭되도록 하고 있으며 두 트랜지스터가 동시에 턴온되는 일은 없다.

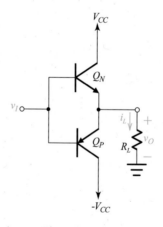

그림 7.7　B급 증폭기

입력전압 v_I가 0이면 두 트랜지스터는 모두 턴오프되고 출력전압 v_O도 0이 된다.

- **양의 반주기 동작**　입력 신호의 양의 반주기 구간에서 v_I가 증가하여 대략 0.6V를 초과하면 Q_N이 턴온되기 시작하여 이미터 팔로워 증폭기로 작용하게 된다. 따라서 그림 7.8에서 보인 바와 같이 입력전압 v_I는 Q_N을 통해 전류가 증폭되어 부하 R_L로 흘러 출력전압 v_O를 생성한다. 이때 Q_P의 입력단자에는 역바이어스가 인가

되어 차단상태에 있게 된다.

● **음의 반주기 동작** 반면에, 입력 신호의 음의 반주기 구간에서 v_I가 감소하여 대략 −0.6V 이하가 되면 Q_P가 턴온되기 시작하여 이미터 팔로워 증폭기로 작용하게 된다. 따라서 그림 7.8에서 보인 바와 같이 입력전압 v_I는 Q_P를 통해 전류가 증폭되어 부하 R_L로 흘러 출력전압 v_O를 생성한다. 이때 Q_N의 입력단자에는 역바이어스가 인가되므로 차단상태에 있게 된다.

결과적으로 그림 7.7의 B급 증폭기는 동작전류가 0인 상태로 머물러 있다가 입력 신호가 들어올 때만 도통하여 증폭작용을 하고 있음을 알 수 있다. 또한, 입력전압 $v_I > 0$이면 Q_N이 전류를 부하(R_L)로 밀어넣고(push), $v_I < 0$이면 Q_P가 전류를 끌어당겨(pull) 부하(R_L)로부터 빼내는 방식으로 동작하므로 **푸시풀**(push-pull) 증폭기라고 부른다.

B급 증폭기는 신호의 양의 반주기와 음의 반주기를 각각 개별 트랜지스터로 증폭하므로 출력 신호의 최대 진폭이 A급 증폭기의 2배가 되므로 $I_m = 2I_{CQ\_A}$, $V_m = V_{CC}$가 된다. 여기서, I_{CQ_A}는 A급 증폭기의 동작점 전류를 의미한다.

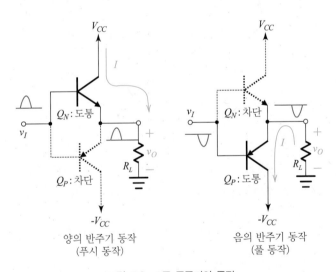

양의 반주기 동작
(푸시 동작)

음의 반주기 동작
(풀 동작)

그림 7.8 **B급 증폭기의 동작**

7.3.1 B급 증폭기의 전력변환효율

B급 증폭기에 대해 진폭이 V_m인 사인파 출력전압을 가정하여 전력변환효율(η)을 구해보자.

- **부하신호전력** P_L 먼저, 부하 R_L로 전달된 평균 신호전력 P_L은 출력전압의 실효치로부터 다음과 같이 구해진다.

$$P_L = \frac{V_{o,rms}^2}{R_L} = \frac{(V_m/\sqrt{2})^2}{R_L} = \frac{1}{2}\frac{V_m^2}{R_L} \tag{7.13}$$

- **공급전력** P_S 한편, 그림 7.7의 B급 증폭기는 V_{CC}와 $-V_{CC}$의 두 개의 전원으로 구현되었으므로 두 전원이 공급하는 총 전력을 구하여야 한다. 두 전원의 전압 크기가 같다고 가정하면 회로의 대칭성에 의해 두 전원이 공급하는 평균전력은 같다.

$$P_{S\_V_{CC}} = P_{S\_-V_{CC}} = V_{CC}\, i_{C\_평균치} \tag{7.14}$$

V_{CC}에 의해 흐르는 i_C의 평균치는 다음과 같이 구해진다.

$$i_{C\_평균치} = \frac{1}{T}\int_0^{T/2}\frac{V_m \sin\omega t}{R_L}dt = \frac{V_m}{\pi R_L} \tag{7.15}$$

따라서

$$P_{S\_V_{CC}} = P_{S\_-V_{CC}} = \frac{V_m}{\pi R_L}V_{CC} \tag{7.16}$$

총 공급전력은

$$P_S = P_{S\_V_{CC}} + P_{S\_-V_{CC}} = \frac{2V_m}{\pi R_L}V_{CC} \tag{7.17}$$

- **전력변환효율** η 전력변환효율(η)은 전원에 의해서 공급된 평균전력(P_S)에 대한 부하로 전달된 평균전력(P_L)의 백분율로 정의되므로 다음과 같이 구해진다.

$$\eta \equiv \frac{P_L}{P_S}\times 100 = \frac{\dfrac{1}{2}\dfrac{V_m^2}{R_L}}{\dfrac{2V_m}{\pi R_L}V_{CC}}\times 100 = \frac{\pi}{4}\frac{V_m}{V_{CC}}\times 100 \quad [\%] \tag{7.18}$$

B급 증폭기에서 출력전압 진폭의 최댓값 $V_{m,max} = V_{CC}$이므로 최대 전력변환효율(η_{max})은 다음과 같이 구해진다.

$$\eta_{max} = \frac{\pi}{4}\frac{V_{m,max}}{V_{CC}}\times 100 = \frac{\pi}{4}\times 100 = 78.5\% \tag{7.19}$$

7.3.2 회로(트랜지스터)가 소모하는 전력

출력이 0인 동작점에서 최대 전력을 소모하는 A급 증폭기와는 달리 B급 증폭기는 동작점에서의 전류가 0이므로 소모전력도 0이다. 따라서 신호가 인가되었을 때 두 트랜지스터가 소모하는 총 전력 P_Q는 다음과 같이 주어진다.

$$P_Q = P_S - P_L = \frac{2V_m}{\pi R_L} V_{CC} - \frac{1}{2} \frac{V_m^2}{R_L} \tag{7.20}$$

대칭성으로부터 Q_N과 Q_P는 같은 양의 전력을 소모하므로 각각 트랜지스터가 소모하는 전력은 식 (7.20)의 반이 된다.

● 최대 P_Q 식 (7.20)을 그래프로 그리면 그림 7.9와 같다. 여기서, P_Q의 최댓값을 구하기 위해 V_m으로 미분하여 0인 점을 찾으면 다음과 같이 P_Q가 최대일 때의 V_m값을 구할 수 있다.

$$V_m \Big|_{P_Q = \max} = \frac{2V_{CC}}{\pi} \tag{7.21}$$

식 (7.21)을 식 (7.20)에 대입함으로써 두 트랜지스터가 소모하는 최대 전력 $P_{Q,\max}$를 구할 수 있다.

$$P_{Q,\max} = \frac{2V_{CC}^2}{\pi^2 R_L} \tag{7.22}$$

각 트랜지스터가 소모하는 최대 전력은 $P_{Q,\max}$의 반이 되므로 다음 수식으로 표현된다.

$$P_{Qn,\max} = P_{Qp,\max} = \frac{V_{CC}^2}{\pi^2 R_L} \tag{7.23}$$

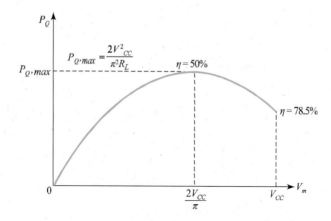

그림 7.9 출력전압 크기에 다른 B급 증폭기($P_{QN}+P_{QP}$)의 소모전력

예제 7.4

그림 7.7 구조의 B급 증폭기에서 $R_L = 1\,K\Omega$, $V_{CC} = 10V$이다. 다음 각 항에 답하시오.

(a) 출력 신호의 크기가 최대일 때 부하 R_L로 전달된 평균 신호전력 P_L을 구하시오.

(b) 출력 신호의 크기가 최대일 때 두 전원 $\pm V_{CC}$에 의해 증폭기에 공급된 전력 P_S를 구하시오.

(c) 최대 전력변환효율($\eta_{\max}$)을 구하시오.

(d) 두 트랜지스터가 소모하는 최대 전력 $P_{Q\_\max}$를 구하시오.

풀이

(a) B급 증폭기에서 $V_{m,\max} = V_{CC}$이므로 식 (7.13)으로부터

$$P_L = \frac{1}{2}\frac{V_{m,\max}^2}{R_L} = \frac{1}{2}\times\frac{10^2}{10^3} = 50mW$$

(b) B급 증폭기에서 $V_{m,\max} = V_{CC}$이므로 식 (7.17)으로부터

$$P_S = \frac{2V_{m,\max}}{\pi R_L}V_{CC} = \frac{2\times10}{\pi\times10^3}\times10 = 63.7mW$$

(c) 최대 전력변환효율 $\eta_{\max}$는 식 (7.18)으로부터

$$\eta_{\max} = \frac{\pi}{4}\frac{V_{m,\max}}{V_{CC}}\times100 = \frac{\pi}{4}\times100 = 78.5[\%]$$

(d) 두 트랜지스터가 소모하는 최대 전력 $P_{Q\_\max}$는 식 (7.22)으로부터

$$P_{Q\_\max} = \frac{2V_{CC}^2}{\pi^2 R_L} = \frac{2\times10^2}{\pi^2\times10^3} = 20.26mW$$

7.3.3 교차왜곡

B급 증폭기에서 트랜지스터가 도통하려면 입력전압이 트랜지스터의 이미터 접합 다이오드의 턴온 전압(V_γ)보다 커야 한다. 다시 말해서 그림 7.7의 푸시풀 구조에서 Q_N은 $v_I > 0.6V$일 때만 도통되고, Q_P는 $v_I < -0.6V$일 때만 도통되므로 $-0.6V < v_I < 0.6V$일 때에는 두 트랜지스터가 모두 차단상태에 있어 v_I에 상관없이 출력전압 $v_O = 0$이 되는 대역이 존재하게 된다. 이 대역을 데드 대역(dead band)이라고 한다.

B급 증폭기의 전달특성곡선을 그리면 그림 7.10(a)에서와 같이 영점 근처에서 v_I의 변화에도 불구하고 $v_O = 0$이 되는 데드 대역이 나타나게 된다. 따라서 입력 신호가 영점을 교차할 때마다 데드 대역에서 왜곡이 발생하는데 이를 교차왜곡(crossover distortion)이라고 한다. 그림 7.10(b)는 입력파형과 교차왜곡에 의해서 찌그러진 출력파형을 비교하여 보여주고 있다.

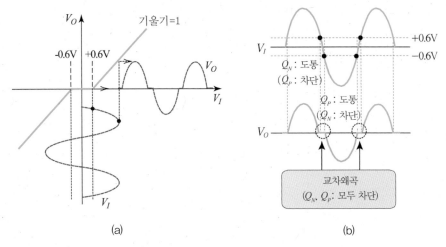

그림 7.10 B급 증폭기의 교차왜곡
(a) B급 증폭기의 전달특성곡선 (b) 입력파형과 교차왜곡이 발생한 출력파형

7.3.4 교차왜곡 줄이는 방법

이득이 큰 연산증폭기를 사용하여 그림 7.11에서처럼 귀환루프를 형성함으로써 교차왜곡을 현저하게 줄일 수 있다. 이 경우 데드 대역은 연산증폭기의 이득을 A_o라고 할 때 $-0.6V / A_o < v_I < 0.6V / A_o$로 줄어든다. 그러나 주파수가 높아지면 연산증폭기의 동작 속도 제한에 의해 정상적인 동작을 할 수 없다. 교차왜곡을 감소시키기 위한 보다 더 실제적인 방법은 AB급 증폭기로 구현된다.

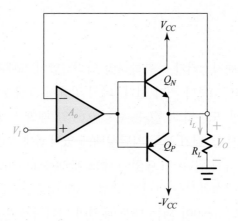

그림 7.11 연산증폭기로 귀환루프를 형성하여 교차왜곡을 줄인 B급 증폭기

7.3.5 단일 전원 동작

B급 증폭기는 그림 7.12에서와 같이 부하를 용량성 결합으로 연결하여 한 개의 단일 전원으로 동작시킬 수 있다. 이때 전원 전압을 $2V_{CC}$로 설정하면 7.3.3절에서 구한 수식들이 그대로 적용된다.

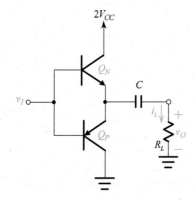

그림 7.12 단일 전원으로 동작하는 B급 증폭기

7.4 AB급 증폭기

B급 증폭기에서의 교차왜곡을 제거하기 위해 트랜지스터의 동작전류 I_Q가 0이 아닌 적은 양의 전류가 흐르도록 바이어스한 것을 AB급 증폭기라고 한다. 그림 7.13은 AB급 증폭기의 구조를 보여준다.

Q_N과 Q_P의 베이스 단자 사이에 바이어스 전압 V_{BB}를 인가하면 Q_N과 Q_P의 베이스와 이미터 사이에 각각 V_{BB} / 2만큼의 전압이 인가된다. Q_N과 Q_P의 특성이 같다고 가정하면 동작전류 I_Q는 다음 수식으로 표현된다.

$$i_N = i_P = I_Q = I_s e^{V_{BB}/2V_t} \tag{7.24}$$

따라서 동작전류 I_Q는 바이어스 전압 V_{BB} 값에 의해 결정된다.

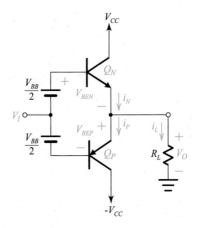

그림 7.13　AB급 증폭기

7.4.1 AB급 증폭기의 동작

그림 7.13의 DC 바이어스 상태에서 입력전압 v_1가 양의 방향으로 증가하면 Q_N은 더욱 턴온되고 Q_P는 턴오프되므로 회로는 Q_N에 의한 이미터 팔로워로 동작한다. 반면에 v_1가 음의 방향으로 증가하면 Q_N은 턴오프되고, Q_P는 더욱 턴온되므로 회로는 Q_P에 의한 이미터 팔로워로 동작한다. 따라서 AB급 증폭기는 B급 증폭기와 동일한 방식으로 동작한다.

유일한 차이점은 AB급 증폭기에서는 $v_1 = 0$인 상태에서 작지만 0이 아닌 I_Q가 흐르고 있다는 점이다. 즉, $v_1 = 0$인 상태에서 Q_N과 Q_P가 이미 턴온 상태압에 있으므로 Q_N이나 Q_P를 턴온시키기 위한 전압이 필요 없고, 데드 대역도 존재하지 않는다. 따라서 교차왜곡이 발생하지 않는다.

소모전력 면에서 AB급 증폭기는 B급 증폭기에 비해 $v_1 = 0$인 상태에서 트랜지스터 당 $V_{cc}I_Q$만큼의 전력을 더 소모한다. 그러나 일반적으로 I_Q는 출력의 피크 전류에 비해 매우 작으므로 전체 소모전력에 미치는 영향은 미미하다. 따라서 AB급 증폭기의 전력변환효율은 B급 증폭기에 비해 큰 차이가 없다.

7.4.2 AB급 증폭기의 바이어스 전압

그림 7.13 AB급 증폭기의 바이어스 전압 V_{BB}를 발생시키기 위해서 일반적으로 다이오드를 이용한 바이어스 전압나 V_{BE} 곱셈기를 이용한 바이어스 전압를 사용한다.

1. 다이오드를 이용한 바이어스

그림 7.14는 다이오드를 이용한 AB급 증폭기의 바이어스를 보여주고 있다. 두 개의 다이오드 D_1과 D_2의 턴온 전압이 트랜지스터 Q_N과 Q_P의 입력 바이어스로 인가되도록 함으로써 바이어스 전압 V_{BB}를 대체할 수 있다.

이 경우, Q_N과 Q_P의 이미터 접합은 다이오드이므로 온도 변화에 의해 이미터 접합 다이오드의 턴온 전압이 변화할 수 있다. 이 경우 다이오드 D_1과 D_2의 턴온 전압도 동일하게 변화하게 되므로 온도 변화의 영향을 상쇄시키게 되어 온도보상 효과를 얻게 된다. 예를 들어 온도가 증가할 경우 같은 바이어스 전압에서 Q_N과 Q_P의 이미터 접합 다이오드를 통해 흐르는 전류 I_Q는 증가하게 된다. 반면에 일정한 전류 I_{BLAS}가 흐르고 있는 다이오드 D_1과 D_2의 전압은 온도가 증가함에 따라 감소하게 되어 Q_N과 Q_P의 입력 바이어스 전압을 감소시키게 된다. 따라서 온도 증가에 따른 I_Q의 증가가 억제되므로 온도 증가에 따른 영향을 보상하게 된다.

온도가 감소할 경우에도 마찬가지 원리로 온도 영향을 보상하게 된다.

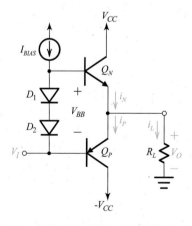

그림 7.14 다이오드를 이용한 AB급 증폭기의 바이어스

예제 7.5

그림 7.14 구조의 AB급 증폭기에서 $R_L = 50\Omega$, $V_{CC} = 10V$이고, 출력은 최대 진폭이 $5V$인 사인파이다. 다음 각 항에 답하시오. 단, 트랜지스터 Q_N과 Q_P는 정합되었고 $\beta = 50$이다.

(a) 바이어스 다이오드로 최소한 $1mA$ 이상의 전류가 흘러 항상 턴온 상태압를 유지할 수 있도록 하기 위한 최소 I_{BIAS} 값을 설정하시오.

(b) 트랜지스터의 이미터 접합 면적이 다이오드 접합 면적의 4배라고 가정하여 동작점에서 직류바이어스에 의해 두 트랜지스터 Q_N과 Q_P가 소모하는 전력을 구하시오.

풀이

(a) Q_N을 통해서 흐르는 최대 전류 $i_{N,\max}$는 출력이 최대 진폭 $6V$일 때 부하 R_L을 통해 흐르는 전류와 같으므로

$$i_{N,\max} = i_{L,\max} = \frac{5V}{50\Omega} = 100mA$$

이때에 Q_N의 베이스 전류는 $\beta = 50$이므로 $2mA$가 된다. 따라서 다이오드로 최소한 $1mA$ 이상의 전류가 흐르도록 하기 위해서 I_{BIAS} 값은 $3mA$ 이상이 되어야 한다.

(b) 동작점($i_L = 0$)에서 트랜지스터의 이미터 접합에 걸린 전압과 다이오드 접합에 걸린 전압이 같고, 트랜지스터의 이미터 접합 면적이 다이오드 접합 면적의 4배인 점을 고려하면 트랜지스터의 이미터 전류는 다이오드 전류의 4배가 된다. 여기서, 다이오드 전류는 $I_{BIAS}(= 3mA)$보다 작으므로 트랜지스터의 이미터 전류는 $4I_{BIAS}(= 12mA)$보다 작다. 따라서 동작점($i_L = 0$)에서 트랜지스터의 베이스 전류는 $4I_{BIAS} / \beta(= 0.24mA)$로서 I_{BIAS}에 비해 상대적으로 매우 작은 값이므로 무시하기로 하면 I_{BIAS}가 그대로 다이오드 전류가 된다. 따라서 트랜지스터의 접합 면적이 다이오드 접합 면적의 4배인 점을 고려할 때 동작점에서 트랜지스터 Q_N과 Q_P로 흐르는 전류는 다이오드 전류의 4배인 $4I_{BIAS}(= 12mA)$가 된다. 따라서 동작점에서 두 트랜지스터 Q_N과 Q_P가 소모하는 총 전력은

$$P_Q = 2 \times V_{CC} \times I_{N,Q} = 2 \times 10 \times 12 = 240mW$$

2. V_{BE} 곱셈기를 이용한 바이어스

그림 7.15은 V_{BE} 곱셈기를 이용한 AB급 증폭기의 바이어스를 보여주고 있다. 바이어스 전압는 Q_1, R_1 및 R_2로 구성되었다. Q_1의 베이스 전류를 무시하면 R_1과 R_2를 통해서 흐르는 전류는 I_R로서 동일하고 I_R은 다음 수식으로 표현된다.

$$I_R = \frac{v_{BE1}}{R_1} \tag{7.25}$$

따라서 바이어스 전압에 걸리는 전압 V_{BB}는 다음과 같다.

$$V_{BB} = I_R(R_1 + R_2) = v_{BE1}\left(1 + \frac{R_2}{R_1}\right) \tag{7.26}$$

위 식으로부터 바이어스 전압는 전압 V_{BE1}을 $(1 + R_2 / R_1)$배로 곱해주므로 V_{BE} 곱셈기라고 부른다. R_2 / R_1의 비율을 조정함으로써 원하는 V_{BB} 값과 이에 따른 I_Q 값을 설계할 수 있다.

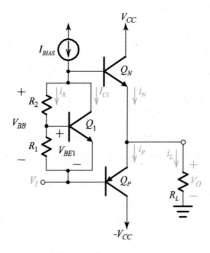

그림 7.15 V_{BE} 곱셈기를 이용한 AB급 증폭기의 바이어스

예제 7.6

예제 7.5의 다이오드를 이용한 AB급 증폭기를 그림 7.15의 V_{BE} 곱셈기를 이용한 AB급 증폭기로 다시 설계하시오. 단, 동작점에서 $i_N = i_p = 2mA$가 되도록 하고, V_{BE} 곱셈기로는 최소한 $1mA$ 이상의 전류가 흐르도록 설계하라. 여기서, Q_N, Q_P, Q_1의 $I_S = 10^{-13}$A이다.

풀이

예제 7.5(a)에서와 같이 Q_N을 통해서 흐르는 최대 전류 $i_{N,max} = 100mA$이고 $\beta = 50$이므로 Q_N의 최대 베이스 전류는 $2mA$가 된다. 따라서 V_{BE} 곱셈기로 최소한 $1mA$ 이상의 전류가 흐르도록 하기 위해서 I_{BIAS} 값은 $3mA$가 되어야 한다.

한편, 동작점($i_L = 0$)에서 $i_N = i_p = 2mA$가 되도록 하라고 했으므로 Q_N의 베이스 전류는 $2mA/50 = 0.04mA$로 매우 작다. 따라서 동작점($i_L = 0$)에서 Q_N의 베이스 전류를 무시하면 I_{BIAS}가 모두 V_{BE} 곱셈기로 흐르게 된다. 다음은 I_{BIAS} 값을 어떤 비율로 i_R과 i_{C1}으로 분배할지를 고려해야 한다. 만약 i_R을 $1mA$ 이상으로 설정하면 Q_N에 최대 전류가 흐를 때에 Q_1이 턴오프되어 V_{BE} 곱셈기로서의 기능

EXERCISE

[7.1] 그림 P7.1의 A급 증폭기에서 $R_L = 1K\Omega$, $V_{CC} = 5V$이다. 다음 각 항에 답하시오. 단, $I_{CQ} = 2.5mA$이다.

(a) 출력전압의 진폭이 0.5V일 때에 전력변환효율 η를 구하시오.

(b) 출력전압의 진폭이 1.5V일 때에 전력변환효율 η를 구하시오.

(c) 출력전압의 진폭이 2.5V일 때에 전력변환효율 η를 구하시오..

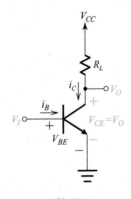

그림 P7.1

[7.2] 그림 P7.2의 A급 증폭기에서 $R_C = R_L = 1K\Omega$, $V_{CC} = 5V$일 때 최대 전력변환효율 (η_{max})을 구하시오. 단, $I_{CQ} = 2.5mA$이고, C_C는 결합 커패시터이다.

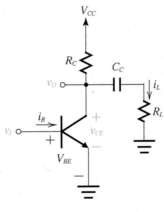

그림 P7.2

[7.3] 그림 P7.1의 A급 증폭기에서 $R_L = 1\,K\Omega$, $V_{CC} = 5$V이다. 다음 각 항에 답하시오. 단, $I_{CQ} = 2.5\,mA$ 이다.

(a) 출력전압의 진폭이 0.5V일 때에 트랜지스터가 소모하는 평균전력 P_Q를 구하시오.

(b) 출력전압의 진폭이 2.5V일 때에 트랜지스터가 소모하는 평균전력 P_Q를 구하시오.

[7.4] 그림 P7.4의 B급 증폭기에서 $R_L = 1\,K\Omega$, $V_{CC} = 10$V이다. 출력 신호의 크기가 5V일 때와 최대일 때에 다음 각 항에 답하시오.

(a) 부하 R_L로 전달된 평균 신호전력 P_L을 구하시오.

(b) 전원 V_{CC}에 의해 증폭기에 공급된 전력 P_S를 구하시오.

(c) 전력변환효율(η)을 구하시오.

(d) 두 트랜지스터가 소모하는 전력 P_Q를 구하시오.

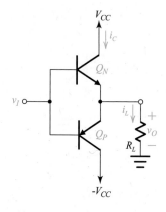

그림 P7.4

[7.5] 그림 P7.5의 B급 증폭기에서 $R_L = 1K\Omega$, $V_{CC} = 10V$이다. 출력 신호의 크기가 5V일 때와 최대일 때에 다음 각 항에 답하시오.

(a) 부하 R_L로 전달된 평균 신호전력 P_L을 구하시오.

(b) 전원 $2V_{CC}$에 의해 증폭기에 공급된 전력 P_S를 구하시오.

(c) 전력변환효율(η)을 구하시오.

(d) 두 트랜지스터가 소모하는 전력 P_Q를 구하시오.

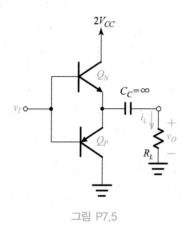

그림 P7.5

[7.6] 그림 P7.4의 B급 증폭기에서 부하 R_L은 4Ω짜리 스피커이고 평균 출력 전력이 10W 이다. V_{CC}는 출력전압의 크기보다 5V 더 크게 함으로써 비선형 왜곡을 최소화하고 있다. 다음 각 항에 답하시오.

(a) 공급 전원은 몇 V이어야 하는가?

(b) 각 전원에서 공급하는 피크 전류의 크기는 몇 A인가?

(c) 각 전원에서 공급하는 평균전력은 몇 W인가?

(d) 전력변환효율(η)을 구하시오.

(e) 각 트랜지스터에서 소모되는 전력은 몇 W인가?

[7.7] 그림 P7.7의 B급 증폭기에서 다이오드 턴온 전압이 0.6V라고 가정할 때 교차왜곡에 의해서 신호의 첨두치가 5% 감소하는 입력전압의 진폭은 얼마인가?

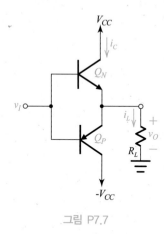

그림 P7.7

[7.8] 그림 P7.8에서 귀환루프를 형성한 B급 증폭기에서 다이오드 턴온 전압이 0.6V라고 가정하고 증폭기의 이득 $A_o = 100$이라고 할 때 전달특성곡선($v_O - v_I$)을 그리시오.

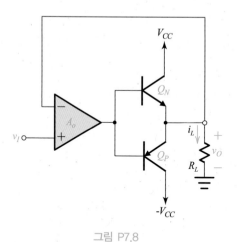

그림 P7.8

[7.9] 그림 P7.9의 AB급 증폭기에서 $R_L = 100\Omega$, $V_{CC} = 20$V이고, 출력 v_O는 최대 진폭이 15V인 사인파이다. 다음 각 항에 답하시오. 단, 트랜지스터 Q_N과 Q_P의 $\beta = 50$, $I_S = 10^{-13}$A이다.

(a) 바이어스 다이오드로 최소한 $1mA$이상의 전류가 흘러 항상 턴온 상태를 유지할 수 있도록 하기 위한 I_{BIAS} 값을 설정하시오.

(b) 트랜지스터의 이미터 접합 면적이 다이오드 접합 면적의 3배라고 가정하여 동작
점 상태에서 직류바이어스에 의해 두 트랜지스터 Q_N과 Q_P가 소모하는 전력을
구하시오.

(c) 출력전압 v_O가 0V, +15V 및 -15V일 때에 V_{BB} 값을 구하시오.

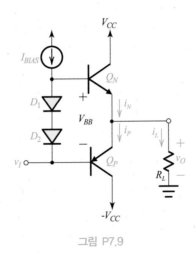

그림 P7.9

[7.10] 연습문제 7.9의 다이오드를 이용한 AB급 증폭기를 그림 7.15의 V_{BE} 곱셈기를 이용
한 AB급 증폭기로 다시 설계하시오. 단, 동작점 상태에서 $i_N = i_p = 3mA$가 되도록
한다. 또한, V_{BE} 곱셈기로 최소한 $1mA$ 이상의 전류가 흘러 항상 턴온 상태를 유지
할 수 있도록 I_{BIAS} 값을 설정하고 $I_{R,\ min} = 0.5mA$가 되도록 하시오. 단, Q_1의 특성
은 연습문제 7.9의 Q_N과 동일하다.

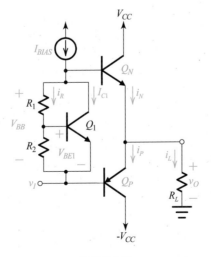

그림 P7.10

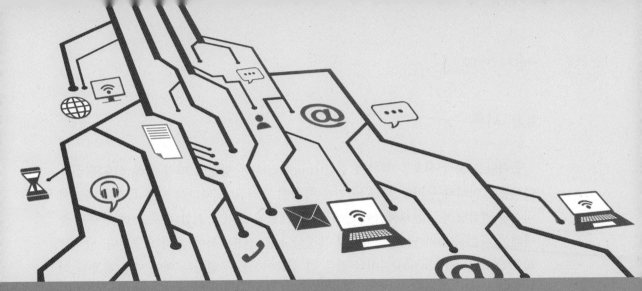

08

달링톤회로와 결합방식

8.0 서론

출력단은 출력 신호를 부하에 결합(coupling)하는 방식에 따라 직류 신호의 전달 여부뿐만 아니라 주파수 특성 및 잡음 특성이 달라진다. 따라서 사용 목적에 따라서 적절한 결합방식을 선택하여야 한다. 또한 제한된 크기의 전압 신호로 큰 전력을 출력해야 하는 경우가 많은 출력단의 특성상 높은 전류이득이 흔히 요구된다. 달링톤 회로(Darlington Circuit)는 이와 같은 큰 전류이득을 구현하는 데에 매우 유용한 회로 구조이다.

이 장에서는 출력단에서 필요로 하는 큰 전류이득을 얻기 위한 달링톤 회로와 부하로 출력 신호를 전달하는 다양한 결합방식에 대해 설명한다.

8.1 달링톤 회로

달링톤 회로는 매우 큰 전류이득을 얻을 수 있는 회로구조로서 출력단에서와 같이 큰 전류이득이 요구될 때나 AB급 증폭기의 npn형 트랜지스터를 대체하여 곧잘 사용된다. 달링톤 회로는 사용 목적에 따라 이미터 팔로워 형태나 공통이미터 형태로 쓰인다.

8.1.1 달링톤 쌍

그림 8.1에 보인 것처럼 트랜지스터 Q_1의 이미터를 트랜지스터 Q_2의 베이스에 연결하고 두 트랜지스터의 콜렉터 단자를 접속한 회로를 달링톤 회로(Darlington circuit) 또는 달링톤 쌍(Darlington pair)이라고 부른다.

그림 8.1의 달링톤 쌍으로부터 출력전류 i_C는 다음과 같이 구해진다.

$$i_C = i_{C1} + i_{C2} = \beta_1 i_{B1} + \beta_2 i_{B2} \tag{8.1}$$

$i_{B2} = (1 + \beta_1)i_{B1} \cong \beta_1 i_{B1}$이므로 i_C는 다음과 같이 간략하게 표현된다.

$$i_C = \beta_1 i_{B1} + \beta_2 \beta_1 i_{B1} \cong \beta_1 \beta_2 i_{B1} \tag{8.2}$$

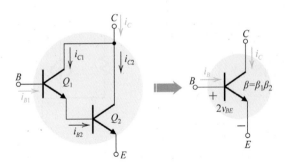

그림 8.1 달링톤 쌍

식 (8.2)로부터 알 수 있듯이 달링톤 쌍은 매우 큰 전류이득($\beta_1\beta_2$)을 나타내므로 출력단과 같이 특별히 큰 전류이득이 요구되는 회로에서 유용하게 사용된다. 한편, 달링톤 쌍은 그림 8.1의 우측 그림과 같이 $\beta = \beta_1\beta_2$이고 v_{BE} 값이 일반 트랜지스터의 2배인 수퍼 트랜지스터로 간주할 수 있다.

8.1.2 달링톤 쌍을 이용한 이미터팔로워 증폭기

그림 8.2(a)는 달링톤 쌍을 이용한 이미터팔로워 증폭기를 보여준다. 이 증폭기에 대한 소신호 등가회로는 그림 8.2(b)에 보였다. 그림 8.2(b)의 소신호 등가회로로부터 출력전류 i_e는 다음과 같이 구해진다.

$$i_e = (1+\beta_2)i_{b2} = (1+\beta_2)(1+\beta_1)i_{b1} \cong \beta_1\beta_2 i_{b1} \tag{8.3}$$

따라서 전류이득 A_i는 다음 수식으로 구해진다.

$$A_i \equiv \frac{i_e}{i_{b1}} \cong \beta_1\beta_2 \tag{8.4}$$

한편, 출력저항 R_o는 저항반사법칙에 의해 다음 수식으로 구해진다.

$$R_o = \left\{ \frac{r_{\pi1}}{(1+\beta_1)} + r_{\pi2} \right\} / (1+\beta_2) \cong \frac{r_{\pi2}}{\beta_2} \tag{8.5}$$

이와 같이 달링톤 쌍을 이용한 이미터팔로워 증폭기는 출력저항이 매우 작다. 그러나 경우에 따라서는 큰 전류이득과 아울러 큰 출력저항이 요구될 수가 있다. 이런 경우 다음 절에서 설명하는 달링톤 쌍을 이용한 공통이미터로 증폭기를 구성한다.

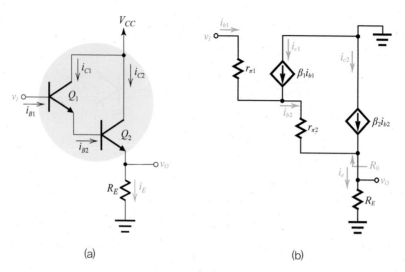

그림 8.2 달링톤 쌍을 이용한 이미터 팔로워 증폭기
(a) 회로도   (b) 소신호 등가회로

예제 8.1

그림 8.2의 달링톤 쌍을 이용한 이미터 팔로워 증폭기에서 $R_E = 1\,K\Omega$, $V_{CC} = 10V$, $\beta_1 = \beta_2 = 100$, $r_{\pi 1}$ $= 1\,K\Omega$ 및 $r_{\pi 2} = 500\,\Omega$이다. 전류이득($A_i = i_e / i_{b1}$)과 출력저항(R_o)를 구하시오.

풀이

전류이득($A_i = i_e / i_{b1}$)은 수식 (8.4)로부터

$$A_i \equiv \frac{i_e}{i_{b1}} \cong \beta_1 \beta_2 = 100 \times 100 = 10^4$$

한편, 출력저항 R_o는 수식 (8.5)로부터

$$R_o \cong \frac{r_{\pi 2}}{\beta_2} = \frac{500}{100} = 5\Omega$$

8.1.3 달링톤 쌍을 이용한 공통이미터 증폭기

그림 8.3(a)는 달링톤 쌍을 이용한 공통이미터 증폭기를 보여준다. 이 증폭기에 대한 소신호 등가회로는 그림 8.3(b)에 보였다. 그림 8.3(b)의 소신호 등가회로로부터 출력전류 i_c는 다음과 같이 구해진다.

$$i_c = i_{c1} + i_{c2} = \beta_1 i_{b1} + \beta_2 (1 + \beta_1) i_{b1} \cong \beta_1 \beta_2 i_{b1} \tag{8.6}$$

따라서, 전류이득 A_i는 다음 수식으로 구해진다.

$$A_i \equiv \frac{i_c}{i_{b1}} \cong \beta_1\beta_2 \tag{8.7}$$

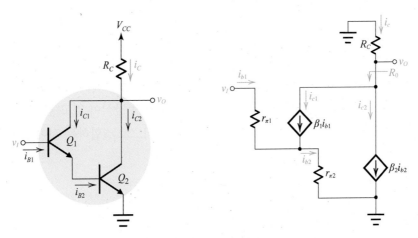

그림 8.3 달링톤 쌍을 이용한 공통이미터 증폭기
(a) 회로도 (b) 소신호 등가회로

한편, 출력저항 R_o는 Q_1 및 Q_2의 출력저항을 r_{o1} 및 r_{o2}라고 할 때 수식으로 구해진다.

$$R_o \cong r_{o1} \, // \, r_{o2} \tag{8.8}$$

식 (8.8)로부터 달링톤 쌍을 이용한 공통이미터 증폭기는 출력저항이 매우 크다는 것을 알 수 있다.

예제 8.2

그림 8.3의 달링톤 쌍을 이용한 공통이미터 증폭기에서 $R_C = 1\,K\Omega$, $V_{CC} = 10V$, $\beta_1 = \beta_2 = 100$, $r_{o1} = r_{o2} = 100\,K\Omega$, $r_{\pi1} = 1\,K\Omega$ 및 $r_{\pi2} = 500\,\Omega$이다. 전류이득($A_i = i_c \,/\, i_{b1}$)과 출력저항(R_o)를 구하시오.

풀이

전류이득($A_i = i_c \,/\, i_{b1}$)은 수식 (8.6)로부터

$$A_i \equiv \frac{i_c}{i_{b1}} \cong \beta_1\beta_2 = 100 \times 100 = 10^4$$

한편, 출력저항 R_o는 수식 (8.8)로부터

$$R_o \cong r_{o1} \, // \, r_{o2} = 100K\Omega // 100K\Omega = 50K\Omega$$

8.2 결합방식

증폭기의 출력 신호가 부하나 다른 증폭기의 입력으로 전달되기 위해서는 두 시스템을 연결하여주어야한다. 이와 같이 신호가 전달될 수 있도록 두 시스템을 연결하여주는 것을 결합(coupling)이라 한다. 결합에는 여러 가지 방식이 있고 각 결합방식마다 다른 특징을 갖고 있으므로 목적에 따라 적절한 방식으로 결합하는 것이 중요하다.

8.2.1 커패시터 결합

커패시터 결합(capacitive coupling)은 그림 8.4에서 보인 것처럼 전단의 출력과 다음 단의 입력을 커패시터 C를 통해 연결하는 결합방식이다. 따라서 교류신호 성분만 통과시키고 직류성분은 차단한다. 이때 사용된 커패시터 C를 결합 커패시터(coupling capacitor)라고 부른다.

커패시터 결합은 직류성분을 차단하여 증폭기의 직류바이어스를 보호하여주고 결합방식이 매우 간단하므로 널리 사용되고 있다. 그러나 직류성분을 전달할 수 없고 저주파 대역에서는 특성이 저하되는 단점이 있다.

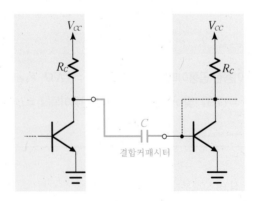

그림 8.4　커패시터 결합

예제 8.3

그림 8E3.1의 회로에서 $v_{O1} = 5 + 2\sin 10^6 t\,[V]$이고, $R_L = 50\,\Omega$이다.

(a) $C_C = \infty$라고 가정하고 v_{O2}를 구하시오.

(b) $C_C = 0.1\,\mu F$일 때 v_{O2}를 구하시오.

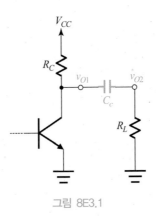

그림 8E3.1

풀이

(a) $C_C = \infty$이므로 결합 커패시터 C_C의 임피던스는 0이다. 따라서 직류성분만 차단되고 교류성분은 그대로 통과하므로

$$v_{O2} = 2\sin 10^6 t \ [V]$$

(b) $C_C = 0.1\,\mu F$이므로 결합 커패시터 C_C의 임피던스 Z_C는 다음과 같다.

$$Z_C = \frac{-j}{\omega C_c} = \frac{-j}{10^6 \times 0.1 \times 10^{-6}} = -j10\,\Omega$$

따라서 v_{O2}는 다음 식으로 구해진다.

$$v_{O2} = v_{O1,ac} \times \frac{Z_L}{Z_C + Z_L} = 2\sin 10^6 t \times \frac{50}{50 - j10}$$
$$= 1.96\sin(10^6 t + 11.3^o)\,[V]$$

8.2.2 직접 결합

직접 결합(direct coupling)은 그림 8.5에서 보인 것처럼 전단의 출력과 다음 단의 입력을 전선으로 직접 연결하는 결합방식이다. 이 경우 직류성분도 그대로 전달되므로 직류성분을 증폭할 수 있고 저주파 대역에서도 특성이 전혀 저하되지 않는다는 장점이 있다. 또한, 결합하는 데 있어 결합 커패시터와 같이 큰 면적을 소요하는 소자가 필요 없으므로 집적회로에서 널리 사용되고 있다.

반면에, 연결되는 두 지점의 직류전압레벨이 다를 경우 두 직류전압레벨을 맞추어 주기 위한 레벨변환기(level shifter)가 필요하다는 단점이 있다.

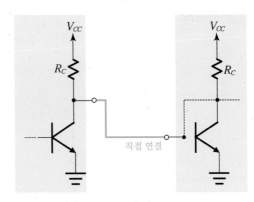

그림 8.5 직접 결합

예제 8.4

그림 8E4.1의 회로는 다이오드 레벨변환기를 이용한 직접결합이다. $v_{O1} = 5 + 2\sin \omega t$ $[V]$이라고 할 때 v_{O2}를 구하시오. 단, 다이오드의 턴온 전압은 $0.7V$이다.

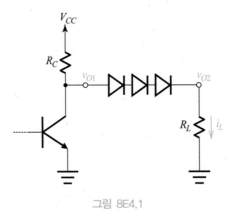

그림 8E4.1

풀이

직접 결합이므로 직류성분도 통과되고 다이오드에 의해 $2.1V$만큼 전압레벨이 강하되므로

$$v_{O2} = 2.9 + 2\sin \omega t \ [V]$$

8.2.3 변압기 결합

변압기 결합(transformer coupling)은 그림 8.6에서 보인 것처럼 전단의 출력과 다음 단의 입력을 변압기를 통해 연결하는 결합방식으로서 주로 고주파 증폭에서 사용된다. 변압기 결합은 변압기의 권선비를 조절하여 전압이득이나 전류이득을 조절할 수 있고, 동조회로에서와 같이 변압기를 대역통과 필터로 활용하는 것도 가능하다.

그러나 커패시터 결합의 경우와 마찬가지로 직류성분을 전달할 수 없고, 사용되는 변압기의 무게와 부피가 크고 가격이 비싸다는 단점이 있다.

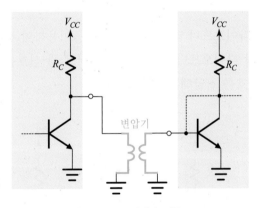

그림 8.6 변압기 결합

예제 8.5

그림 8E5.1의 회로에서 $v_{O1} = 5 + 2\sin \omega t [V]$이다. v_{O2}를 구하시오. 단, 변압기의 권선비는 1:10이다.

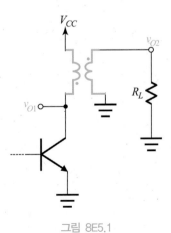

그림 8E5.1

변압기 결합이므로 직류성분은 제거되고 교류성분만 통과하므로

$$v_{O2} = 2\sin\omega t \ [V]$$

8.2.4 광 결합

광 결합(optical coupling)은 그림 8.7에서 보인 것처럼 전단의 출력과 다음 단의 입력이 전기적으로 격리된 상태에서 광 결합기(photo-coupler)를 통해 빛으로 연결하는 결합방식이다.

광 결합기는 발광 다이오드나 레이저 다이오드를 이용하여 전기적 신호를 광 신호로 변환하여주고 수광 다이오드나 수광 트랜지스터로 광 신호를 다시 전기적 신호로 변환하여줌으로써 신호를 전달해주는 소자이다.

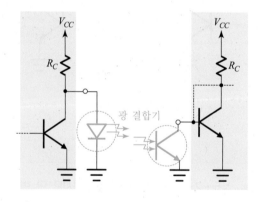

그림 8.7 광 결합

광 결합의 가장 큰 특징은 두 시스템이 전기적으로 격리된 상태에서 빛으로 연결된다는 점이다. 신호가 전달되는 것 외에는 두 시스템 간에 전기적 간섭을 차단해야할 필요가 있는 경우 광 결합방식이 매우 유용하게 활용될 수 있다.

예제 8.6

그림 8E6.1의 회로에서 $v_{O1} = 1.2 + 0.3 \sin \omega t[V]$이다. v_{O2}를 구하시오. 단, 광 결합기의 이득은 1 이고, 광 입력이 없을 때 $v_{O2} = 3V$이다.

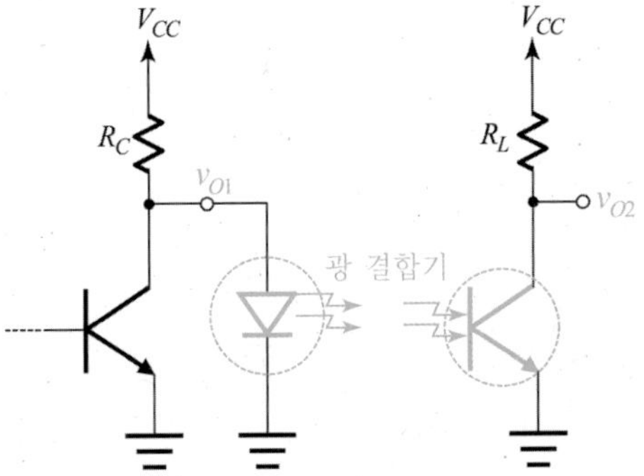

그림 8E6.1

풀이

광 결합이므로 직류성분과 교류성분이 모두 통과하고 광 결합기의 이득이 1이므로 v_{O1}이 그대로 v_{O3}로 전달되나, 위상이 반전된다. 따라서 광 입력이 없을 때 $v_{O2} = 3V$이므로 v_{O2}는 다음 수식으로 구해진다.

$$v_{O2} = 3 - v_{O1} = 3 - (1.2 + 0.3 \sin \omega t) = 1.8 - 0.3 \sin \omega t[V]$$

EXERCISE

[8.1] 그림 P8.1의 달링톤 쌍을 하나의 수퍼 트랜지스터로 모델화했을 때 수퍼 트랜지스터의 전류이득과 턴온 전압을 구하시오. 단, Q_1과 Q_2의 턴온 전압은 모두 V_γ이다.

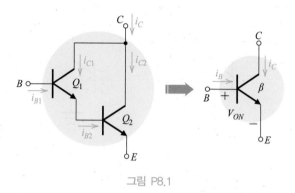

그림 P8.1

[8.2] 그림 P8.2의 달링톤 쌍을 이용한 이미터 팔로워 증폭기에서 $R_E = 50\,\Omega$, $V_{CC} = 20V$, $\beta_1 = \beta_2 = 100$, $C_C = \infty$ 및 $R_1 = R_2 = 10K\Omega$이다. 전류이득($A_i = i_e\,/\,i_{in}$)과 출력저항(R_o)을 구하시오.

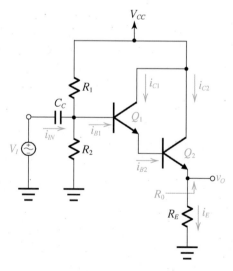

그림 P8.2

[8.3] 그림 P8.3의 달링톤 쌍을 이용한 공통이미터 증폭기에서 $R_C = 1\,K\Omega$, $V_{CC} = 20V$, $\beta_1 = \beta_2 = 100$, $r_{o1} = r_{o2} = 100\,K\Omega$, $r_{\pi1} = r_{\pi2} = 500\,\Omega$, $C_C = \infty$, $R_1 = 20\,K\Omega$ 및 $R_2 = 1.5\,K\Omega$이다. 전류이득$(A_i = i_c\,/\,i_{in})$과 출력저항(R_o)을 구하시오.

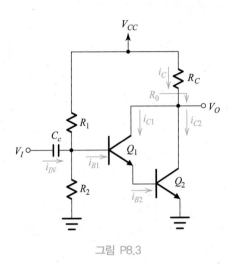

그림 P8.3

[8.4] 그림 P8.4의 달링톤 쌍에서 다음의 관계식이 성립함을 보이시오.

(a) $\dfrac{i_C}{i_B} \cong \beta_N \beta_P$ 이고 $i_C \cong i_E$

(b) $i_C \approx \beta_N I_{sp} e^{v_{EB}/V_t}$

여기서, I_{sp}는 pnp형 트랜지스터 Q_P의 포화전류이다.

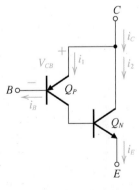

그림 P8.4

[8.5] 그림 P8.4의 달링톤 쌍에서 $\beta_N = 60$, $\beta_P = 30$, $I_{sp} = 10^{-14}$A라고 할 때 다음 항목에 답하시오.

(a) 전류이득 i_C / i_B는 얼마인가?

(b) $i_C = 200mA$일 때 pnp형 트랜지스터 Q_P의 V_{CB}는 얼마인가? (단, $\eta = 1$)

[8.6] 그림 P8.6의 달링톤 쌍을 이용한 B급 증폭기에서 다이오드 턴온 전압이 0.6V라고 가정할 때 교차왜곡에 의해서 신호의 첨두치가 5% 감소하는 입력 신호전압의 진폭을 구하시오.

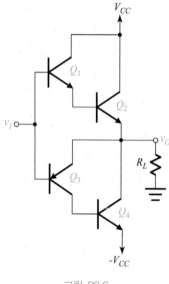

그림 P8.6

[8.7] 그림 P8.7의 회로에서 $v_{O1} = 7 - 3\sin \omega t$[V]이다. v_{O2}와 i_L을 구하시오. 단, $C_C = \infty$이고 $R_L = 1K\Omega$이다.

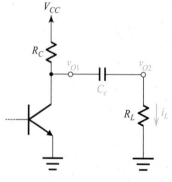

그림 P8.7

[8.8] 그림 P8.8의 회로에서 $v_{O1} = 4 + 1.5\sin \omega t$[V]이다. v_{O2}와 i_L을 구하시오. 단, 다이오드의 턴온 전압은 0.7V이고 $R_L = 1K\Omega$이다.

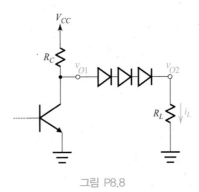

그림 P8.8

[8.9] 그림 P8.9의 회로에서 $v_{O1} = 5 + 2\sin \omega t$[V]이다. v_{O2}와 i_L을 구하시오. 단, 변압기의 권선비는 1:2이고 $R_L = 1K\Omega$이다. 단, 변압기를 거치면서 발생하는 위상의 변화는 무시하기로 한다.

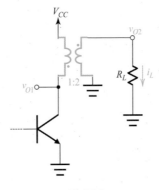

그림 P8.9

[8.10] 그림 P8.10의 회로에서 $v_{O1} = 1.1 + 0.5\sin \omega t$[V]이다. v_{O2}와 i_L을 구하시오. 단, V_{CC} = 10V, $R_L = 1K\Omega$ 광 결합기의 이득은 1이고, 광 입력이 없을 때 $v_{O2} = 3$V이다.

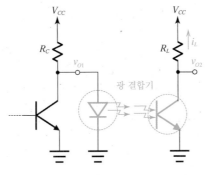

그림 P8.10

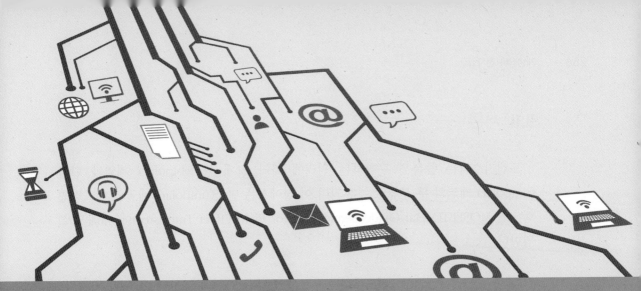

09

MOS 트랜지스터

9.0 서론

트랜지스터는 증폭을 구현하는 원리에 따라 크게 쌍극(bipolar) 계열과 단극 (unipolar) 계열의 두 부류로 분류되며 이 장에서는 단극(unipolar) 계열의 대표적인 형태인 MOSFET(Metal Oxide Semiconductor Field Effect Transistor)에 대해서 설명한다.

9.1 증가형 n채널 MOSFET

9.1.1 MOSFET의 구조와 회로심벌

그림 9.1은 증가형 n채널 MOSFET의 구조를 보여준다. 그림 9.1의 (a)는 입체도, (b)는 평면도, (c)는 단면도를 나타낸다. n채널 MOSFET는 NMOS 트랜지스터라고 부르기도 한다.

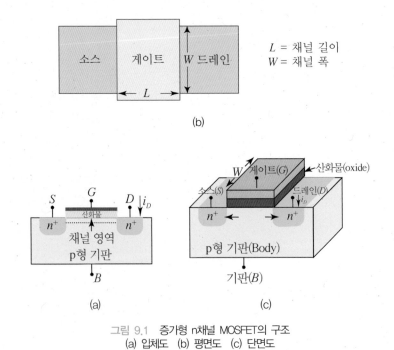

그림 9.1 증가형 n채널 MOSFET의 구조
(a) 입체도 (b) 평면도 (c) 단면도

- **MOSFET의 구조** 증가형 n채널 MOSFET은 p형 반도체 기판 위에 제작된다. 기판 위에 두 군데를 강하게 도핑하여 n^+형 반도체를 만들어 소스영역과 드레인영역을 형성한다. 소스와 드레인 사이의 기판 표면에 절연체인 산화물 층을 만들고 그 위에 금속판을 입혀서 게이트 단자를 형성한다. 결과적으로 MOSFET은 드레인(D), 게이트(G), 소스(S) 및 기판(B)의 네 개의 단자로 구성된다. 기판은 흔히 바디(body)라고도 불리므로 B로 표기한다.

- **게이트 커패시터** 게이트 부분은 절연층인 산화물을 사이에 두고 도체성인 게이트와 기판이 있어 평행 판 커패시터 구조가 되므로 이를 **게이트 커패시터**라고 부른다. 단위 면적 당 게이트 커패시터는 다음 수식으로 표현된다.

$$C_{ox} = \frac{\varepsilon_{ox}}{t_{ox}} \tag{9.1}$$

여기서 t_{ox}는 산화물 층의 두께이고 $\varepsilon_{ox}(= \varepsilon_{r,ox}\varepsilon_o)$는 산화물의 유전율이다.

개념잡이

MOSFET의 게이트 부분의 구조를 보면 게이트를 이루는 금속(Metal), 절연층인 산화물(Oxide) 및 기판을 이루는 반도체(Semiconductor)로 구성되어 Metal-Oxide-Semiconductor의 구조를 하고 있다. 따라서 그 첨두어를 따서 MOS란 명칭이 만들어 졌다. 그러나 현재 MOSFET의 게이트는 금속 대신에 폴리실리콘으로 만들어지고 있다.

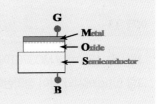

- **채널의 길이와 폭** 기판 중 게이트 아래의 드레인과 소스 사이 부분은 전류가 흐르는 채널이 형성되는 영역이므로 **채널영역**이라고 부른다. L로 표시된 드레인과 소스 사이의 거리를 **채널길이**라고 하고 W로 표시된 채널영역의 넓이를 **채널 폭**이라고 한다.

- **회로심벌** 그림 9.2는 증가형 n채널 MOSFET의 회로심벌을 보여준다. MOSFET의 회로심벌은 드레인(D), 게이트(G), 소스(S) 및 기판(B)의 네 개의 단자로 구성되며 게이트는 커패시터 구조로 되어 있으므로 커패시터 심벌과 닮은 모양을 하고 있다. 소스 단자의 화살표는 소스와 기판 사이의 pn접합이 턴온되었을 때 흐르는 전류 방향을 표시하며 그림 9.2의 좌측 그림과 같이 나가는 방향일 경우 n채널을 의미한다. 화살표는 소스 단자 대신에 그림 9.2 중앙의 괄호 속 그림에서와 같이 기판단자에 표시할 수도 있으며 이 경우 화살표의 방향은 뒤바뀐다. 심벌을 간략하게 표현할 경우 그림 9.2의 우측 그림과 같이 기판단자를 생략하기도 한다.

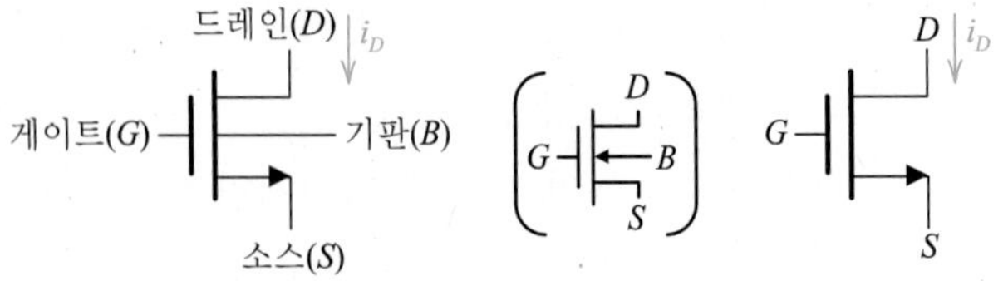

그림 9.2 증가형 n채널 MOSFET의 회로심벌

개념잡이

MOSFET 회로심벌에 표시된 화살표의 방향은 소스와 기판의 접합이 턴온되었을 때 흐르는 전류의 방향을 의미하며 NMOS의 경우 소스 단자에서는 나가는 방향이 되고, 기판단자에서는 들어가는 방향으로 된다.

개념잡이

n채널 MOSFET의 소스와 드레인은 n형 반도체가 되고, p채널 MOSFET의 소스와 드레인은 p형 반도체가 된다.

예제 9.1

그림 9E1.1의 n채널 MOSFET에 대해 각각의 i_D, v_{DS} 및 v_{GS} 값을 구하시오. 단, 드레인 전류 방향은 그림 9.1(d)에서와 같이 정의한다.

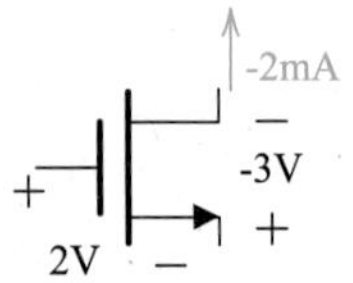

그림 9E1.1

풀이

그림 9.1.1의 n채널 MOSFET 회로심벌에서 정의한 i_D 방향에 의해 $i_D = 2mA$이다.

한편, v_{DS}는 드레인 전압에서 소스 전압을 뺀 두 단자 사이의 차 전압이므로 $v_{DS} = 3V$이다. 마찬가지로 $v_{GS} = 2V$이다.

9.1.2 MOSFET의 동작원리

증가형 n채널 MOSFET의 동작원리를 설명하기 위해 그림 9.3(a)와 같이 게이트가 없는 MOSFET을 가정하고 드레인에 바이어스 전압(v_{DS})을 인가한다.

- **게이트가 없을 때** MOSFET에는 그림 9.3(a)에서 보인 것과 같이 드레인 쪽과 소스 쪽에 각각 pn접합 다이오드가 형성된다. 따라서 그림 9.3의 (a)는 (b)와 같이 서로 반대 방향인 두 개의 다이오드가 직렬로 연결된 등가회로로 표현된다. 이때 드레인에 바이어스 전압(v_{DS})을 인가해도 역바이어스된 다이오드로 인해 드레인 전류(i_D)는 흐르지 못한다.

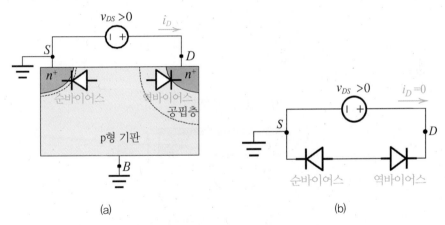

그림 9.3 MOSFET에서 게이트가 없을 때의 동작
(a) 게이트가 없는 MOSFET의 구조 (b) 등가회로

- **채널의 생성** 이번에는 그림 9.4에서와 같이 게이트를 형성시키고 게이트에 양의 바이어스 전압($v_{GS} > 0$)을 인가하여 게이트 커패시터에 전하를 축적시킨다.

이 경우 게이트에 인가된 양의 전압은 게이트 아래의 채널영역으로 음전하입자인 전자를 끌어온다. 끌려온 전자는 정공의 자리를 메움으로써 안정된 결합을 이루어 음이온을 형성하며 정공은 기판 아래 쪽으로 밀려난다. 따라서 채널영역에는 캐리어인 정공이 사라져서 공핍층이 형성된다.

이 상태에서 게이트 전압을 더욱 증가시키면 채널영역으로 더 많은 전자가 끌려오나 더 이상의 정공이 존재하지 않으므로 끌려온 전자는 안정된 결합을 할 자리를 찾지 못한 채 게이트 아래 쪽의 기판 표면에 쌓이게 된다. 이와 같이 안정된 결합을 하지 못한 전자들은 자유롭게 움직일 수 있는 캐리어가 되므로 전류를 흘려줄 수 있는 도전 층이 생성된다. 따라서 드레인과 소스 사이에는 전류가 흐를 수 있는 채널이 형성된다.

이 경우 전자가 주된 캐리어가 되므로 n형 채널이 된다. 따라서 이 MOSFET을 n채널 MOSFET이라고 부른다. 결과적으로 n채널은 p형 반도체인 기판 표면을 n형 반도체로 반전시킴으로써 생성되었다. 이와 같이 게이트 전압으로 반전 층을 생성하여 채널을 형성하는 것을 증가형(enhancement type)이라고 부른다. 따라서 위에서 설명한 MOSFET의 정확한 명칭은 증가형 n채널 MOSFET이 된다.

생성된 n형 채널의 전자 농도가 본래 p형 기판의 정공 농도와 같을 때 채널이 생성되었다고 정의하고 이때의 게이트 전압(v_{GS})을 문턱전압(V_T)이라고 부른다.

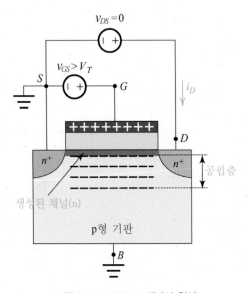

그림 9.4 MOSFET 채널의 형성

- 채널두께와 유효 게이트 전압 $v_{GS} = V_T$일 때 채널이 형성되고 이후부터는 게이트 전압의 증가에 비례하여 채널 내의 전자밀도가 증가한다. 채널 내의 전자밀도 증가는 채널 저항의 감소를 의미하므로 이를 채널두께의 증가로 표현하면 **채널두께는 유효 게이트 전압($v_{GS} - V_T$)에 비례**하게 된다.

- 드레인 전압에 따른 드레인 전류 특성 이번에는 채널이 생성된 상태에서 게이트 전압을 고정하고 드레인 전압을 증가시켜보자. 그림 9.5(a)의 ⓐ~ⓓ의 그림들은 드레인 전압에 따른 채널 모양을 보여주고 그림 9.5(b)는 드레인 전류 특성곡선을 보여주고 있다.

그림 9.5(a)의 ⓐ상태는 채널이 생성되어 있으나 $v_{DS} = 0$V인 경우로서 드레인 전

류 $i_D = 0A$가 된다. 여기서 v_{DS}가 증가하면 i_D가 흐르게 되어 그림 9.5(b)의 ⓑ구간의 드레인 전류 특성을 보인다. i_D가 흐르게 되면 채널은 일종의 저항체이므로 위치에 따라 채널 전압이 변화하게 된다. 즉, 드레인 지점에서 v_{DS}인 채널 전압은 채널의 길이 방향으로 따라가면서 감소하여 소스 지점에서 0V가 된다. 따라서 게이트와 채널 사이의 전압이 소스 쪽에서는 v_{GS}이나 드레인 쪽에서는 $v_{GS} - v_{DS}$로 작아진다.

결과적으로 드레인 쪽으로 갈수록 채널의 두께가 얇아지게 되어 그림 9.5(a) ⓑ와 같이 테이퍼링(tapering)된 채널 모양이 된다. 이 경우 v_{DS}가 증가할수록 드레인 전류 i_D가 증가하지만 채널이 더욱 테이퍼링되므로 채널저항도 증가하게 된다. 따라서 직선적이던 $i_D - v_{DS}$ 특성곡선이 그림 9.5(b)의 ⓑ와 ⓒ 사이에서와 같이 굽어지게 된다.

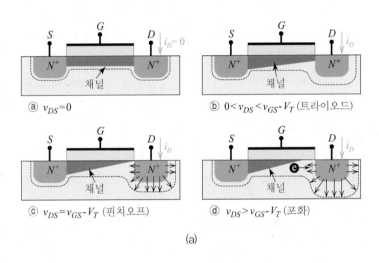

(a)

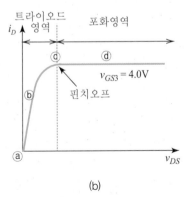

(b)

그림 9.5 드레인 전류에 따른 채널 모양
(a) 채널 모양 (b) 드레인 전류 특성곡선

v_{DS}가 더욱 증가하여 $v_{DS} = v_{GS} - V_T$가 되면 그림 9.5(a) ⓒ와 같이 드레인 지점의 채널두께가 0이 된다. 이때 채널이 **핀치오프(pinch off)**되었다고 말한다.

핀치오프 상태에서 v_{DS}를 더욱 증가시키면 그림 9.5(a) ⓓ와 같이 드레인 쪽 채널이 사라지고 pn접합으로 환원되므로 v_{DS} 전압 증가분은 드레인 접합의 공핍층을 확장시키는 데 사용된다. 따라서 드레인 전류 i_D는 그림 9.5(b)의 ⓓ와 같이 더 이상 증가하지 못하고 일정한 값을 유지하는 포화상태로 된다.

MOSFET의 출력특성은 핀치오프 상태를 기준으로 핀치오프 이전까지를 **트라이오드영역(triode region)**이라고 하고 핀치오프 이후를 **포화영역(saturation region)**이라고 부른다.

- **핀치오프 이후의 전류 흐름** 핀치오프 이후 포화상태에 이르면 그림 9.5(a) ⓓ에서 보였듯이 드레인 쪽 채널이 끊어지는데 어떻게 전류가 흐를 수 있을까? 라고 의아해할 수 있다. 그러나 소스에서 출발하여 드레인 쪽의 채널 끝까지 온 전자는 화살표로 표시된 공핍층 내부의 전계를 만나게 되어 전계 반대 방향인 드레인 쪽으로 빨려 들어감으로써 전류가 흐를 수 있다.

- **출력특성곡선** 게이트 전압(v_{GS})이 커지면 채널두께가 두꺼워지고 더 큰 드레인 전류에서 핀치오프가 발생하게 된다. 따라서 게이트 전압을 변화시켜가며 드레인 전류 특성을 구하면 그림 9.6과 같은 특성곡선을 얻는다.

한편, 게이트 전압이 문턱전압보다 작은 경우($v_{GS} < V_T$) 아예 채널이 생성되지 못하므로 드레인 전류가 전혀 흐르지 못한다. 따라서 그림9.6의 ⓔ와 같이 $i_D = 0$이 되며 이 영역을 **차단영역**이라고 부른다.

결과적으로 MOSFET의 출력특성은 트라이오드영역, 포화영역 및 차단영역의 3영역으로 구분된다.

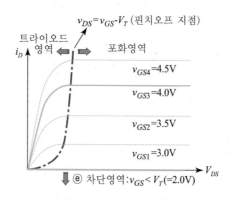

그림 9.6 증가형 n채널 MOSFET의 출력(i_D - v_{DS}) 특성

9.1.3 $i_D{-}v_{DS}$ 관계식의 유도

이제는 증가형 n채널 MOSFET에 대한 드레인 전류(i_D)와 드레인 전압(v_{DS})과의 관계식을 유도하기로 한다. MOSFET의 드레인 전류식은 트라이오드영역, 포화영역 및 차단영역으로 구분하여 구하여 구한다. 즉, 트라이오드영역에서 드레인 전류식을 구한 후 핀치오프 조건을 적용하면 포화영역의 드레인 전류식이 구해진다. 한편, 차단영역은 아직 채널이 형성되지 못한 상태이므로 드레인 전류 $i_D = 0$이 된다.

● 트라이오드영역 채널두께를 무시하여 채널 전하를 면전하(sheet charge)로 간주하면 채널두께 변화는 면전하 밀도 $Q(x)$의 변화로 표현된다. 여기서 단위 길이 게이트 폭(W = 1m)을 갖는 MOSFET이 트라이오드영역($v_{DS} < v_{GS} - V_T$)에 있다고 가정하고 이때의 드레인 전류 j_D를 구하기로 하자.

j_D는 그림 9.7에서와 같이 채널 내의 한 지점 x에서의 단면을 통하여 단위시간 동안에 통과하는 양전하의 양으로 정의되므로 다음 수식으로 구해진다.

$$j_D = -Q(x)v_e(x) \tag{9.2}$$

여기서, $Q(x)$와 $v_e(x)$는 각각 x지점에서의 면전하 밀도와 전자속도이다. 또한, $Q(x)$는 채널 내의 자유전자에 의한 전하로 음전하이므로 전류 정의에 의해 '-' 부호가 붙는다.

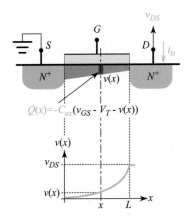

그림 9.7 n채널 MOSFET의 $i_D{-}v_{DS}$ 관계식 유도

게이트의 단위 면적당 커패시턴스 값, 즉 커패시턴스 밀도를 C_{ox}라고 할 때 $Q(x)$는 다음 수식으로 표현된다.

$$Q(x) = -C_{ox}[v_{GS} - V_T - v(x)] \tag{9.3}$$

여기서 $v(x)$는 채널 내 x지점에서의 전압을 나타낸다. 수식에서 '-' 부호는 전자가 음전하임을 표현하고, $v_{GS} - V_T - v(x)$는 x지점에서의 게이트 유효전압이 된다.

한편, 게이트 폭이 단위 길이가 아니고 W인 경우 드레인 전류 i_D는 다음 수식으로 표현된다.

$$i_D = W j_D = W C_{ox}[v_{GS} - V_T - v(x)]v_e(x) \tag{9.4}$$

전자의 이동도를 μ_n이라고 하고 x 방향의 전계를 E_x라고 하면, μ_n과 E_x는 각각 $\mu_n = -v_e(x)/E_x$ 및 $E_x = -dv(x)/dx$로 정의되므로 $v_e(x) = \mu_n dv(x)/dx$가 된다. 따라서 드레인 전류 i_D는 다음 수식으로 표현된다.

$$i_D = \mu_n C_{ox} W[v_{GS} - V_T - v(x)]\frac{dv(x)}{dx} \tag{9.5}$$

양변을 적분하면 x의 0부터 L까지 구간에 상응하는 $v(x)$는 0부터 v_{DS}까지가 되므로 다음의 적분 방정식을 얻는다.

$$\int_0^L i_D dx = \int_0^{v_{DS}} \mu_n C_{ox} W[v_{GS} - V_T - v(x)]dv(x) \tag{9.6}$$

위의 적분 방정식을 풀면 다음과 같이 단자 전압으로 표현되는 드레인 전류식을 얻는다.

$$i_D = (\mu_n C_{ox})\left(\frac{W}{L}\right)\left[(v_{GS} - V_T)v_{DS} - \frac{1}{2}v_{DS}^2\right] \tag{9.7}$$

- **포화영역** 포화영역($v_{DS} > v_{GS} - V_T$)에서의 드레인 전류(i_D)는 핀치오프 상태의 전류를 그대로 유지하므로 식 (9.7)에 핀치오프 조건($v_{DS} = v_{GS} - V_T$)을 적용함으로써 구해진다.

$$i_D = \frac{1}{2}(\mu_n C_{ox})\left(\frac{W}{L}\right)(v_{GS} - V_T)^2 \tag{9.8}$$

- **공정 전달컨덕턴스 변수** 식 (9.7)과 (9.8)에서, 드레인 전류는 $\mu_n C_{ox}$에 비례함을 알 수 있다. 그러나 $\mu_n C_{ox}$는 공정기술에 의해 결정되는 변수이므로 회로설계에서 변경할 수 없다. 따라서 이를 **공정 전달컨덕턴스 변수**(process transconductance parameter)라고 부르고 k'_n으로 표기한다.

$$k_n' = \mu_n C_{ox} \tag{9.9}$$

일반적으로 MOSFET 수식은 k_n'을 이용하여 표기하며 위에서의 트라이오드영역과 포화영역에서의 드레인 전류 수식을 k_n'으로 표기하면 식 (9.7)과 식 (9.8)은 다음과 같이 정리된다.

$$i_D = k_n'\left(\frac{W}{L}\right)\left[(v_{GS} - V_T)v_{DS} - \frac{1}{2}v_{DS}^2\right] \quad (v_{DS} < v_{GS} - V_T: \text{ 트라이오드영역}) \tag{9.10a}$$

$$i_D = \frac{1}{2}k_n'\left(\frac{W}{L}\right)(v_{GS} - V_T)^2 \quad (v_{DS} > v_{GS} - V_T: \text{ 포화영역}) \tag{9.10b}$$

한편, 드레인 전류는 채널길이(L)에 대한 폭(W)의 비인 W/L에도 비례하고 있으며 채널의 길이와 폭은 회로설계에서 자유로이 설정할 수 있다. 따라서 회로설계에는 W와 L을 조절하여 원하는 특성의 MOSFET을 얻는다.

9.1.4 MOSFET의 전류–전압 특성

- **전달특성곡선** 포화영역에서 드레인 전류식인 식 (9.8)로부터 i_D - v_{GS} 특성을 그래프로 그리면 그림 9.8의 특성곡선을 얻는다. 입력전압(v_{GS})에 대한 출력전류(i_D)의 관계를 나타내므로 이 곡선을 MOSFET의 전달특성곡선이라 부른다.

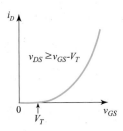

그림 9.8 증가형 n채널 MOSFET의 전달 특성(i_D - v_{DS})

- **저항성 영역** v_{DS}가 대략 0.1V 이하로 매우 작을 경우 식 (9.10a)의 트라이오드영역 드레인 전류 수식은 다음과 같이 근사된다.

$$i_D \cong k_n'\left(\frac{W}{L}\right)(v_{GS} - V_T)v_{DS} \quad \text{(저항성 영역)} \tag{9.11}$$

식 (9.11)으로부터 드레인 전류 i_D는 $v_{GS} - V_T$와 v_{DS}의 곱에 비례함을 알 수 있다. 이것을 그래프로 보이면 그림 9.9와 같다. 즉, i_D와 v_{DS}가 거의 선형적 관계를 보이므로 선형 저항과 같은 특성을 보인다. 따라서 이 영역을 저항성(Ohmic) 영역이라고 부른다. 여기서 저항 값을 결정하는 기울기는 v_{GS} 값에 따라 변하므로 이 영역의 특성을 이용하면 전압에 의해 저항 값이 자동 조절되는 가변저항을 구현할 수 있다. 또한, i_D는 v_{GS}와 v_{DS}의 곱에 비례하므로 아날로그 곱셈기로 활용되기도 한다.

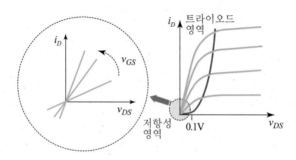

그림 9.9 MOSFET의 저항성 영역에서의 i_D - v_{DS} 특성

● 신호 등가회로모델 그림 9.10는 포화영역에서 동작하는 증가형 n채널 MOSFET의 대신호 등가회로모델이다.

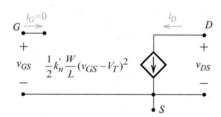

그림 9.10 포화영역에서 동작하는 증가형 n채널 MOSFET의 대신호 등가회로모델

포화영역에서 MOSFET의 드레인 전류 i_D는 드레인 전압 v_{DS}에 대해 독립적이고 식 (9.10b)에 의해 게이트 전압 v_{GS}에 의해서 제어된다. 드레인 전류가 드레인 전압에 독립적이므로 MOSFET은 전류원으로 동작한다. 또한 드레인 전류는 게이트 전압 v_{GS}에 의해 제어되므로 MOSFET의 드레인 단자는 그림 9.10에서와 같이 식 (9.10b)에 의해 제어되는 종속전류원으로 등가된다. 게이트는 커패시터 구조이므로 게이트 단자는 개방회로로 등가된다.

따라서 그림 9.10에서와 같은 대신호 등가회로모델이 구해진다.

예제 9.2

$L = 0.5\mu m$, $t_{ox} = 8nm$, $\varepsilon_{r,ox} = 3.9$, $\mu_n = 500cm^2/V \cdot s$ 및 $V_T = 0.9V$인 MOSFET에 대해 답하시오.

(a) C_{ox}와 k_n'를 구하시오.

(b) $W = 10\mu m$로 설계 했을 때 포화영역에서 $i_D = 100\mu A$가 되기 위한 v_{GS} 값과 v_{DS_min}을 구하시오.

(c) (b)의 MOSFET으로 작은 v_{DS} 전압에서 900W 저항을 구현하고자 한다. v_{GS} 값을 얼마로 설정하여주면 될지 구하시오.

풀이

(a) $C_{ox} = \dfrac{\varepsilon_{ox}}{t_{ox}} = \dfrac{3.9\varepsilon_o}{t_{ox}} = \dfrac{3.45 \times 10^{-11}}{8 \times 10^{-9}} = 4.31 \times 10^{-3} F/m^2$

$\qquad = 4.31 fF/m\mu^2$

$\quad k_n' = \mu_n C_{ox} = 500[cm^2/V.s] \times 4.31 [fF/\mu m^2]$

$\qquad = 500 \times 10^8 [\mu m^2/V.s] \times 4.31 \times 10^{-15} F/\mu m^2$

$\qquad = 216 \times 10^{-6} [F/V.s]$

$\qquad = 216 \mu A/V^2$

(b) 포화영역에서의 드레인 전류식으로부터

$$i_D = \frac{1}{2} k_n' \left(\frac{W}{L}\right)(v_{GS} - V_T)^2$$

$$100[\mu A] = \frac{1}{2} \times 216[\mu A/V^2]\left(\frac{10}{0.5}\right)(v_{GS} - 0.9)^2$$

$$v_{GS} = 0.215 + 0.9 = 1.115V$$

한편,

$$v_{DS\_min} = v_{GS} - V_T = 1.115 - 0.9 = 0.215V$$

(c) v_{DS} 전압이 작은 저항성 영역에서의 드레인 전류식은 식 (9.11)로부터

$$i_D \cong k_n' \left(\frac{W}{L}\right)(v_{GS} - V_T)v_{DS}$$

이다. 이 경우, 드레인과 소스 사이의 저항 r_{DS}는

$$r_{DS} = 1/\left(\frac{\partial i_D}{\partial v_{DS}}\right) = 1/\left[k_n' \left(\frac{W}{L}\right)(v_{GS} - V_T)\right]$$

이다. 따라서

$$900 = \frac{1}{216 \times 10^{-6} \times 20 \times (v_{GS} - 0.9)}$$

$$v_{GS} = 0.257 + 0.9 = 1.157V$$

9.2 증가형 p채널 MOSFET

9.2.1 p채널 MOSFET의 구조와 회로심벌

● **p채널 MOSFET의 구조와 동작**   그림 9.11(a)는 증가형 p채널 MOSFET의 구조를 보여준다. 증가형 n채널 MOSFET에서 p형 기판이 n형 기판으로 바뀌고 소스와 드레인이 p^+로 바뀐 구조이다.

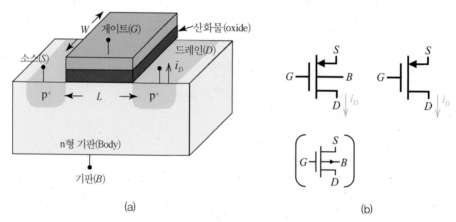

그림 9.11   증가형 p채널 MOSFET의 구조와 회로심벌
(a) 증가형 p채널 MOSFET의 구조   (b) 증가형 p채널 MOSFET의 회로심벌

　이 경우 n형 기판을 반전시켜 p형 채널을 생성해야 하므로 음의 게이트 전압(v_{GS})을 인가하여야 하며 따라서 문턱전압도 음수가 된다. p채널 MOSFET의 문턱전압을 V_{Tp}라고 하면 MOSFET은 $v_{GS} < V_{Tp} < 0$ 영역에서 턴온되어 동작한다. 즉, p채널 MOSFET은 v_{GS}, v_{DS} 및 V_{Tp}가 음의 값이 된다는 것 외에는 n채널 MOSFET과 동일한 방식으로 동작한다. 한편, p채널 MOSFET은 PMOS 트랜지스터라고 부르기도 한다.

● **p채널 MOSFET의 회로심벌**   그림 9.11(b)는 증가형 p채널 MOSFET의 회로심벌을 보여준다. p채널에서 달라진 점은 소스 단자에서의 화살표 방향이 뒤바뀐 것뿐이다.

9.2.2 p채널 MOSFET의 드레인 전류식

증가형 p채널 MOSFET의 드레인 전류 수식은 k'_n이 k'_p으로 교체되는 것을 제외하면 식 (9.10)의 증가형 n채널 MOSFET에서의 수식과 동일하다.

$$i_D = k'_p \frac{W}{L}\left[(v_{GS} - V_T)v_{DS} - \frac{1}{2}v_{DS}^2\right] \quad (0 > v_{DS} > v_{GS} - V_T: \text{트라이오드영역}) \qquad (9.12a)$$

$$i_D = \frac{1}{2}k'_p \frac{W}{L}(v_{GS} - V_T)^2 \quad (v_{DS} < v_{GS} - V_T: \text{포화영역}) \qquad (9.12b)$$

여기서, 증가형 p채널 MOSFET의 공정 전달컨덕턴스 변수 k'_p는 정공의 이동도를 μ_p라고 할 때 다음 수식으로 표현된다.

$$k'_p = \mu_p C_{ox} \qquad (9.12c)$$

9.2.3 p채널과 n채널의 특성 비교

● 직류바이어스 비교 그림 9.12는 n채널과 p채널의 바이어스 회로를 비교하여 보여준다. 화살표 방향의 드레인 전류 i_D가 흐르기 위해 n채널 MOSFET은 v_{GS}와 v_{DS}가 양의 값이 되도록 바이어스 전압을 인가해야 하는 반면에 p채널 MOSFET은 v_{GS}와 v_{DS}가 음의 값이 되도록 인가한다. 이에 따라 드레인 전류의 방향도 n채널은 드레인 단자로 흘러 들어가는 데 반해 p채널은 드레인 단자에서 흘러 나온다.

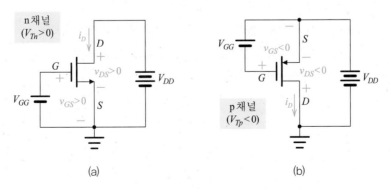

그림 9.12 n채널과 p채널의 바이어스 회로
(a) 증가형 n채널 MOSFET의 바이어스 회로 (b) 증가형 p채널 MOSFET의 바이어스 회로

● **전달특성 비교** 그림 9.13은 증가형 n채널과 p채널의 전달특성을 비교하여 보여주고 있다. n채널과 p채널의 문턱전압을 각각 V_{Tn} 및 V_{Tp}라고 할 때 V_{Tn}은 항상 양의 값이 되는 데 반해 V_{Tp}는 항상 음의 값이 된다. 또한, 드레인 전류 i_D를 증가시키기 위해 n채널은 v_{GS}를 양의 방향으로 증가시켜야 하는 데 반해 p채널은 v_{GS}를 음의 방향으로 증가시켜야 한다. 이상의 결과를 표 9.1에 요약해놓았다.

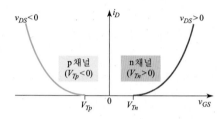

그림 9.13 증가형 n채널과 p채널의 전달특성

표 9.1 p채널과 n채널의 특성 비교

항목	증가형 n채널	증가형 p채널
문턱전압	$V_{Tn} > 0$	$V_{Tp} < 0$
게이트 바이어스	$v_{GS} > 0$	$v_{GS} < 0$
드레인 바이어스	$v_{DS} > 0$	$v_{DS} < 0$

예제 9.3

그림 9E3.1에 보인 바와 같은 $k'_p = 60\,\mu A/V^2$, $V_T = -0.9V$, $W/L = 20$인 p채널 MOSFET에 대해 답하시오.

(a) MOSFET이 턴온 상태가 되는 V_G의 범위를 구하시오.

(b) MOSFET이 트라이오드영역에서 동작하기 위한 V_D의 범위를 V_G로 표시하시오.

(c) MOSFET이 포화영역에서 동작하기 위한 V_D의 범위를 V_G로 표시하시오.

(d) 포화전류가 $90\,\mu A$가 되기 위한 V_G 값을 구하시오.

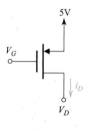

그림 9E3.1

풀이

(a) MOSFET이 턴온 상태가 되는 조건은

$$V_{GS} = V_G - 5\text{V} \leq -0.9\text{V} \text{ 이므로}$$

$$V_G \leq 4.1\text{V}$$

(b) MOSFET이 트라이오드영역에서 동작하기 위한 V_D의 조건은

$$V_{SD} \geq V_{GS} - V_T$$

$$V_D - V_S \geq V_G - V_S - V_T$$

$$V_D \geq V_G - V_T \text{ 이므로}$$

$$V_D \geq V_G + 0.9 \ [\text{V}]$$

(c) MOSFET이 포화영역에서 동작하기 위한 V_D의 조건은

$$V_{DS} \leq V_{GS} - V_T$$

$$V_D - V_S \leq V_G - V_S - V_T$$

$$V_D \leq V_G - V_T \text{ 이므로}$$

$$V_D \leq V_G + 0.9 \ [\text{V}]$$

(d) 포화전류가 90uA가 되기 위한 V_G 값을 구하시오.

$$i_D = \frac{1}{2} k_p' \frac{W}{L} (v_{GS} - V_T)^2$$

$$90 \mu A = \frac{1}{2} \times 60 [\mu A / V^2] 20 (V_{GS} + 0.9)^2$$

$$V_{GS} = \sqrt{3/20} - 0.9 = -0.51 \ [V]$$

$$V_G = V_{GS} + V_S = -0.51 + 5 = 4.49 \ [V]$$

9.3 공핍형 MOSFET

증가형 MOSFET이 게이트 전압으로 채널을 생성하는 반면에 공핍형 MOSFET은 제작 공정에서 채널을 미리 만들어주는 구조로서 문턱전압의 균일성을 유지하기가 어려워 현재 집적회로에서는 거의 쓰이지 않는다. 따라서 공핍형 MOSFET에 대해서는 간략히 개념만 소개한다.

9.3.1 공핍형 MOSFET의 구조와 회로심벌

- **공핍형 MOSFET의 구조와 동작** 공핍형 n채널 MOSFET은 그림 9.14(a)에서 볼 수 있듯이 제작 공정에서 n형 반도체로 드레인과 소스 사이를 연결하는 채널 층을 만들어주는 것 외에는 증가형 n채널 MOSFET의 구조와 동일하다. 따라서 게이트 전압이 0인 상태에서 드레인 전류가 흐를 수 있다. 증가형 MOSFET이 게이트 전압으로 채널을 생성하는 데 반해 공핍형 MOSFET은 인가해준 게이트 전압으로 제작된 채널 층을 공핍화시켜 전류가 흐를 수 있는 채널 층 두께를 줄여 줌으로써 드레인 전류를 제어하여 증폭작용을 한다.

    이와 같이 이미 형성되어있는 채널을 공핍화시키는 방식으로 증폭작용을 하므로 공핍형 MOSFET이라고 부른다.

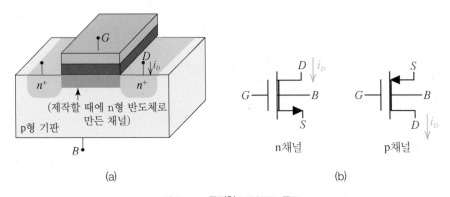

그림 9.14 공핍형 MOSFET 구조
(a) 공핍형 n채널 MOSFET 구조 (b) 공핍형 MOSFET의 회로심벌

- **공핍형 MOSFET의 회로심벌** 공핍형 MOSFET의 회로심벌은 그림 9.14(b)에서 볼 수 있듯이 증가형 MOSFET의 회로심벌과 동일하되 채널 부분을 굵게 칠하여 미리 채널이 형성되어 있는 공핍형이란 것을 표시하는 점만이 다르다.
- **공핍형 MOSFET의 전달특성** 공핍형 n채널과 p채널의 전달특성은 그림 9.15에서 보였듯이 증가형 n채널과 p채널의 전달특성과 각각 같은 양상을 보이고 있으며 단지 문턱전압이 이동되어 있음을 알 수 있다.

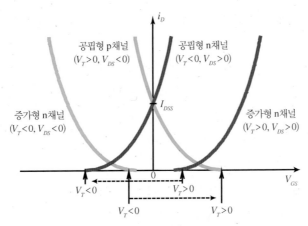

그림 9.15 　공핍형 n채널과 p채널의 전달특성

9.4 MOSFET 2차 효과

지금까지 MOSFET의 기본적인 구조와 동작원리에 대해 공부하였다. 그러나 실제 MOSFET을 제대로 이용하기 위해서는 몇 가지 추가적인 이해가 필요하다. 이 절에 서는 앞에서의 MOSFET 설명에서 무시하거나 간과한 채널길이변조 효과와 바디효 과에 대해 설명하고자 한다.

9.4.1 MOSFET의 드레인 저항

● 채널길이변조　앞에서 핀치오프 이후의 드레인 전류는 핀치오프에서의 전류를 그 대로 유지하며 따라서 포화영역에서 드레인 전류는 일정하게 유지된다고 하였다. 그러나 핀치오프 이후의 v_{DS} 증가는 그림 9.16에서 볼 수 있듯이 드레인 접합의 공 핍층 폭을 확장시키게 되어 유효채널길이(L_{eff})를 감소시키게 된다. 이 것을 채널 길이변조(channel-length modulation)라고 부른다. 따라서 채널길이변조에 의해, 포화영역에서 드레인 전류는 v_{DS}가 증가함에 따라 미세하게 증가하게 된다.

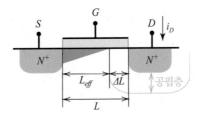

그림 9.16 　포화영역에서의 채널길이변조

그림 9.17의 드레인 전류 특성곡선은 채널길이변조에 의해 드레인 전류가 핀치오프 이후에 일정하지 않고 미세하게 증가하는 모습을 보여주고 있다. 이와 같이 v_{DS} 증가에 따라 미세하게 증가하는 드레인 전류의 증가분은 식 (9.13)에서와 같이 핀치오프 전류식에 $(1 + \lambda v_{DS})$를 곱해줌으로써 효과적으로 표현해줄 수 있다.

$$
\begin{aligned}
i_D &= \frac{1}{2}k_n'\left(\frac{W}{L}\right)(v_{GS}-V_T)^2(1+\lambda v_{DS}) \\
&= I_{DP}(1+\lambda v_{DS}) \\
&\approx I_{DQ}(1+\lambda v_{DS})
\end{aligned}
\tag{9.13}
$$

여기서, $I_{DP} = \frac{1}{2}k_n'\left(\frac{W}{L}\right)(v_{GS}-V_T)^2$ 로서 핀치오프 전류이다. 그러나 그림 9.17에서 보였듯이 핀치오프 전류는 동작점 전류 I_{DQ}와 근사한 값이므로 I_{DP}를 I_{DQ}로 대체하는 근사식을 쓴다.

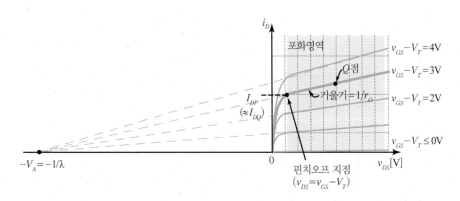

그림 9.17 채널길이변조 효과에 의한 포화영역에서의 드레인 전류 증가

결국 λ는 포화영역에서의 드레인 전류 증가 비율을 나타내고 있으며 MOSFET SPICE 변수로 쓰이고 있다. λ를 구하기 위해 식 (9.13)의 양변을 미분하고 λ에 대해 정리하면 식 (9.14)의 관계식을 얻는다.

$$
\lambda = \frac{1}{I_{DQ}}\frac{\partial i_D}{\partial v_{DS}} \overset{\frac{\partial i_D}{\partial v_{DS}}\approx \frac{I_{DQ}}{V_A}}{\approx} \frac{1}{V_A}
\tag{9.14}
$$

여기서, V_A는 BJT에서와 같은 개념의 얼리 전압(Early voltage)이다.

● **드레인 저항** r_o 드레인 저항 r_o는 포화영역에서의 출력특성 기울기의 역수가 되므로 식 (9.16)에서와 같이 미분식으로 표현된다. 미분한 수식에 식 (9.15)에서 구한 λ를 대입함으로써 Early 전압과 동작전류의 비로 표현되는 r_o 수식을 얻는다.

$$r_o \equiv \left[\frac{\partial i_D}{\partial v_{DS}} \bigg|_{v_{GS}=고정} \right]^{-1} = [\lambda I_{DQ}]^{-1} \overset{\lambda=\frac{1}{V_A}}{\approx} \frac{V_A}{I_{DQ}} \tag{9.15}$$

여기서, I_{DQ}는 r_o를 구하고자 하는 동작점에서의 드레인 전류이다. 결과적으로 채널길이변조 효과는 드레인 저항 r_o로써 표현되므로 그림 9.10의 대신호 모델의 드레인 단자에 r_o를 병렬연결하여줌으로써 그림 9.18에서와 같이 채널길이변조 효과를 고려한 포화영역에서의 MOSFET의 대신호 등가 모델을 얻게 된다.

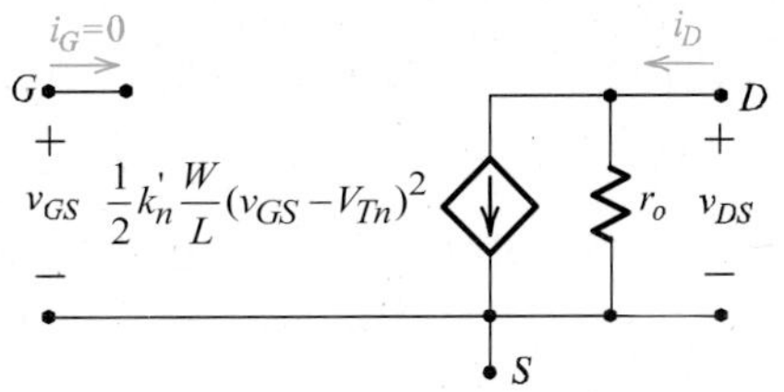

그림 9.18 채널길이변조 효과를 고려한 포화영역에서 동작하는 증가형 n채널 MOSFET의 대신호 등가 모델

예제 9.4

$\lambda = 0.01$인 MOSFET의 동작전류 $I_{DQ} = 2mA$가 되도록 설계되었다. 이때 MOSFET의 드레인 저항 r_o는 몇 W인지 구하시오.

풀이

식 (9.14)로부터

$$V_A = \frac{1}{\lambda} = 100\text{V}$$

식 (9.15)로부터

$$r_o = \frac{V_A}{I_{DQ}} = \frac{100}{2 \times 10^{-3}} = 50\text{K}\Omega$$

9.4.2 바디효과

● 바디효과 일반적으로 NMOS의 기판(혹은 바디: body) 단자 B는 소스 단자와 단락되어 사용된다. 이 경우 생성된 채널과 기판 사이의 pn접합에는 0V의 바이어스(즉, $v_{SB} = 0$)가 인가되어 기판단자는 회로 동작에 아무 영향을 미치지 않게 되므로 무시될 수 있었다.

한편, 집적회로에서 채널과 기판 사이의 pn접합이 턴온되는 것을 방지하기 위해 NMOS 회로의 기판은 최저 음전원에(PMOS 회로의 기판은 최고 양전원에) 연결한다. 그러나 경우에 따라서는 소스가 최저 음전원에(PMOS의 경우 최고 양전원에) 연결될 수 없는 상황이 발생할 수 있다. 이 경우 채널과 기판 사이의 접합에 역바이어스($v_{SB} > 0$)가 인가되어 공핍층이 확대된다. 공핍층의 확대는 채널의 두께를 감소시키게 된다. 채널의 상태를 본래 상태로 되돌리기 위해서는 v_{GS} 전압을 증가시켜야 하므로 채널과 기판 사이의 역바이어스 전압 v_{SB}의 증가는 문턱전압 V_T의 증가를 초래하게 된다.

실제로 채널과 기판 사이의 역바이어스 전압 v_{SB}와 문턱전압 V_T와의 관계는 다음 수식으로 표현된다.

$$V_T = V_{TO} + \gamma(\sqrt{2\phi_F + v_{SB}} - \sqrt{2\phi_F}) \tag{9.16}$$

여기서, V_{TO}는 $v_{SB} = 0$일 때의 문턱전압이고, $2\phi_F$는 0.6V 정도 되는 물리적 변수이다. 또한, γ는 공정변수로 다음 수식으로 표현된다.

$$\gamma = \frac{\sqrt{2\varepsilon_s q N_A}}{C_{ox}} \tag{9.17}$$

여기서, N_A는 p형 기판의 도핑 농도이고 ε_S는 실리콘의 유전율이다. 또한, 일반적으로 $2\phi_F = 0.6V$, $\gamma = 0.4V^{1/2}$이다(PMOS의 경우 $2\phi_F = 0.75V$, $\gamma = -0.5V^{1/2}$임).

결과적으로 소스 단자와 바디(혹은 기판) 단자의 전압차 v_{SB}의 증가는 문턱전압의 증가를 초래한다. 이는 v_{GS}를 일정하게 유지한 상황에서 드레인 전류 i_D의 감소를 초래하므로 바디는 i_D를 제어하는 MOSFET의 또 다른 게이트처럼 작용한다. 이를 바디효과(body effect)라고 부른다. 또한 식 (9.16)으로부터 γ는 같은 바디전압에서 바디효과가 나타나는 정도를 결정하는 계수이므로 바디효과 계수(body effect coefficient)라고 부른다.

v_{SB}가 일정한 직류일 경우 바디효과는 식 (9.16)에 의한 문턱전압의 변화로 표현하여 고려해주는 것이 편리하다. 그러나 v_{SB}가 교류일 경우 교류신호 v_{sb}에 대한 i_d의 비인 전달컨턱턴스($g_{mb} \equiv \dfrac{\partial i_D}{\partial v_{SB}}\Big|_{v_{GS}=0} = \dfrac{i_d}{v_{sb}}$)로 표현하는 것이 편리하다.

예제 9.5

그림 9E5.1는 $V_{TO}=1V$, $2\phi_F=0.7V$, $\gamma=0.4V^{1/2}$인 MOSFET으로 구성된 회로이다. MOSFET이 턴온되기 위한 V_G는 몇 V인가?

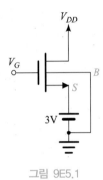

그림 9E5.1

풀이

그림 9E5.1의 회로로부터 $V_{SB}=3V$이다.

식 (9.16)으로부터

$$
\begin{aligned}
V_T &= V_{TO} + \gamma(\sqrt{2\phi_F + V_{SB}} - \sqrt{2\phi_F}) \\
&= 1 + 0.4(\sqrt{0.7+3} - \sqrt{0.7}) \\
&= 1.435 \text{ V}
\end{aligned}
$$

따라서 MOSFET이 턴온되기 위한 $V_G = V_T + V_{SB} = 4.435V$이다.

9.5 MOSFET의 특성 요약

증가형 n채널과 p채널 MOSFET의 특성을 표 9.2에 요약해 놓았다.

표 9.2 증가형 n채널과 p채널 MOSFET의 특성 요약

타입	NMOS	PMOS
회로 심벌	(회로도)	(회로도)
i_D 전류식	트라이오드영역$(v_{DS} < v_{GS} - V_{Tn})$ $i_D = k_n' \left(\dfrac{W}{L}\right)\left[(v_{GS} - V_{Tn})v_{DS} - \dfrac{1}{2}v_{DS}^2\right]$ 포화영역$(v_{DS} > v_{GS} - V_{Tn})$ $i_D = \dfrac{1}{2}k_n'\left(\dfrac{W}{L}\right)(v_{GS} - V_{Tn})^2(1 + \lambda v_{DS})$	트라이오드영역$(v_{SD} < v_{SG} - \lvert V_{Tp}\rvert)$ $i_D = k_p'\left(\dfrac{W}{L}\right)\left[(v_{SG} - \lvert V_{Tp}\rvert)v_{SD} - \dfrac{1}{2}v_{SD}^2\right]$ 포화영역$(v_{SD} > v_{SG} - \lvert V_{Tp}\rvert)$ $i_D = \dfrac{1}{2}k_p'\left(\dfrac{W}{L}\right)(v_{SG} - \lvert V_{Tp}\rvert)^2(1 + \lambda v_{SD})$
대신호 모델	(회로도) $\dfrac{1}{2}k_n'\dfrac{W}{L}(v_{GS} - V_{Tn})^2$	(회로도) $\dfrac{1}{2}k_p'\dfrac{W}{L}(v_{SG} - \lvert V_{Tp}\rvert)^2$
문턱 전압	$V_{Tn} = V_{TO} + \gamma\left(\sqrt{2\phi_F + V_{SB}} - \sqrt{2\phi_F}\right) > 0$ $\gamma = \dfrac{\sqrt{2\varepsilon_s q N_A}}{C_{ox}} > 0$	$V_{Tp} = V_{TO} + \gamma\left(\sqrt{2\phi_F + V_{BS}} - \sqrt{2\phi_F}\right) < 0$ $\gamma = -\dfrac{\sqrt{2\varepsilon_s q N_D}}{C_{ox}} < 0$
출력 저항	$r_o = \dfrac{V_A}{I_{DP}} \cong \dfrac{V_A}{I_{DQ}}$	$r_o = \dfrac{\lvert V_A\rvert}{I_{DP}} \cong \dfrac{\lvert V_A\rvert}{I_{DQ}}$
바이 어스	(회로도) $v_{GS} > 0, \; v_{DS} > 0$	(회로도) $v_{GS} < 0, \; v_{DS} < 0$

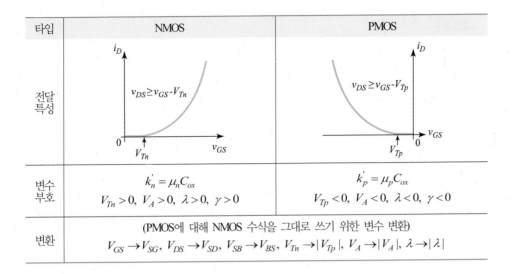

타입	NMOS	PMOS
전달 특성	$v_{DS} \geq v_{GS} - V_{Tn}$	$v_{DS} \geq v_{GS} - V_{Tp}$
변수 부호	$k_n' = \mu_n C_{ox}$ $V_{Tn} > 0,\ V_A > 0,\ \lambda > 0,\ \gamma > 0$	$k_p' = \mu_p C_{ox}$ $V_{Tp} < 0,\ V_A < 0,\ \lambda < 0,\ \gamma < 0$
변환	(PMOS에 대해 NMOS 수식을 그대로 쓰기 위한 변수 변환) $V_{GS} \rightarrow V_{SG},\ V_{DS} \rightarrow V_{SD},\ V_{SB} \rightarrow V_{BS},\ V_{Tn} \rightarrow \lvert V_{Tp} \rvert,\ V_A \rightarrow \lvert V_A \rvert,\ \lambda \rightarrow \lvert \lambda \rvert$	

NMOS와 PMOS 트랜지스터의 동작원리는 근본적으로 같으나 바이어스 전압의 방향과 전류 방향에서 서로 상반되는 부분이 있어 변수 값의 부호가 상반될 수 있다. 실제로 NMOS 트랜지스터에서 $V_{Tn} > 0,\ V_A > 0,\ \lambda > 0,\ \gamma > 0$으로 모두 양의 값인데 반해 PMOS 트랜지스터에서는 $V_{Tp} < 0,\ V_A < 0,\ \lambda < 0,\ \gamma < 0$으로 모두 음의 값이 된다.

또한, 바이어스 전압도 NMOS 트랜지스터에서 $V_{GS} > 0,\ V_{DS} > 0$으로 모두 양의 값이지만 PMOS 트랜지스터에서는 $V_{GS} < 0,\ V_{DS} < 0$으로 모두 음의 값이 된다. 따라서 NMOS 수식과 PMOS 수식은 형태는 같으나 부호가 달라지므로 혼동하기 쉽다.

이와 같은 혼동을 피하기 위해 우선, 표 9.2의 회로심벌에서와 같이 드레인 전류 방향을 정의하기로 한다. 그리고 NMOS 수식을 기본으로 사용하되 PMOS의 경우 NMOS 수식에 변수를 $k_n' \rightarrow k_p',\ V_{GS} \rightarrow V_{SG},\ V_{DS} \rightarrow V_{SD},\ V_{SB} \rightarrow V_{BS},\ V_{Tn} \rightarrow \lvert V_{Tp} \rvert,\ V_A \rightarrow \lvert V_A \rvert,\ \lambda \rightarrow \lvert \lambda \rvert$로 변환하여 적용함으로써 PMOS 수식을 얻도록 한다. 표 9.2의 PMOS수식은 이와 같은 방법으로 구해진 수식이다.

9.6 MOSFET의 직류해석

다음의 예제에서 MOSFET은 계산의 간략화를 위해 채널길이변조 효과와 바디효과를 무시(즉, $\lambda = 0,\ g_{mb} = 0$)한 기본 특성만을 고려하기로 한다.

예제 9.6

그림 9E6.1의 MOSFET 회로에서 $I_D = 0.2mA$, $V_D = 4V$가 되도록 R_D와 R_S 값을 설계하시오. 단,
MOSFET의 $k_n' = 100\mu A/V^2$, $V_T = 0.9V$, $L = 1\mu m$, $W = 20\mu m$이다.

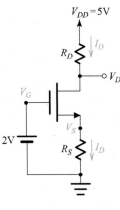

그림 9E6.1

풀이

$I_D = 0.2mA$이고 $V_D = 4V$이므로

$$R_D = \frac{V_{DD} - V_D}{I_D} = \frac{5-4}{0.2 \times 10^{-3}} = 5K\Omega$$

한편, 그림 9E6.1의 회로로부터 V_D는 4V로서 $V_G(=2V)$보다 크므로 MOSFET은 포화영역에서 동작
하고 있다. 따라서 포화영역에서의 I_D 전류식으로부터 $I_D = 2mA$가 되도록 하는 데에 필요한 V_{GS} 값
을 구하면 다음과 같다.

$$I_D = \frac{1}{2}k_n'\left(\frac{W}{L}\right)(V_{GS} - V_T)^2$$
$$0.2 \times 10^{-3} = \frac{1}{2} \times 100 \times 10^{-6} \frac{20}{1}(V_{GS} - 0.9)^2$$
$$V_{GS} = 0.9 + 0.447 = 1.347V$$

그림 9E6.1의 회로로부터 소스전압 $V_S = V_G - V_{GS}$이므로

$$R_S = \frac{V_S}{I_D} = \frac{V_G - V_{GS}}{I_D}$$
$$= \frac{2 - 1.347}{0.2 \times 10^{-3}} = 3.265K\Omega$$

한편, $V_D = 4V$이므로

$$R_D = \frac{V_{DD} - V_D}{I_D} = \frac{5-4}{0.2 \times 10^{-3}} = 5K\Omega$$

예제 9.7

그림 9E7.1의 MOSFET 회로에서 $I_D = 100\mu A$가 되도록, R_D 값을 설계하고 이때의 V_D 값을 구하시오. 단, MOSFET의 $k'_n = 150\mu A/V^2$, $V_T = 0.8V$, $L = 1\mu m$, $W = 5\mu m$이다.

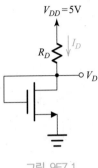

그림 9E7.1

풀이

그림 9E7.1의 회로로부터 $V_D = V_G > V_{GS} - V_T$이므로 MOSFET은 포화영역에서 동작한다. 따라서 $I_D = 100\mu A$가 되도록 하는 데에 필요한 V_{GS} 값을 구하면 다음과 같다.

$$I_D = \frac{1}{2}k'_n\left(\frac{W}{L}\right)(V_{GS} - V_T)^2$$
$$100 \times 10^{-6} = \frac{1}{2} \times 150 \times 10^{-6}\frac{5}{1}(V_{GS} - 0.8)^2$$
$$V_{GS} = 0.8 + 0.516 = 1.316V$$

따라서 드레인 전압 $V_D = V_G = 1.316V$이다.

이때에 요구되는 저항 R_D의 값은 다음 수식으로 구해진다.

$$R_D = \frac{V_{DD} - V_D}{I_D}$$
$$= \frac{5 - 1.316}{100 \times 10^{-6}} = 36.84K\Omega$$

예제 9.8

그림 9E8.1의 MOSFET 회로에서 $V_D = 0.1V$가 되도록 R_D 값을 설계하고 이때에 드레인과 소스 사이의 저항 r_{DS}의 값을 구하시오. 단, MOSFET의 $k_n' = 150\mu A/V^2$, $V_T = 0.8V$, $L = 1\mu m$, $W = 5\mu m$이다.

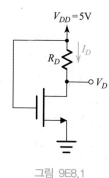

그림 9E8.1

풀이

그림 9E8.1의 회로로부터 $V_D(= 0.1V) < V_{GS} - V_T(= 4.2)$이므로 MOSFET은 트라이오드영역에서 동작한다. 따라서 드레인 전류 I_D를 구하면 다음과 같다.

$$I_D = k_n'\left(\frac{W}{L}\right)[(V_{GS} - V_T)V_{DS} - \frac{1}{2}V_{DS}^2]$$

$$I_D = 150 \times 10^{-6}\left(\frac{5}{1}\right)\left[(5 - 0.8) \times 0.1 - \frac{1}{2} \times 0.1^2\right]$$

$$= 0.311 mA$$

따라서, 이때에 요구되는 저항 R_D의 값은 다음 수식으로 구해진다.

$$R_D = \frac{V_{DD} - V_D}{I_D}$$

$$= \frac{5 - 0.1}{311 \times 10^{-6}} = 15.76 K\Omega$$

트라이오드영역 중 $V_D = 0.1V$로서 매우 낮으므로 MOSFET은 저항성 영역에 있다. 따라서 r_{DS}는 다음과 같이 구해진다.

$$r_{DS} = \frac{V_{DS}}{I_D}$$

$$= \frac{0.1}{311 \times 10^{-6}} = 321.5\Omega$$

예제 9.9

그림 9E9.1의 MOSFET 회로에서 I_G, V_G, I_D, V_D 및 V_S를 구하시오. 단, MOSFET의 $k'_n = 0.1\,mA$ $/V^2$, $V_T = 1V$, $L = 1\mu m$, $W = 20\mu m$이다.

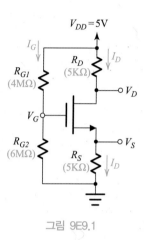

그림 9E9.1

풀이

MOSFET의 게이트로 흐르는 전류는 0A이므로 I_G는 다음 수식으로 구해진다.

$$I_G = \frac{V_{DD}}{R_{G1} + R_{G2}}$$
$$= \frac{5}{4M + 6M} = 0.5\mu A$$

또한, 게이트로 흐르는 전류는 0A이므로 V_G는 전압분배 법칙에 의해 다음 수식으로 구해진다.

$$V_G = V_{DD}\frac{R_{G2}}{R_{G1} + R_{G2}}$$
$$= 5\frac{6M}{4M + 6M} = 3V$$

$V_G(= 3V) > V_T(= 1V)$이므로 MOSFET은 턴온된다. 그러나 포화영역에서 동작하는지 트라이오드영역에서 동작하는지는 알 수 없으므로 우선, 포화영역에서 동작하는 것으로 가정하여 문제를 풀어보기로 하자.

그림 9E9.1의 회로에서 $V_S = R_S I_D$이므로

$$V_{GS} = V_G - V_S = V_G - R_S I_D = 3 - 5(k\Omega) \times I_D(mA)$$

따라서 I_D는 다음 수식으로 구해진다.

$$I_D = \frac{1}{2}k'_n\left(\frac{W}{L}\right)(V_{GS} - V_T)^2$$

$$=\frac{1}{2}\times0.1\left(\frac{20}{1}\right)(3-5I_D-1)^2$$
$$=(2-5I_D)^2$$

위 식을 정리하면 다음의 I_D에 대한 2차 방정식을 얻는다.

$$25I_D^2-21I_D+4=0$$

근의 공식으로 해를 구하면 I_D는 0.548mA와 0.292mA를 얻는다. 첫째 해로 V_S를 구하면 $V_S=5\times$ 0.548V이고 $V_{GS}=3$ - 2.74 = 0.26$V<V_T(=1V)$이므로 MOSFET은 턴오프된다. 따라서 $I_D=0.548mA$ 라는 가정과 모순되어 해가 될 수 없다. 그러므로

$$I_D=0.292\text{mA}$$
$$V_S=5\times0.292=1.46\text{V}$$
$$V_{GS}=3-1.46=1.54\text{V}$$
$$V_D=5-5\times0.292=3.54\text{V}$$

여기서 $V_{DS}(=V_D-V_S=2.08V)>V_{GS}-V_T(=0.54V)$이므로 MOSFET은 포화영역에서 동작하고 있다. 따라서 처음의 가정이 옳았음이 확인된다.

예제 9.10

그림 9E10.1의 p채널 MOSFET 회로에서 MOSFET이 포화영역에서 동작하며 $I_D=1mA$, $V_D=$ 3V가 되도록 R_{G2} 및 R_D 값을 설계하시오. 단, MOSFET의 $k_p'=0.1mA/V^2$, $V_T=-1V$, $L=1\mu$m, $W=20\mu$m이다.

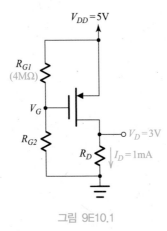

그림 9E10.1

풀이

MOSFET이 포화영역에서 동작하므로 I_D는 다음 수식으로 표현된다.

$$I_D=\frac{1}{2}k_p'\left(\frac{W}{L}\right)(V_{SG}-|V_T|)^2$$

따라서 $I_D = 1mA$가 되기 위한 V_{GS} 값은 다음과 같이 구해진다.

$$1 = \frac{1}{2} 0.1 \left(\frac{20}{1}\right)(V_{SG} - 1)^2$$

$$V_{SG} = 2\mathrm{V}$$

따라서 V_G는

$$V_G = V_{DD} - V_{SG} = 5 - 2 = 3\mathrm{V}$$

V_G는 V_{DD}가 R_{G1}과 R_{G2}에 의해서 전압분배된 값이므로 R_{G2}는 다음과 같이 구해진다.

$$V_G = V_{DD} \frac{R_{G2}}{R_{G1} + R_{G2}}$$

$$3 = 5 \frac{R_{G2}}{4M\Omega + R_{G2}} \rightarrow R_{G2} = 6\mathrm{M\Omega}$$

한편, R_D는

$$R_D = \frac{V_D}{I_D} = \frac{3\mathrm{V}}{1\mathrm{mA}} = 3\mathrm{K\Omega}$$

예제 9.11

그림 9E11.1의 PMOS와 NMOS 트랜지스터는 $k_n'(W_n / L_n) = k_p'(W_p / L_p) = 1mA/V^2$과 $V_{Tn} = -V_{Tp} = 1V$로 정합되어 있다. 다음의 각 경우에 대해 iD_n, iD_p 및 v_O를 구하시오.

(a) $v_I = 2.5V$일 때(단, 이 경우는 $R_L = \infty$로 가정함)

(b) $v_I = 5V$일 때

(c) $v_I = 0V$일 때

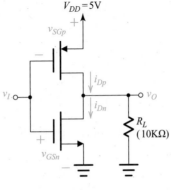

그림 9E11.1

풀이

(a) $v_I = 2.5V$일 때

정합된 NMOS와 PMOS의 게이트 전압이 $v_{GSn} = v_{SGp} = 2.5V$로 같으므로 $i_{Dn} = i_{Dp}$가 되어 대칭회로가 된다. 따라서 v_O는 V_{DD}가 2등분되어 나타나므로 $2.5V$가 된다.

$$v_O = \frac{5}{2} = 2.5\text{V}$$

이 경우 NMOS와 PMOS의 각각에 대해 $v_{DG} = 0$로 게이트 전압과 드레인 전압이 같아지므로 트랜지스터는 포화영역에서 동작하게 된다. 따라서 i_{Dn}과 i_{Dp}는 다음과 같이 구해진다.

$$i_{Dn} = i_{Dp} = \frac{1}{2} \times 1 \times (2.5-1)^2 = 1.125\text{mA}$$

(b) $v_I = 5V$일 때

PMOS의 게이트 전압 $v_{SGp} = 0V$이므로 PMOS는 턴오프되므로

$$i_{Dp} = 0\text{A}$$

반면에 NMOS의 게이트 전압 $v_{GSn} = 5v$가 되므로 NMOS는 턴온되어 그림 9E11.2에 보인 등가회로로 간략화된다. 이 경우 출력단자는 턴온된 NMOS를 통해 접지와 연결되므로

$$v_O = 0\text{A}$$

출력전압 $v_O = 0V$이므로

$$i_{Dn} = 0\text{A}$$

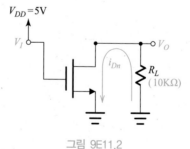

그림 9E11.2

(c) $v_I = 0V$일 때

NMOS의 게이트 전압 $v_{GSn} = 0V$이므로 NMOS는 턴오프되어

$$i_{Dn} = 0\text{A}$$

반면에 PMOS의 게이트 전압 $v_{SGp} = 5V$가 되므로 PMOS는 턴온되어 그림 9E11.3에 보인 등가회로로 간략화된다. 위의 (a)항에서 $v_I = 2.5V$일 때 $i_{Dp} = 1.125mA$이었으므로 $v_I = 0V$인 경우 $v_{SGp} = 5V$가 되어 i_{Dp}가 더 커진다. 이 경우 $i_{Dp} = 1.125mA$로 가정해도 $v_O(= R_L i_{Dp} = 11.25V)$는 $V_{DD}(=$

$5V$)보다 크게 계산된다. 그러나 실제로는 v_O가 V_{DD}에 근접하게 되어 v_{SGp}가 0에 가까운 매우 작은 값이 되므로 PMOS는 저항성 영역에서 동작하게 된다. 따라서

$$i_{Dp} \cong k_p' \left(\frac{W}{L} \right) (v_{SGp} - |V_{Tp}|) v_{SDp}$$
$$= 1 \times 10^{-3} \times (5\text{-}1)(5 - v_O)$$
$$= 4 \times 10^{-3} (5 - v_O)$$
$$\rightarrow i_{Dp} = 10^{-3} \times (20 - 4v_O)$$

한편, 그림 9E11.3의 부하저항 R_L에서 i_{Dp}를 구하면

$$i_{Dp} = \frac{v_O}{R_L} = \frac{v_O}{10 \times 10^3}$$

위의 두 식을 연립하여 풀면

$$v_O = 4.88V, \quad i_{Dp} = 4.88\text{m}V \text{가 된다.}$$

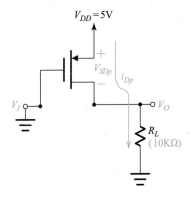

그림 9E11.3

EXERCISE

[9.1] 증가형 n채널 MOSFET에 대한 드레인 전류(i_D)와 드레인 전압(v_{DS})과의 관계식을 유도하시오.

[9.2] $L = 0.3\mu m$, $t_{ox} = 8nm$, $\varepsilon_{r,ox} = 3.9$, $\mu_n = 520cm^2/V \cdot s$ 및 $V_T = 0.6V$인 MOSFET에 대해 답하시오.

(a) C_{ox}와 k'_n를 구하시오.

(b) $W = 10\mu m$로 설계했을 때 포화영역에서 $I_D = 100\mu A$가 되기 위한 V_{GS} 값과 V_{DS_min}을 구하시오.

(c) (b)의 MOSFET으로 작은 v_{DS} 전압에서 900W 저항을 구현하고자 한다. V_{GS} 값을 얼마로 설정하여 주면 되는가?

[9.3] $\lambda = 0.02$인 MOSFET의 동작전류 $I_{DQ} = 5mA$가 되도록 설계되었다. 이때 MOSFET의 드레인 저항 r_o는 몇 Ω인가?

[9.4] $V_{TO} = 0.6V$, $2\phi_F = 0.7V$, $\gamma = 0.35V^{1/2}$인 NMOS 트랜지스터에서 $V_{SB} = 2V$일 때의 문턱전압 V_T는 몇 V인가?

[9.5] 그림 P9.5의 MOSFET 회로에서 $I_D = 0.3mA$, $V_D = 3.5V$가 되도록 R_D와 R_S 값을 설계하시오. 단, MOSFET의 $k'_n = 120\mu A/V^2$, $V_T = 0.6V$, $L = 0.8\mu m$, $W = 20\mu m$이다.

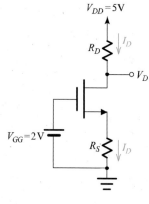

그림 P9.5

[9.6] 그림 P9.6의 회로에서 M_1과 M_2는 동일 규격의 MOSFET이고, $k'_n = 100\mu\text{A/V}^2$, V_T = 1V, $L = 0.8\mu\text{m}$, $W = 8\mu\text{m}$이라고 할 때 다음에 답하시오.

(a) $I_{D1} = 90\mu\text{A}$가 되도록, R_D 값을 설계하고 이때의 V_{D1} 값을 구하시오.

(b) 이때의 I_{D2}와 V_{D2} 값을 구하고, I_{D1}과 I_{D2}의 상관 관계를 설명하시오.

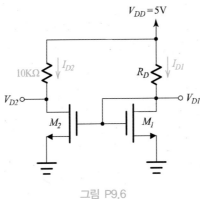

그림 P9.6

[9.7] 그림 P9.7의 MOSFET 회로에서 $V_D = 0.1\text{V}$가 되도록 R_D 값을 설계하고 이때에 드레인과 소스 사이의 저항 r_{DS}의 값을 구하시오. 단, MOSFET의 $k'_n = 100\mu\text{A/V}^2$, $V_T = 1\text{V}$, $L = 1\mu\text{m}$, $W = 10\mu\text{m}$이다. 또한, 앞서 구한 R_D 값을 2배로 하여 r_{DS}의 값을 구하고 비교하시오.

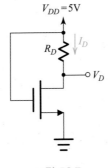

그림 P9.7

[9.8] 그림 P9.8의 MOSFET 회로에서 $I_D = 0.3mA$, $V_D = 3.5V$, $I_G = 1\mu A$가 되도록 R_D, R_S, R_{G2}를 설계하시오. 단, MOSFET의 $k'_n = 0.1mA/V^2$, $V_T = 1V$, $L = 1\mu m$, $W = 20$ μm이다.

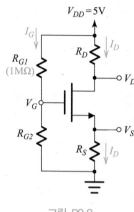

그림 P9.8

[9.9] 위의 [연습문제 9.8]에서 NMOS 트랜지스터가 포화모드로 동작할 수 있는 최대 R_D 값을 구하시오.

[9.10] [예제 9.11]에서 MOSFET의 문턱전압이 다음의 각 경우와 같이 바뀌었다고 가정하여 [예제 9.11]을 다시 푸시오.

(1) $V_{Tn} = -V_{Tp} = 2.5V$일 경우

(2) $V_{Tn} = -V_{Tp} = 3V$일 경우

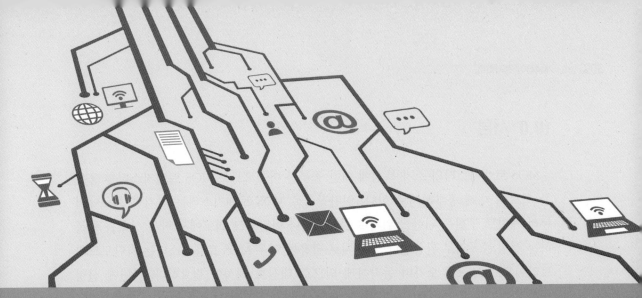

CHAPTER

10

MOS 회로 소신호 해석

10.0 서론

MOS 트랜지스터의 소자 특성에 대한 공부를 마쳤으므로 MOS 트랜지스터를 응용한 회로에 대해 공부하기로 한다. 일반적으로 MOS 트랜지스터는 디지털 회로에서 논리 게이트 구현을 위한 스위치로 활용되거나 아날로그 회로에서 작은 신호를 증폭하는 선형 증폭기로 활용된다. 스위치로 활용될 경우 MOS 트랜지스터는 차단모드와 트라이오드 모드를 오가며 동작하게 되므로 대신호 해석이 필요하다. 반면에 선형 증폭기로 활용될 경우 MOS 트랜지스터는 포화영역 내에서 동작하게 된다. 이 경우 동작점 설계를 위한 직류해석과 증폭신호 해석을 위한 소신호 교류 해석이 필요하다. 그림 10.1은 대신호와 소신호의 동작영역을 비교하여 보여주고 있다.

이 장에서는 먼저 MOS 회로의 대신호 동작을 간략히 살펴본 후 선형 증폭 동작과 소신호 해석에 대해 공부하기로 한다.

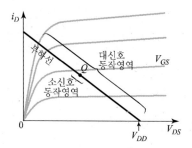

그림 10.1 대신호와 소신호의 동작영역

10.1 대신호 동작의 그래프적 이해

그림 10.2(a)는 공통소스 증폭기의 기본 구조로서 입력전압 v_I의 변화는 드레인 전류 i_D를 변화시키고 i_D의 변화는 저항 R_D를 거치면서 출력전압 v_O를 생성한다.

여기서, 입력 신호 v_I의 크기를 매우 크게 하면 MOS 트랜지스터는 온-오프 상태를 오가며 스위치 동작을 하게 된다. 이 경우 MOS 트랜지스터는 차단모드에서 포화모드를 거쳐 트라이오드 모드까지를 오가며 동작하게 되므로 대신호 동작을 하게 된다.

● **전달특성곡선** 어떤 회로의 대신호 동작을 이해하기 위해 흔히 사용하는 방법은 입력전압에 대한 출력전압의 특성을 그래프로 그려보는 것이다. 이 그래프를 **전압전달특성곡선**이라고 한다.

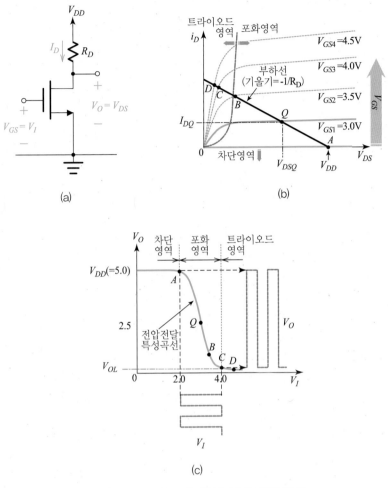

그림 10.2 MOSFET의 대신호 동작(스위치 동작)
(a) 공통소스 증폭회로 (b) 전달특성곡선 결정과정의 그래프적 이해 (c) 전압전달특성곡선

그림 10.2(a) 회로에 대한 전달특성곡선을 구하기 위해 부하선 개념을 이용하기로 한다. 그림 10.2(a) 회로에서 V_{DD}를 인가전원, R_D를 부하라고 하고, MOSFET의 드레인과 소스 단자를 소자의 두 단자라고 하면 소자의 전압과 전류는 각각 v_{DS}와 i_D가 된다. 따라서 출력루프에 키르히호프 전압법칙을 적용하면 아래 수식의 부하선 방정식을 얻게 된다.

$$i_D = -\frac{1}{R_D} v_{DS} + \frac{V_{DD}}{R_D} \tag{10.1}$$

이 부하선 방정식으로 출력특성곡선 위에 부하선을 그리면 그림 10.2(b)에 보인 것과 같은 직선이 그려진다. 여기서, 소자 특성인 출력특성곡선은 게이트 전압

v_{GS} 값에 따라 달라지므로 부하선과의 교점인 동작점(Q)은 v_{GS} 값에 따라 이동하여 $v_{GS}(= v_I)$가 0V로부터 V_{DD} 쪽으로 증가함에 따라 동작점은 A-Q-B-C-D로 이동하게 된다. 이에 따라 $v_{DS}(= v_O)$는 V_{DD}로부터 0V 쪽으로 감소하게 되므로 그림 10.2(c)와 같은 전압 전달특성곡선이 얻어진다.

- **대신호 동작**   앞에서 구한 전달특성곡선을 이용하여 그림 10.2(a) 회로에 큰 구형파 신호가 인가되었을 때의 출력 파형을 구하는 예를 보기로 한다.

  그림 10.2(c)에서 점선으로 보인 것처럼 2V와 4V 사이를 토글하는 구형파를 v_I로 인가하면 v_O는 전달특성곡선으로부터 V_{OL}과 V_{DD} 사이를 토글하는 반전된 구형파를 얻게 된다. 이것은 디지털 회로의 인버터가 되며, 이 경우 MOS 트랜지스터는 온-오프를 반복하는 스위칭 동작을 하게 된다.

10.2 소신호 동작의 그래프적 이해

- **동작점 설정**   선형 증폭작용을 하기 위해서 MOSFET은 포화영역에서 동작하여야 한다. 그림 10.3(a)는 MOSFET 선형 증폭기를 보여준다. 여기서, 신호전원 $v_{sig}(t)$ = 0으로 놓으면 게이트 전압 $v_{GS} = V_{GG}$가 되어 직류전압으로 된다. 따라서 직류전원 V_{GG} 및 V_{DD}에 의해 입력과 출력의 바이어스가 인가되어 $v_{GS} > V_T$ 및 $v_{DS} > v_{GS}$, $-V_T$가 되도록 해줌으로써 MOSFET이 포화영역에서 동작하도록 한다.

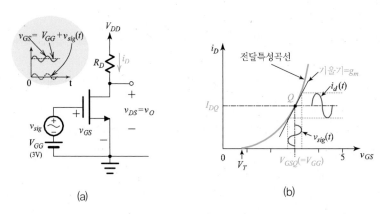

그림 10.3 선형 증폭기의 동작
(a) MOSFET 선형 증폭기 (b) 전달특성곡선

여기서, V_{GG} = 3V라고 가정하면 그림 10.2(b)의 Q점에 동작점이 설정된다. 전달 컨덕턴스 특성을 확인하기 위해 Q점을 i_D - v_{GS} 곡선상에 표시하면 그림 10.3(b)

의 Q점에 동작점이 설정된다. 동작점에서 게이트 전압은 $V_{GSQ}(=V_{GG})$가 되고 드레인 전류는 I_{DQ}가 된다.

- **전달컨덕턴스** g_m 이번에는 신호전원 $v_{sig}(t) \neq 0$으로 놓으면 그림 10.3(b)에서 보였듯이 $v_{sig}(t)$에 의해 Q점이 전달특성곡선을 따라 위아래로 반복적으로 움직이게 된다. 이에 따라 드레인 전류 i_D도 I_{DQ}를 중심으로 증감을 반복하게 되어 전류 신호 $i_d(t)$를 생성하게 된다. 결과적으로 입력 신호 $v_{sig}(t)$를 인가하여 출력 신호 $i_d(t)$를 얻었으므로 증폭기의 이득은 다음 수식으로 정의되는 **전달컨덕턴스** g_m으로 표현된다.

$$g_m \equiv \frac{i_d}{v_{gs}} = \frac{\partial i_D}{\partial v_{GS}} \tag{10.2}$$

결국 Q점에서 전달특성곡선의 기울기가 g_m이 된다. 그러나 그림 10.3(b)에서 볼 수 있듯이 전달특성곡선의 기울기는 Q점의 위치에 따라 달라지게 된다. 따라서 Q점이 움직임에 따라 g_m이 변화하게 되므로 선형적인 증폭을 할 수 없다.

그러나 신호의 크기가 극히 작은 소신호의 경우 Q점의 움직임도 극히 좁은 구간 내에 한정된다. 따라서 이 좁은 구간 내의 특성은 직선으로 선형근사할 수 있으므로 선형 증폭이 가능하게 된다. 이때 g_m은 동작 구간의 중앙에 위치한 동작점에서의 기울기로 정의하여 다음 수식으로 정의한다.

$$g_m \equiv \frac{\partial i_D}{\partial v_{GS}} \Big|_{v_{GS}=V_{GSQ}} \tag{10.3}$$

식 (10.3)에 포화영역에서의 드레인 전류식인 식 (9.10b)를 적용하면 MOSFET의 전달컨덕턴스 g_m은 다음 수식으로 표현된다.

$$g_m = \frac{\partial [\frac{1}{2} k_n' \frac{W}{L} (v_{GS} - V_T)^2]}{\partial v_{GS}} \Big|_{v_{GS}=V_{GSQ}} = k_n' \frac{W}{L} (V_{GSQ} - V_T) \tag{10.4a}$$

한편, g_m을 직류바이어스 전류 I_{DQ}로 표현하면 다음과 같다.

$$g_m = k_n' \frac{W}{L} (V_{GSQ} - V_T) \overset{I_{DQ}=\frac{1}{2}k_n'\frac{W}{L}(V_{GSQ}-V_T)^2}{=} \sqrt{2k_n'} \sqrt{\frac{W}{L}} \sqrt{I_{DQ}} \tag{10.4b}$$

식 (10.4b)로부터 g_m은 $\sqrt{W/L}$ 과 $\sqrt{I_{DQ}}$ 에 비례함을 알 수 있다.

또한, g_m은 다음과 같이 직류바이어스 값(I_{DQ}, V_{GSQ})으로 표현될 수도 있다.

$$g_m = k_n' \frac{W}{L}(V_{GSQ} - V_T) \overset{k_n'\frac{W}{L} = \frac{2I_{DQ}}{(V_{GSQ} - V_T)^2}}{=} \frac{2I_{DQ}}{(V_{GSQ} - V_T)} \tag{10.4c}$$

식 (10.4c)는 동작점으로부터 MOSFET의 g_m을 구할 때에 매우 유용하게 사용될 수 있다.

 개념잡이

소신호 증폭의 수식적 해석

$$v_{GS} = V_{GSQ} + v_{gs}$$

$$i_D = \frac{1}{2}k_n' \frac{W}{L}(V_{GSQ} + v_{gs} - V_T)^2 \quad (\leftarrow 포화모드)$$

$$= \underbrace{\frac{1}{2}k_n' \frac{W}{L}(V_{GSQ} - V_T)^2}_{DC\,바이어스\,전류 \to I_{DQ}} + \underbrace{k_n' \frac{W}{L}(V_{GSQ} - V_T)v_{gs}}_{v_{gs}가\,선형증폭된\,신호 \to i_D} + \underbrace{\frac{1}{2}k_n' \frac{W}{L}v_{gs}^2}_{비선형\,왜곡\,성분}$$

$$\frac{1}{2}k_n' \frac{W}{L}v_{gs}^2 \ll k_n' \frac{W}{L}(V_{GSQ} - V_T)v_{gs} \Rightarrow v_{gs} \ll (V_{GSQ} - V_T) :$$
$$\Rightarrow i_D = I_{DQ} + i_d$$

선형화를 위해서는 $\frac{1}{2}k_n' \frac{W}{L}v_{gs}^2 \ll k_n' \frac{W}{L}(V_{GSQ} - V_T)v_{gs} \Rightarrow v_{gs} \ll (V_{GSQ} - V_T)$: 소신호 조건

소신호 조건 하에서 비선형 왜곡 성분이 무시될 수 있으므로 $\Rightarrow i_D - I_{DQ} + i_d$

 개념잡이

MOS와 BJT의 g_m 크기의 비교

$$g_{m\_MOS} \quad \frac{I_{DQ}}{(V_{GSQ} - V_T)/2} \quad \Leftrightarrow \quad g_{m\_BJT} = \frac{I_{CQ}}{V_t} \approx \frac{I_{CQ}}{0.025}$$

실제 MOSFET 사용에 있어 대략 $(V_{GSQ} - V_T)/2 > 0.1V$이어야 하므로 $\Rightarrow g_{m\_MOS} < g_{m\_BJT}$

예제 10.1

그림 10E1.1의 MOSFET 회로의 동작점에서의 I_{DQ}, V_{GSQ} 및 전달컨덕턴스 g_m을 구하시오. 단, MOSFET의 $k'_n = 0.1mA/V^2$, $V_T = 1V$, $L = 1\mu m$, $W = 2\mu m$이다.

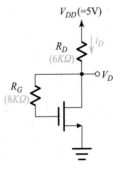

그림 10E1.1

풀이

MOS 게이트로 전류가 흐를 수 없으므로 $V_D = V_G$이다. 따라서 $V_{DS} > V_{GS} - V_T$가 되며 MOSFET은 포화영역에서 동작하고 있다. 따라서

$$I_D = \frac{1}{2} \times 0.1 \times \left(\frac{2}{1}\right)(V_{GS} - 1)^2 = 0.1(V_D - 1)^2$$

또한,

$$V_D = V_{DD} - R_D I_D = 5 - 6 I_D$$

위의 두 식을 연립하여 풀면 $I_D = 1.258mA$ 및 $0.353mA$의 해를 얻는다. 그러나 $I_D = 1.258mA$의 경우 $V_D < 0$가 되므로 해가 될 수 없다. 따라서

$$I_D = 0.353\text{mA}, \quad V_D = 2.88\text{V}$$

결과적으로

$$I_{DQ} = I_D = 0.353\text{mA} , \quad V_{GSQ} = V_D = 2.88\text{V}$$

또한, 식 (10.4a)로부터 전달컨덕턴스 g_m을 구하면

$$g_m = k'_n \frac{W}{L}(V_{GSQ} - V_T) = 0.1 \times 10^{-3} \times \left(\frac{2}{1}\right)(2.88 - 1) = 0.376\text{mA/V}$$

10.3 MOSFET의 소신호 등가회로모델

● 소신호 모델   신호의 크기가 대략 $10mV$ 이하로 극히 작은 소신호의 경우, 트랜지스터의 특성을 동작점에서의 특성으로 간주함으로써 선형화된 교류등가 모델을 얻을 수 있다. 이를 소신호 등가회로모델이라 하고 줄여서 소신호 모델 혹은 소신호 등가회로라도 부른다.

MOSFET은 신호 관점에서 볼 때 전압에 의해서 제어되는 전류원으로서 표현된다. 게이트와 소스 사이에 전압 신호 v_{gs}를 인가하면 드레인 단자에 전류 신호 i_d가 생성된다.

v_{gs}가 소신호라고 가정하면 i_d는 다음과 같이 선형화된 수식으로 표현된다.

$$i_d = g_m v_{gs} \qquad (10.5)$$

여기서, g_m은 동작점에서 구한 전달컨덕턴스이다.

또한, 게이트와 소스 사이는 커패시터로서 개방회로이므로 그림 10.4(a)와 같은 MOSFET에 대한 소신호 모델이 구해진다.

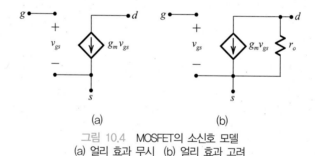

그림 10.4   MOSFET의 소신호 모델
(a) 얼리 효과 무시 (b) 얼리 효과 고려

한편, 채널길이변조 효과를 고려해주면 드레인 저항 r_o가 추가되어 그림 10.4(b)와 같은 소신호 모델이 구해진다. 여기서, 드레인 저항 r_o는 다음 수식으로 표현된다.

$$r_o \approx \frac{|V_A|}{I_{DQ}} \qquad (10.6)$$

드레인 저항 r_o는 매우 큰 값이므로 요구되는 해석의 정확도에 따라서 r_o를 포함 혹은 무시한다.

10.4 공통소스 증폭기의 소신호 해석

그림 10.5는 전압분배 바이어스 전압로 설계된 MOS 선형 증폭기이다. MOS 트랜지스터가 증폭작용을 하려면 동작점이 포화영역에 위치하여야 한다. V_{DD} 전원이 R_D를 통해 출력 바이어스로 인가되고 R_1과 R_2를 통해 전압분배되어 입력 바이어스로 인가되어 MOS 트랜지스터가 포화영역에서 동작하도록 하여준다. R_S는 바이어스 전압의 온도 안정화를 위해 삽입되었으나 소스 커패시터 C_S를 통해 교류적으로 바이패스되도록 하여 교류이득 저하를 방지하고 있다. 따라서 이와 같은 기능을 하는 커패시터를 **바이패스 커패시터**(bypass capacitor)라고 부른다. 입력과 출력단자에 있는 C_{C1}과 C_{C2}는 직류전압을 차단하여 직류바이어스 전압을 보호하여주는 역할을 하므로 **블록킹 커패시터**(blocking capacitor)라고 부르며, 동시에 교류신호만을 통과시켜 입·출력 교류신호가 증폭기와 결합되도록 하여주는 역할을 하므로 **결합 커패시터**(coupling capacitor)라고도 부른다.

게이트 단자를 입력단자로 드레인 단자를 출력단자로 하되 소스 단자를 공통의 접지로 사용하는 접속을 **공통소스 접속**이라고 부른다. 그림 10.5의 증폭기는 게이트 단자를 입력단자로 드레인 단자를 출력단자로 하고 있으며 소스가 C_S를 통해 교류적으로 접지되어 있어 입력과 출력의 공통접지 역할을 하고 있으므로 **공통소스 증폭기**이다.

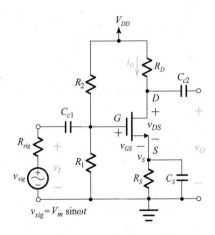

그림 10.5 공통소스 증폭기

10.4.1 직류바이어스 전압의 해석

- **직류등가회로** 그림 10.5 공통소스 증폭기에 대한 직류등가회로를 그림 10.6(a)에 보였다. R_1과 R_2로 이루어진 전압분배회로를 테브냉 등가회로로 변환하면 그림 10.5(b)와 같이 간략화된 등가회로를 얻을 수 있다. 이때 테브냉 전압 V_{GG}와 등가 저항 R_G는 식 (10.7)과 식 (10.8)로 구해진다.

$$V_{GG} = \frac{R_1}{R_1 + R_2} V_{DD} \tag{10.7}$$

$$R_G = R_1 // R_2 = \frac{R_1 R_2}{R_1 + R_2} \tag{10.8}$$

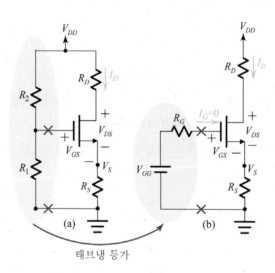

그림 10.6 **공통소스 증폭기의 직류등가회로**

- **동작점을 구하기 위한 직류해석** 그림 10.6(b)의 입력루프에 키르히호프 전압법칙을 적용하면 게이트 전류 $I_G = 0$이고 소스전압 $V_S = R_S I_D$이므로 다음의 방정식을 얻는다.

$$V_{GS} = V_{GG} - R_S I_D \tag{10.9}$$

한편, 포화 드레인 전류식으로부터 다음의 방정식을 얻는다.

$$I_D = \frac{1}{2} k_n' \left(\frac{W}{L} \right) (V_{GS} - V_T)^2 \tag{10.10}$$

따라서, 식 (10.9)와 식 (10.10)을 연립하여 풀면 동작점에서의 드레인 전류 I_{DQ}와 게이트 전압 V_{GSQ}를 구할 수 있다.

또 다른 방법으로, 연립방정식을 푸는 번거로움을 피해 그래프적으로 해를 얻는 방법도 있다. 식 (10.10)으로부터 I_D - V_{GS} 그래프를 그리면 그림 10.7의 곡선으로 표시되는 MOSFET의 전달특성곡선이 된다. 또한 식 (10.9)는 식 (10.11)에서 보인 바와 같이 기울기가 $-1/R_S$인 직선이 된다. 이 직선을 바이어스 선(bias line)이라 고 한다.

$$I_D = -\frac{1}{R_S}V_{GS} + \frac{V_{GG}}{R_S} \tag{10.11}$$

따라서, 전달특성곡선과 바이어스 선의 교점이 두 연립 방정식의 해가 되며 이 교 점이 동작점(Q)이다. 동작점에서의 드레인 전류(I_{DQ})와 게이트 전압(V_{GSQ})은 그 림 10.7의 그래프에서 Q점에서의 드레인 전류 I_D와 게이트 전압 V_{GS}를 읽어냄으 로써 구할 수 있다.

둘 중 어떤 방법으로든지 구한 V_{GSQ} 값을 식 (10.4a)에 대입함으로써 MOSFET의 전달컨덕턴스 g_m을 구할 수 있다.

$$g_m = k_n' \frac{W}{L}(V_{GSQ} - V_T) \tag{10.12}$$

한편, 그림 10.6(b)의 출력루프에 키르히호프 전압법칙을 적용하면 동작점에서의 드레인 전압 V_{DSQ} 수식을 얻는다.

$$V_{DSQ} = V_{DD} - (R_D + R_S)I_{DQ} \tag{10.13}$$

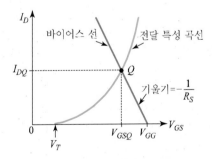

그림 10.7 MOS 증폭기의 동작점 구하기

10.4.2 소신호 교류 해석

그림 10.5의 공통소스 증폭기에 대한 교류등가회로를 그리면 그림 10.8과 같이 표현된다. 여기서, MOSFET도 교류등가회로로 표현되어야 한다.

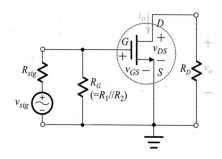

그림 10.8　공통소스 증폭기에 대한 교류등가화

그림 10.8의 회로에서 MOSFET을 그림 10.4의 소신호 모델로 대체함으로써 그림 10.9에서와 같은 공통소스 증폭기에 대한 완전한 소신호 교류등가회로를 얻게 된다.

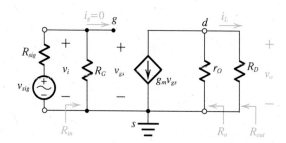

그림 10.9　공통소스 증폭기에 대한 소신호 교류등가회로

● **입력저항** 게이트 전류 $i_g = 0$이고 게이트는 개방회로이므로 입력저항 R_{in}은 다음과 같다.

$$R_{in} = R_G \tag{10.14}$$

입력전압 v_i는 전압분배 법칙에 의해 다음 수식으로 표현된다.

$$v_i = v_{sig} \frac{R_{in}}{R_{sig} + R_{in}} = v_{sig} \frac{R_G}{R_{sig} + R_G} \overset{R_G \gg R_{sig}}{\approx} v_{sig} \tag{10.15}$$

일반적으로 $R_G \gg R_{sig}$이므로 $v_i \approx v_{sig}$가 된다.

● **전압이득** 출력전압 v_o는 그림 10.9의 교류등가회로로부터 다음 식으로 구해진다.

$$v_o = -g_m v_{gs} (r_o \,/\!/\, R_D) \tag{10.16}$$

또한, $v_{gs} = v_i \approx v_{sig}$이므로 전압이득 A_v는 다음과 같이 구해진다.

$$A_v \equiv \frac{v_o}{v_{sig}} \approx \frac{-g_m v_{gs}(r_o // R_D)}{v_{gs}} = -g_m \frac{r_o R_D}{r_o + R_D} \stackrel{r_o \gg R_D}{\approx} -g_m R_D \qquad (10.17)$$

여기서, 전압이득이 음수로 나타난 것은 출력 신호가 입력과 180°의 위상차를 갖는 반전증폭임을 나타낸다.

- **출력저항** 출력저항 R_o는 입력 신호 $v_{sig} = 0$으로 놓고 그림 10.9의 등가회로에서 R_o로 표시된 화살표 방향으로 출력단자에서 증폭기를 들여다보았을 때의 저항이다. 이때 종속전류원 $g_m v_{gs}$는 v_{gs}에 의해서만 제어되므로 출력단자에서는 독립 전류원으로 보이고 등가저항은 무한대가 된다. 따라서 출력저항 R_o는 다음과 같다.

$$R_o = r_o \qquad (10.18a)$$

한편 R_{out}은 R_o와 R_D의 병렬합성이 되므로 다음과 같이 구해진다.

$$R_{out} = r_o // R_D \approx R_D \qquad (10.18b)$$

예제 10.2

그림 10E2.1의 공통소스 증폭기에 대해 R_{in}, $A_v (= v_o / v_{sig})$ 및 R_{out}을 구하시오.
단, $R_1 = 5M\Omega$, $R_2 = 5M\Omega$, $R_D = 6K\Omega$, $R_S = 200\Omega$, $C_{c1} = C_{c2} = C_S = \infty$, $R_{sig} = 80\Omega$이고,
MOSFET의 $k_n' = 0.1 mA/V^2$, $V_T = 2V$, $L = 1\mu m$, $W = 40\mu m$, $V_A = 50V$이다.

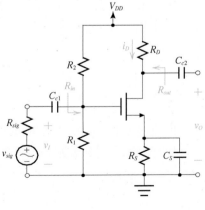

그림 10E2.1

풀이

$$R_G = R_1 \,//\, R_2 = 5\mathrm{M\Omega} \,//\, 5\mathrm{M\Omega} = 2.5\mathrm{M\Omega}$$

$$V_{GG} = \frac{R_1}{R_1 + R_2} V_{DD} = \frac{5\mathrm{M\Omega}}{5\mathrm{M\Omega} + 5\mathrm{M\Omega}} 5\mathrm{V} = 2.5\mathrm{V}$$

식 (10.9)와 식 (10.10)으로부터

$$I_D = \frac{1}{2} k_n' \left(\frac{W}{L}\right)(V_{GG} - R_S I_D - V_T)^2 = \frac{1}{2} \times 0.1 \times \left(\frac{40}{1}\right)(2.5 - 0.2 I_{DQ} - 2)^2$$

위 식을 정리하면 다음의 I_D에 대한 2차 방정식을 얻는다.

$$8I_D^2 - 140I_D + 50 = 0$$

근의 공식으로 I_D를 구하면 $I_D = 17mA$ 혹은 $0.375mA$를 얻는다. 한편, $I_D = 17mA$일 경우 $V_D < 0$가 되므로 올바른 해가 아니다. 따라서 $0.375mA$만이 해가 되므로

$$I_{DQ} = 0.375\mathrm{mA} \text{ 이다.}$$

식 (10.9)와 (10.13)으로부터

$$V_{GSQ} = V_{GG} - R_S I_{DQ} = 2.5 - 0.2 \times 0.375 = 2.425\mathrm{V}$$

$$V_{DSQ} = V_{DD} - (R_D + R_S) I_{DQ} = 5 - (6 + 0.2)0.375 = 2.675\mathrm{V}$$

또 다른 방법으로, 연립방정식을 푸는 번거로움을 피해 그래프적으로 해를 구해보기로 하자. 식 (10.10)과 식 (10.11)로부터 전달특성곡선과 바이어스 선에 대한 방정식을 구하면 다음과 같다.

$$I_D = 2(V_{GS} - 2)^2$$

$$I_D = -5V_{GS} + 12.5$$

위의 전달특성곡선과 바이어스 선을 그래프에 그리면 그림 10E2.2와 같다. 두 선의 교점인 동작점 Q에서 전류와 전압 값을 읽어 I_{DQ}와 V_{GSQ}를 구하면 다음과 같이 연립 방정식을 풀었을 때와 같은 결과를 얻는다.

$$I_{DQ} = 0.365\mathrm{mA}$$

$$V_{GSQ} = 2.427\mathrm{V}$$

MOSFET의 전달특성곡선은 규격서에서 얻을 수 있으므로 그 위에 바이어스 선을 그어서 곧바로 동작점을 찾아낼 수 있다. 따라서 그래프적 해법은 실제 설계에서 효과적인 방법이 될 수 있다.

출력저항 r_o는 식 (10.6)으로부터

$$r_o \approx \frac{|V_A|}{I_{DQ}} = \frac{50}{0.375} = 133\mathrm{K\Omega}$$

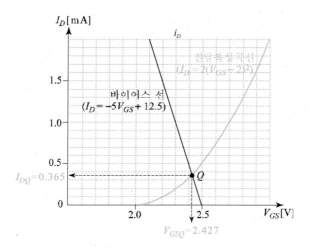

그림 10E2.2

R_{in}은 식 (10.14)로부터

$$R_{in} = R_G = 2.5M\Omega$$

g_m은 식 (10.4c)로부터

$$g_m = \frac{2I_{DQ}}{(V_{GSQ} - V_T)} = \frac{2 \times 0.365}{(2.427 - 2)} = 1.7mA/V$$

A_v는 식 (10.17)로부터

$$A_v \equiv \frac{v_o}{v_{sig}} = -g_m R_D = -1.7 \times 6 = -10.2$$

식 (10.18b)로부터

$$R_{out} = r_o \,//\, R_D = 133K \,//\, 6K = 5.74K\Omega$$

10.4.3 공통소스 증폭기에서 소스저항의 영향

그림 10.5의 공통소스 증폭기에서 바이패스 커패시터 C_S를 제거하면 교류등가회로에서 소스 저항 R_S가 제거되지 않고 남게 되어 그림 10.10과 같은 교류등가회로를 얻게 된다. 이 등가회로로부터 소스 저항이 증폭기에 미치는 영향을 알아보자. 여기서, MOSFET의 드레인 저항 r_o는 계산의 편의를 위해 생략하기로 한다.

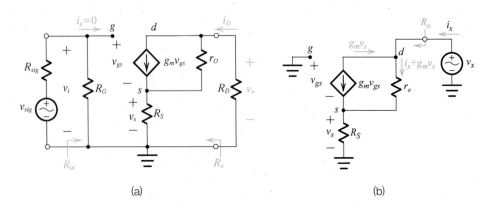

그림 10.10 소스 저항이 있는 공통소스 증폭기의 교류등가회로
(a) 교류등가회로 (b) 출력저항 구하기

● **입력저항** 그림 10.10(a)의 등가회로로부터 게이트와 소스 사이가 개방회로이므로 소스저항은 입력저항에 영향을 미치지 않는다. 따라서, 입력저항은 공통소스 증폭기에서와 같다.

$$R_{in} = R_G \tag{10.19}$$

● **전압이득** 그림 10.10(a)의 등가회로에서 $r_o \gg R_D$로 가정하여 r_o를 무시하고 전압이득을 구하기로 한다. 우선, 전압 v_{gs}를 구하면 다음과 같다.

$$v_{gs} = v_i - v_s = v_i - R_S g_m v_{gs}$$

$$\rightarrow v_{gs} = \frac{v_i}{1 + g_m R_S} \tag{10.20}$$

$R_G \gg R_{sig}$이므로 $v_i = v_{sig}$로 가정하면 식 (10.20)으로부터 $v_{sig} = v_{gs}(1 + g_m R_S)$가 된다. 따라서 전압이득 A_v는 다음과 같이 구해진다.

$$A_v \equiv \frac{v_o}{v_{sig}} = \frac{-g_m v_{gs} R_D}{v_{gs}(1 + g_m R_S)} = -\frac{g_m R_D}{1 + g_m R_S} \tag{10.21}$$

식 (10.17)과 식 (10.21)을 비교해보면 R_S가 추가됨으로써 전압이득이 $1/(1 + g_m R_S)$배로 감소함을 알 수 있다. 소스 저항 R_S가 전압이득을 크게 저하시키므로 증폭기의 교류 전압이득을 저하시키지 않기 위해서 바이패스 커패시터 C_S가 반드시 필요하다.

한편, 식 (10.20)으로부터 v_{gs}의 크기가 R_S로 조절될 수 있음을 알 수 있다. 그러나 R_S가 지나치게 커질 경우 비선형 왜곡을 야기하므로 지나치게 커지지 않도록 주의하여야 한다.

● **출력저항**   그림 10.10(b)는 출력저항을 구하기 위해 MOSFET의 게이트 단자를 접지시키고 드레인 단자에 전압원 v_x를 인가하였다. 이때의 드레인 전류를 i_x라고 하면 소스전류는 드레인 전류와 같으므로 R_S 양단의 전압 v_s는 다음 수식으로 표현된다.

$$v_s = R_S i_x \tag{10.22}$$

또한, 그림 10.10(b)로부터 $v_{gs} = -v_s$이므로 v_s에 의한 드레인 전류는 $-g_m v_s$가 된다. 드레인 단자에서 키르히호프 전류법칙을 적용하여 r_o를 통해 흐르는 전류를 구하면 $i_x + g_m v_s$가 된다. 따라서 전압 v_x는 다음 수식으로 표현된다.

$$v_x = r_o(i_x + g_m v_s) + v_s \tag{10.23}$$

식 (10.22)와 (10.23)으로부터 출력저항 R_o는 다음 수식으로 구해진다.

$$R_o \equiv \frac{v_x}{i_x} = r_o + (1 + g_m r_o)R_S = r_o + A_{vo}R_S \tag{10.24}$$

여기서, $A_{vo}(= 1 + g_m r_o)$는 출력단자가 개방($R_D \to \infty$)일 때의 전압이득으로서 개방회로 전압이득(open-circuit voltage gain)이라고 부른다.

식 (10.24)를 식 (10.18a)와 비교해보면 소스 단자에 저항 R_S가 추가 되면 출력저항 R_o에 $A_{vo}R_S$만큼의 저항이 추가됨을 알 수 있다. 이것은 소스 단자에 있는 저항을 드레인 단자에서 보면 A_{vo}배로 곱해져서 보인다는 것을 의미한다.

예제 10.3

예제 10.2에서 바이패스 커패시터 $C_S = 0$으로 제거했을 때 $A_v(= v_o / v_{sig})$를 구하고 예제 10.2에서의 값과 비교해보시오.

풀이

식 (10.21)로부터

$$A_v \equiv \frac{v_o}{v_{sig}} = -\frac{g_m R_D}{1 + g_m R_S} = -\frac{1.7 \times 6}{1 + 1.7 \times 0.2} = -7.6$$

전압이득이 10.2 → 7.6으로 대폭 감소했다.

10.5 공통게이트 증폭기의 소신호 해석

소스 단자를 입력단자로 드레인 단자를 출력단자로 하되 게이트 단자를 공통의 접지로 사용하는 접속을 **공통게이트 접속**이라고 부른다. 그림 10.11(a)는 공통게이트 접속 증폭기로서 게이트는 커패시터 C_G를 통해 교류적으로 접지되어 있어 입력과 출력의 공통접지 역할을 한다.

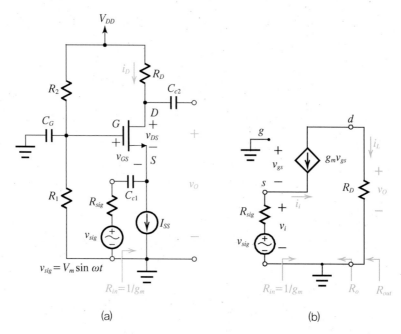

그림 10.11 공통게이트 증폭기
(a) 공통게이트 증폭기의 구조   (b) 공통게이트 증폭기의 교류등가회로

그림 10.11(b)는 그림 10.11(a)의 공통게이트 증폭기에 대한 교류등가회로이다. MOSFET의 출력저항 r_o는 회로의 간략화를 위해 무시하기로 한다.

● 입력저항   게이트 단자가 접지되어 있으므로 $v_{gs} = -v_i$가 된다. 따라서 입력저항 R_i를 정의식에 의해 구하면 식 (10.25)와 같이 구해진다.

$$R_{in} \equiv \frac{v_i}{i_i} = \frac{-v_{gs}}{-g_m v_{gs}} = \frac{1}{g_m} \tag{10.25}$$

g_m은 대략 mA/V 단위의 크기이므로 R_{in}은 $K\Omega$ 단위의 크기가 된다. 따라서 공통게이트 증폭기의 입력저항은 공통소스 증폭기의 경우에 비해 매우 작음을 알 수

있다. v_i는 식 (10.26)과 같이 v_{sig}가 R_{sig}와 R_{in}에 의해 전압분배된 전압이므로 공통게이트에서의 작은 입력저항은 R_{sig}가 충분히 작아지지 못할 경우 신호 입력 과정에서 심각한 신호 감쇄를 초래할 수 있다.

$$v_i = v_{sig} \frac{R_i}{R_{in} + R_{sig}} = v_{sig} \frac{1}{1 + g_m R_{sig}} \tag{10.26}$$

● **전압이득** 공통게이트 증폭기에서의 전압이득 A_v는 다음 수식으로 표현된다.

$$A_v \equiv \frac{v_o}{v_{sig}} = \frac{-R_D g_m v_{gs}}{v_i(1 + g_m R_{sig})} = \frac{R_D g_m v_i}{v_i(1 + g_m R_{sig})} = \frac{R_D g_m}{1 + g_m R_{sig}} \overset{R_{sig} \ll 1/g_m}{\approx} R_D g_m \tag{10.27}$$

공통소스 증폭기가 반전증폭기인데 반해, 공통게이트 증폭기는 식 (10.27)에서 볼 수 있듯이 비반전증폭기이다.

● **전류이득** 그림 10.11(b)로부터 $i_L - i_i$이므로 전류이득 $A_i (\equiv i_L / i_i)$는 1이 된다. 즉, 공통게이트 증폭기는 전류이득이 1보다 클 수 없으므로 실질적인 전류증폭을 할 수 없다.

● **출력저항** 종속전류원 $g_m v_{gs}$는 v_{gs}에 의해서만 제어되므로 출력단자에서는 독립전류원으로 보이고 등가저항 R_o는 무한대가 된다. 따라서 출력저항 R_{out}은 다음 수식으로 표현된다.

$$R_{out} = R_D \tag{10.28}$$

결과적으로 공통게이트 증폭기는 출력저항이 큰 반면에 입력저항이 매우 작고, 전압이득이 매우 크나 전류이득은 1보다 클 수 없다.

작은 입력저항은 전압 신호를 인가할 경우, 식 (10.26)에서 볼 수 있듯이 상당량의 신호 손실이 발생할 수 있다. 그러나 그림 10.12와 같이 전류원 신호를 인가할 경우에는 작은 입력저항이 신호의 전류 감쇄를 오히려 적게 하여주므로 식 (10.29)에서와 같이 인가된 거의 모든 전류가 소스 단자로 입력될 수 있다.

$$i_i = i_{sig} \frac{R_{sig}}{R_{sig} + R_i} = i_{sig} \frac{R_{sig}}{R_{sig} + 1/g_m} \overset{R_{sig} \gg 1/g_m}{\approx} i_{sig} \tag{10.29}$$

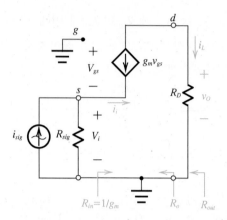

그림 10.12 전류원 신호가 인가된 공통게이트 증폭기의 교류등가회로

예제 10.4

그림 10E4.1의 공통게이트 증폭기에 대해 R_{in}, $A_v(= v_o / v_{sig})$ 및 R_{out}을 구하시오.

단, $R_1 = 5M\Omega$, $R_2 = 5M\Omega$, $R_D = 6K\Omega$, $C_{c1} = C_{c2} = C_G = \infty$, $R_{sig} = 50\Omega$이고, MOSFET의 $V_T = 1V$, $g_m = 1mA/V$, $r_o = \infty$이다.

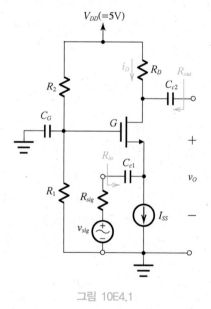

그림 10E4.1

풀이

식 (10.25)로부터

$$R_{in} \equiv \frac{v_i}{i_i} = \frac{1}{g_m} = \frac{1}{1mA/V} = 1K\Omega$$

식 (10.27)로부터

$$A_v \equiv \frac{v_o}{v_{sig}} \cong R_D g_m = 6 \times 1 = 6$$

식 (10.28)로부터

$$R_{out} = R_D = 6\text{K}\Omega$$

10.6 공통드레인 증폭기의 소신호 해석

게이트 단자를 입력단자로 소스 단자를 출력단자로 하되 드레인 단자를 공통의 접지로 사용하는 접속을 **공통드레인 접속**(혹은, 소스 팔로워)이라고 부른다. 그림 10.13 (a)는 공통드레인 접속 증폭기로서 드레인은 직류전원 V_{DD}에 연결되어 있으므로 교류적으로 접지되었으며 입력과 출력의 공통접지 역할을 한다.

그림 10.13(b)는 그림 10.13(a)의 공통드레인 증폭기에 대한 교류등가회로 이다. 출력저항 r_o는 회로의 간략화를 위해 무시하기로 한다.

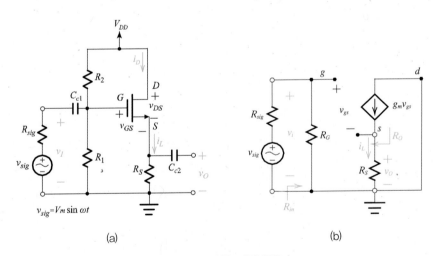

(a)   (b)

그림 10.13 공통드레인 증폭기
(a) 공통드레인 증폭기의 구조 (b) 공통드레인 증폭기의 교류등가회로

- **입력저항** 공통드레인의 입력부는 공통소스의 입력부와 동일하므로 입력저항 R_i는 다음과 같다.

$$R_{in} = R_G \tag{10.30}$$

입력전압 v_i도 공통소스의 경우와 같이 전압분배 법칙에 의해 다음 수식으로 표현된다.

$$v_i = v_{sig} \frac{R_{in}}{R_{sig} + R_{in}} = v_{sig} \frac{R_G}{R_{sig} + R_G} \overset{R_G \gg R_{sig}}{\approx} v_{sig} \tag{10.31}$$

일반적으로 $R_G \gg R_{sig}$이므로 $v_i \approx v_{sig}$가 된다.

● **전압이득** 출력전압 v_o는 그림 10.13(b)의 교류등가회로로부터 아래 식으로 구해진다.

$$v_o = g_m v_{gs} R_S \tag{10.32}$$

한편, $v_{gs} = v_i - v_o$이므로 v_o는 다음과 같이 표현된다.

$$v_o = \frac{g_m R_S v_i}{1 + g_m R_S} = v_i \frac{R_S}{R_S + 1/g_m} \tag{10.33}$$

따라서, 전압이득 A_v는 다음과 같이 구해진다.

$$A_v \equiv \frac{v_o}{v_{sig}} \approx \frac{v_o}{v_i} = \frac{R_S}{R_S + 1/g_m} \overset{R_S \gg (1/g_m)}{\approx} 1 \tag{10.34}$$

따라서 공통드레인 증폭기는 비반전증폭을 하며 전압이득은 거의 1에 가까우나 1보다 클 수는 없다.

● **출력저항** 입력 신호 $v_{sig} = 0$으로 놓고($R_{sig} = 0$으로 간주) 소스저항 R_S를 떼어내고 소스 단자에서 들여다본 출력저항 R_o는 공통게이트 경우의 입력저항과 같아지므로 식 (10.18)에서와 같이 $1/g_m$이 된다. 따라서 소스저항 R_S가 연결된 상태에서의 출력저항 R_{out}은 두 저항의 병렬합성에 의해 다음과 같이 구해진다.

$$R_{out} = \frac{1}{g_m} // R_S \tag{10.35}$$

이상의 결과로부터 공통드레인 증폭기는 매우 큰 입력저항과 작은 출력저항 특성을 갖고 전압이득은 1보다 작으므로 전압 신호는 증폭될 수 없음을 알 수 있다. 일반적으로 $R_S \gg 1/g_m$이므로 공통드레인 증폭기의 전압이득은 1에 가까운 값이 된다.

예제 10.5

그림 10E5.1의 공통드레인 증폭기에 대해 R_{in}, $A_v(= v_o / v_{sig})$ 및 R_{out}을 구하시오.

단, $R_1 = 5M\Omega$, $R_2 = 5M\Omega$, $R_S = 6K\Omega$, $C_{c1} = C_{c2} = \infty$, $R_{sig} = 50\Omega$이고, MOSFET의 $V_T = 1V$, $g_m = 1mA/V$, $r_o = \infty$이다.

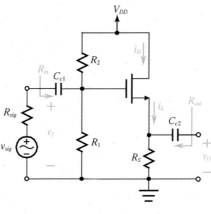

그림 10E5.1

풀이

식 (10.30)으로부터

$$R_{in} \equiv R_G = 2.5M\Omega$$

식 (10.34)로부터

$$A_v \equiv \frac{v_o}{v_{sig}} \approx \frac{R_S}{R_S + 1/g_m} = \frac{6K\Omega}{6K\Omega + 1/1(mA/V)} = 0.857$$

식 (10.35)로부터

$$R_{out} = \frac{1}{g_m} // R_S = 1K // 6K = 857\Omega$$

10.7 임피던스 변환 공식

● 임피던스 변환 공식   그림 10.14(a)와 같이 MOSFET의 드레인 단자에서 소스 단자의 저항(R_S)을 보면 식 (10.24)로부터 개방전압이득 $A_{vo}(= 1 + g_m r_o \approx g_m r_o)$로 곱해져 보이게 됨을 알 수 있다. 역으로 소스 단자에서 드레인 단자의 저항($r_o + R_L$)을 보면 개방전압이득 A_{vo}로 나눠져 보이게 되며 이를 임피던스 변환 공식

(impedance transformation formula)이라 부르기로 한다.

BJT의 경우도 동일한 원리로 그림 10.14(b)와 같이 BJT의 콜렉터 단자에서 이미터 단자의 저항(R_E')을 보면 개방전압이득 A_{vo}로 곱해져 보인다. 역으로 이미터 단자에서 콜렉터 단자의 저항($r_o + R_L$)을 보면 개방전압이득 A_{vo}로 나눠져 보이게 된다. 결과적으로 임피던스 변환 공식은 BJT에 대해서도 동일하게 적용됨을 알 수 있다. 단, BJT 이미터 단자의 저항은 MOSFET의 경우와는 달리 r_π가 R_E와 병렬연결되므로 $R_E'(= R_E \,//\, r_\pi)$으로 됨을 유의할 필요가 있다.

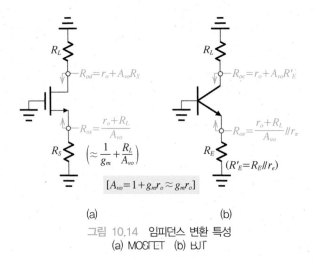

그림 10.14 임피던스 변환 특성
(a) MOSFET (b) BJT

예제 10.6

그림 10.14(a)에서 R_s를 떼어내고 드레인 단자에서 들여다본 저항 R_{os}를 구하시오. 단, MOSFET의 출력저항 r_o를 고려하시오.

풀이

그림 10.14(a)의 소신호 등가회로를 구하면 그림 10E6.1과 같다.

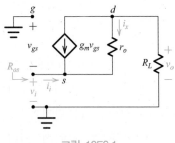

그림 10E6.1

그림 10E6.1의 등가회로에서 i_x를 구하면 다음과 같다.

$$i_x = \frac{v_o - v_i}{r_o} = \frac{-R_L(g_m v_{gs} + i_x) + v_{gs}}{r_o}$$

위 식을 i_x에 대해 정리하면 다음과 같다.

$$i_x = \frac{(1 - g_m R_L)v_{gs}}{r_o + R_L}$$

위에서 구한 i_x를 이용하여 드레인 단자에서 들여다본 저항 R_{os}를 구하면 다음과 같다.

$$R_{os} \equiv \frac{v_i}{i_i} = \frac{-v_{gs}}{-g_m v_{gs} - i_x} = \frac{r_o + R_L}{g_m r_o + 1} = \frac{r_o + R_L}{A_{vo}}$$

한편, r_o가 매우 클 경우 위에서 구한 R_{os} 수식은 다음과 같이 근사적으로 표현된다.

$$R_{os} = \frac{r_o + R_L}{g_m r_o + 1} \cong \frac{r_o + R_L}{g_m r_o} = \frac{1}{g_m} + \frac{R_L}{g_m r_o}$$

따라서, $r_o \rightarrow \infty$로 가정할 경우 $R_{OS} = 1/g_m$이 되어 식 (10.25)와 일치함을 알 수 있다.

10.8 3가지 공통구조의 특성 비교

앞에서 공통소스, 공통게이트 및 공통드레인의 3가지 접속에 의한 증폭기의 특성을 해석하였다. 표 10.1은 이상의 3가지 증폭기의 특성을 비교 요약해놓았다.

표 10.1 **3가지 공통구조의 특성 비교**

구조 항목	공통소스	공통게이트 ($r_o = \infty$)	공통드레인(소스 팔로워)
전류이득 (A_i)	-	1보다 작다 $A_i \cong 1$	-
전압이득 (A_v)	크다 $A_v = -g_m(R_D // r_o)$	크다 $A_v = \dfrac{g_m R_D}{1 + g_m R_{sig}}$	1보다 작다 $A_v = \dfrac{R_S}{R_S + 1/g_m} \cong 1$
입력저항 (R_i)	크다 $R_i = R_G$	작다 $R_i = \dfrac{1}{g_m}$	크다 $R_i = R_G$
출력저항 (R_o)	크다 $R_o = r_o$	크다 $R_o = r_o + A_{vo} R_S$	작다 $R_o = \dfrac{1}{g_m}$

공통소스 증폭기는 전압이득이 크고 입력 및 출력저항도 크며 일반적인 증폭회로에서 가장 널리 사용되는 접속 구조이다. 공통게이트 증폭기는 전압이득이 매우 크고 입력저항이 매우 작고 출력이 매우 큰 특성을 갖고 있어서 임피던스 정합회로로 유용하게 활용될 수 있다. 공통드레인(혹은 소스 팔로워) 증폭기는 전압은 증폭할 수 없고 전류만을 증폭할 수 있어 공통게이트 대조적 특성을 보인다.

입출력저항에 있어서도 공통게이트와 대조를 이루어 입력저항이 매우 크고 출력저항이 매우 작은 특성을 갖는다. 입력저항이 크고 출력저항이 작으며 전류이득이 큰 것은 버퍼회로에서 요구되는 특성이므로 공통드레인 증폭기는 버퍼회로로 유용하게 활용될 수 있다.

10.9 바디효과를 고려한 소신호 모델

● 바디효과를 고려한 등가모델 v_{SB} 의 직류성분에 의한 바디효과는 식 (1.17)에 의한 문턱전압의 변화로 고려해주었다. 지금부터 다루고자 하는 v_{SB} 의 교류성분에 의한 바디효과는 바디 전달컨턱턴스 g_{mb} 로 표현하면 편리하다.

v_{SB} 의 교류성분 v_{sb} 에 의한 전달컨턱턴스 g_{mb} 는 다음과 같이 정의된다.

$$g_{mb} \equiv \frac{\partial i_D}{\partial v_{BS}}\bigg|_{\substack{v_{GS}=v_{GSQ}\,(\text{constant}) \\ v_{DS}=v_{DSQ}\,(\text{constant})}} = -\frac{\partial i_D}{\partial v_{SB}}\bigg|_{\substack{v_{GS}=v_{GSQ}\,(\text{constant}) \\ v_{DS}=v_{DSQ}\,(\text{constant})}} \tag{10.36}$$

g_{mb} 정의식에 드레인 전류식을 대입하여 풀면 다음의 결과를 얻는다.

$$g_{mb} = -\frac{\partial\left[\frac{1}{2}k_n'\left(\frac{W}{L}\right)(v_{GS}-V_T)^2\right]}{\partial v_{SB}}\bigg|_{v_{GS}=v_{GSQ}\,(\text{constant})}$$

$$= -k_n'\left(\frac{W}{L}\right)(v_{GSQ}-V_T)\frac{\partial(-V_T)}{\partial v_{SB}} = g_m\frac{\partial V_T}{\partial v_{SB}} = \chi g_m \tag{10.37}$$

즉, 바디 전달컨턱턴스 g_{mb} 은 전달컨턱턴스 g_m 에 계수 χ 를 곱해준 형태로 표현된다.

$$g_{mb} = \chi g_m \tag{10.38}$$

여기서,

$$\chi \equiv \frac{\partial V_T}{\partial v_{SB}} = \frac{\partial [V_{TO} + \gamma(\sqrt{2\phi_F + v_{SB}} - \sqrt{2\phi_F})]}{\partial v_{SB}} = \frac{\gamma}{2\sqrt{2\phi_F + v_{SB}}} \tag{10.39}$$

이다.

한편, 바디효과를 고려한 소신호 모델은 기존의 소신호 모델에 위에서 구한 바디 전달컨덕턴스 g_{mb}를 추가해줌으로써 구해진다. 그림 10.15는 MOSFET의 소신호 모델에 바디 전달컨덕턴스 g_{mb}를 추가해줌으로써 얻어진 바디효과를 고려한 n채 널 MOSFET의 소신호 모델이다. 종속전류원 g_{mb}는 드레인과 소스 사이에 연결되 었고 v_{sb}에 의해 제어되도록 하였다. '-' 부호는 v_{sb}가 증가할 때 드레인 전류가 감 소하는 것을 표현한다.

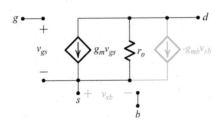

그림 10.15 바디효과를 고려한 n채널 MOSFET의 소신호 등가 모델

● 바디효과를 고려한 회로해석 앞에서의 MOS 회로 소신호 해석에서 바디효과를 고 려하는 방안을 생각해보자. 우선 직류바이어스에 의해 발생한 직류성분 V_{SB}의 바 디효과는 문턱전압 수식으로 계산된 문턱전압의 변화로 환산해줌으로써 해결한 다.

한편, 소신호 성분 v_{sb}의 바디효과는 바디 전달컨덕턴스 g_{mb}로 표현한다. 따라서 소신호 해석에서 MOSFET의 소신호 등가 모델을 그림 10.15의 바디효과를 고려 한 소신호 등가 모델로 대체하면 된다.

공통소스 증폭기의 경우 소신호 성분 $v_{sb} = 0\text{V}$로서 바디효과가 나타나지 않으므 로 소신호 해석에서 바디효과는 고려할 필요가 없다.

공통게이트 증폭기의 경우 소신호 성분 $v_{sb} = -v_{gs}$가 되므로 그림 10.15에서 볼 수 있듯이 v_{gs}가 $g_m v_{gs}$만큼의 드레인 전류 i_d를 발생시키고 v_{sb}가 바디효과에 의 해 $-g_{mb} v_{sb} = g_{mb} v_{gs}$만큼의 드레인 전류 i_d를 발생시키므로 $i_d = (g_m + g_{mb})v_{gs}$가 된 다. 따라서 바디효과를 전달컨덕턴스에 추가시켜줌으로써 쉽게 고려해줄 수 있 다. 즉, 바디효과를 추가해준 전달컨덕턴스를 g'_m이라고 하면, g'_m은 다음과 같이 구해진다.

$$g_m^{'} = g_m + g_{mb} \qquad (10.40)$$

공통드레인 증폭기의 경우 바디효과를 표현하는 종속전류원 $g_{mb}v_{sb}$가 소스와 접지 사이에 연결되며 소스 단자에서 들여다보았을 때 $1/g_{mb}$의 저항으로 보이므로 종속전류원 $g_{mb}v_{sb}$는 저항 R_S와 병렬연결되고 크기가 $1/g_{mb}$인 저항으로 등가된다. 따라서 바디효과를 나타내는 $1/g_{mb}$과 병렬합성된 R_S를 R'_s이라고 하면, 저항 R'_s은 다음과 같이 구해진다.

$$R_S^{'} = R_S //(1/ g_{mb}) \qquad (10.41)$$

10.10 MOSFET의 고주파 모델

- **MOSFET 기생 커패시터** MOSFET을 실제로 제작하다 보면 의도하지는 않았지만 어쩔 수 없이 기생적으로 커패시턴스 성분이 발생하게 된다. 이 기생 커패시턴스 성분은 일반적으로 매우 작은 값이므로 낮은 주파수에서는 무시할 수 있다.

  그러나 주파수가 높아질수록 기생 커패시턴스 성분의 영향이 커지게 되므로 고주파수에서는 그 영향을 무시할 수 없다.

  그림 10.16(a)는 MOSFET 내부에서 발생하는 기생 커패시턴스 성분들을 보여주고 있다. MOSFET에는 두 가지 형태의 기생 커패시터가 있다. 첫째는 게이트 단자가 채널과 평형판 커패시터 구조를 이루므로 발생하는 커패시턴스 성분으로 그림 10.16(a)의 C_{gs}, C_{gd} 및 C_{gb}가 이에 해당된다. 둘째는 소스와 바디 및 드레인과 바디 사이의 pn접합에서 기생적으로 발생하는 커패시턴스 성분으로 그림 10.16(a)의 C_{sb} 및 C_{db}가 이에 해당된다. 결과적으로 MOSFET에는 C_{gs}, C_{gd}, C_{gb}, C_{sb} 및 C_{db}의 다섯 가지 기생 커패시터가 존재한다.

- **MOSFET의 고주파 모델** 그림 10.16(b)는 위의 기생 커패시터를 추가하여줌으로써 구한 MOSFET 고주파 등가회로모델이다. 소스와 바디가 단락되었을 경우 C_{sb}가 제거되고 C_{gb}는 C_{gs}에 포함되므로 그림 10.16(c)와 같이 간략화된다. 한편, C_{db}의 영향은 별로 크지 않으므로 일반적으로 C_{db}를 무시하여 그림 10.16(d)와 같이 단순화된 모델을 사용한다.

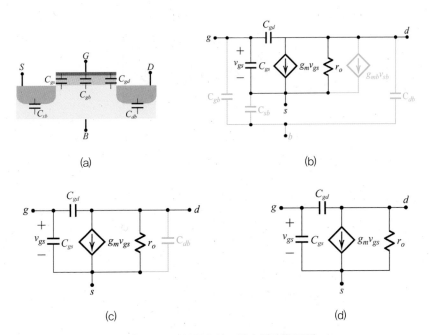

그림 10.16 MOSFET의 고주파 등가회로모델
(a) MOSFET 내부에서 발생하는 기생 커패시턴스 성분들 (b) MOSFET의 고주파 등가회로모델
(c) 소스와 바디가 단락되었을 때의 MOSFET의 고주파 등가회로모델
(d) 등가회로(c)에서 C_{db}를 무시하여 간략화한 MOSFET의 고주파 등가회로모델

● **차단주파수** f_T MOSFET 소자의 고속동작 특성의 평가척도로서 차단주파수 f_T가 사용된다. **차단주파수**(cutoff frequency)는 출력단자를 단락시킨 공통소스 증폭기의 전류이득이 1이 되는 주파수로 정의한다. 따라서 차단주파수는 단위이득 주파수(unity gain frequency)라고도 부른다.

그림 10.17은 출력단자를 단락시킨 공통소스 증폭기의 고주파 등가회로이다. 입력에 전류 신호원 i_i를 인가하고 출력단자는 단락시켰다. 저항 R_i는 게이트 단자에서 본 누설 저항이다.

단락된 출력단자로 흐르는 출력전류 i_o는 다음과 같이 구해진다.

$$i_o = g_m v_{gs} - s C_{gd} v_{gs}$$

한편, 출력단자가 단락되어 있으므로 전압이득은 0이 된다. 따라서 밀러효과가 나타나지 않으며 C_{gd}를 통해 흐르는 전류도 무시될 수 있다. 따라서 출력전류 i_o는 다음 수식으로 표현된다.

$$i_o \cong g_m v_{gs} \tag{10.42}$$

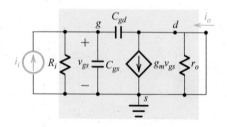

그림 10.17 단락-회로 전류이득을 구하기 위한 회로

그림 10.17로부터 v_{gs}는 다음과 같이 구해진다.

$$v_{gs} = i_i(R_i /\!/ C_{gs} /\!/ C_{gd}) = \frac{i_i}{\dfrac{1}{R_i} + s(C_{gs} + C_{gd})} \tag{10.43}$$

식 (10.42)와 식 (10.43)으로부터 단락회로 전류이득 A_i은 다음과 같이 구해진다.

$$A_i \equiv \frac{i_o}{i_i} = \frac{g_m R_i}{1 + sR_i(C_{gs} + C_{gd})} \tag{10.44}$$

정현파에 대해 $s = j\omega$이고, $|A_i| = 1$일 때의 주파수를 구함으로써 차단주파수 f_T를 구할 수 있다.

$$|A_i| = |\frac{g_m R_i}{1 + j\omega R_i(C_{gs} + C_{gd})}| = 1$$

$$\omega_T = \sqrt{\frac{(g_m R_i)^2 - 1}{R_i^2(C_{gs} + C_{gd})^2}} \overset{g_m R_i \gg 1}{\cong} \frac{g_m}{C_{gs} + C_{gd}} \tag{10.45a}$$

$$f_T = \frac{\omega_T}{2\pi} \cong \frac{g_m}{2\pi(C_{gs} + C_{gd})} \tag{10.45b}$$

차단주파수 f_T는 MOSFET의 전달컨덕턴스 g_m에 비례하고 기생 커패시턴스에 반비례하고 있다. 또한, $g_m = \sqrt{2k_n'}\sqrt{W/L}\sqrt{I_{DQ}}$ 이므로 f_T는 드레인 바이어스 전류로도 표현될 수 있다.

한편, 식 (10.44)로부터 평탄대역 이득(A_{io})과 3-dB 대역폭을 구하면 다음과 같다.

$$A_{io} = A_i \big|_{s=0} = g_m R_i \qquad (10.46)$$

$$\omega_{3dB} = \frac{1}{R_i(C_{gs} + C_{gd})} \qquad (10.47)$$

따라서, 식 (10.46), 식 (10.47) 및 식 (10.45)로부터 차단주파수는 이득과 대역폭의 곱으로 표현됨을 알 수 있다.

$$\omega_T = A_{io}\omega_{3dB} \qquad (10.48a)$$

$$f_T = A_{io}f_{3dB} = GBP \qquad (10.48b)$$

차단주파수와 3-dB 대역폭의 관계를 그래프로 표현하면 그림 10.18과 같다.

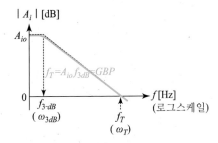

그림 10.18　차단주파수와 3-dB 대역폭의 관계

예제 10.7

$C_{gs} = 100f_F$, $C_{gd} = 50f_F$, $g_m = 1\,mA/V$인 MOSFET의 f_T를 구하시오.

풀이

식 (10.45b)로부터

$$f_T = \frac{g_m}{2\pi(C_{gs} + C_{gd})} = \frac{1 \times 10^{-3}}{2\pi \times (100+50) \times 10^{-15}} = 1.06\,\text{GHz}$$

EXERCISE

[10.1] 그림 P10.1의 MOSFET 회로의 동작점에서의 I_{DQ}, V_{GSQ} 및 전달컨덕턴스 g_m을 구하시오. 단, MOSFET의 $k'_n = 0.1mA/V^2$, $V_T = 0.8V$, $L = 0.6$m, $W = 20\mu$m이다.

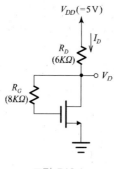

그림 P10.1

[10.2] 그림 P10.2의 공통소스 증폭기에 대해 다음 항목에 답하시오.

(a) 동작점에서의 I_{DQ}, V_{DSQ}, V_{GSQ}를 구하시오.

(b) g_m과 r_o 값을 구하시오.

(c) 교류등가회로를 그리시오.

(d) $A_V(= v_o / v_{sig})$, R_{in} 및 R_{out}을 구하시오.

단, $R_1 = 2M\Omega$, $R_2 = 3M\Omega$, $R_D = R_L = 8K\Omega$, $R_S = 500\Omega$, $C_{c1} = C_{c2} = C_S = \infty$, $R_{sig} = 1K\Omega$이고, MOSFET의 $k'_n = 0.1mA/V^2$, $V_T = 1.5V$, $L = 1\mu$m, $W = 20\mu$m, $V_A = 30V$이다. MOSFET의 바디효과는 무시하시오.

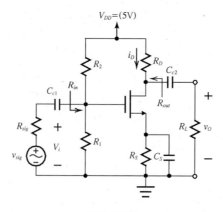

그림 P10.2

[10.3] [연습문제 10.2]에서 C_S를 제거했을 때에 전압이득이 얼마나 줄어드는가?

[10.4] 그림 P10.4의 공통게이트 증폭기에 대해 다음 항목에 답하시오.

(a) 동작점에서의 I_{DQ}, V_{DSQ}, V_{GSQ}를 구하시오.

(b) 교류등가회로를 그리시오.

(c) R_{in}, $A_v(= v_o / v_{sig})$ 및 R_{out}을 구하시오.

단, $R_1 = 5M\Omega$, $R_2 = 5M\Omega$, $R_D = R_L = 6K\Omega$, $C_{c1} = C_{c2} = C_S = \infty$, $R_{sig} = 50\Omega$이고, MOSFET의 $k'_n = 0.1mA/V^2$, $V_T = 1V$, $L = 1\mu m$, $W = 60\mu m$, $V_A = \infty$, $I_{SS} = 0.3mA$ 이다. MOSFET의 바디효과는 무시하시오.

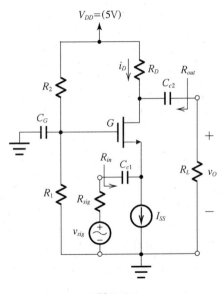

그림 P10.4

[10.5] 그림 P10.5의 공통드레인 증폭기에 대해 다음 항목에 답하시오.

(a) 동작점에서의 I_{DQ}, V_{DSQ}, V_{GSQ}를 구하시오.

(b) 교류등가회로를 그리시오.

(c) R_{in}, $A_v(=v_o / v_{sig})$ 및 R_{out}을 구하시오.

단, $R_1 = 5M\Omega$, $R_2 = 5M\Omega$, $R_S = R_L = 6K\Omega$, $C_{c1} = C_{c2} = \infty$, $R_{sig} = 50\Omega$이고, MOSFET의 $k'_n = 0.1mA/V^2$, $V_T = 1V$, $L = 1\mu m$, $W = 60\mu m$, $V_A = \infty$이다. 단, MOSFET의 바디효과는 무시하시오.

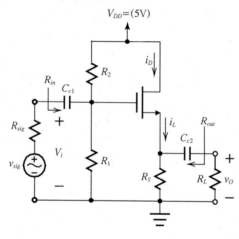

그림 P10.5

[10.6] 그림 P10.6의 공통드레인 회로에서 MOSFET의 $g_m = 2mA/V$, $r_o = \infty$, $R_L = 8K\Omega$이라고 할 때 다음에 답하시오. 단, MOSFET의 바디효과는 무시하시오.

(a) 전압이득 $A_v(=v_o / v_i)$를 구하시오.

(b) 출력저항 R_o와 R_{out}을 구하시오.

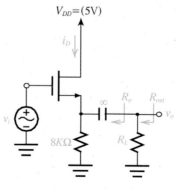

그림 P10.6

[10.7] 그림 P10.7의 공통게이트 회로에서 MOSFET의 $g_m = 2\,mA/V$, $r_o = \infty$이라고 할 때 다음에 답하시오. MOSFET의 바디효과는 무시하시오.

(a) 전압이득 $A_v(= v_o / v_i)$를 구하시오.

(b) 입력저항 R_{in}을 구하시오.

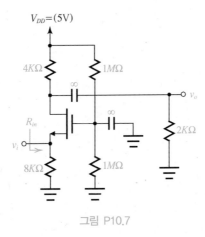

그림 P10.7

[10.8] 그림 P10.8의 회로에서 MOSFET의 $g_m = 1\,mA/V$, $r_o = \infty$이라고 할 때 $A_v(= v_o / v_i)$를 구하시오. MOSFET의 바디효과는 무시하시오.

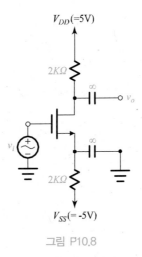

그림 P10.8

[10.9] 그림 P10.9의 회로에서 MOSFET의 $g_m = 1\,mA/\text{V}$, $r_o = \infty$이라고 할 때 $A_v(= v_o \,/\, v_i)$ 를 구하시오. MOSFET의 바디효과는 무시하시오.

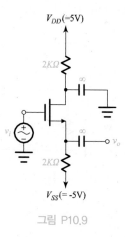

그림 P10.9

[10.10] 그림 P10.10의 회로에서 MOSFET의 $g_m = 1\,mA/\text{V}$, $r_o = \infty$이라고 할 때 $A_v(= v_o \,/\, v_i)$ 를 구하시오. MOSFET의 바디효과는 무시하시오.

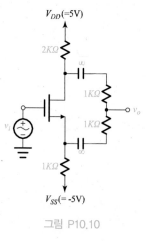

그림 P10.10

[10.11] 그림 10.14(a) 회로로부터 R_{od}의 수식을 유도하시오. 단, 바디효과는 무시하시오.

[10.12] 그림 10.14(b) 회로로부터 R_{oc}와 R_{oe}의 수식을 유도하시오.

CHAPTER

11

주파수응답

11.0 서론

- **주파수응답** 시스템의 이득과 위상이 주파수에 따라 변화하는 특성을 **주파수응답**이라 한다.
- **주파수응답 요인** 그렇다면 주파수가 변화함에 따라 특성을 변화시키는 요인은 무엇일까? 그림 11.1은 저항(R), 인덕터(L), 커패시터(C) 소자의 임피던스가 주파수에 따라 변화하는 특성을 보여주고 있다. 저항의 임피던스는 일정하여 주파수 변화에 따른 특성 변화가 전혀 없다. 따라서 저항 자체는 주파수응답에 영향을 주지 않는 소자이다. 반면에 인덕터의 임피던스는 주파수가 증가함에 따라 증가하고, 커패시터의 임피던스는 주파수가 증가함에 따라 감소하는 특성을 갖고 있다. 따라서 인덕터와 커패시터가 주파수에 따라 시스템의 특성을 변화시키고 있으며 주파수응답을 결정하는 소자가 된다.

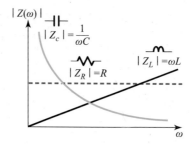

그림 11.1 주파수 변화에 따른 R, L, C 소자의 임피던스 특성 비교

일반적으로 소자의 고속동작을 제한하는 요소는 소자 내부의 기생 인덕턴스와 기생 커패시턴스 성분이다. 기생 인덕턴스 성분의 경우 일반적으로 초고주파 정도의 극히 높은 주파수에서 영향을 미친다. 그러나 우리가 다루고자 하는 회로는 이보다 낮은 주파수 대역에서 동작하므로 기생 인덕턴스의 영향은 무시할 수 있다. 따라서 주파수응답을 결정하는 요인을 커패시턴스 성분이라고 간주하여 설명하기로 한다.

11.1 주파수응답의 이해와 대역폭 정의

이 절에서는 일반적인 증폭기를 등가 모델로 표현하여 주파수응답의 개념과 대역폭의 정의에 대해 살펴보기로 한다.

그림 11.2(a)는 이상적인 증폭기에 RC로 구성된 저역통과 회로와 $R_1 C_1$으로 구성

된 고역통과 회로를 종속 연결하여 실제 증폭기를 등가적으로 표현한 등가 모델이
다. 편의상 이상적인 증폭기의 이득을 10이라고 가정하자.

개념잡이

그림 11.2(a)의 증폭기 등가모델은 대부분의 증폭기에서 적용될 수 있는 모델이다. 즉, C_1 및 R_1은 직류
바이어스 회로의 커플링 커패시터 등을 모델화한 것으로 매우 큰 값이므로 저주파 대역에서 영향을 미친
다. 반면에 C 및 R은 기생 커패시턴스 성분 등을 모델화한 것으로 매우 작은 값이므로 고주파 대역에서
영향을 미친다.

저역통과 회로와 고역통과 회로의 영향이 미치지 않는 중간대역에서는 이상적인
증폭기의 특성만이 나타난다. 따라서 전압이득 $A_v(\equiv v_o / v_i = 10)$는 그림 11.2(b)의
중간대역에서와 같이 평탄한 특성을 보인다. 그러나 주파수가 높아지면 저역통과 회
로에 의해 이득이 급격히 떨어진다. 반면에 주파수가 낮아지면 고역통과 회로에 의
해 이득이 급격히 떨어져서 그림 11.2(b)와 같은 주파수응답특성을 보인다.

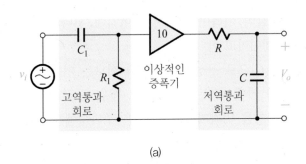

(a)

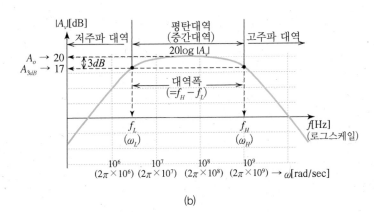

(b)

그림 11.2 증폭기의 주파수응답특성
(a) 증폭기 등가모델 (b) 증폭기의 이득 응답특성곡선

- **고주파 대역** 실제의 모든 증폭기는 동작할 수 있는 한계주파수가 존재하며 이보다 높은 주파수로 동작시킬 경우 그림 11.2(b) 특성곡선의 우측 부분과 같이 이득이 급격히 감소하여 정상적인 동작을 할 수 없게 된다. 이 대역을 **고주파 대역**(high-frequency band)이라고 한다.

  이런 현상은 증폭기 내부의 기생 커패시턴스에 의해 저역통과 회로가 형성되기 때문이다. 그림 11.2(a)에서 RC 저역통과 회로는 이를 표현하기 위해 삽입된 것이다. 그러나 기생 커패시턴스는 매우 작은 성분에 불과하므로 한계주파수 근처의 매우 높은 주파수에서만 영향을 미치며 그보다 낮은 주파수에서는 거의 영향을 미치지 않는다.

- **저주파 대역** 한편, 증폭기에 신호를 인가할 때, 직류바이어스를 보호하기 위해 커패시터를 통하여 신호를 인가하며 이를 결합(coupling) 커패시터라고 한다. 이 결합 커패시터는 교류신호에 대해서 단락회로로 작용해야 하므로 클수록 유리하다. 그러나 현실적으로 무한히 크게 할 수는 없으므로 입력 신호의 주파수를 고려하여 적절한 크기로 설계된다. 따라서 주파수가 매우 낮아질 경우 결합 커패시터와 증폭기의 입력저항에 의해 형성되는 고역통과 회로에 의해 그림 11.2(b) 특성곡선의 좌측 부분과 같이 이득이 급격히 떨어지게 된다. 이 대역을 **저주파 대역**(low-frequency band)이라고 한다.

  그림 11.2(a)에서 $R_1 C_1$으로 구성된 고역통과 회로는 이를 표현하기 위해 삽입된 것이다. 그러나 결합 커패시터는 일반적으로 매우 큰 값으로 설계되므로 매우 낮은 주파수에서만 영향을 미치며 그보다 높은 주파수에서는 거의 영향을 미치지 않는다.

- **평탄대역** 앞서 언급한 두 특성에 의하면 결합 커패시터의 영향을 받지 않을 정도로 주파수가 높고 동시에 기생 커패시턴스의 영향을 받지 않을 정도로 주파수가 낮은 대역이 존재할 수 있음을 알 수 있다. 이 대역을 **중간대역**(midband)이라고 한다.

  중간대역에서는 어떤 커패시터의 영향도 받지 않으므로 주파수가 변화해도 일정한 이득을 유지하게 되므로 그림 11.2(b) 특성곡선의 중앙 부분과 같이 평탄한 이득 특성을 보이게 된다. 이와 같이 커패시터의 영향을 받지 않아서 주파수 변화에 대한 이득의 변화가 거의 없는 대역을 **평탄대역**(flat band)이라고 부른다. 앞으로 **평탄대역에서의 이득**을 A_o로 표기하기로 하자.

  평탄대역에서는 그림 11.2(a)의 저역통과 회로와 고역통과 회로의 영향이 미치지 않으므로 이상적인 증폭기의 특성만 나타난다. 따라서 그림11.2(b)의 경우 평탄대역 이득 $A_o = 10 (\rightarrow 20 dB)$이 된다.

- 3-*dB* 주파수 평탄대역 이득 A_o로부터 3-*dB*떨어진 지점의 주파수를 3-*dB* 주파수 라고 한다. 그림 11.2(b)의 경우 f_H와 f_L의 2개의 3-*dB* 주파수가 존재하며 f_H를 상위 3-*dB* 주파수라고 하고 f_L을 하위 3-*dB* 주파수라고 부른다.

- 3-*dB* 대역폭 평탄하던 이득은 3-*dB* 주파수를 경계로 급격히 떨어지기 시작하므로 3-*dB* 주파수까지를 평탄대역으로 정의한다. 이와 같이 3-*dB* 주파수를 경계로 구한 평탄이득 대역폭을 3-*dB* 대역폭 혹은 대역폭이라고 부른다. 따라서 3-*dB* 대역폭은 다음과 같이 두 3-*dB* 주파수의 차로 정의된다.

$$\text{대역폭} \equiv f_H - f_L \tag{11.1}$$

일반적으로 f_L은 매우 낮은 주파수이므로 $f_H \gg f_L$의 조건이 만족된다. 따라서 대역폭을 상위 3-*dB* 주파수 f_H로 간주하여 식 (11.2)와 같은 근사식을 사용하기도 한다.

$$\text{대역폭} \equiv f_H - f_L \cong f_H \tag{11.2}$$

평탄대역의 위나 아래에서는 이득이 급격히 감소하여 정상적인 증폭 동작을 할 수 없게 되므로, 증폭기가 주파수 변화에 영향을 받지 않고 일정한 이득을 유지하기 위해서 평탄대역 내에서 사용되어야 한다.

- 주파수 대역의 분류 그림 11.2(b)의 이득 특성곡선에서 볼 수 있듯이, 평탄대역이 주파수 스펙트럼으로 볼 때 가운데 위치하므로 중간대역이라고 부른다. 중간대역보다 높은 주파수 대역을 고주파 대역이라 하고 중간대역보다 낮은 주파수 대역을 저주파 대역이라 하여 주파수적으로 3개의 대역으로 구분하여 부른다.

이상으로 그림 11.2(a)의 증폭기 모델에 대한 설명과 개괄적인 특성 이해를 마치고 이제부터는 실제 해석을 통해 그림 11.2(a) 회로의 주파수응답을 구해보기로 한다. 주파수 대역의 가운데에 커패시터의 영향을 받지 않는 중간대역이 존재하면 고주파 대역의 응답과 저주파 대역의 응답이 중간대역에 의해 분리되어 서로 영향을 주지 못하므로 각각이 독립적으로 해석될 수 있다. 이와 같이 고주파 응답과 저주파 응답을 분리하여 독립적으로 해석할 경우 해석이 매우 간단해진다. 따라서 앞으로 주파수응답을 해석함에 있어 고주파 응답과 저주파 응답을 분리하여 독립으로 해석한 후 중간대역 특성을 구해 전체 대역의 응답을 구하기로 한다.

예제 11.1

$A_o = 20dB$라고 할 때 A_o보다 3-dB작은 이득 $A_{3dB} = 17dB$가 된다. 이때 $A_{3dB}\,/\,A_o$는 얼마인가?

풀이

$$20\log\left(\frac{A_{3dB}}{A_o}\right) = 20\log A_{3dB} - 20\log A_o = 17 - 20 = -3$$

이므로

$$\frac{A_{3dB}}{A_o} = 10^{-\frac{3}{20}} = \frac{1}{\sqrt{2}}$$

11.2 고주파 응답

주파수가 매우 높아질 경우 결합 커패시터는 단락회로로 근사할 수 있다. 따라서 그림 11.2(a) 회로에서의 C_1은 단락회로로 대체된다. 이 경우 v_i는 그대로 증폭기 입력에 나타난다. 따라서 고역통과회로는 있으나 마나 해지므로 제거하면 그림 11.3(a)의 고주파 등가회로를 얻는다.

그림 11.3(a)에서 입력 v_i는 이득이 10인 이상 증폭기에 의해 10배로 증폭되어 $10v_i$가 RC회로에 인가된다. 출력전압 v_o는 $10v_i$가 저항(R)과 커패시터(C)의 임피던스에 의해 전압분배되어 나타나므로 다음 수식으로 표현된다.

$$v_o = \frac{\dfrac{1}{sC}}{R + \left(\dfrac{1}{sC}\right)}10v_i = \frac{10}{sRC+1}v_i$$

따라서 전압이득 $A_v(s)$는 다음과 같이 구해진다.

$$A_v(s) \equiv \frac{v_o}{v_i} = \frac{10}{sRC+1} \tag{11.3}$$

입력 v_i가 정현파라고 가정하면 복소주파수 s가 $j\omega$로 대체되므로 전압이득 $A_v(j\omega)$는 다음과 같이 표현된다.

$$A_v(j\omega) = \frac{10}{sRC+1}\bigg|_{s=j\omega} = \frac{10}{j\omega RC+1} \tag{11.4}$$

주파수응답이란 시스템의 이득과 위상이 주파수에 따라 변화하는 특성이라고 했다. 그렇다면 앞서 구한 식 (11.4)의 이득함수로부터 이득과 위상이 주파수에 따라 변화하는 특성을 살펴보도록 하자.

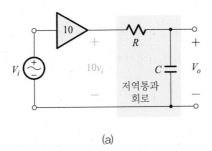

(a)

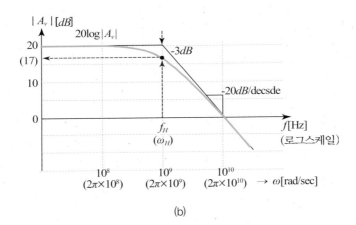

(b)

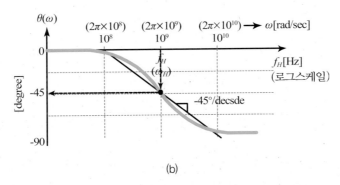

(b)

그림 11.3 증폭기의 고주파 응답
(a) 증폭기의 고주파 등가회로 (b) 이득의 고주파 특성 (c) 위상의 고주파 특성

● 이득 특성　식 (11.4)로부터 이득의 크기는 다음과 같이 구해진다.

$$|A_v(j\omega)| = \frac{10}{\sqrt{(\omega RC)^2 + 1}} \tag{11.5}$$

식 (11.5)의 이득 크기를 보드선도로 그리면 그림 11.3(b)에서의 그래프와 같은 모양을 보인다. 저주파에서의 큰 이득은 주파수가 높아짐에 따라 감소하여 $0dB$ 이하로 떨어진다. 따라서 이 회로는 저역통과 특성을 보인다.

● 평탄대역 이득 A_o　이와 같은 저역통과 회로의 경우, 그림 11.3(b)의 특성으로부터 평탄대역 이득 A_o는 주파수가 0에서의 이득을 구함으로써 가장 잘 구해짐을 알 수 있다.

$$A_O = A_v(j\omega)\bigg|_{\omega \to 0} = \frac{10}{\sqrt{(\omega RC)^2 + 1}}\bigg|_{\omega \to 0} = 10 \ (\to 20dB)$$

식 (11.4)의 이득함수를 평탄대역 이득 A_o로 표시하면 다음과 같이 표현된다.

$$A_v(j\omega) = \frac{A_o}{j\omega RC + 1} \tag{11.6}$$

● 3-dB 주파수 f_H　그림 11.3(b)에서 f_H(혹은 ω_H)는 3-dB 주파수로서 고주파 대역에 있으므로 상위 3-dB 주파수가 된다. $-3dB$는 $1/\sqrt{2}$ 이므로 $3dB$가 떨어졌다는 것은 크기가 $1/\sqrt{2}$ 배로 감소함을 의미한다. 즉, 3-dB 주파수에서의 이득 $A_{3dB} = A_v(\omega_H)$는 $A_O/\sqrt{2}$ 가 된다. 따라서 다음과 같이 3-dB 주파수가 구해진다.

$$A_{3dB} = A_v(\omega_H) = \frac{A_O}{\sqrt{2}}$$

$$\frac{1}{\sqrt{(\omega_H RC)^2 + 1}} = \frac{1}{\sqrt{2}}$$

$$\omega_H = \frac{1}{RC} \ ; \ f_H = \frac{1}{2\pi RC} \tag{11.7}$$

중간대역의 평탄하던 이득은 3-dB 주파수 전후에서 급격히 떨어지기 시작하며 저역통과 회로가 1개의 독립 커패시터로 이루어졌으므로 $-20dB$/decade의 기울기로 떨어지게 된다. 또한, 그림 11.3(b)에서 볼 수 있듯이 이득 특성곡선의 두 점근

선이 교차하는 모서리(corner)가 3-*dB* 주파수와 일치하므로 3-*dB* 주파수를 코너 주파수(corner frequency)라고도 부른다.

● **위상 특성**　식 (11.4)의 이득함수로부터 위상이 주파수에 따라 변화하는 특성을 구하면 다음 수식으로 표현된다.

$$\theta(\omega) \equiv \angle A(j\omega) = -\tan^{-1}(\omega RC) \tag{11.8}$$

그림 11.3(c)의 곡선은 식 (11.8)의 위상 특성을 그래프로 그린 것이다. $-\tan^{-1}(\infty)$ $= -90°$이므로 최대로 90°만큼의 위상이 변할 수 있다. 또한 3-*dB* 주파수에서의 위상이 $\theta(\omega H) = -\tan^{-1}(1) = -45°$로서 3-*dB* 주파수 전후에서 위상 변화가 발생함을 알 수 있다. 또한, 위상 특성곡선을 그림 11.3(c)에서와 같이 직선으로 근사화할 경우 그 기울기가 $-45°$/decade로 떨어지고 있음을 알 수 있다.

● **1-폴 시스템**　이득함수를 일반적인 형태로 표현하면 다음과 같다.

$$A(s) = a_o \frac{(s - z_1)(s - z_2) \cdots (s - z_m)}{(s - p_1)(s - p_2) \cdots (s - p_n)} \tag{11.9}$$

여기서, p_1, p_2, $\cdots$ p_n을 폴(pole)이라고 부르고 z_1, z_2, $\cdots$ z_m을 제로(zero)라고 부른다.

위에서 구한 식 (11.3)의 이득함수 $A_v(s)$는 다음과 같이 정리될 수 있으므로 $p_1 = -1/RC$인 1개의 폴을 갖는다.

$$A_v(s) = \frac{10}{sRC + 1} = \left(\frac{10}{RC}\right) \frac{1}{s - \left(-\dfrac{1}{RC}\right)} = a_o \frac{1}{(s - p_1)} \tag{11.10}$$

결국 위에서 해석한 그림 11.3(a) 회로는 1개의 폴을 갖는 1-폴 시스템이다. 일반적으로 독립 커패시터 1개는 1개의 폴을 형성한다. 1개의 폴은 이득을 20*dB*/decade로 떨어뜨리고, 위상을 최대 90°까지 변화시킨다. 폴이 2개 이상인 경우 이득 변화 기울기와 위상 변화는 폴 갯수의 배수로 증가한다.

예제 11.2

그림 11.3을 보고 다음에 답하시오.

(a) 그림 11.3(b)의 보드선도에서 평탄대역 이득 A_o는 데시벨로 몇 dB인가? 또 이것은 몇 배의 이득인가?

(b) 그림 11.3(b)의 보드선도에서 3-dB 주파수 f_H는 몇 Hz인가?

(c) 그림 11.3(a) 회로에서 R = 1KW이라고 할 때 위의 (a) 문항에서 구한 f_H가 실제로 3-dB 주파수가 되도록 C의 값을 구하시오.

(d) 어떤 폴에 의한 이득 변화의 영향을 받지 않을 수 있는 주파수 영역을 설명하시오.

풀이

(a) 평탄대역 이득 A_o 값을 그림 11.3(b)의 보드선도에서 읽으면 $20dB$가 된다. 또한,

$$20 \log(A_o) = 20 \rightarrow \log(A_o) = 1$$이므로 $A_o = 10^1 = 10$배가 된다.

(b) 그림 11.3(b)의 보드선도에서 읽으면 3-dB 주파수 f_H는

$$f_H = 1GHz$$

(c) 식 (11.7)로부터

$$C = \frac{1}{2\pi R f_H} = \frac{1}{2\pi \times 10^3 \times 10^9} = 0.159pF$$

(d) 어떤 폴에 의한 이득 변화의 영향권은 그림 11.3(b)의 이득 특성에서 볼 수 있듯이 대략 $0.1 f_H$이다. 즉, 폴로부터 평탄대역 방향으로 1decade 이상 멀어지면 이득에 있어 더 이상 그 폴의 영향을 받지 않는다.

예제 11.3

그림 11.3(c)의 위상 특성을 보고 다음에 답하시오.

(a) 코너 주파수 f_H에서의 위상은 몇 도인가?

(b) 단일 폴에 의한 위상 변화의 영향권은 대략 몇 decade인가?

풀이

(a) 그림 11.3(c)의 위상 특성으로부터 코너 주파수 f_H에서의 위상은

$$\theta(f_H) = 45°$$

(b) 단일 폴에 의한 위상 변화의 영향권은 그림 11.3(c)의 위상 특성으로부터 대략 $0.1 f_H$부터 $10 f_H$까지이다. 따라서 단일 폴에 의한 위상 변화의 영향권은 그 폴을 중심으로 +/- 1decade씩 모두, 2decade 구간이다.

개념잡이

어떤 폴로부터 평탄대역 방향으로 1decade 이상 떨어지면 이득과 위상을 포함해서 그 폴의 영향을 받지 않는다.

11.3 저주파 응답

주파수가 매우 낮아질 경우 기생 커패시턴스는 개방회로로 작용하게 되므로 그림 11.2(a) 회로에서의 C는 제거된다. 이 경우 이상 증폭기의 출력이 그대로 v_o가 된다. 따라서 저역통과 회로는 아무런 영향을 미치지 못하므로 제거하면 그림 11.4(a)의 저주파 등가회로를 얻는다.

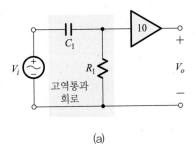

(a)

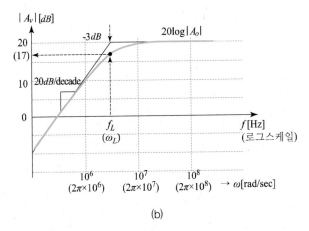

(b)

그림 11.4 증폭기의 저주파 응답
(a) 증폭기의 저주파 등가회로 (b) 이득의 저주파 특성

그림 11.4(a)의 회로에서 입력 v_i는 커패시터(C_1)의 임피던스와 저항(R_1)에 의해 전압분배된 후 이상 증폭기에 의해 10배 증폭되어 출력 v_o로 나타난다. 따라서 출력 전압 v_o는 다음 수식으로 표현된다.

$$v_o = \frac{R_1}{R_1 + \left(\dfrac{1}{sC_1}\right)} 10v_i = \frac{sR_1C_1}{sR_1C_1 + 1} 10v_i \tag{11.11}$$

따라서 전압이득 $A_v(s)$는 다음과 같이 구해진다.

$$A_v(s) \equiv \frac{v_o}{v_i} = 10\frac{sR_1C_1}{sR_1C_1 + 1} \tag{11.12}$$

입력 v_i가 사인파라고 가정하면 복소주파수 s가 $j\omega$로 대체되므로 전압이득 $A_v(j\omega)$는 다음 수식으로 표현된다.

$$A_v(j\omega) = 10\frac{sR_1C_1}{sR_1C_1 + 1}\Big|_{s=j\omega} = 10\frac{j\omega R_1C_1}{j\omega R_1C_1 + 1} \tag{11.13}$$

- **이득 특성** 식 (11.13)으로부터 전압이득의 크기는 다음과 같이 구해진다.

$$|A_v(j\omega)| = 10\frac{\omega R_1C_1}{\sqrt{(\omega R_1C_1)^2 + 1}} \tag{11.14}$$

식 (11.14)의 이득 특성을 보드선도로 그리면 그림 11.8(b)의 곡선과 같은 모양으로 그려진다. 주파수가 $0Hz$일 때 0이었던 이득이 주파수가 증가함에 따라 함께 증가하므로 고역통과 특성을 보인다.

- **평탄대역 이득 A_o** 한편, 주파수가 증가함에 따라 함께 증가하던 이득이 더 이상 커패시터의 영향을 받지 않고 일정한 이득을 유지하면서 평탄대역에 접어든다. 이 경우 평탄대역 이득 A_o는 주파수가 ∞에서의 이득을 구함으로써 얻어진다.

$$A_O = A_v(j\omega)\Big|_{\omega\to\infty} = 10\frac{\omega R_1C_1}{\sqrt{(\omega R_1C_1)^2 + 1}}\Big|_{\omega\to\infty} = 10 \quad (\to 20\text{dB}) \tag{11.15}$$

식 (11.14)의 이득함수를 평탄대역 이득 A_o로 표시하면 다음과 같이 표현된다.

$$| A(j\omega) |= A_o \frac{\omega R_1 C_1}{\sqrt{(\omega R_1 C_1)^2 + 1}} \tag{11.16}$$

● 3-*dB* 주파수 f_L 이득이 평탄대역 이득보다 $3dB$ 떨어진 지점$(=1/\sqrt{2})$의 주파수란 정의로부터 3-*dB* 주파수를 구하면 다음 수식으로 구해진다.

$$\omega_L = \frac{1}{R_1 C_1} \; ; \; f_L = \frac{1}{2\pi R_1 C_1} \tag{11.17}$$

f_L은 저주파 대역에 있으므로 하위 3-*dB* 주파수가 된다. 중간대역의 평탄하던 이득은 3-*dB* 주파수 전후에서 급격히 변하기 시작하며 고역통과 회로가 1개의 독립 커패시터로 이루어졌으므로 주파수 증가에 따라 $20dB/\text{decade}$의 기울기로 증가하게 된다.

예제 11.4

그림 11.4을 보고 다음에 답하시오.

(a) 그림 11.4(b)의 보드선도에서 평탄대역 이득 A_o는 데시벨로 몇 *dB*인가? 또 이것은 몇 배의 이득인가?

(b) 그림 11.4(b)의 보드선도에서 3-*dB* 주파수 f_L는 몇 *Hz*인가?

(c) 그림 11.4(a) 회로에서 $R_1 = 100\Omega$이라고 할 때 위의 (a) 문항에서 구한 f_L이 실제로 3-*dB* 주파수가 되도록 C_1의 값을 구하시오.

풀이

(a) 평탄대역 이득 A_o 값을 그림 11.4(b)의 보드선도에서 읽으면 $20dB$가 된다.

또한, $A_o = 10^1 = 10$배가 된다.

(b) 그림 11.4(b)의 보드선도에서 읽으면 3-*dB* 주파수 f_L는

$$f_L = 3MHz$$

(c) 식 (11.17)로부터

$$C_1 = \frac{1}{2\pi R_1 f_L} = \frac{1}{2\pi \times 100 \times 3 \times 10^6} = 530\text{p}F$$

11.4 증폭기의 전체 주파수응답

앞에서의 고주파 응답과 저주파 응답을 구했으므로 전체 주파수응답을 구하기 위해서는 중간대역 응답을 구해야 한다.

● 중간대역 응답 중간대역에서는 커패시터의 영향을 받지 않으므로 그림 11.2(a)에서 저역통과 회로의 C는 개방회로로 대체하여 제거하고 고역통과 회로의 C_1은 단락회로로 대체하여 제거하면 그림 11.5와 같은 중간 주파수 대역에서의 등가회로를 얻는다.

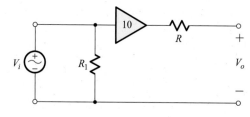

그림 11.5 단순화된 증폭기의 중간대역 등가회로

그림 11.5의 중간대역 등가회로로부터 전압이득 $A_v(s)$를 구하면 다음과 같다.

$$A_v(s) \equiv \frac{v_o}{v_i} = 10 = A_o \tag{11.18}$$

중간대역은 평탄대역이므로 식 (11.18)에서 볼 수 있듯이 일정한 이득 특성을 보이며 평탄대역 이득 $A_o = 10$이 된다. 이와 같이 중간대역이 평탄대역인 경우 고주파 이득함수에 $s = 0$으로 두거나, 저주파 이득함수에 $s = \infty$로 두어도 평탄대역 이득이 구해진다.

결과적으로 증폭기의 전체 주파수응답은 그림 11.6과 같은 특성곡선으로 표현된다. 중간대역에서의 두 3-dB 주파수 f_H와 f_L은 다음과 같다.

$$f_H = \frac{1}{2\pi RC} \quad , \quad f_L = \frac{1}{2\pi R_1 C_1} \tag{11.19}$$

따라서 대역폭은 두 3-dB 주파수로부터 다음과 같이 구해진다.

$$\text{대역폭} \equiv f_H - f_L = \frac{1}{2\pi RC} - \frac{1}{2\pi R_1 C_1} \tag{11.20}$$

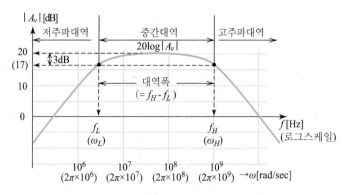

그림 11.6 단순화된 증폭기의 이득 응답특성

일반적으로 $R_1C_1 \gg RC$이므로 $f_H \gg f_L$가 되므로 대역폭을 다음의 근사식으로 간단히 표현하기도 한다.

$$대역폭 \cong f_H = \frac{1}{2\pi RC} \qquad (11.21)$$

예제 11.5

그림 11.6의 보드선도를 보고 다음에 답하시오.

(a) 평탄대역 이득 A_o는 데시벨로 몇 dB인가? 또 이것은 몇 배의 이득인가?

(b) 상위 3-dB 주파수 f_H와 하위 3-dB 주파수 f_L은 각각 몇 Hz인가?

(c) 3-dB 대역폭은 Hz인가?

풀이

(a) 그림 11.6의 보드선도에서 평탄대역 이득 A_o 값을 읽으면 $20dB$가 된다.
또한, $20 = 20 \log A_o$이므로 $A_o = 10$, 즉 10배의 이득이다.

(b) 그림 11.6의 보드선도에서 읽으면

$$f_H = 1 \times 10^9 = 1[GHz],$$
$$f_L = 3 \times 10^6 = 3[MHz]$$

(c) 3-dB 대역폭은 (b)에서 구한 3-dB 주파수로부터

$$\begin{aligned}
대역폭 &= f_H - f_L = 1 \times 10^9 - 3 \times 10^6 \\
&= 0.997 \times 10^9 = 0.997[GHz] \\
&\cong 1 \times 10^9 = 1[GHz] = f_H
\end{aligned}$$

11.5 MOS 공통소스 증폭기의 주파수응답

그림 11.7에 보인 MOS 공통소스 증폭기에 대해 주파수응답을 살펴보자. 공통소스 증폭기는 그림 11.7에서 볼 수 있듯이 결합 커패시터 C_{c1} 및 C_{c2}와 바이패스 커패시터 C_S처럼 극히 커서 저주파 대역에서만 영향을 미치는 커패시터와 MOSFET 내부의 기생 커패시턴스처럼 극히 작아서 고주파 대역에서만 영향을 미치는 커패시터의 극단적인 두 부류의 커패시터로 구성되었음을 알 수 있다. 따라서 그 사이인 중간대역에 어느 쪽의 영향도 받지 않는 평탄대역이 존재하므로 고주파 응답과 저주파 응답으로 분리하여 해석할 수 있다.

11.5.1 고주파 응답

그림 11.7의 공통소스 증폭기가 고주파에서 동작할 경우 결합 커패시터 C_{c1} 및 C_{c2}와 바이패스 커패시터 C_S는 단락회로로 작용하므로 단락시켜 제거하고 MOSFET을 고주파 등가모델로 대체함으로써 그림 11.8(a)의 고주파 등가회로를 얻게 된다.

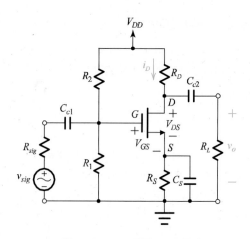

그림 11.7 MOS 공통소스 증폭기

그림 11.8(a)의 등가회로에서 입력부에 점선으로 표시된 부분을 테브냉 등가회로로 변환하고 출력부의 병렬저항을 합성하여 정리하여줌으로써 그림 11.8(b)의 등가회로를 얻게 된다.

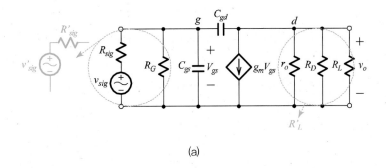

(a)

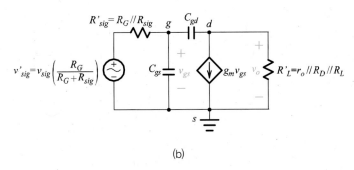

(b)

그림 11.8 공통소스 증폭기의 고주파 등가회로
(a) 증폭기의 고주파 등가회로 (b) 간략화된 고주파 등가회로

그림 11.8(b)의 등가회로에서 기생 커패시턴스 C_{gd}는 출력단인 드레인과 입력단인 게이트 사이에 연결되어 있어 출력 신호 중의 일부분을 입력으로 되돌려주는 귀환 작용을 야기하게 된다. 이와 같이 귀환이 발생할 경우 회로해석이 상당히 복잡해지므로 귀환이 없는 회로로 변환하여 해석할 필요가 있다. 밀러의 정리는 귀환회로를 귀환이 없는 회로로 등가변환 하는 유용한 수단이다.

● 밀러의 정리 그림 11.9(a)와 같이 회로 내의 두 지점에서의 전압을 각각 v_1 및 v_2라 하고 그 사이에 임피던스 Z가 연결되어 있는 상황을 설정하자. v_1을 입력전압, v_2를 출력전압이라고하면 전압이득 K_v는 다음과 같이 정의된다.

$$K_v \equiv \frac{v_2}{v_1} \tag{11.22}$$

이 경우 임피던스 Z는 출력과 입력을 연결하는 귀환 소자가 된다. 따라서 귀환을 끊기 위해 임피던스 Z를 그림 11.9(b)와 같이 접지로 연결된 두 개의 임피던스 Z_1 및 Z_2로 등가변환할 수 있다면 귀환이 없는 회로로의 등가변환이 가능해질 것이다.

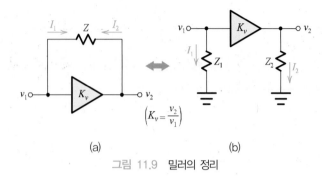

그림 11.9 밀러의 정리

만약, 임피던스 Z를 통해 흐르는 전류 I_1 및 I_2가 임피던스 Z_1 및 Z_2로 흐르는 전류 I_1 및 I_2와 같아진다면 두 회로는 동일한 것으로 간주할 수 있다. 우선, 두 회로의 I_1이 동일할 경우 다음의 관계 수식을 얻을 수 있다.

$$I_1 = \frac{v_1 - v_2}{Z} = \frac{v_1\left(1 - \dfrac{v_2}{v_1}\right)}{Z} = \overbrace{\frac{v_1}{\dfrac{Z}{1-K_v}}}^{\text{(a) 회로의 } I_1} = \overbrace{\frac{v_1}{Z_1}}^{\text{(b) 회로의 } I_1}$$

따라서 임피던스 Z_1은 다음 수식으로 구해진다.

$$Z_1 = \frac{Z}{1-K_v} \tag{11.23}$$

마찬가지 방법으로, 두 회로의 I_2가 동일하다고 가정하여 임피던스 Z_2를 구하면 다음의 수식을 얻게 된다.

$$Z_2 = \frac{ZK_v}{K_v - 1} \tag{11.24}$$

● 귀환 없는 등가회로　밀러의 정리를 이용하여 그림 11.8(b)의 등가회로를 귀환이 없는 등가회로로 변환해보자. 그림 11.8(b)의 등가회로에서 게이트 전압(v_g)을 v_1, 드레인 전압(v_d)을 v_2로 놓으면 K_v는 다음과 같이 구해진다.

$$K_v \equiv \frac{v_2}{v_1} = \frac{v_d}{v_g} = -g_m R_L' \tag{11.25}$$

한편, 임피던스 $Z = 1/j\omega C_{gd}$이므로 임피던스 Z_1은 식 (11.23)으로부터 다음과 같이 구해진다.

$$Z_1 = \frac{1}{j\omega C_{gd}} \frac{1}{1 + g_m R_L'} = \frac{1}{j\omega \underbrace{C_{gd}(1 + g_m R_L')}_{=C_M}} \qquad (11.26)$$

결국 임피던스 Z_1은 크기가 $C_{gd}(1 + g_m R_L')$인 커패시터임을 알 수 있다. 이 커패시
터를 C_M으로 표기하면 다음 수식으로 표현된다.

$$C_M = C_{gd}(1 + g_m R_L') \approx C_{gd} |K_v| \qquad (11.27)$$

게이트와 드레인의 두 마디 사이에 연결된 커패시터 C_{gd}를 그림 11.10에서 볼 수
있듯이 게이트와 접지 사이에 연결되는 커패시터 C_M으로 변환하면 커패시터의
크기가 C_{gd}의 $|K_v|$배로 증가됨을 알 수 있다. 이와 같이 두 마디 사이에 연결된
C_{gd}가 두 마디 사이의 반전 전압이득($-g_m R_L'$)에 의해 실효 커패시턴스 값이 증가
하는 효과를 밀러효과(Miller effect)라고 부른다. 실제로 C_{gd}는 극히 작은 값이지만
밀러효과에 의해 주파수 특성에 큰 영향을 미치며 전압이득 K_v의 크기가 커질수
록 더 큰 영향을 준다.

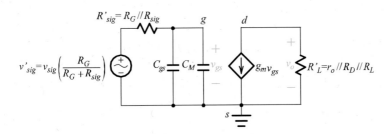

그림 11.10　밀러의 정리로 C_{gd}를 제거한 고주파 등가회로

식 (11.23)으로부터 임피던스 Z_2를 구하면 다음과 같다.

$$Z_2 = \frac{1}{j\omega C_{gd}} \frac{g_m R_L'}{g_m R_L' + 1} \overset{g_m R_L' \gg 1}{\approx} \frac{1}{j\omega C_{gd}} \qquad (11.28)$$

식 (11.28)의 결과로부터 임피던스 Z_2은 최대 크기가 C_{gd}인 매우 작은 커패시터임
을 알 수 있다. 따라서 이 커패시터를 무시하기로 하면 그림 11.8(b)의 등가회로
는 그림 11.10과 같은 귀환 없는 등가회로로 변환된다.

● 고주파 응답　그림 11.11과 같은 귀환 없는 등가회로로부터 출력전압 v_o를 구하면
다음 수식으로 표현된다.

$$v_o = -g_m R_L^{'} v_{gs} \tag{11.29}$$

또한, v_{gs}를 구하면 다음 수식으로 표현된다.

$$v_{gs} = v_{sig} \left(\frac{R_G}{R_G + R_{sig}} \right) \frac{1}{sC_{in}R_{sig}^{'} + 1} \tag{11.30}$$

여기서, $C_{in} = C_{gs} + C_M$이다. 따라서 고주파 이득 A_v는 다음과 같이 구해진다.

$$A_v = \frac{v_o}{v_{sig}} = -\left(\frac{R_G}{R_G + R_{sig}} \right) (g_m R_L^{'}) \frac{1}{sC_{in}R_{sig}^{'} + 1} \tag{11.31}$$

식 (11.31)에서 $s = 0$으로 두어 평탄대역 이득을 구하면

$$A_o = A_v \big|_{s=0} = -\left(\frac{R_G}{R_G + R_{sig}} \right) g_m R_L^{'} \tag{11.32}$$

이 되므로 식 (11.31)은 다음과 같이 간단히 표현된다.

$$A_v = \frac{A_o}{1 + \dfrac{s}{\omega_H}} \tag{11.33}$$

여기서, ω_H는 상위 3-dB 주파수로 다음과 같다.

$$\omega_H = \frac{1}{C_{in}R_{sig}^{'}} \tag{11.34a}$$

$$f_H = \frac{1}{C_{in}R_{sig}^{'}} \tag{11.34b}$$

입력을 정현파로 가정하여 크기를 구하면 식 (11.33)으로부터 다음과 같이 구해진다.

$$|A_v| = \frac{A_o}{\sqrt{1 + (\dfrac{\omega}{\omega_H})^2}} \tag{11.35}$$

식 (11.35)를 보드선도로 그리면 그림 11.11의 고주파 응답특성곡선을 얻는다.

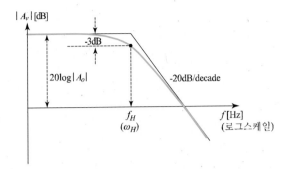

그림 11.11 공통소스 증폭기의 고주파 응답특성

일반적으로 $C_M \gg C_{gs}$가 되므로 $C_{in} = C_M + C_{gs} \cong C_M$이 된다. 또한 $R_G \gg R_{sig}$이 므로 $R'_{sig} = R_G /\!/ R_{sig} \cong R_{sig}$가 된다. 따라서 상위 3-$dB$ 주파수는 다음과 같이 근 사된다.

$$f_H \cong \frac{1}{2\pi R_{sig} C_M} = \frac{1}{2\pi R_{sig} C_{gd}(1 + g_m R'_L)} \tag{11.36}$$

예제 11.6

그림 11.7의 공통소스 증폭기에서 $R_{sig} = 80\,K\Omega$, $R_G = 5\,M\Omega$, $R_D = R_L = 20\,K\Omega$, $g_m = 1\,mA$ $/V$, $r_o = 200\,K\Omega$, $C_{gs} = 1pF$ 및 $C_{gd} = 0.3pF$이라고 할 때 다음에 답하시오.

(a) 평탄대역 이득 A_o를 구하시오.

(b) 상위 3-dB 주파수 f_H를 구하시오.

풀이

(a) 평탄대역 이득 A_o는 식 (11.32)로부터 아래 수식으로 표현된다.

$$A_o = -\left(\frac{R_G}{R_G + R_{sig}}\right) g_m R'_L$$

여기서,

$$R'_L = r_o /\!/ R_D /\!/ R_L = 200K /\!/ 20K /\!/ 20K = 9.5K\Omega$$
$$g_m R'_L = 1 \times 10^{-3} \times 9.5 \times 10^3 = 9.5$$

이다. 따라서

$$A_o = -\left(\frac{R_G}{R_G + R_{sig}}\right) g_m R'_L = -\left(\frac{5}{5 + 0.08}\right) \times 9.5 = 9.35$$

(b) 상위 3-*dB* 주파수 f_H는 식 (11.34b)로부터 다음 수식으로 표현된다.

$$f_H = \frac{1}{2\pi C_{in} R'_{sig}}$$

여기서,

$$
\begin{aligned}
C_{in} &= C_{gs} + C_M = C_{gs} + C_{gd}(1 + g_m R'_L) \\
&= 1 + 0.3 \times (1 + 9.5) = 4.15 pF
\end{aligned}
$$

$R'_{sig} = R_G \, // \, R_{sig} = 5000 \, // \, 80 = 78.7 \, K\Omega$이다. 따라서

$$f_H = \frac{1}{2\pi C_{in} R'_{sig}} = \frac{1}{2\pi \times 4.15 \times 10^{-12} \times 78.7 \times 10^3} = 487KHz$$

11.5.2 저주파 응답

그림 11.7의 공통소스 증폭기가 저주파에서 동작할 경우 MOSFET 내의 기생 커패시턴스는 고주파 대역에서만 영향을 미치므로 무시된다. 반면에 결합 커패시터 C_{c1} 및 C_{c2}와 바이패스 커패시터 C_S가 주파수응답에 관여하게 된다. 따라서 기생 커패시턴스 성분이 무시된 MOSFET 저주파 모델을 이용하여 그림 11.7에 회로에 대해 저주파 교류등가회로를 구하면 그림 11.12의 등가회로를 얻게 된다. 여기서, 드레인 저항 r_o는 무시했다. 그림 11.12의 저주파 등가회로에는 3개의 독립적 커패시터가 있으므로 3개의 폴이 존재한다.

우선, 게이트 전압 v_g를 구하면 다음과 같다.

$$v_g = v_{sig} \frac{R_G}{R_G + \dfrac{1}{sC_{c1}} + R_{sig}} = v_{sig} \frac{R_G}{R_G + R_{sig}} \frac{s}{s + \dfrac{1}{C_{c1}(R_G + R_{sig})}} \tag{11.37}$$

식 (11.37)로부터 커패시터 C_{c1}이 다음 수식으로 표현되는 폴 ω_{p1}을 생성함을 알 수 있다.

$$\omega_{p1} = \frac{1}{C_{c1}(R_G + R_{sig})} \tag{11.38}$$

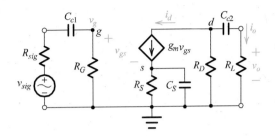

그림 11.12 공통소스 증폭기의 저주파 등가회로

커패시터 C_S에 의한 폴 ω_{p2}를 구하기 위해 $R_s^{'} = R_s // \dfrac{1}{sC_s}$ 라고 하면 $v_{gs} = v_g -$ $R_s^{'} g_m v_{gs}$가 되므로 v_{gs}에 대해 정리하면 다음의 관계식을 얻는다.

$$v_{gs} = \frac{v_g}{1 + g_m R_s^{'}} \tag{11.39}$$

드레인 전류 $i_D = g_m v_{gs}$가 되고 여기에 식 (11.39)를 대입함으로써 다음의 드레인 전류식을 얻는다.

$$i_d = \frac{g_m v_g}{1 + g_m R_s^{'}} = \frac{g_m v_g \left(s + \dfrac{1}{R_s C_s} \right)}{s + \dfrac{1 + g_m R_s}{R_s C_s}} \tag{11.40}$$

따라서 커패시터 C_S가 생성하는 폴 ω_{p2}는 다음 수식으로 구해진다.

$$\omega_{p2} = \frac{1 + g_m R_s}{R_s C_s} \tag{11.41}$$

마지막으로 커패시터 C_{c2}가 생성하는 폴 ω_{p3}를 구하기로 하자. 출력전류 i_o은 전류 분배 법칙에 의해 다음과 같이 구해진다.

$$i_o = -i_d \frac{R_D}{R_D + \dfrac{1}{sC_{c2}} + R_L} \tag{11.42}$$

따라서 출력전압 v_o는 다음 수식으로 구해진다.

$$v_o = R_L i_o = -i_d \frac{R_L R_D}{R_D + R_L} \frac{s}{s + \dfrac{1}{C_{c2}(R_D + R_L)}} \tag{11.43}$$

따라서 커패시터 C_{c2}가 생성하는 폴 ω_{p3}는 다음 수식으로 표현된다.

$$\omega_{p3} = \frac{1}{C_{c2}(R_D + R_L)} \tag{11.44}$$

$A_v(s)$의 정의식에 식 (11.37), 식 (11.40) 및 식 (11.43)을 대입함으로써 공통소스 증폭기의 저주파 이득함수 $A_v(s)$를 구할 수 있다.

$$A_v(S) \equiv \frac{V_o}{V_{sig}} = -\left(\frac{R_G}{R_G + R_{sig}}\right) g_m (R_L \mathbin{/\mkern-5mu/} R_D) \left(\frac{s}{s + \omega_{p1}}\right) \left(\frac{s+1}{R_s C_s} \frac{1}{s + \omega_{p2}}\right) \left(\frac{s}{s + \omega_{p3}}\right) \tag{11.45}$$

두 번째 영점($z_2 = 1 / R_S C_S$)이 다른 폴에 영향을 미치지 않을 만큼 충분히 낮을 수 있도록 R_S가 매우 크다고 가정하고, 이득함수 $A_v(s)$에서 정현파로 가정하여 s를 $j\omega$로 바꾸어서 크기를 구하면 그림 11.13에 보인 저주파 이득 응답을 얻는다.

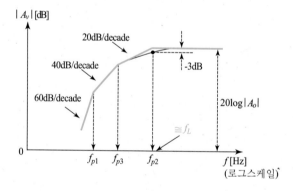

그림 11.13 공통소스 증폭기의 저주파 응답특성

f_{p1}, f_{p2} 및 f_{p3}의 3개의 폴이 각 폴마다 $20dB/\text{decade}$의 기울기를 야기하므로 각 폴을 지날 때마다 기울기가 $20dB/\text{decade}$만큼 증가하는 것을 볼 수 있다. 폴과 폴 사이가 1decade(10배) 이상 떨어져 있을 경우 서로 간에 영향을 거의 미치지 못하므로 최상위 폴인 f_{p2}가 나머지 폴(f_{p1}, f_{p3})보다 1decade 이상 위에 존재할 경우 나머지 폴들의 영향은 무시할 수 있다. 따라서 최상위 폴 f_{p2}에 의해 3-dB 주파수 f_L이 결정된다. 결국 최상위 폴 이하의 폴들을 무시하고 최상위 폴 하나만 있는 1-폴 시스템으로 간주하여 취급할 수 있게 된다. 이 경우 최상위 폴을 우성 폴(dominant pole)이라고 부른다.

- 결합 커패시터와 바이패스 커패시터 값의 설계 C_{c1}, C_{c2} 및 C_S 커패시터의 크기를 선택함에 있어서의 설계 목표는 주어진 스펙에 맞도록 하위 $3\text{-}dB$ 주파수 f_L을 위치시키되 각 커패시터의 크기를 최소화하는 것이다.

일반적으로 C_S에 의해서 생성되는 폴 f_{p2}가 최상위에 위치하므로 f_{p2}가 우성 폴이 되도록 설계한다. 즉, $f_{p2} = f_L$이 되도록 C_S 값을 설정한다. 그리고 나머지 2개의 폴 f_{p1} 및 f_{p3}가 f_{p2} 주파수보다 10배 아래에 위치하도록 C_{c1} 및 C_{c2} 값을 설정하여 f_{p2} 가 우성 폴이 되도록 하여준다.

예제 11.7

그림 11.7의 공통소스 증폭기에서 $R_{sig} = 80\,K\Omega$, $R_G = 5\,M\Omega$, $R_D = R_L = 20\,K\Omega$, $R_S = 100\,K\Omega$ 및 $g_m = 1\,mA/V$라고 할 때 f_L이 $100\,Hz$가 되도록 C_{c1}, C_{c2} 및 C_S 커패시터의 크기를 설계하시오.

풀이

우선, 다음과 같이 C_S 값을 구한다.

$$f_{p2} = \frac{1 + g_m R_s}{2\pi R_s C_s} = f_L$$

의 관계식으로부터

$$C_s = \frac{1 + g_m R_s}{2\pi R_s f_L} = \frac{1 + 1 \times 10^{-3} \times 10 \times 10^3}{2\pi \times 10 \times 10^3 \times 100} = 1.45\,\mu F$$

$f_{p1} = f_{p3} = f_{p2} / 10 = f_L / 10 = 10\,Hz$의 조건으로부터 C_{c1}과 C_{c2}를 구하면

$$f_{p1} = \frac{1}{2\pi C_{c1}(R_G + R_{sg})} = 10$$

으로부터

$$C_{c1} = \frac{1}{2\pi \times 10 \times (5000 + 80) \times 10^3} = 3.13\,nF$$

또한,

$$f_{p3} = \frac{1}{2\pi C_{c2}(R_D + R_L)} = 10$$

으로부터

$$C_{c2} = \frac{1}{2\pi \times 10 \times (20 + 20) \times 10^3} = 0.397\,\mu F$$

11.5.3 전체 주파수응답

앞에서 공통소스 증폭기의 고주파 응답특성과 저주파 응답특성을 구하였다. 식 (11.46)은 전압이득의 고주파 응답특성을 나타내고 식 (11.47)은 전압이득의 저주파 응답특성을 나타낸다.

$$A_v = \frac{v_o}{v_{sig}} = -\left(\frac{R_G}{R_G + R_{sig}}\right)g_m(R_L /\!/ R_D)\frac{1}{sC_{in}R'_{sig}+1} \tag{11.46}$$

$$A_v(s) \equiv \frac{v_o}{v_{sig}} = -\left(\frac{R_G}{R_G + R_{sig}}\right)g_m(R_L /\!/ R_D)\left(\frac{s}{s+\omega_{p1}}\right)\left(\frac{s}{s+\omega_{p2}}\right)\left(\frac{s}{s+\omega_{p3}}\right) \tag{11.47}$$

고주파 응답특성에서 $s = 0$으로 두거나 저주파 응답특성에서 $s = \infty$로 두면 식 (11.48)의 평탄대역 이득이 구해진다.

$$A_o = A_v\big|_{s=0} = -\left(\frac{R_G}{R_G + R_{sig}}\right)g_m(R_L /\!/ R_D) \tag{11.48}$$

따라서 위의 식 (11.46), (11.47) 및 (11.48)로부터 그림 11.14에 보인 공통소스 증폭기의 전체 주파수응답특성을 얻는다.

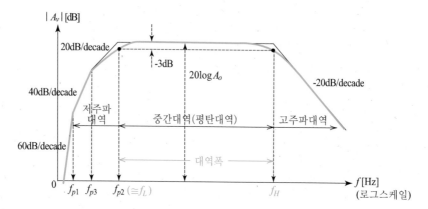

그림 11.14 공통소스 증폭기의 전체 주파수응답특성

11.6 CASCODE 증폭기

11.6.1 CASCODE 구조

공통소스(혹은, 공통이미터) 증폭단에 공통게이트(혹은, 공통베이스) 증폭단을 캐스케이드(cascade) 연결한 것을 CASCODE 구조라고 부른다. CASCODE 증폭기는 공통소스(혹은, 공통이미터) 구조의 큰 이득 및 큰 입력저항 특성과 공통게이트(혹은, 공통베이스) 구조의 고속동작 특성을 결합한 구조로서 공통소스(혹은, 공통이미터) 증폭기에 비해 동등한 이득에서 더 넓은 대역폭을 얻을 수 있고 동등한 대역폭에서 더 큰 이득을 얻을 수 있다.

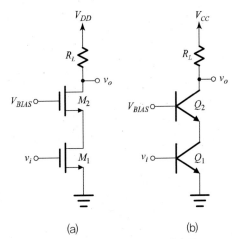

그림 11.15 CASCODE 증폭기의 구조
(a) MOS CASCODE (b) BJT CASCODE

림 11.15는 MOS CASCODE와 BJT CASCODE의 구조를 보여주고 있다. M_1(혹은, Q_1)은 공통소스(혹은, 공통이미터) 증폭단을 형성하고 M_2(혹은, Q_2)는 공통게이트(혹은, 공통베이스) 증폭단을 형성한다. V_{BIAS}는 두 트랜지스터 M_2와 M_1(혹은, Q_2와 Q_1)이 포화영역(혹은, 활성영역)에서 동작할 수 있도록 설정하여준다. CASCODE 증폭기에서 M_2(혹은, Q_2)를 CASCODE 트랜지스터라고 부른다.

11.6.2 공통소스 증폭기와 CASCODE 증폭기의 특성 비교

그림 11.16은 공통소스 증폭기와 CASCODE 증폭기의 회로도를 비교하여 보여주고 있다. 소신호 동작만을 고려한다면 직류전압원은 제거되므로 M_2의 게이트 단자는 접지와 단락된다.

그림 11.16에서 MOSFET를 소신호 등가회로로 표현하면 그림 11.17에서 보인 것과 같은 공통소스 증폭기와 CASCODE 증폭기의 소신호 등가회로를 얻을 수 있다.

공통소스 증폭기에서 게이트 단자에서 본 총 등가 커패시턴스를 C_T라고 하면 C_T는 C_{gs}와 밀러 커패시턴스 C_M의 합이 된다. 따라서 게이트 단자(g)와 드레인 단자(d) 사이의 전압이득을 K_v라고 할 때 C_T는 다음 수식으로 표현된다.

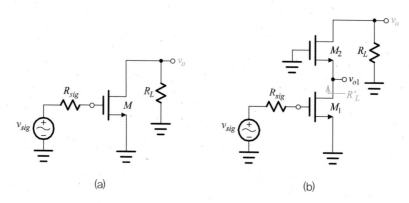

그림 11.16 공통소스 증폭기와 CASCODE 증폭기의 비교
(a) 공통소스 증폭기 (b) CASCODE 증폭기

$$C_T = C_{gs} + C_M = C_{gs} + |K_v| C_{gd} \overset{C_{gs} \approx C_{gd}, K_v \gg 1}{\cong} |K_v| C_{gd} = C_M \tag{11.49}$$

CASCODE 증폭기에서 C_{T1}은 M_1의 총 게이트 등가 커패시턴스를 나타낸다. 한편, M_2는 공통게이트 증폭기로 동작하므로 밀러효과가 발생하지 않아 M_1에 의한 공통소스 증폭기보다 훨씬 넓은 대역폭을 갖는다. 결과적으로 CASCODE 증폭기의 대역폭은 M_1의 기생커패시턴스 C_{T1}에 의해 제한되며 M_2의 기생 커패시턴스는 거의 영향을 미치지 않는다. 따라서 그림 11.17(b)의 CASCODE 증폭기의 등가회로에서 M_2의 등가 커패시턴스는 무시하였다.

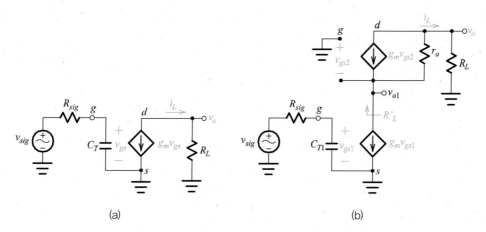

그림 11.17. 공통소스 증폭기와 CASCODE 증폭기의 소신호 등가회로
(a) 공통소스 증폭기 (b) CASCODE 증폭기

- **공통소스 증폭기** 그림 11.17(a)로부터 공통소스 증폭기의 전압이득 A_v를 구하면 다음과 같다.

$$A_v \equiv \frac{v_o}{v_{sig}} = \frac{-g_m R_L}{1 + s C_T R_{sig}} \overset{C_{gs} \approx C_{gd}, K_v \gg 1}{\cong} \frac{-g_m R_L}{1 + s C_M R_{sig}} \tag{11.50}$$

한편, $K_v \equiv v_o / v_{gs} = -g_m R_L$이므로 밀러 커패시턴스 C_M은 다음과 같이 표현된다.

$$C_M \cong |K_v| C_{gd} = g_m R_L C_{gd} \tag{11.51}$$

식 (11.50)으로부터 평탄대역 전압이득(A_o)과 3-dB 대역폭(f_{3dB})은 다음과 같이 구해진다.

$$A_o = A_v \big|_{s=0} = -g_m R_L \tag{11.52}$$

$$f_{3dB} = \frac{1}{2\pi C_T R_{sig}} \overset{C_{gs} \approx C_{gd}, K_v \gg 1}{\cong} \frac{1}{2\pi C_M R_{sig}} = \frac{1}{2\pi g_m R_L C_{gd} R_{sig}} \tag{11.53}$$

따라서, 이득-대역폭 곱 GBP는 다음과 같다.

$$GBP = |A_o| f_{3dB} \cong \frac{1}{2\pi C_{gd} R_{sig}} \tag{11.54}$$

• CASCODE 증폭기 그림 11.17(b)의 CASCODE 증폭기에서 M_2로 구성된 공동게이트 증폭기는 전류이득이 거의 1이 되므로 M_1으로 구성된 공통소스 증폭기의 출력전류를 그대로 부하 R_L로 전달하는 역할을 하고 있다. 따라서 전압이득 A_v를 구하면 공통소스 증폭기의 경우와 동일한 수식으로 표현된다.

$$A_v \equiv \frac{v_o}{v_{sig}} = \frac{-g_m R_L}{1 + s C_{T1} R_{sig}} \overset{C_{gs} \approx C_{gd}, K_v \gg 1}{\cong} \frac{-g_m R_L}{1 + s C_{M1} R_{sig}} \tag{11.55}$$

이번에는 밀러 커패시턴스를 구하기 위해 전압이득 $K_v (\equiv v_{o1}/v_{gs1})$를 구하기로 한다. M_1의 드레인 단자에서 본 등가저항을 R_L'이라고 하면 CASCODE 증폭기는 공통소스 증폭기에서 부하 R_L을 R_L'으로 대체한 것으로 볼 수 있으므로 $K_v = -g_m R_L'$이 된다. 따라서 밀러 커패시턴스 C_{M1}은 다음과 같이 표현된다.

$$C_{M1} \cong |K_v| C_{gd} = g_m R_L' C_{gd} \tag{11.56}$$

등가저항 R_L'은 임피던스 변환 공식으로부터 다음과 같이 구해진다.

$$R_L' = \frac{r_o + R_L}{A_{vo}} \overset{A_{vo} \cong g_m r_o}{\cong} \frac{1}{g_m} + \frac{R_L}{A_{vo}} \overset{R_L \gg \frac{A_{vo}}{g_m}}{\cong} \frac{R_L}{A_{vo}} \tag{11.57}$$

여기서, $A_{vo} \cong g_m r_o$이다. 따라서, 식 (11.56)에 식 (11.57)을 대입하면 다음의 수식을 얻는다.

$$C_{M1} = g_m R_L' C_{gd} \cong \frac{g_m R_L C_{gd}}{A_{vo}} = \frac{C_M}{A_{vo}} \tag{11.58}$$

CASCODE 증폭기의 경우 밀러효과에 의한 C_{gd}의 등가 커패시턴스 C_{M1}이 식 (11.51)의 공통소스 증폭기 경우에 비해 $1/A_{vo}$배로 감소함을 알 수 있다.

식 (11.55)와 식 (11.58)로부터 평탄대역 전압이득(A_o)과 3-dB 대역폭(f_{3dB})은 다음과 같이 구해진다.

$$A_o = A_v |_{s=0} = -g_m R_L \tag{11.59}$$

$$f_{3dB} = \frac{1}{2\pi C_{M1} R_{sig}} = \frac{A_o}{2\pi g_m R_L C_{gd} R_{sig}} \tag{11.60}$$

따라서, 이득-대역폭 곱 GBP는 다음과 같다.

$$GBP = |A_o| f_{3dB} \cong \frac{A_o}{2\pi C_{gd} R_{sig}} \qquad (11.61)$$

식 (11.61)의 CASCODE 증폭기의 GBP는 식 (11.54)의 공통소스 경우에 비해 A_o배로 증가했음을 알 수 있다. 이것은 같은 크기의 이득으로 설계할 경우 CASCODE 증폭기는 공통소스 증폭기에 비해 A_o배로 큰 대역폭을 얻을 수 있음을 의미한다. 이는 식 (11.53)과 식 (11.60)을 비교해보아도 명확히 알 수 있다. 또한, 식 (11.61) 은 만약 CASCODE 증폭기에서 부하 R_L을 증가시켜 공통소스 증폭기와 동등한 대역폭이 되도록 할 경우 이득이 A_o배로 증가하게 됨을 의미한다.

EXERCISE

[11.1] 그림 P11.1의 회로에 대해 답하시오.

(a) 고주파 등가회로를 그리시오.

(b) 고주파 이득함수 $A_v(s)\left(=\dfrac{v_o}{v_i}\right)$를 구하시오.

(c) 고주파 이득함수를 보드선도로 그리시오.

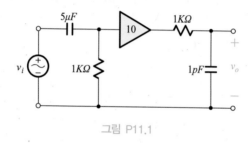

그림 P11.1

[11.2] 그림 P11.1의 회로에 대해 답하시오.

(a) 저주파 등가회로를 그리시오.

(b) 저주파 이득함수 $A_v(s)\left(=\dfrac{v_o}{v_i}\right)$를 구하시오.

(c) 저주파 이득함수를 보드선도로 그리시오.

[11.3] 그림 P11.1의 회로에 대해 답하시오.

(a) [연습문제 11.1]과 [연습문제 11.2]의 결과를 이용하여 전체 주파수응답을 보드 선도에 그리시오.

(b) 평탄대역 이득 A_o를 구하시오.

(c) 대역폭을 구하시오.

[11.4] 그림 P11.4의 공통소스 증폭기에 대해 다음 항목에 대해 답하시오.

단, MOSFET의 $g_m = 1mA/V$, $r_o = \infty$, $C_{gs} = 1pF$, $C_{gd} = 0.3pF$이고, 포화영역에서 동작한다.

(a) 고주파 등가회로를 그리시오.

(b) 고주파 이득함수 $A_v(s)\left(= \dfrac{v_o}{v_{sig}}\right)$를 구하시오.

(c) 고주파 이득함수를 보드선도로 그리시오.

(d) 상위 3-dB 주파수 f_H를 구하시오.

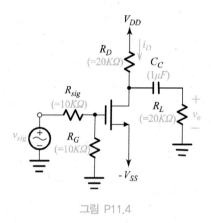

그림 P11.4

[11.5] 그림 P11.4의 회로에서 $R_D = R_L = 2K\Omega$이라고 할 때 다음 항목에 대해 답하시오.

(a) 상위 3-dB 주파수 f_H를 구하시오.

(b) [연습문제 11.4]의 결과와 비교하고 이런 변화가 발생한 이유를 밀러의 정리를 이용하여 설명하시오.

[11.6] 그림 P11.4의 회로에 대해 다음 항목에 답하시오.

(a) 저주파 등가회로를 그리시오.

(b) 저주파 이득함수 $A_v(s)\left(= \dfrac{v_o}{v_{sig}}\right)$를 구하시오.

(c) 저주파 이득함수를 보드선도로 그리시오.

(d) 하위 3-dB 주파수 f_L을 구하시오.

[11.7] 그림 P11.4의 회로에 대해 다음 항목에 대해 답하시오.

(a) [연습문제 11.4]와 [연습문제 11.6]의 결과를 이용하여 전체 주파수응답을 보드선 도로 그리시오.

(b) 평탄대역 전압이득 A_o를 구하시오.

(c) 대역폭을 구하시오.

[11.8] 그림 P11.8의 회로에 대해 다음 항목에 대해 답하시오.

단, MOSFET의 $g_m = 2\ mA/V$, $V_T = 1V$, $r_o = 200\ K\Omega$, $C_{gs} = 1pF$ 및 $C_{gd} = 0.3pF$이다.

(a) 저주파 등가회로를 그리시오.

(b) 저주파 전류이득 $A_i(s)(= i_{out} / i_{in})$를 구하시오.

(c) 평탄대역에서의 전류이득 A_o를 구하시오.

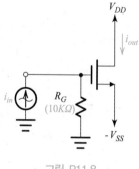

그림 P11.8

[11.9] 그림 P11.8의 회로에 대해 다음 항목에 대해 답하시오.

(a) 고주파 등가회로를 그리시오.

(b) 고주파 전류이득 $A_i(s)(= i_{out} / i_{in})$를 구하시오.

(c) 평탄대역에서의 전류이득 A_o를 구하고 [연습문제 11.8]의 결과와 비교해보시오.

[11.10] [연습문제 11.8]과 [연습문제 11.9]의 결과를 이용하여 다음 항목에 대해 답하시오.

(a) 전류이득에 대한 보드선도를 그리시오.

(b) 3-dB 주파수 f_H를 구하시오.

(c) 차단주파수 f_T를 구하시오.

(d) A_o를 구하시오.

(e) f_H와 f_T와의 관계식을 구하시오.

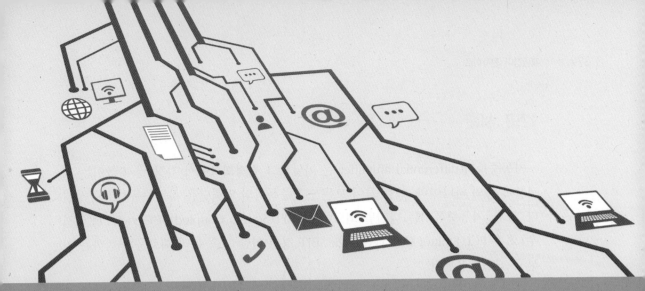

CHAPTER

12

차동증폭기

12.0 서론

차동증폭기(differential amplifier)는 아날로그 집적회로에서 가장 널리 쓰이는 회로블록 중의 하나이다. 예를 들어 모든 연산증폭기의 입력단은 차동증폭기로 구성된다. 또한, 차동증폭기는 디지털 회로에서 SCFL(Source Coupled FET Logic: FET 경우) 혹은 ECL(Emitter Coupled Logic: BJT 경우)이란 고속 논리 회로를 구현하는 기본 구조로 활용된다.

이와 같은 광범위한 활용은 차동증폭기가 지닌 매력적인 특징에 기인한다. 첫째로, 차동 회로는 단일종단(single-ended)회로에 비해 잡음이나 외란에 매우 강하다. 차동 신호를 전달하는 두 도선은 일반적으로 인접해 있어 동일한 잡음이나 외란을 받게 되므로 차 성분을 추출할 경우 잡음이나 외란이 제거될 수 있다. 둘째로, 차동 구조는 바이패스 커패시터나 결합(coupling) 커패시터 없이 직류바이어스나 신호 결합이 이루어진다. 일반적으로 넓은 면적을 차지하는 커패시터는 칩 면적의 효율을 크게 떨어뜨려서 경제적인 집적회로 제작을 어렵게 한다. 이런 점에서 차동 회로는 집적회로화하기에 매우 적합하다는 장점을 갖는다.

12.1 차동증폭기 동작의 이해

- **차동증폭기 구조** 그림 12.1은 MOS 차동증폭기의 기본 구조를 보여준다. MOS 차동증폭기는 특성이 동일한 두 개의 MOSFET M_1과 M_2의 소스 단자를 함께 묶어 전류원 I_{SS}로 직류바이어스를 인가해주고 드레인을 부하저항 R_D를 통해 전압원 V_{DD}에 연결하여 구성한다.

- **출력전압** 출력전압 v_{o1}과 v_{o2}는 전원 전압 V_{DD}가 드레인 저항 R_D에 의해 전압 강하된 후의 전압이므로 다음과 같이 구해진다.

$$v_{O1} = V_{DD} - R_D i_{D1} \qquad (12.1a)$$

$$v_{O2} = V_{DD} - R_D i_{D2} \qquad (12.1b)$$

- **드레인 전류** 또한, 마디 v_s에서 키르히호프의 전류법칙을 적용하면 다음과 같은 i_{D1}, i_{D2} 및 I_{SS}와의 관계식을 얻는다.

$$i_{D1} + i_{D2} = I_{SS} \qquad (12.2)$$

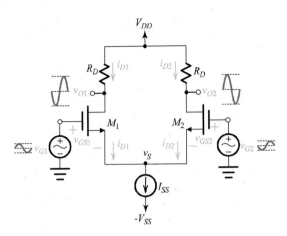

그림 12.1 MOS 차동증폭기의 기본 구조

- **차동성분 v_d, 공통성분 v_c**   두 입력 신호 v_{G1}과 v_{G2}는 **차동성분 v_d**와 **공통성분 v_c**로 분류될 수 있으며 이들은 각각 식 (12.3)과 식 (12.4)로 정의된다.

$$v_d \equiv v_{G1} - v_{G2} = v_+ - v_- \tag{12.3}$$

$$v_c \equiv \frac{v_{G1} + v_{G2}}{2} = \frac{v_+ + v_-}{2} \tag{12.4}$$

여기서, v_{o1}을 반전 출력, v_{o2}를 비반전 출력으로 정의하면 v_{G1}이 비반전 입력 v_+가 되고 v_{G2}가 반전 입력 v_-가 된다.

차동증폭기란 두 입력 신호의 차동성분(v_d)은 증폭하는 반면에 공통성분(v_c)은 제거하는 증폭기를 말한다. 신호의 차동성분에 의한 동작을 **차동모드 동작**이라고 하고 신호의 공통성분에 의한 동작을 **공통모드 동작**이라고 한다.

개념잡이

차동 동작의 특징은 $i_{D1} + i_{D2} = I_{SS}$(일정)를 항상 유지하며 동작한다는 것이다. 따라서 $\Delta i_{D1} = -\Delta i_{D2}$가 된다. 예를 들어, 그림 12.1의 차동 구조에서 $v_{G2} = 0$으로 고정하고 v_{G1}을 증가시키면 v_{GS1}이 증가하여 v_S이 증가한다. 이때 $i_{D1} + i_{D2} > I_{SS}$가 되므로 v_S가 증가한다. 이는 v_{GS2}를 감소시켜 i_{D2}를 감소시킨다. 따라서 $i_{D1} + i_{D2} = I_{SS}$(일정)의 상태를 유지하게 된다.

예제 12.1

그림 12.1 MOS 차동증폭기에서 $v_{G1} = 2V$, $v_{G2} = 1.2V$이다. 차동성분 v_d와 공통성분 v_c의 값을 구하시오.

풀이

식 (12.3)으로부터

$$v_d \equiv v_{G1} - v_{G2} = 2 - 1.2 = 0.8V$$

$$v_c \equiv \frac{v_{G1} + v_{G2}}{2} = \frac{2 + 1.2}{2} = 1.6V$$

12.1.1 차동모드 동작

1. $v_{G1} = v_{G2} = V_G$인 경우($v_d = 0$)

이 경우 $v_{GS1} = v_{GS2}$가 되어 대칭 구조인 차동증폭기에서 두 입력이 같아지므로 $i_{D1} = i_{D2}$가 된다. 또한, 식 (12.2)로부터 두 드레인 전류의 합은 I_{SS}가 되므로 다음의 수식을 얻는다.

$$i_{D1} = i_{D2} = \frac{I_{SS}}{2} \tag{12.5}$$

따라서 식 (12.1)과 식 (12.5)로부터 출력전압은 다음과 같이 구해진다.

$$v_{O1} = V_{DD} - R_D i_{D1} = V_{DD} - R_D \frac{I_{SS}}{2} = V_O \tag{12.6a}$$

$$v_{O2} = V_{DD} - R_D i_{D2} = V_{DD} - R_D \frac{I_{SS}}{2} = V_O \tag{12.6b}$$

식 (12.6)을 요약하면 다음 수식으로 표현된다.

$$v_{O1} = v_{O2} = V_{DD} - R_C \frac{I_{SS}}{2} = V_O \tag{12.7}$$

2. $v_{G1} = V_G + \Delta V$, $v_{G2} = V_G - \Delta V$인 경우($v_d = 2\Delta V$)

이 경우 i_{D1}은 ΔI만큼 증가하고, i_{D2}는 ΔI만큼 감소하므로

$$i_{D1} = \frac{I_{SS}}{2} + \Delta I \tag{12.8a}$$

$$i_{D2} = \frac{I_{SS}}{2} - \Delta I \tag{12.8b}$$

따라서 다음과 같은 출력전압을 얻는다.

$$v_{O1} = V_O - R_D\Delta I \tag{12.9a}$$

$$v_{O2} = V_O + R_D\Delta I \tag{12.9b}$$

결과적으로 입력전압의 차는 증폭되어 출력전압의 차로 나타난다. 또한, 식 (12.8)에서와 같이 $\Delta i_{D1} = -\Delta i_{D2}$의 관계를 항상 유지하며 동작하여 $i_{D1} + i_{D2} = I_{SS}$의 조건을 만족시키게 된다.

예제 12.2

그림 12.1의 MOS 차동증폭기에서 $I_{SS} = 1mA$, $R_D = 1K\Omega$, $V_{DD} = 5V$이다. 다음의 각 경우에 답하시오.

(a) $v_{G1} = v_{G2} = 0V$일 때 i_{D1}, i_{D2}, v_{o1} 및 v_{o2}를 구하시오.

(b) $i_{D1} = 0.9mA$일 때 i_{D2}, v_{o1} 및 v_{o2}를 구하시오.

풀이

(a) $v_{G1} = v_{G2} = 0V$일 때

$i_{D1} = i_{D2} = I_{SS} / 2 = 0.5mA$가 된다. 또한 식 (12.6)으로부터

$$v_{O1} = V_{DD} - R_D\frac{I_{SS}}{2} = 5 - 1 \times 0.5 = 4.5V$$

$$v_{O2} = V_{DD} - R_D\frac{I_{SS}}{2} = 5 - 1 \times 0.5 = 4.5V$$

(b) $i_{D1} = 0.9mA$일 때 식 (12.2)로부터

$$i_{D2} = I_{SS} - i_{D1} = 1 - 0.9 = 0.1mA$$

또한 식 (12.6)으로부터

$$v_{O1} = V_{DD} - R_D i_{D1} = 5 - 1 \times 0.9 = 4.1V$$

$$v_{O2} = V_{DD} - R_D i_{D2} = 5 - 1 \times 0.1 = 4.9V$$

12.1.2 공통모드 동작

그림 12.2에서와 같이 두 입력단자를 묶어 입력을 인가하면 두 입력에는 항상 같은 전압이 인가되므로 공통모드로 동작하게 된다. 이것은 입력이 $v_{G1} = v_{G2} = V_G + \Delta V$ 인 경우가 된다.

이 경우 ΔV 크기의 변화에 관계없이 $v_{GS1} = v_{GS2}$가 되므로 $i_{D1} = i_{D2}$가 되어 다음의 관계식을 얻는다.

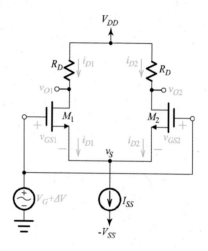

그림 12.2 공통모드 입력을 인가한 MOS 차동증폭기

$$i_{D1} = i_{D2} = \frac{I_{SS}}{2}$$
(12.10)

따라서 출력전압은 다음 수식으로 표현된다.

$$v_{O1} = v_{O2} = V_{DD} - R_D \frac{I_{SS}}{2} = V_O$$
(12.11)

결국, 두 입력전압이 동시에 ΔV만큼 증가하면 i_{D1}, i_{D2}도 동시에 증가하려 하나 $i_{D1} + i_{D2} = I_{SS}$의 조건에 의해 증가하지 못하고 대신 전류원의 전압 v_S를 ΔV만큼 증가시킨다. 결과적으로 공통모드 입력에서의 ΔV만큼의 변화는 v_S를 ΔV만큼 변화시킬 뿐 출력전압에는 전혀 영향을 주지 못하게 되어 공통성분의 입력은 제거되고 있음을 알 수 있다.

예제 12.3

그림 12.2의 회로에서 $I_{SS}=1mA$, $R_D=1K\Omega$, $V_{DD}=V_{SS}=5V$, $V_G=1V$이다. 다음의 각 경우에 답하시오.

(a) $\Delta V=0V$일 때 i_{D1}, i_{D2}, v_{o1} 및 v_{o2}를 구하시오(이때 $v_s=-2V$였다).

(b) $\Delta V=0.5V$일 때 i_{D1}, i_{D2}, v_{o1}, v_{o2} 및 v_S를 구하시오.

(c) $\Delta V=1V$일 때 i_{D1}, i_{D2}, v_{o1}, v_{o2} 및 v_S를 구하시오.

풀이

(a) $\Delta V=0V$일 때

공통모드로 동작하므로 $i_{D1}=i_{D2}=I_{SS}/2=0.5mA$가 된다.

또한 식 (12.6)으로부터

$$v_{O1}=V_{DD}-R_D\frac{I_{SS}}{2}=5-1\times0.5=4.5\text{V}$$

$$v_{O2}=V_{DD}-R_D\frac{I_{SS}}{2}=5-1\times0.5=4.5\text{V}$$

(b) $\Delta V=0.5V$일 때

공통모드 입력의 증감은 v_{GS1}이나 v_{GS2}에 전혀 영향을 주지 못하므로

i_{D1}, i_{D2}, v_{o1}, v_{o2}의 값은 (a)항의 경우와 같다.

이 경우 공통모드 입력의 증감은 그대로 v_S의 증감으로 나타나므로

$$v_S=v_S+\Delta V=-2+0.5=-1.5V$$

(c) $\Delta V=1V$일 때

마찬가지 이유로 i_{D1}, i_{D2}, v_{o1}, v_{o2}의 값은 (a)항의 경우와 같다.

$$v_S=v_S+\Delta V=-2+1=-1V$$

12.2 차동증폭기의 대신호 동작

차동증폭기 동작에 대한 이해를 마쳤으므로 이제는 큰 신호의 차동입력 $v_d(=v_{G1}-v_{G2})$가 인가되었을 때의 드레인 전류 i_{D1}과 i_{D2}를 구해보기로 한다. 여기서, MOSFET M_1과 M_2는 동일한 특성, 즉 정합된 것으로 가정하고 드레인 전류식에서 채널길이변조 효과와 바디효과는 무시하기로 한다. 이 경우 M_1과 M_2의 드레인 전류는 MOSFET 전류식으로부터 다음과 같이 표현된다.

$$i_{D1} = \frac{1}{2} k_n' \left(\frac{W}{L} \right) (v_{GS1} - V_T)^2 \tag{12.12a}$$

$$i_{D2} = \frac{1}{2} k_n' \left(\frac{W}{L} \right) (v_{GS2} - V_T)^2 \tag{12.12b}$$

위의 식 (12.12)의 양변에 루트를 취하면 다음의 수식을 얻는다.

$$\sqrt{i_{D1}} = \sqrt{\frac{1}{2} k_n' \left(\frac{W}{L} \right)} (v_{GS1} - V_T) \tag{12.13a}$$

$$\sqrt{i_{D2}} = \sqrt{\frac{1}{2} k_n' \left(\frac{W}{L} \right)} (v_{GS2} - V_T) \tag{12.13b}$$

식 (12.13a)에서 식 (12.13b)를 빼주면 다음과 같다.

$$\sqrt{i_{D1}} - \sqrt{i_{D2}} = \sqrt{\frac{1}{2} k_n' \left(\frac{W}{L} \right)} \, v_d \tag{12.14}$$

여기서, $v_d = v_{GS1} - v_{GS2}$이다.

식 (12.14)의 양변을 제곱하고 $i_{D1} + i_{D2} = I_{SS}$를 적용하면 다음의 수식을 얻는다.

$$2\sqrt{i_{D1} i_{D2}} = I_{SS} - \frac{1}{2} k_n' \left(\frac{W}{L} \right) v_d^2 \tag{12.15}$$

식 (12.15)에 $i_{D2} = I_{SS} - i_{D1}$을 적용하고 양변을 제곱한 후 근의 공식으로 i_{D1}을 구하면 다음의 수식을 얻는다.

$$i_{D1} = \frac{I_{SS}}{2} \pm \sqrt{I_{SS} k_n' \frac{W}{L}} \left(\frac{v_d}{2} \right) \sqrt{1 - \frac{(v_d/2)^2}{I_{SS} / \left(k_n' \frac{W}{L} \right)}} \tag{12.16}$$

v_d가 0에서부터 증가할 때 i_{D1}은 $I_{SS}/2$로부터 증가하게 되므로 식 (12.16)에서 + 부호가 옳은 해가 된다. 따라서 i_{D1}은 다음 수식으로 구해진다.

$$i_{D1} = \frac{I_{SS}}{2} + \sqrt{I_{SS} k_n' \frac{W}{L}} \left(\frac{v_d}{2} \right) \sqrt{1 - \frac{(v_d/2)^2}{I_{SS} / \left(k_n' \frac{W}{L} \right)}} \tag{12.17a}$$

또한, $i_{D2} = I_{SS} - i_{D1}$이 되므로 다음과 같은 i_{D2}에 대한 수식을 얻을 수 있다.

$$i_{D2} = \frac{I_{SS}}{2} - \sqrt{I_{SS} k_n' \frac{W}{L}} \left(\frac{v_d}{2}\right) \sqrt{1 - \frac{(v_d/2)^2}{I_{SS} / \left(k_n' \frac{W}{L}\right)}} \qquad (12.17b)$$

한편, $v_d = 0$이면 $v_{GS1} = v_{GS2} = V_{GS}$가 되고 이때 $i_{D1} = i_{D2} = I_{SS}/2$가 되므로 식 (12.12)로부터 다음의 관계식을 얻는다.

$$\frac{I_{SS}}{2} = \frac{1}{2} k_n' \left(\frac{W}{L}\right) (V_{GS} - V_T)^2 \qquad (12.18)$$

식 (12.18)로부터 $k_n'(W/L) = I_{SS}/(V_{GS} - V_T)^2$의 관계식이 구해지므로 이를 식 (12.17)에 대입하면 다음과 같은 드레인 전류 수식을 얻을 수 있다.

$$i_{D1} = \frac{I_{SS}}{2} + \frac{I_{SS}}{(V_{GS} - V_T)} \left(\frac{v_d}{2}\right) \sqrt{1 - \frac{(v_d/2)^2}{(V_{GS} - V_T)^2}} \qquad (12.19a)$$

$$i_{D2} = \frac{I_{SS}}{2} - \frac{I_{SS}}{(V_{GS} - V_T)} \left(\frac{v_d}{2}\right) \sqrt{1 - \frac{(v_d/2)^2}{(V_{GS} - V_T)^2}} \qquad (12.19b)$$

그림 12.3은 식 (12.19)로 차동입력 v_d에 따른 i_{D1}과 i_{D2}를 그려서 구해진 MOS 차동증폭기의 전달특성곡선이다. 차동입력을 $(V_{GS} - V_T)$로 정규화시키고 드레인 전류를 I_{SS}로 정규화시켜 정규화된 그래프로 표현하였다. $v_d = 0$일 때 $i_{D1} = i_{D2} = I_{SS}/2$가 되고 v_d가 양으로 증가함에 i_{D1}은 증가하는 반면에 i_{D2}는 감소하여 $i_{D1} + i_{D2} = I_{SS}$로 일정한 값을 보인다. 반면에 v_d가 음으로 증가할 경우 i_{D1}은 감소하고 i_{D2}는 증가하여 그림 12.3의 X자 모양의 특성곡선이 그려진다.

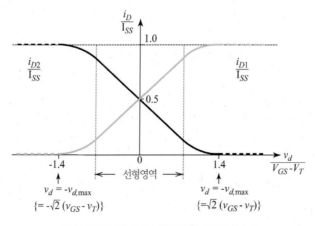

그림 12.3 MOS 차동증폭기의 전달특성곡선

한편, v_d가 더욱 증가하여 $i_{D1} = I_{SS}$가 되면 $i_{D2} = 0$가 되며 드레인 전류는 더 이상 증가할 수 없다. 여기서, $i_{D1} = I_{SS}$가 되는 시점에서의 차동입력을 $v_{d,\max}$라고 부르기로 한다. $i_{D1} = I_{SS}$일 때 v_{GS1}는 다음과 같이 구해진다.

$$I_{SS} = \frac{1}{2}k_n^{'}\left(\frac{W}{L}\right)(v_{GS1}-V_T)^2$$

$$\rightarrow v_{GS1} = V_T + \sqrt{2I_{SS}/k_n^{'}(W/L)} \tag{12.20}$$

$$\overset{\text{식}(12.18)}{=} V_T + \sqrt{2}(V_{GS}-V_T)$$

또한, $i_{D2} = 0$일 때 $v_{GS2} = V_T$가 되므로 $v_{d,\max}$는 다음과 같이 구해진다.

$$v_{d,\max} = v_{GS1} - v_{GS2} = \sqrt{2}(V_{GS}-V_T) \quad (12.21)$$

그림 12.3의 전달특성곡선으로부터 $v_d \ll (V_{GS} - V_T)$인 경우 선형적인 특성을 보이므로 소신호 선형 증폭기로 활용된다. 이 경우 식 (12.19)는 다음과 같이 근사화된다.

$$i_{D1} \cong \frac{I_{SS}}{2} + \frac{I_{SS}}{(V_{GS}-V_T)}\left(\frac{v_d}{2}\right) \tag{12.22a}$$

$$i_{D2} \cong \frac{I_{SS}}{2} - \frac{I_{SS}}{(V_{GS}-V_T)}\left(\frac{v_d}{2}\right) \tag{12.22b}$$

드레인 전류의 차 성분을 $i_{dff}(= i_{D1} - i_{D2})$로 표현하면 식 (12.22)로부터 다음의 수식을 얻는다.

$$i_{dff} = i_{d1} - i_{d2} = \frac{I_{SS}}{(V_{GS}-V_T)}v_d \tag{12.23}$$

식 (12.23)으로부터 차동증폭기의 전달컨덕턴스 G_m은 다음과 같이 구해진다.

$$G_m = \frac{i_{D1}-i_{D2}}{v_{GS1}-v_{GS2}} = \frac{i_{dff}}{v_d} = \frac{I_{SS}}{(V_{GS}-V_T)} \tag{12.24}$$

식 (12.24)에서 $\dfrac{I_{SS}}{(V_{GS}-V_T)} = \dfrac{2I_{DQ}}{(V_{GS}-V_T)} = g_m$이 되므로 차동증폭기의 전달컨덕턴스 (G_m)는 식 (10.4c)로부터 사용된 MOSFET의 전달컨덕턴스(g_m)와 같음을 알 수 있다.

예제 12.4

그림 12E4.1 회로에서 다음 각 항에 답하시오.

단, $V_{DD} = V_{SS} = 5V$, $V_T = 1V$, $k'_n(W/L) = 2mA/V^2$, $R_D = 2K\Omega$, $I_{SS} = 0.4mA$ 이고 바디효과와 채널길이변조 효과는 무시한다.

(a) $v_{G1} = v_{G2} = 0V$일 때 i_{D1}, i_{D2}, v_{GS1}, v_{GS2} 및 v_S 값을 구하시오.

(b) $v_{G2} = 0V$일 때 $i_{D1} = 0.4mA$, $i_{D2} = 0mA$가 되기 위한 최소한의 v_{G1} 값과 이때의 v_S 값을 구하시오.

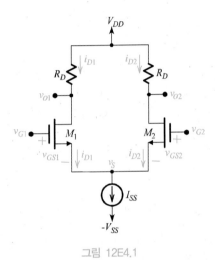

그림 12E4.1

풀이

(a) $v_{G1} = v_{G2}$이므로

$$i_{D1} = i_{D2} = I_{SS}/2 = 0.2mA$$

드레인 전류식으로부터

$$\frac{I_{SS}}{2} = \frac{1}{2}k'_n\left(\frac{W}{L}\right)(V_{GS} - V_T)^2$$
$$0.2 \times 10^{-3} = 0.5 \times 2 \times 10^{-3}(V_{GS} - 1)^2$$
$$V_{GS} = 1.45V$$

따라서 $v_{GS1} = v_{GS2} = V_{GS} = 1.45V$이다.

또한, $v_S = v_{G1} - V_{GS} = 0 - 1.45 = -1.45V$이다.

(b) $i_{D1} = 0.4mA$, $i_{D2} = 0mA$가 되기 위한 v_{GS1}의 값은 식 (12.20)으로부터

$$v_{GS1} = V_T + \sqrt{2}(V_{GS} - V_T)$$
$$= 1 + \sqrt{2}(1.45 - 1) = 1.64V$$

또한, $i_{D2} = 0$일 때 $v_{GS2} = V_T$가 되므로

$v_{GS2} = V_T = 1V$이다.

이때의 v_S는 다음과 같이 구해진다.

$$v_S = v_{G2} - v_{GS2} = 0 - 1 = -1\text{V}$$

또한, $v_{G1} = v_S + v_{GS1}$이므로

$v_{G1} = v_S + v_{GS1} = -1 + 1.64 = 0.64V$이다.

12.3 차동증폭기의 소신호 동작

이 절에서는 매우 작은 신호, 즉 소신호가 차동증폭기에 인가되었을 때의 증폭동
작과 해석 방법에 대해 공부한다. 이와 같은 소신호에 대해서 차동증폭기는 거의 선
형적 동작을 하므로 선형 증폭기로 간주하여 해석한다. 또한, 증폭동작은 차동모드
와 공통모드로 구분하여 설명한다.

12.3.1 차동성분과 공통성분

● 차동성분과 공통성분 그림 12.4의 MOS 차동증폭기에서 입력 신호를 차동성분(v_d)
과 공통성분(v_c)으로 구분하여 표시하였다. 따라서 입력단자의 전압은 다음 수식
으로 표현된다.

$$v_{G1} = v_c + \frac{v_d}{2} \tag{12.25a}$$

$$v_{G2} = v_c - \frac{v_d}{2} \tag{12.25b}$$

여기서, v_c는 입력 신호의 공통성분으로 두 입력단자에 공통으로 인가되고, v_d는
입력 신호의 차동성분으로서 $v_d / 2$로 나눈 후, 서로 반전시켜 두 입력단자에 인가
함으로써 v_d만큼의 차동성분이 인가되도록 하였다.

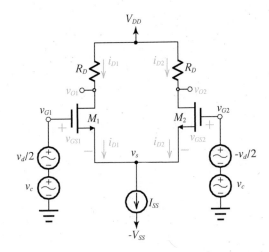

그림 12.4   MOS 차동증폭기(차동성분과 공통성분 동시인가)

12.3.2 소신호 차동모드 동작

그림 12.5는 그림 12.4의 MOS 차동증폭기에서 차동성분만 있을 경우의 교류등가 회로를 구하는 과정을 보여주고 있다. 그림 12.5(a)는 교류등가를 구하기 위해 직류 전원을 제거한 상태의 회로이다.

v_{G1}에 인가된 $v_d/2$에 의해 i_{D1}이 증가할 경우 v_{G2}에 인가된 $-v_d/2$에 의해 i_{D1} 증가 분과 같은 크기의 전류가 i_{D2}에서 감소하게 된다. 따라서 MOSFET M_1과 M_2의 소스 단자는 교류적으로 접지된 것과 같다. 따라서 교류등가회로에서 마디 v_s는 접지된 것 으로 등가된다.

한편, 그림 12.5(a)는 대칭 회로이므로 반쪽만 잘라서 쉽게 해석할 수 있다. 이를 반쪽 회로(half circuit) 해석법이라고 한다. 따라서 그림 12.5(b)와 같이 그림 12.5(a) 회로의 좌측 반쪽만을 잘라낸 반쪽 회로로 해석하기로 한다. 그림 12.5(c)는 구성된 반쪽 회로에 MOSFET의 교류등가 모델을 적용하여 구한 반쪽 회로의 교류등가회로 이다.

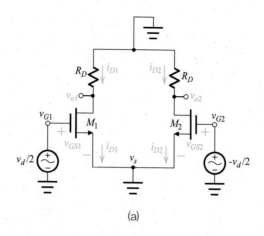

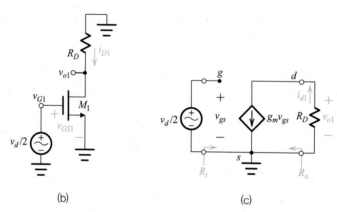

그림 12.5 소신호 차동모드 교류등가회로
(a) 차동모드 등가회로 (b) 반쪽 회로 (c) 반쪽 회로의 교류등가회로

● **차동모드 이득** 그림 12.5(c)의 반쪽 회로의 교류등가회로에서 전압이득을 구하면 다음과 같다.

$$A_d = \frac{v_{o1}}{v_d/2} = \frac{-R_D i_{d1}}{v_d/2} = \frac{-R_D g_m (v_d/2)}{v_d/2} = -g_m R_D \tag{12.26}$$

한편, $i_{d2} = -i_{d1}$이므로 $v_{o2} = -v_{o1}$이 된다. 따라서 그림 12.5(a)의 전체 회로에서 이득을 정의하면 다음과 같이 구해진다.

$$A_d \equiv \frac{v_{O1} - v_{O2}}{v_{G1} - v_{G2}} = \frac{2v_{o1}}{2(v_d/2)} = \frac{v_{o1}}{(v_d/2)} \tag{12.27}$$

식 (12.27)로부터 전체 회로에서 구한 이득이 반쪽 회로에서 구한 이득과 같다는 것을 알 수 있다. 따라서 대칭회로의 경우 반쪽 회로해석이 계산을 단순화하는 효율적인 방법임을 알 수 있다.

예제 12.5

그림 12.4 회로에서 g_m과 A_d 값을 구하시오.

단, $V_{DD} = V_{SS} = 5V$, $V_T = 1V$, $k_n'(W/L) = 20mA/V^2$, $R_D = 5K\Omega$, $I_{SS} = 0.4mA$, $v_c = 0V$이고 채널길이변조 효과는 무시한다.

풀이

$v_d = 0V$일 때

$$i_{D1} = i_{D2} = I_{SS}/2 = 0.2\text{mA}$$

따라서 g_m은

$$g_m = \sqrt{2k_n'\frac{W}{L}I_{DQ}} = \sqrt{2\times20\times10^{-3}\times0.2\times10^{-3}} = 2.8\text{mA/V}$$

차동모드 이득 A_d는 식 (12.26)으로부터

$$A_d = -g_m R_D = -2.8\times10^{-3}\times5\times10^{3} = -14$$

12.3.3 소신호 공통모드 동작

그림 12.6(a)는 그림 12.4의 MOS 차동증폭기에서 공통성분만 있을 경우의 회로이다. 실제로 잡음이나 교란이 발생할 경우 두 차동입력에 동상으로 인가되므로 공통모드로 동작하게 된다. 한편 그림 12.6(a)에서 R_{SS}는 전류원 I_{SS}의 내부저항을 표현한다. R_{SS}는 일반적으로 매우 큰 값이므로 차동모드 동작에서 거의 영향을 미치지 못하여 무시할 수 있었으나 공통모드 동작에서는 영향을 크게 미치므로 무시할 수 없다.

한편, R_{SS}는 등가적으로 두 개의 $2R_{SS}$의 병렬합성으로 표현될 수 있다. 이 경우 마디 v_s를 두 개로 분리하여도 회로 특성에는 전혀 영향을 주지 않는다. 따라서 마디 v_s를 두 개로 분리함으로써 그림 12.6(c)와 같이 완전 대칭인 등가회로로 변환할 수 있다. 그림 12.6(c)에서 반쪽만을 취하여 그림 12.6(d)와 같은 공통모드 반쪽 회로를 얻을 수 있다. 그림 12.6(d)의 반쪽 회로에 대한 교류등가회로를 구하면 그림 12.6(e)와 같다.

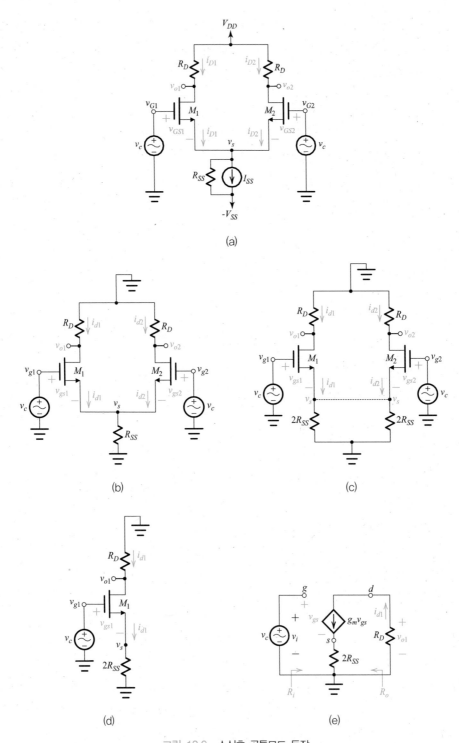

그림 12.6 소신호 공통모드 동작
(a) 소신호 공통모드 회로 (b) 공통모드 등가회로 (c) 대칭 회로 (d) 반쪽 회로 (e) 교류등가회로

그림 12.6(e)의 등가회로로부터 출력전압 v_{o1}은 다음 수식으로 구해진다.

$$v_{o1} = -R_D i_{d1} = -R_D g_m v_{gs} \tag{12.28}$$

또한, 입력루프에 키르히호프의 전압법칙을 적용하면 다음의 v_c에 대한 수식을 얻는다.

$$v_c = (1 + 2R_{SS}g_m)v_{gs} \tag{12.29}$$

따라서 공통모드 이득 A_c은 다음 수식으로 얻어진다.

$$A_c = \frac{v_{o1}}{v_c} = \frac{-R_D g_m}{1 + 2R_{SS}g_m} \overset{R_{SS} \gg 1/g_m}{\cong} \frac{-R_D}{2R_{SS}} \tag{12.30}$$

식 (12.26)과 식 (12.30)으로부터 공통성분 제거비($CMRR$)는 다음과 같이 구해진다.

$$CMRR \equiv \frac{|A_d|}{|A_c|} = 2g_m R_{SS} \tag{12.31}$$

개념잡이

식 (12.30)의 공통모드 이득은 차동증폭기의 한쪽 출력에 대한 이득이다. 만약, 두 출력의 차 성분($v_{o1} - v_{o2}$) 출력에 대한 공통모드 이득을 구하면 회로가 완전 정합되었다고 가정할 때에 $A_c = 0$이 된다. 따라서 R_{SS}가 ∞가 아니라도 $CMRR$은 ∞가 된다.

$$A_c = \frac{v_{o1} - v_{o2}}{v_c} = 0, \quad CMRR \equiv \frac{|A_d|}{|A_c|} = \infty$$

예제 12.6

[예제 12.5] 회로에서 $R_{SS} = 1 M\Omega$이라고 할 때 A_c 값을 구하고 $CMRR$을 구하시오.

풀이

식 (12.30)으로부터

$$A_c = -\frac{R_D}{2R_{SS}} = -\frac{5K\Omega}{2 \times 1000K\Omega} = -2.5 \times 10^{-3}$$

[예제 12.5]에서 구한 $A_d = -14$이므로 식 (12.31)로부터 $CMRR$은

$$CMRR \equiv \frac{|A_d|}{|A_c|} = \frac{14}{2.5 \times 10^{-3}} = 5.6 \times 10^3$$

12.4 차동증폭기의 이상적이지 못한 특성

지금까지 차동증폭기가 완전 정합(좌측과 우측에 사용된 소자의 특성이 동일한 것, 즉 $R_{D1} = R_{D2}$, $M_1 = M_2$)되었다는 가정하에 모든 특성을 설명하였다. 그러나 실제로는 제작상의 오차가 수반되므로 다소간의 부정합이 발생할 수밖에 없다. 이 절에서는 이와 같은 부정합에 의해서 발생하는 차동증폭기의 이상적이지 못한 특성에 대해 살펴보기로 한다.

12.4.1 입력 오프셋전압

그림 12.7에서와 같이 차동증폭기의 두 입력이 접지되어 있을 경우, 차동증폭기의 좌측과 우측이 완전 정합되었다면 $i_{D1} = i_{D2}$가 되고 $V_O = 0V$가 된다. 그러나 실제의 경우 제작상의 편차로 인해 다소간의 부정합이 발생할 수밖에 없다. 이로 인해 $v_d = 0$인 상태에서 출력에 0이 아닌 전압 성분이 나타나게 되는데 이를 출력 오프셋전압이라고 부른다. 그러나 일반적으로 식 (12.32)와 같이 출력 오프셋전압 V_O를 차동 이득 A_d로 나눈 값인 입력 오프셋전압 V_{io}로 오프셋전압을 표시한다.

$$V_{io} = \frac{V_O}{A_d} \tag{12.32}$$

MOS 차동증폭기에서 직류 오프셋전압을 야기하는 요소는 부하저항의 부정합, W/L의 부정합 및 V_T의 부정합으로 구분할 수 있다. 그중 부하저항의 부정합에 의해 야기되는 오프셋전압을 예로 들어 부정합에 의해 오프셋전압이 야기되는 과정을 설명한다.

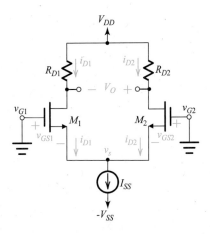

그림 12.7 차동증폭기의 오프셋전압

부하저항 R_D의 부정합을 다음 수식으로 표현하기로 한다.

$$R_{D1} = R_D + \frac{\Delta R_D}{2} \tag{12.33a}$$

$$R_{D2} = R_D - \frac{\Delta R_D}{2} \tag{12.33b}$$

이 경우 M_1과 M_2는 정합되어 있으므로 $i_{D1} = i_{D2} = I_{SS}/2$가 된다. 따라서 V_{D1}과 V_{D2}는 다음 수식으로 구해진다.

$$V_{D1} = V_{DD} - \frac{I_{SS}}{2}\left(R_D + \frac{\Delta R_D}{2}\right) \tag{12.34a}$$

$$V_{D2} = V_{DD} - \frac{I_{SS}}{2}\left(R_D - \frac{\Delta R_D}{2}\right) \tag{12.34b}$$

따라서 출력 오프셋전압 V_O는 다음과 같다.

$$V_O = V_{D2} - V_{D1} = \frac{I_{SS}}{2}\Delta R_D \tag{12.35}$$

위에서 구한 V_O를 차동 이득 A_d로 나누어줌으로써 입력 오프셋전압 V_{io}를 구하고 식 (12.24)를 적용하면 다음의 수식을 얻는다.

$$V_{io} \equiv \frac{V_O}{A_d} = \frac{\Delta R_D I_{SS}/2}{g_m R_D} = \frac{(V_{GS} - V_T)}{I_{SS}}\frac{\Delta R_D I_{SS}}{2R_D}$$

$$= \frac{(V_{GS} - V_T)}{2}\frac{\Delta R_D}{R_D} \tag{12.36}$$

예제 12.7

그림 12.7 회로에서 $k'_n(W/L)=20mA/V^2$, $V_T=1V$, $I_{SS}=1mA$, $R_D=5K\Omega$ 및 $\Delta R_D=200$ Ω이라고 할 때 입력 오프셋전압 V_{io}를 구하시오.

풀이

$\Delta R_D=0\Omega$일 때 $i_{D1}=i_{D2}=I_{SS}/2=0.5mA$이므로

$$\frac{I_{SS}}{2}=\frac{1}{2}k'_n\left(\frac{W}{L}\right)(V_{GS}-V_T)^2$$

$$(V_{GS}-V_T)=\sqrt{I_{SS}/\left\{k'_n\left(\frac{W}{L}\right)\right\}}=\sqrt{\frac{1}{20}}=0.22V$$

입력 오프셋전압 V_{io}는 식 (12.36)으로부터

$$V_{io}=\frac{(V_{GS}-V_T)}{2}\frac{\Delta R_D}{R_D}$$

$$=\frac{0.22}{2}\times\frac{200}{5000}=4.4mV$$

12.4.2 입력 오프셋전류

MOS 차동증폭기에서는 입력단자가 MOSFET의 게이트로 구성되므로 입력 바이어스 전류가 0이다. 그러나 BJT 차동증폭기의 경우 입력단자가 BJT의 베이스로 구성되므로 베이스로 입력 바이어스 전류가 흐른다. 두 입력단자의 입력 바이어스 전류를 각각 I_{B1}과 I_{B2}라고 하고 두 이미터의 바이어스 전류원을 I_{EE}라고 하면 I_{B1}과 I_{B2}는 다음으로 표현된다.

$$I_{B1}=I_{B2}=\frac{I_{EE}/2}{\beta+1} \tag{12.37}$$

그러나 BJT 차동증폭기에서의 부정합은 두 입력 바이어스 전류의 차, 즉 입력 오프셋전류($I_{io}=|I_{B1}-I_{B2}|$)를 야기한다. 가장 영향이 큰 부정합인 β부정합에 의한 입력 오프셋전류를 구하기 위해 두 BJT의 β를 β_1과 β_2라고 하면 다음과 같이 표현된다.

$$\beta_1=\beta+\frac{\Delta\beta}{2} \tag{12.38a}$$

$$\beta_2=\beta-\frac{\Delta\beta}{2} \tag{12.38b}$$

이에 따라 두 입력 바이어스 전류는 다음과 같이 구해진다.

$$I_{B1} = \frac{I_{EE}/2}{\beta + (\Delta\beta/2) + 1} \cong \frac{I_{EE}}{2} \frac{1}{\beta + 1} \left(1 - \frac{\Delta\beta}{2\beta}\right) \tag{12.39a}$$

$$I_{B2} = \frac{I_{EE}/2}{\beta - (\Delta\beta/2) + 1} \cong \frac{I_{EE}}{2} \frac{1}{\beta + 1} \left(1 + \frac{\Delta\beta}{2\beta}\right) \tag{12.39b}$$

따라서 입력 오프셋전류 I_{io}는 다음과 같이 구해진다.

$$I_{io} = |I_{B1} - I_{B2}| = \frac{I_{EE}}{2(\beta + 1)} \left(\frac{\Delta\beta}{\beta}\right) \tag{12.40}$$

한편, 입력 바이어스 전류(I_B)는 I_{B1}과 I_{B2}의 평균값으로 정의된다.

$$I_B \equiv \frac{I_{B1} + I_{B2}}{2} = \frac{I_{EE}}{2(\beta + 1)} \tag{12.41}$$

따라서 입력 오프셋전류를 입력 바이어스 전류로 표현하면 다음과 같다.

$$I_{io} = I_B \left(\frac{\Delta\beta}{\beta}\right) \tag{12.42}$$

12.5 집적회로에서의 바이어스-정전류원

직류바이어스 회로에서 사용되는 큰 저항이나 커패시터를 집적회로에서 구현할 경우 지나치게 넓은 칩 면적이 소요되므로 현실적인 어려움이 있다. 따라서 집적회로에서는 기본적으로 정전류원(constant-current source, 혹은 줄여서 current source)을 사용하여 직류바이어스를 구현한다.

정전류원은 큰 저항이나 커패시터를 필요로 하지 않을 뿐만 아니라 한곳에 생성한 정전류원을 기준전류로 하여 다른 여러 곳에서 복제하여 사용할 수 있다. 이 경우 칩 밖에서 한 개의 정밀한 저항을 사용하여 매우 안정되고 예측 가능한 정전류원을 생성할 수 있고, 온도나 전원 전압이 변할 경우 여러 증폭단의 바이어스 전류가 연동하게 되는 등의 장점이 있다. 정전류원은 여러 곳에서 복제하여 사용할 수 있으므로 전류미러(current mirror)라고도 부른다.

12.5.1 MOS 정전류원

● 정전류원 그림 12.8 MOS 정전류원 회로를 보여준다. 여기서, 핵심 역할을 하는
트랜지스터는 M_1으로 드레인과 게이트를 단락했으므로 포화모드로 동작한다. 따
라서 I_{D1}은 다음 수식으로 표현된다.

$$I_{D1} = \frac{1}{2}k_n'\left(\frac{W}{L}\right)_1 (V_{GS} - V_T)^2 \tag{12.43}$$

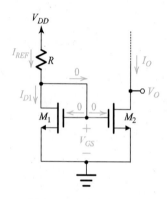

그림 12.8 MOS 정전류원 회로

MOSFET의 게이트로 흐르는 전류는 0이므로 $I_{D1} = I_{REF}$가 되므로 다음 수식을 얻
는다.

$$I_{D1} = I_{REF} = \frac{V_{DD} - V_{GS}}{R} \tag{12.44}$$

여기서, 저항 R을 통해 흐르는 전류를 정전류원의 기준전류(reference current)라고
부르고 I_{REF}로 표시한다.

한편, MOSFET M_2는 M_1과 같은 V_{GS} 전압을 가지므로 출력전류 I_O는 다음 수식으
로 표현된다.

$$I_O = I_{D2} = \frac{1}{2}k_n'\left(\frac{W}{L}\right)_2 (V_{GS} - V_T)^2 \tag{12.45}$$

식 (12.45)와 식 (12.43)으로부터 다음의 I_O와 I_{REF}와의 관계식을 구할 수 있다.

$$\frac{I_O}{I_{REF}} = \frac{(W/L)_2}{(W/L)_1} \tag{12.46}$$

식 (12.46)으로부터 I_O와 I_{REF}와의 관계는 단순히 MOSFET M_1과 M_2의 채널 종횡비(aspect ratio)에 의해서 결정됨을 알 수 있다.

그림 12.8의 MOS 정전류원 회로에서 M_2의 드레인 전압인 V_O가 식 (12.47)의 포화조건을 만족하는 한 M_2는 포화모드에서 동작하고, 그림 12.8의 회로는 크기 I_O의 정전류원으로 동작하게 된다.

$$V_O \geq V_{GS} - V_T \tag{12.47}$$

이 경우 정전류원 I_O의 출력저항 R_O는 M_2의 출력저항 r_{o2}가 되므로 다음 수식으로 구해진다.

$$R_O = \frac{\Delta V_O}{\Delta I_O} = r_{o2} = \frac{V_{A2}}{I_O} \tag{12.48}$$

여기서, V_{A2}는 M_2의 Early 전압이다. 일반적으로 V_A는 채널길이에 비례하므로 큰 출력저항이 필요할 경우 MOSFET의 채널길이를 길게 설계한다.

예제 12.8

그림 12.8 회로에서 $k_n' = 0.2 mA/V^2$, $W/L = 20$, $V_T = 20$, $V_{DD} = 5V$, M_1과 M_2는 정합되었다. 다음 항목에 답하시오.

(a) $I_{REF} = 0.1 mA$가 되도록 하기 위한 V_{GS} 값은 얼마인가?

(b) $I_{REF} = 0.1 mA$가 되도록 하려면 R은 얼마로 설계해야 하는가?

(c) 정전류원의 출력저항 R_o는 얼마인가?

(d) 정전류원으로 작용하기 위한 최소한의 V_o는 얼마인가?

풀이

(a) 식 (12.43)으로부터

$$I_{D1} = I_{REF} = \frac{1}{2} k_n' \left(\frac{W}{L}\right)_1 (V_{GS} - V_T)^2$$

$$0.1 = \frac{1}{2} \times 0.2 \times 20 \times (V_{GS} - 1)^2$$

$$V_{GS} = 1 + \sqrt{1/20} = 1.22V$$

(b) 식 (12.44)로부터

$$R = \frac{V_{DD} - V_{GS}}{I_{REF}} = \frac{5 - 1.22}{0.1 \times 10^{-3}} = 37.8 K\Omega$$

(c) 식 (12.48)로부터

$$R_O = r_{02} = \frac{V_{A2}}{I_O} = \frac{20}{0.1 \times 10^{-3}} = 200 K\Omega$$

(d) M_2가 포화영역에서 동작하기 위해서는

$$V_O = V_D \geq V_{GS} - V_T = 1.22 - 1 = 0.22\text{V}$$

12.5.2 정전류원의 복제-전류미러

일단 정전류원이 만들어지면 집적회로 내의 다른 회로에서 필요로 하는 정전류원은 얼마든지 복제하여 쓸 수 있다.

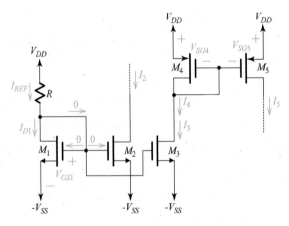

그림 12.9 정전류원의 복제

이와 같이 전류 복제를 통하여 구현된 정전류원들은 I_{REF}에 의해 일률적으로 조정될 수 있다.

그림 12.9에서 M_1, M_2 및 M_3는 I_2와 I_3의 2개의 출력을 갖는 전류미러를 형성하며 각 출력전류는 다음 수식으로 표현된다.

$$I_2 = I_{REF} \frac{(W/L)_2}{(W/L)_1} \tag{12.49}$$

$$I_3 = I_{REF} \frac{(W/L)_3}{(W/L)_1} \tag{12.50}$$

이 경우 포화모드 동작을 위해 M_2와 M_3의 드레인 전압은 다음 조건을 만족해야한다.

$$V_{D2}, \; V_{D3} \geq V_{GS1} - V_{Tn} - V_{SS} \tag{12.51}$$

한편, I_3는 PMOS M_4와 M_5로 구성된 전류미러의 입력으로 공급되므로 $I_4 = I_3$가 된다. 따라서 I_5는 다음 수식으로 구해진다.

$$I_5 = I_3 \frac{(W/L)_5}{(W/L)_4} \tag{12.52}$$

이 경우 포화모드 동작을 위해 M_5의 드레인 전압은 다음 조건을 만족해야 한다.

$$V_{D5} \leq V_{DD} - (V_{SG5} - |V_{Tp}|) \tag{12.53}$$

한편, 그림 12.9에서 보면 M_2는 부하로부터 전류 I_2를 끌어당겨 주고 있으므로 전류 싱크(current sink)라고 부르고, M_5는 부하로 전류 I_5를 밀어넣어 주고 있으므로 전류 소스(current source)라고 부른다.

예제 12.9

그림 12.9 회로에서 $k_n' = 0.2 mA/V^2$, $k_p' = 0.1 mA/V^2$, $V_{Tn} = -V_{Tp} = 1V$, $V_{DD} = V_{SS} = 5V$, 모든 MOSFET의 $L = 1\mu m$이고 채널길이변조 효과는 무시하기로 한다. $W_1 = W_4 = 10\mu m$로 가정하고 다음 각 항목에 답하시오.

(a) $I_{REF} = 10\mu A$가 되도록 하기 위한 v_{GS1}과 R의 값은 얼마인가?

(b) $I_{REF} = 10\mu A$로 설정했을 때에 $I_2 = 30\mu A$, $I_3 = 20\mu A$, $I_5 = 60\mu A$로 설정하려면 각 MOSFET의 채널 폭 W를 각각 얼마로 설계해야 하는가? 또, 이때 V_{SG4}는 얼마인가?

풀이

(a) 식 (12.43)으로부터

$$I_{D1} = I_{REF} = \frac{1}{2} k_n' \left(\frac{W}{L}\right)_1 (v_{GS1} - V_T)^2$$
$$0.01 = \frac{1}{2} \times 0.2 \times 10 \times (v_{GS1} - 1)^2$$
$$v_{GS1} = 1 + \sqrt{1/100} = 1.1V$$

식 (12.44)로부터

$$R = \frac{V_{DD} - (v_{GS1} + V_{SS})}{I_{REF}} = \frac{5 - (1.1 - 5)}{0.01} = 890K\Omega$$

(b) 식 (12.49) 및 식 (12.50)으로부터

$$(W/L)_2 = (W/L)_1 \frac{I_2}{I_{REF}} = 10 \frac{30\mu A}{10\mu A} = 30 \to W_2 = 30\mu m$$

$$(W/L)_3 = (W/L)_1 \frac{I_3}{I_{REF}} = 10 \frac{20\mu A}{10\mu A} = 20 \to W_3 = 20\mu m$$

$I_3 = I_4$의 관계로부터 W_4를 구할 수 있다.

$$I_3 = I_4 = \frac{1}{2} k_p' \left(\frac{W}{L}\right)_4 (v_{SG4} - |V_T|)^2$$

$$0.02 = \frac{1}{2} \times 0.1 \times 10 \times (v_{SG4} - 1)^2$$

$$v_{SG4} = 1.2V$$

식 (12.52)로부터

$$I_5 = I_3 \frac{(W/L)_5}{(W/L)_4}$$

$$(W/L)_5 = (W/L)_4 \frac{I_5}{I_3} = 10 \frac{60\mu A}{20\mu A} = 30 \to W_5 = 30\mu m$$

12.6 집적회로에서의 부하―능동부하

집적회로에서 부하로 사용되는 저항은 일반적으로 매우 큰 값으로 칩상에서 구현할 경우 지나치게 넓은 칩 면적이 소요되어 문제가 된다. 따라서 집적회로에서는 기본적으로 능동부하(active load)를 사용한다.

12.6.1 MOS 능동부하

능동부하는 기본적으로 트랜지스터의 출력저항을 부하로 활용하는 방법이다. 그림 12.10(a)는 능동부하로 구성된 MOS 차동증폭기로서 차동(differential) 입력을 받아서 증폭하여 단일종단(single-ended)으로 출력하고 있다. $M_1 = M_2$ 및 $M_3 = M_4$로 각 쌍의 MOSFET의 특성이 동일하다고(정합되었다고) 가정하면 능동부하 MOS 차동증폭기의 직류바이어스 전류는 그림 12.10(a)에 표시된 것과 같이 $I_{SS}/2$가 흐른다.

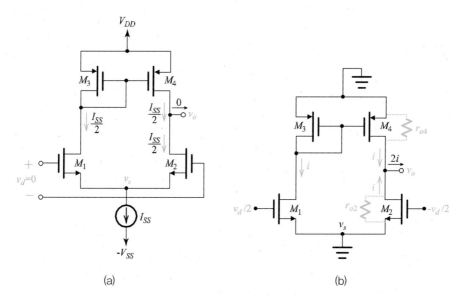

그림 12.10 MOS 능동부하로 구성된 차동증폭기
(a) 능동부하로 구성된 차동증폭기 (b) 차동모드 소신호 해석을 위한 등가회로

차동모드 소신호 해석을 위해 직류전원을 모두 제거하면 그림 12.10(b)의 회로를 얻는다. 마디 v_S는 차동모드 동작에서 가상접지되므로 접지에 연결하였다. 점선으로 연결한 저항 r_{o2}와 r_{o4}는 M_2와 M_4의 출력저항을 시각적으로 보기 쉽도록 하였다. 입력단자에 그림 12.10(b)에서와 같이 차신호 v_d를 인가하면 $v_{gs1} = -v_{gs2} = v_d / 2$가 되므로 M_1의 드레인 전류가 증가한 만큼 M_2의 드레인 전류는 감소하게 된다. 또한, M_3와 M_4가 전류미러를 이루고 있으므로 M_4의 드레인 전류는 M_1의 드레인 전류와 같다. 따라서 다음의 관계 수식을 얻을 수 있다.

$$i_{D1} = -i_{D2} = i_{D4} = i = \left(\frac{v_d}{2}\right)g_{m1} \tag{12.54}$$

식 (12.54)로부터 능동부하로 구성된 차동증폭기의 전달컨덕턴스 G_m은 식 (12.55)와 같이 구해지며 M_1의 전달컨덕턴스 g_{m1}과 같다.

$$G_m \equiv \frac{i_{D1}}{v_d / 2} = \frac{i_{D1} - i_{D2}}{v_d / 2 - (-v_d / 2)} = \frac{2i_{D1}}{v_d} = g_{m1} = g_m \tag{12.55}$$

여기서, $M_1 = M_2$로 정합되었으므로 $g_{m1} = g_{m2}$이다. 따라서 $g_{m1} = g_{m2} = g_m$으로 표현하기로 한다. 한편, 그림 12.10(b)의 출력마디(v_o)에 키르히호프의 전류법칙을 적용하면 2개의 i가 들어오므로 출력마디에서 나가는 전류는 $2i$가 된다. 따라서 출력단자는 내부저항이 $r_{o2} // r_{o4}$가 되고 단락전류가 $2i$인 노튼 전원으로 등가된다. 출력단자에 부하를 달면 부하를 통해 $2i$의 전류가 흘러 출력전압 v_o를 발생시킬 것이다. 그러나 그림 12.10(b)와 같이 부하가 연결되어 있지 않다면 노튼 전원의 개방전압이 출력전압이 되므로 출력전압 v_o는 다음 수식으로 구해진다.

$$v_o = 2i(r_{o2} // r_{o4}) = v_d g_m (r_{o2} // r_{o4}) \tag{12.56}$$

따라서 전압이득 A_v는 다음과 같이 구해진다.

$$A_v \equiv \frac{v_o}{v_d} = g_m (r_{o2} // r_{o4}) \tag{12.57}$$

식 (12.57)로부터 M_4의 출력저항 r_{o4}가 부하로 작용하고 있음을 알 수 있다. 이와 같이 트랜지스터와 같은 능동소자로써 부하를 구현할 경우 이를 **능동부하**(active load)라고 부른다. 능동부하는 능동소자를 사용하여 큰 값의 저항을 매우 적은 면적에서 구현할 수 있도록 하여주므로 집적회로에서 널리 사용되고 있다. 실제로 집적회로에서는 가능한 한 모든 부하를 능동부하로 구현하고자 하며, 특히 디지털 회로의 경우 거의 모두가 능동부하를 사용하고 있다.

한편, 그림 12.10(b)에서 볼 수 있듯이 M_1에 의한 출력전류 i는 능동부하를 통해 출력단자로 넘어가고 M_2의 출력전류 i와 합해져서 $2i$의 출력을 내고 있음을 알 수 있다. 즉, 능동부하 차동증폭기는 두 출력단자에서 출력을 따내지 않고 단일종단(single-ended)으로 출력해도 출력의 손실이 없이 모두 출력된다.

예제 12.10

그림 12.10의 MOS 능동부하 차동증폭기의 전압이득 A_v를 구하시오.

단, $I_{SS} = 1mA$, $R_{SS} = 30K\Omega (W/L)_n = 50$, $(W/L)_p = 100$, $\mu_n C_{ox} = 2\mu p C_{ox} = 0.4mA/V^2$,
$V_{An} = |V_{Ap}| = 50V$이다.

풀이

$$r_{o2} = \frac{V_{An}}{I_{SS}/2} = \frac{50V}{0.5mA} = 100K\Omega$$

$$r_{o4} = \frac{V_{Ap}}{I_{SS}/2} = \frac{50V}{0.5mA} = 100K\Omega$$

$v_d = 0V$일 때

$$i_{D1} = i_{D2} = I_{DQ} = \frac{I_{SS}}{2} = 0.5mA$$

따라서

$$g_m = \sqrt{2k_n'}\sqrt{\frac{W}{L}}\sqrt{I_{DQ}} = \sqrt{2 \times 0.4 \times 10^{-3} \times 50 \times 0.5 \times 10^{-3}} = 6.3\text{mA/V}$$

식 (12.57)로부터

$$A_v \equiv \frac{v_o}{v_d} = g_m(r_{o2} // r_{o4}) = 6.3 \times 10^{-3} \times (100K\Omega // 100K\Omega) = 315$$

EXERCISE

[12.1] 그림 P12.1 회로에서 다음 각 항에 답하시오.

단, $V_{DD} = V_{SS} = 15V$, $V_T = 1V$, $k'_n(W/L) = 2mA/V^2$, $R_D = 2K\Omega$, $I_{SS} = 4mA$, v_{G1} $= v_{G1} = 0V$이고 바디효과와 채널길이변조 효과는 무시한다.

(a) $v_{G1} = v_{G2} = 0V$일 때 i_{D1}, i_{D2}, v_{GS1}, v_{GS2} 및 v_S 값을 구하시오.

(b) $v_{G1} = v_{G2} = 1V$일 때 i_{D1}, i_{D2}, v_{GS1}, v_{GS2} 및 v_S 값을 구하시오.

(c) $v_{G1} = 1V$, $v_{G2} = 0V$일 때 i_{D1}, i_{D2}, v_{GS1}, v_{GS2} 및 v_S 값을 구하시오.

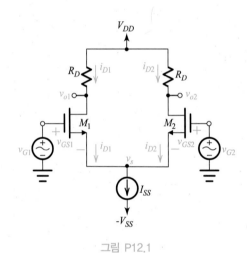

그림 P12.1

[12.2] [연습문제 12.1]에서 $v_{G2} = 0V$일 때 $i_{D1} = 4mA$가 되기 위한 v_{G1} 및 v_S 값의 최소치를 구하시오. 이때 i_{D2}는 얼마인가?

[12.3] [연습문제 12.2]에서 $R_D = 5K\Omega$이라고 가정하여 다시 푸시오. 만약, $i_{D1} = 4mA$로 할 수 없다면 그 이유를 설명하시오.

[12.4] 그림 P12.4의 회로에서 r_o, g_m과 $A_d\{=(v_{o1}-v_{o2})/v_d\}$ 값을 구하시오.

단, MOSFET M_1, M_2의 회로에서 $V_T=1V$, $V_A=20V$, $k'_n(W/L)=20mA/V^2$이고, $V_{DD}=V_{SS}=15V$, $R_D=10K\Omega$, $I_{SS}=0.4mA$, $v_c=-1V$이다. 바디효과는 무시하되 채널길이변조 효과는 고려한다.

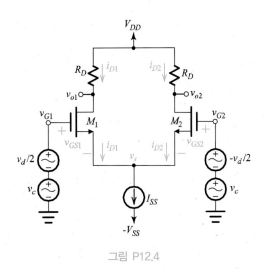

그림 P12.4

[12.5] [연습문제 12.4]에서 $I_{SS}=0.8mA$가 되도록 하였다. r_o, g_m과 $A_d\{=(v_{o1}-v_{o2})/v_d\}$ 값을 구하고 [연습문제 12.4]의 결과와 비교하시오.

[12.6] [연습문제 12.4]에서 전류원 I_{SS}의 내부저항 R_{SS}가 1MW이라고 가정하고 A_c와 CMRR을 구하시오. 단, 바디효과와 채널길이변조 효과는 무시한다.

[12.7] 그림 P12.7의 회로에서 $k'_n(W/L) = 10mA/V^2$, $V_T = 1V$, $I_{SS} = 0.6mA$, $R_{D1} = 6.5$ $K\Omega$ 및 $R_{D2} = 5.5K\Omega$이라고 할 때 입력 오프셋전압 V_{io}를 구하시오.

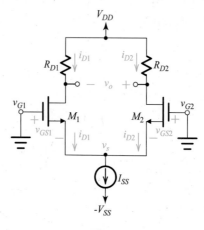

그림 P12.7

[12.8] 그림 P12.8의 회로에서 $k'_n = 0.2mA/V^2$, $W/L = 30$, $V_T = 1V$, $V_A = 50V$, $V_{DD} = 5V$, M_1과 M_2는 정합되었다. 다음 항목에 답하시오.

(a) $I_{REF} = 0.2mA$가 되도록 하기 위한 V_{GS}는 몇 V인가?

(b) $I_{REF} = 0.2mA$가 되도록 하려면 R은 얼마로 설계해야 하는가?

(c) 정전류원의 출력저항 R_O는 얼마인가?

(d) 정전류원으로 작용하기 위한 최소한의 V_O는 얼마인가?

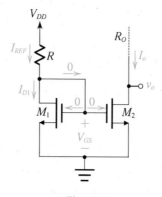

그림 P12.8

[12.9] 그림 P12.9의 회로에서 $k'_n = 0.2\,mA/V^2$, $k'_p = 0.1\,mA/V^2$, $V_{Tn} = -V_{Tp} = 1V$, $V_{DD} = V_{SS} = 5V$, 모든 MOSFET의 $L = 1\mu m$이고 채널길이변조 효과는 무시하기로 한다. $W_1 = W_4 = 5\mu m$로 가정하고 다음 각 항목에 답하시오.

(a) $I_{REF} = 20\mu A$가 되도록 하기 위한 V_{GS1}과 R의 값은 얼마인가?

(b) $I_{REF} = 20\mu A$로 설정했을 때에 $I_2 = 40\mu A$, $I_3 = 20\mu A$, $I_5 = 80\mu A$로 설정하려면 각 MOSFET의 채널 폭 W를 각각 얼마로 설계해야 하는가?

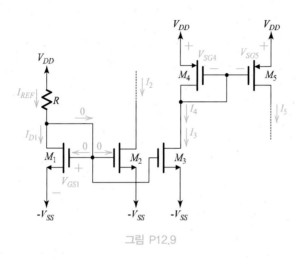

그림 P12.9

[12.10] 그림 12.10(a)의 MOS 능동부하 차동증폭기의 전압이득 $A_v(= v_o / v_d)$를 구하시오. 단, $(W/L)_n = 50$, $(W/L)_p = 100$, $\mu_n C_{ox} = 2\mu_p C_{ox} = 0.4\,mA/V^2$, $V_{An} = |V_{Ap}| = 30V$, $I_{SS} = 1mA$이다.

CHAPTER

13

귀환 증폭기

13.0 서론

귀환 증폭기(feedback amplifier)는 출력 중의 일부가 되돌아와서 입력에 더해지는 회로로서 더해질 때 입력을 증가시키는 경우를 **정귀환**(positive feedback)이라고 하고, 입력을 감소시키는 경우를 **부귀환**(negative feedback)이라고 한다. 정귀환은 회로를 불안정하게 하므로 발진회로에 이용된다. 이 장에서 다루고자 하는 것은 부귀환회로이다. 부귀환회로는 다음과 같은 장점과 단점이 있다.

■ 부귀환회로의 장점

① 증폭기 이득이 회로 소자의 특성 변화에 덜 민감하게 하여줌으로써 이득의 안정도를 높여준다.
② 주파수 대역폭을 넓혀준다.
③ 비선형 왜곡을 줄여준다.
④ 증폭기의 입력 및 출력저항을 증가시키거나 감소시킬 수 있다.

■ 부귀환회로의 단점

① 증폭기 이득을 감소시킨다.
② 주파수 증가에 따라 부귀환이 정귀환으로 바뀌어 발진할 수 있으므로 주파수에 따른 안정도가 저하될 수 있다.

13.1 귀환 증폭기의 기본 구조

● 귀환 증폭기의 구조 그림 13.1은 귀환회로의 기본 구조를 보여준다. 이득이 A인 **기본 증폭기**(basic amplifier)의 출력을 **귀환회로**(feedback network)를 통해 입력으로 귀환시켜줌으로써 귀환루프를 형성하고 있다.
귀환루프가 끊어져 귀환이 없을 때의 이득을 **개방루프이득**(open-loop gain)이라고 한다. 개방루프이득은 그림 13.1로부터 기본 증폭기의 이득 A가 된다. 따라서, 출력 x_o는 다음 수식으로 표현된다.

$$x_o = Ax_i \qquad (13.1)$$

출력 x_o가 귀환회로에 인가되면 귀환회로는 귀환신호 x_f를 생성하여 입력단으로 보낸다. 귀환회로의 **귀환율**(feedback factor)을 $\beta(\equiv x_f / x_o)$라고 할 때 귀환신호 x_f 는 다음과 같이 표현된다.

$$x_f = \beta x_o \tag{13.2}$$

여기서, x_f는 편의상 양의 값으로 가정한다.

만약, 귀환신호 x_f가 귀환 증폭기의 입력인 신호원 신호 x_s와 합해져서 $x_i = x_s + x_f$ 가 되면 입력을 증가시키는 정귀환이 된다. 그러나 여기서 공부하려고 하는 부귀환의 경우 그림 13.1에서와 같이 x_f가 x_i를 감소시키도록 인가한다. 따라서 기본 증폭기의 입력 x_i는 식 (13.3)으로 표현된다.

$$x_i = x_s - x_f \tag{13.3}$$

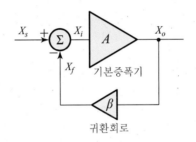

그림 13.1 **귀환 증폭기의 기본 구조**

귀환루프가 형성되어 귀환이 있을 때의 이득을 **폐루프이득**(A_f: closed-loop gain)이라고 한다. 폐루프이득 A_f는 식 (13.1) ~ 식 (13.3)으로부터 다음과 같이 구해진다.

$$A_f \equiv \frac{x_o}{x_s} = \frac{A}{1 + \beta A} \tag{13.4}$$

여기서, βA는 귀환루프를 한 바퀴 돌 때 얻어지는 총 이득으로 **루프이득**(loop gain) 이라고 부르고 부귀환이 되기 위해서는 반드시 $\beta A > 0$이어야 한다. 식 (13.4)로부터 폐루프이득 A_f는 개방루프이득 A의 $1/(1 + \beta A)$배로 감소하게 되며 $(1 + \beta A)$를 **귀환량**(amount of feedback)이라고 부른다. 또한, $\beta A \gg 1$의 경우 $A_f \cong 1/\beta$가 되어 폐루프이득 A_f가 개방루프이득 A에 거의 영향을 받지 않게 됨을 알 수 있다. 다시 말해, 귀환 증폭기의 이득인 A_f는 전적으로 귀환회로에 의해 결정된다. 일반적으로 귀환회로는 수동소자로 구성되므로 부귀환을 이용하면 정확하고 안정된 이득을 얻을 수 있다.

식 (13.1) 및 식 (13.4)로부터 x_f에 대한 수식을 구하면 다음과 같다.

$$x_f = \frac{\beta A}{1+\beta A} x_s \overset{\beta A \gg 1}{\cong} x_s \tag{13.5}$$

식 (13.5)로부터 $\beta A \gg 1$의 경우 $x_f \cong x_s$가 되어 귀환신호 x_f는 소스 신호 x_s와 거의 동일해지므로 기본 증폭기의 입력 신호 $x_i \to o$가 된다.

개념잡이

귀환회로에서의 신호방향 정의(부귀환 기준)
- 기본 증폭기의 입력 x_i의 방향은 증폭기가 반전($A < 0$)이건 비반전($A > 0$)이건 상관없이 입력단자에 인가되는 방향이다.
- x_f의 방향은 x_i와 같은 방향으로 정의한다(부귀환 기준). 이 경우 $x_i = x_s - x_f$로 표현되어 x_f가 x_i를 감소시키는 방향이 된다.
- 이상의 방향 정의는 부귀환을 기준으로 정의한 것이지만 정귀환에서도 그대로 쓴다.

예제 13.1

그림 13E1.1은 이상적인 연산증폭기로 구성된 회로이다. 다음 각 항에 답하시오.

(a) 귀환율 β를 구하시오.

(b) 폐루프이득 A_f를 구하고 비반전증폭기의 이득 수식과 동일한지를 확인하시오.

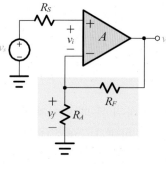

그림 13E1.1

풀이

(a) 정의식으로부터 귀환율은 다음과 같이 구해진다.

$$\beta \equiv \frac{v_f}{v_o} = \frac{R_A}{R_A + R_F}$$

(b) 이상적인 연산증폭기이므로 개방루프이득 A는

$$A \equiv \frac{v_o}{v_i} \left(= \frac{v_o}{v_d} = A_d \right) = A_o \to \infty$$

가 되므로 폐루프이득 A_f는 다음과 같이 근사된다.

$$A_f = \frac{A}{1+\beta A} \bigg|_{A \to \infty} \cong \frac{1}{\beta} = 1 + \frac{R_F}{R_A}$$

따라서 위의 귀환이론으로 구한 결과는 이상적인 연산증폭기 회로의 비반전증폭기 수식과 동일해짐을 알 수 있다.

13.2 부귀환의 특성

서론에서 언급한 부귀환의 특성을 좀 더 상세히 살펴보기로 하자.

13.2.1 이득 안정도

귀환 증폭기의 이득 안정도를 살펴보기 위해 개방루프이득 A의 변화에 따른 폐루프이득 A_f의 변화율을 구해보자. 식 (13.4)의 양변을 미분하면 다음의 관계식을 얻는다.

$$dA_f = \frac{dA}{(1+\beta A)^2} \tag{13.6}$$

식 (13.6)을 식 (13.4)로 나누어주면 다음의 수식을 얻는다.

$$\frac{dA_f}{A_f} = \frac{1}{(1+\beta A)} \frac{dA}{A} \tag{13.7}$$

식 (13.7)로부터 폐루프이득의 변동률은 개방루프이득의 변동률의 $1/(1+\beta A)$배로 감소함을 알 수 있다. 다시 말해서, 회로 내 소자들의 특성 변화에 의해 기본 증폭기의 이득이 변할 경우, 부귀환이 기본 증폭기의 이득 변화에 대한 영향을 감소시켜주므로 귀환 증폭기의 이득을 비교적 일정한 값으로 안정시켜주는 역할을 한다.

예제 13.2

그림 13E1.1의 회로에서 $R_F = 100R_A$이고 개방루프이득 $A = 10^4$이라고 가정하고 다음 항에 답하시오.

(a) 귀환율 β는 얼마인가?

(b) 폐루프이득 A_f는 얼마인가?

(c) 위의 (b)항에서 개방루프이득 A가 $A = 0.5 \times 10^4$으로 50%만큼 감소할 때에 폐루프이득 A_f은 몇 % 감소하는가?

풀이

(a) 정의식으로부터 귀환율은 다음과 같이 구해진다.

$$\beta \equiv \frac{v_f}{v_o} = \frac{R_A}{R_A + R_F} \approx 0.01$$

(b) $$A_f = \frac{A}{1 + \beta A} = \frac{10^4}{1 + 0.01 \times 10^4} \cong 99$$

(c) $A = 0.5 \times 10^4$으로 50%만큼 감소할 때에 폐루프이득 A_f는 다음과 같이 구해진다.

$$A_f = \frac{A}{1 + \beta A} = \frac{0.5 \times 10^4}{1 + 0.01 \times 0.5 \times 10^4} \cong 98$$

위의 결과와 (b)항의 결과로부터

$$\frac{A_f|_{A=A} - A_f|_{A=A/2}}{A_f|_{A=A}} = \frac{99 - 98}{99} = 0.01 \rightarrow 1\%$$

따라서, 폐루프이득 A_f는 1%만큼 감소한다.

13.2.2 대역폭 증가

기본 증폭기가 단일 폴을 갖는다고 가정하여 개방루프이득을 표현하면 다음 수식으로 표현된다.

$$A(s) = \frac{A_o}{1 + s/\omega_H} \tag{13.8}$$

여기서, A_o는 중간대역 이득이고 ω_H는 *3-dB* 주파수를 나타낸다. 식 (13.8)을 식 (13.4)에 대입하여줌으로써 폐루프이득의 주파수 특성을 구할 수 있다.

$$A_f(s) = \frac{A_o/(1+\beta A_o)}{1+s/\omega_H(1+\beta A_o)} \qquad (13.9)$$

여기서, 귀환 증폭기의 3-dB 주파수를 ω_{Hf}라고 하면 다음 수식으로 표현된다.

$$\omega_{Hf} = \omega_H(1+\beta A_o) \qquad (13.10)$$

식 (13.9)로부터 귀환 증폭기의 평탄대역 이득 A_{fo}는 $A_o / (1 + \beta A_o)$로 $1 / (1 + \beta A_o)$ 배로 감소함을 알 수 있다. 반면에 식 (13.10)으로부터 3-dB 주파수 ω_{Hf}는 $\omega_H(1 + \beta A_o)$로 $(1 + \beta A_o)$배로 증가한다. 따라서 이득–대역폭 곱(GBP: Gain–Bandwidth Product)은 다음 수식에서와 같이 일정함을 알 수 있다.

$$A_{of}\omega_{Hf} = A_o\omega_H = 일정 \qquad (13.11)$$

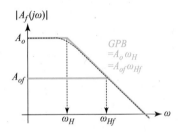

그림 13.2 귀환 증폭기의 주파수 특성

예제 13.3

그림 13E1.1의 귀환 증폭기에서 기본 증폭기의 평탄대역 이득 $A_o = 10^4$이고, 3-dB 주파수 $f_H = 100Hz$이다. 귀환 증폭기의 평탄대역 이득 $A_{of} = 10^2$이라면 이때의 3-dB 주파수 f_{Hf}는 얼마인가?

풀이

식 (13.11)로부터

$$A_o f_H = A_{of} f_{Hf}$$
$$10^4 \times 100 = 10^2 \times f_{Hf}$$
$$\rightarrow f_{Hf} = 10^4 = 10\text{KHz}$$

13.2.3 비선형 왜곡의 감소

그림 13.3의 (a) 곡선은 어떤 증폭기의 전달 특성을 보여주고 있으며 전압이득이 100에서 10으로 변화하는 비선형 특성을 보여준다. 증폭기의 이와 같은 비선형 전달 특성은 비선형 왜곡을 야기한다. 앞 절에서 설명했듯이 부귀환은 기본 증폭기의 이득 변화의 영향을 감소시켜주므로 비선형적 특성을 완화시켜 선형 특성에 가까워지도록 해준다.

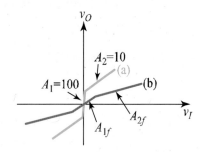

그림 13.3 부귀환에 의한 비선형 왜곡의 감소 현상

그림 13.3의 (b) 곡선은 위의 증폭기에 부귀환을 걸어 얻어진 귀환 증폭기의 전달 특성을 보여준다. 귀환율 $\beta = 0.1$이라고 가정하여 A_1에 부귀환이 가해져 얻어진 이득 A_{1f}과 A_2에 부귀환이 가해져 얻어진 이득 A_{2f}를 구하면 식 (13.4)로부터 다음과 같이 구해진다.

$$A_{1f} = \frac{100}{1+0.1\times100} = 9.1 \tag{13.12a}$$

$$A_{2f} = \frac{10}{1+0.1\times10} = 5 \tag{13.12b}$$

따라서 이득을 나타내는 전달특성곡선 기울기의 변화량이 대폭 감소하여 비선형적 특성이 대폭 개선되고 있음을 알 수 있다.

예제 13.4

그림 13.3에서 $A_1 = 1000$, $A_2 = 100$, 귀환율 $\beta = 0.02$라고 할 때 귀환 증폭기의 이득 변화율을 구하고 기본 증폭기 때의 변화율과 비교하여 몇 %가 감소했는지를 구하시오.

풀이

기본 증폭기 때의 이득 변화율(R_{Ao})은

$$R_{Ao} = \frac{A_1 - A_2}{A_1} = \frac{1000 - 100}{1000} = 0.9 \rightarrow 90\%$$

한편, 식 (13.12)로부터

$$A_{1f} = \frac{1000}{1 + 0.02 \times 1000} = 47.6$$
$$A_{2f} = \frac{100}{1 + 0.02 \times 100} = 33.3$$

따라서 귀환 증폭기의 이득 변화율(R_{Af})은

$$R_{Af} = \frac{A_{1f} - A_{2f}}{A_{1f}} = \frac{47.6 - 33.3}{47.6} = 0.3 \rightarrow 30\%$$

귀환 증폭기의 이득 변화 비율이 기본 증폭기 때의 이득 변화율에 비하여 60%만큼 감소했다.

13.3 귀환의 4가지 형태

- **기본 증폭기 종류** 증폭기는 입력과 출력 신호가 전압이냐 전류냐에 따라 4가지로 분류된다. 전압 신호를 입력으로 받고 전압 신호로 출력하면 **전압 증폭기**(voltage amplifier)라 부르고, 전류 신호를 입력으로 받고 전류 신호로 출력하면 **전류 증폭기** (current amplifier)라 부른다. 전압 신호를 입력으로 받고 전류 신호로 출력하면 **전달컨덕턴스 증폭기**(transconductance amplifier)라 부르고, 전류 신호를 입력으로 받고 전압 신호로 출력하면 **전달임피던스 증폭기**(transimpedance amplifier)라 부른다.

- **4가지 귀환 형태** 귀환은 위의 4가지 기본 증폭기에 가해지는 것이므로 귀환 형태도 그림 13.4에서와 같이 4가지로 분류된다. 그림 13.4(a)의 기본 증폭기는 전압 증폭기로서 입력과 출력이 모두 전압 신호이므로 귀환회로는 출력단에서 전압을 따내기(sampling) 위해 병렬연결하고, 입력단에 전압으로 먹여주기(mixing) 위해 직렬연결한다. 이것을 직렬-병렬 귀환(series-shunt feedback)이라고 한다. 그림 13.4(b)의 기본 증폭기는 전류 증폭기로서 입력과 출력이 모두 전류 신호이므로 귀환회로는 출력단에 직렬연결하여 전류를 따내고 입력단에 병렬연결하여 전류로 먹여준다. 이것을 병렬-직렬 귀환(shunt-series feedback)이라고 한다. 그림 13.4 (c)의 기본 증폭기는 전달컨덕턴스 증폭기로서 입력이 전압 신호이고 출력이 전류 신호이므로 귀환회로는 출력단에 직렬연결하여 전류를 따내고 입력단에 직렬

연결하여 전압으로 먹여준다. 이것을 직렬-직렬 귀환(series-series feedback)이라고 한다. 그림 13.4(d)의 기본 증폭기는 전달임피던스 증폭기로서 입력이 전류이고 출력이 전압 신호이므로 귀환회로는 출력단에 병렬연결하여 전압를 따내고 입력단에 병렬연결하여 전류로 먹여준다. 이것을 병렬-병렬 귀환(shunt-shunt feedback)이라고 한다.

귀환 형태 명칭에서, 앞의 직렬(혹은 병렬)이란 입력단에 귀환신호를 먹이기 위해 연결하는 형태를 의미하며 전압 신호로 먹일 경우 직렬로 전류 신호를 먹일 경우 병렬로 연결한다. 뒤의 직렬(혹은 병렬)이란 출력단에서 신호를 따내기 위해 연결하는 형태를 의미하며 전압 신호를 따낼 경우 병렬로 전류 신호를 따낼 경우 직렬로 연결한다.

● **귀환 형태의 구분** 그림 13.4의 블록도에서는 입력단과 출력단의 연결 형태가 한눈에 보이므로 귀환 형태를 쉽고 명확하게 구분할 수 있으나 실제 회로에서는 그렇지 못한 경우가 많다. 그러나 그림 13.4의 블록도에서 몇 가지 규칙을 이해하면 실제 회로에서도 귀환 형태를 어렵지 않게 구분할 수 있다.

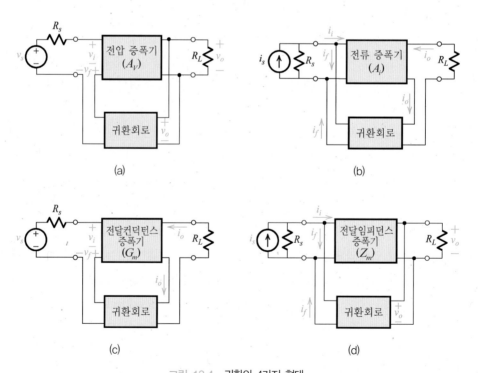

그림 13.4 귀환의 4가지 형태
(a) 직렬–병렬 귀환 (b) 병렬–직렬 귀환 (c) 직렬–직렬 귀환 (d) 병렬–병렬 귀환

출력단에서 신호를 따낼 경우, 출력단자를 단락($v_o = 0$)시켰을 때 귀환되는 신호가 없다($v_f = 0$ 혹은 $i_f = 0$)면 전압을 따내고 있는 것이고 따라서 병렬로 연결되어 있다. 반면에 출력단자를 개방($i_o = 0$)시켰을 때 귀환되는 신호가 없다($v_f = 0$ 혹은 $i_f = 0$)면 전류를 따내고 있는 것이고 따라서 직렬로 연결되어 있다.

입력단에 신호를 먹일 경우, 입력단자를 단락시켰을 때 귀환신호가 입력된다($v_i = -v_f$)면 직렬로 연결되어 전압이 먹여지고 있는 것이다. 반면에 입력단자를 개방 시켰을 때 귀환신호가 입력된다($i_i = -i_f$)면 병렬로 연결되어 전류가 먹여지고 있는 것이다.

![개념잡이]

[이상적인 귀환 증폭기]
아래 그림은 이상적인 귀환 증폭기의 구조를 보여주고 있다.

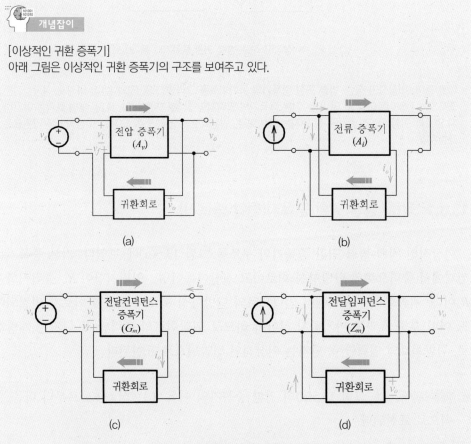

그림 F1   이상적인 귀환 증폭기의 구조
(a) 직렬-병렬 귀환 (b) 병렬-직렬 귀환 (c) 직렬-직렬 귀환 (d) 병렬-병렬 귀환

이상적인 귀환 증폭기는 다음의 3가지 조건을 만족해야 한다. **(1)** 기본 증폭기는 입력에서 출력으로의 단방향성(unilateral) 회로이다. **(2)** 귀환회로는 출력에서 입력으로의 단방향성 회로이다. **(3)** 귀환회로가 연결되어도 어떤 부하 효과도 야기하지 않는다. 즉, 귀환회로는 출력단에서 신호를 따내면서 기본 증폭기의

부하에 영향을 미치지 않아야 하고, 입력단에 신호를 먹이면서 기본 증폭기의 신호원 저항에 영향을 미치지 않아야 한다. 따라서, 귀환회로의 출력단 쪽 단자의 등가회로는 병렬 따냄의 경우 개방회로, 직렬 따냄의 경우 단락회로가 되고, 귀환회로의 입력단 쪽 단자의 등가회로는 병렬 먹임의 경우 이상적인 전류원, 직렬 먹임의 경우 이상적인 전압원이 된다.

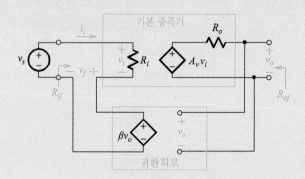

그림 F2   이상적인 직렬-병렬 귀환 증폭기의 등가회로

예를 들어, 이상적인 직렬-병렬 귀환 증폭기의 등가회로를 그리면 그림 F2와 같다. 여기서, A_v는 기본 증폭기의 전압이득이고 R_i 및 R_o는 기본 증폭기의 입력저항 및 출력저항이다. 또한, 부하 효과를 야기하지 않도록 귀환회로의 출력단 쪽 단자는 개방회로, 귀환회로의 입력단 쪽 단자는 이상적인 전압원으로 표현된다.

13.3.1 직렬-병렬 귀환 증폭기(전압 증폭기)

이상적인 직렬-병렬 귀환 증폭기의 구조를 그림 13.5(a)에 보였다. 기본 증폭기는 입력에서 출력으로의 단방향성 회로이고 전압이득이 A_v, 입력저항이 R_i, 출력저항이 R_o이다. 귀환회로는 출력에서 입력으로의 단방향성 회로이고, 귀환회로가 연결되어도 어떤 부하 효과도 야기하지 않아야 하므로 귀환회로의 출력단 쪽 단자는 개방회로, 귀환회로의 입력단 쪽 단자는 이상적인 전압원으로 표현된다.

● 폐루프이득 A_f 그림 13.5(a)의 귀환 증폭기의 이득 A_f는 식 (13.4)로부터 다음 수식으로 표현된다.

$$A_f \equiv \frac{v_o}{v_s} = \frac{A_v}{1+\beta A_v} \tag{13.13}$$

여기서, $A_v \equiv \left. \dfrac{v_o}{v_s} \right|_{\substack{\text{개방루프} \\ (v_f=0)}} = \dfrac{v_o}{v_i}$ 로 정의되는 개방루프이득이다.

그림 13.5(b)는 직렬-병렬 귀환 증폭기의 등가회로로서 R_{if}와 R_{of}는 귀환이 있는 상태에서의 입력저항과 출력저항이다.

- 입력저항 R_{if} 입력저항 R_{if}는 그림 13.5(a) 회로에서 다음과 같이 구해진다.

$$R_{if} \equiv \frac{v_s}{i_i} = \frac{v_s}{v_i / R_i} = R_i \frac{v_i + \beta A_v v_i}{v_i} = R_i(1 + \beta A_v) \tag{13.14}$$

식 (13.14)로부터 귀환신호가 입력에 직렬로 먹여질 경우 입력저항을 $(1 + \beta A_v)$배로 증가시킴을 알 수 있다.

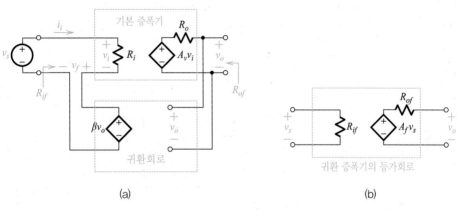

그림 13.5 직렬-병렬 귀환 증폭기
(a) 이상적인 구조 (b) 등가회로

- 출력저항 R_{of} 출력저항 R_{of}를 구하기 위해 그림 13.5(a) 회로에서 $v_s = 0$으로 놓고, 그림13.6에서 보인 것처럼 테스트 전원 v_x를 인가한다. 이때에 흐르는 전류를 i_x라고 하면 출력저항 R_{of}는 다음 수식으로 구해진다.

$$R_{of} \equiv \frac{v_x}{i_x} \tag{13.15}$$

그림 13.6으로부터 i_x를 구하면 다음 수식으로 표현된다.

$$i_x = \frac{v_x - A_v v_i}{R_o} \overset{v_i = -\beta v_o = -\beta v_x}{=} \frac{v_x + A_v \beta v_x}{R_o} \tag{13.16}$$

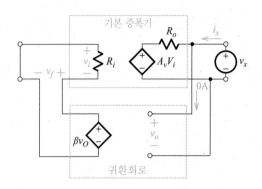

그림 13.6 　전압 따냄(병렬연결)의 경우 출력저항 구하기

식 (13.16)을 식 (13.15)에 대입하여 풀면 다음과 같이 출력저항 R_{of}가 구해진다.

$$R_{of} = \frac{R_o}{1 + \beta A_v}$$ (13.17)

식 (13.17)로부터 출력단자에서 병렬로 신호를 따낼 경우 출력저항을 $1 / (1 + \beta A_v)$배로 감소시킴을 알 수 있다.

이상의 결과로부터 귀환 증폭기의 이득(A_f) 입력저항(R_{if}) 및 × 출력저항(R_{of})을 구하기 위해서는 먼저 귀환이 없는 증폭기에서 이득(A_v), 귀환율(β), 입력저항 (R_i) 및 출력저항(R_o)을 구한 후, 식 (13.13), (13.14) 및 (13.17)에 대입함으로써 쉽게 구할 수 있음을 알 수 있다.

개념잡이

귀환 증폭기로부터 귀환 없는 등가회로 구하기
1) 입력 등가회로 구하기
　 - 전압 따냄(병렬연결)의 경우 출력단자를 단락($v_o = 0$)해놓고 입력 등가회로를 구한다.
　 - 전류 따냄(직렬연결)의 경우 출력단자를 개방($i_o = 0$)해놓고 입력 등가회로를 구한다
2) 출력 등가회로 구하기
　 - 전압 먹임(직렬연결)의 경우 입력단자를 개방해놓고 출력 등가회로를 구한다.
　 - 전류 먹임(병렬연결)의 경우 입력단자를 단락해놓고 출력 등가회로를 구한다.

개념잡이

[실제적인 귀환 증폭기]
실제적인 귀환 증폭기의 경우 이상적인 귀환 증폭기와는 차이를 보인다. 즉, 신호원에 신호원 저항 R_S가 존재하고 출력단에는 부하저항 R_L이 연결된다.
또한, 귀환회로의 입력단 쪽 단자와 출력단 쪽 단자에 저항이 존재하며 이를 R_1 및 R_2로 표현하여 직렬-병렬 귀환 증폭기에 대해 등가회로를 구하면 그림 F1과 같다.
이와 같은 실제적인 귀환 증폭기를 앞에서 공부한 이상적인 귀환 증폭기 형태로 다루기 위해 R_S와 R_1을 기본 증폭기의 입력저항에 포함시키고 R_L과 R_2를 기본 증폭기의 출력저항에 포함시키면 그림 F2와 같이 이상적인 귀환 증폭기 형태의 등가회로를 얻을 수 있다.

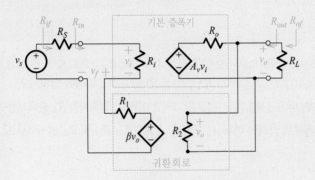

그림 F1　실제적인 직렬-병렬 귀환 증폭기의 등가회로

따라서, 실제적인 귀환 증폭기는 그림 F2와 같이 이상적인 귀환 증폭기 형태로 변환하여 해석하면 된다.

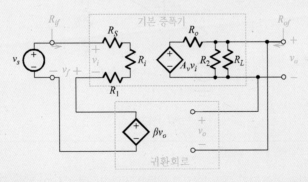

그림 F2　실제적인 직렬-병렬 귀환 증폭기에 대한 이상적인 귀환 증폭기 형태로의 변환

한편, 이 경우 R_{if}는 신호원 저항(R_S)을 포함하고, R_{of}는 부하저항(R_L)을 포함하고 있으므로 이를 제외한 증폭기 자체의 입력저항(R_{in})과 출력저항(R_{out})을 구할 필요가 있다.
그림 F1에서 증폭기의 R_{in}은 R_S와 직렬연결되어 있으므로 다음의 관계식으로 표현된다.

$$R_{in} = R_{if} - R_S$$

만약, R_{in}과 R_S가 병렬연결되었다면 다음의 관계식으로 표현된다.

$$R_{in} = 1 / \left(\frac{1}{R_{if}} - \frac{1}{R_S} \right)$$

마찬가지로, 부하 R_L이 증폭기의 출력저항인 R_{out}과 직렬(혹은, 병렬)로 연결되어 있다면 R_{out}은 다음의 관계식으로 표현된다.

$$R_{out} = R_{of} - R_L \text{ 혹은 } R_{out} = 1 / \left(\frac{1}{R_{of}} - \frac{1}{R_L} \right)$$

예제 13.5

그림 13E5.1의 비반전증폭기에서 연산증폭기의 $A_d = 10^4$, $R_{id} = 200 \, K\Omega$, $r_{op} = 0.1 \, K\Omega$이고, $R_F = 100 \, K\Omega$, $R_A = 10 \, K\Omega$, $R_{sig} = 0.1 \, K\Omega$, $R_L = 10 \, K\Omega$이다. 다음에 답하시오.

(a) 귀환이 없는 개방루프 상태의 등가회로를 그리고 이득 A, 입력저항 R_i, 출력저항 R_o를 구하시오.

(b) 귀환이 있는 폐루프 상태의 이득 A_f, 귀환율 β, R_{if}, R_{in}, R_{of} 및 R_{out}을 구하시오.

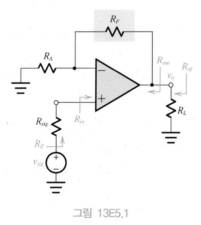

그림 13E5.1

풀이

(a) 그림 13E5.1은 직렬-병렬 귀환 증폭기이므로 이득은 전압이득($A = A_v$)이 된다. 그림 13E5.1로부터 교류등가회로를 구하면 그림 13E5.2와 같다. 그림 13E5.2로부터 귀환 없는 등가회로를 구하면 그림 13E5.3과 같다. 그림 13E5.3의 귀환이 없는 등가회로로부터 전압이득 A_v를 구하면 다음과 같다.

$$A_v = \frac{v_o}{v_{sig}} = \frac{A_d v_d \dfrac{(R_F + R_A) /\!/ R_L}{r_{op} + (R_F + R_A) /\!/ R_L}}{v_{sig}} \quad \overset{r_{op} \ll \{(R_F + R_A) /\!/ R_L\}}{\cong} \quad \frac{A_d v_d}{v_{sig}} = A_d \frac{R_{id}}{R_{sig} + R_{id} + R_A /\!/ R_F}$$

$$= 10^4 \times \frac{200}{0.1 + 200 + 10 /\!/ 100} = 9.6 \times 10^3$$

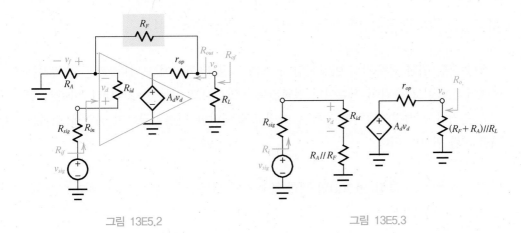

그림 13E5.2   그림 13E5.3

또한, 입력저항 R_i와 출력저항 R_o를 구하면 다음과 같다.

$$R_i = R_{sig} + R_{id} + R_A \,/\!/\, R_F = 0.1 + 200 + 10 \,/\!/\, 100 = 209.191K\Omega$$

$$R_o = r_{op} \,/\!/\, (R_F + R_A) \,/\!/\, R_L = 0.1 \,/\!/\, (100 + 10) \,/\!/\, 10 = 0.099K\Omega$$

(b) 그림 13E5.2로부터 귀환율 β는

$$\beta \equiv \frac{v_f}{v_o} = \frac{R_A}{R_A + R_F} = \frac{10}{110} = 0.091$$

귀환이 있는 폐루프 상태의 이득 A_f는 식 (13.13)으로부터

$$A_f = \frac{A_v}{1 + \beta A_v} = \frac{9.6 \times 10^3}{1 + 0.091 \times 9.6 \times 10^3} = 11$$

입력저항 R_{if}는 식 (13.14)로부터

$$R_{if} = R_i(1 + \beta A_v) = 209.191 \times (1 + 873.6) = 182.9584M\Omega$$

R_{in}은 R_{sig}와 직렬연결되어 있으므로 다음과 같이 구해진다.

$$R_{in} = R_{if} - R_{sig} = 182.9584M - 0.00001M = 182.9583M\Omega$$

출력저항 R_{of}는 식 (13.17)로부터

$$R_{of} = \frac{R_o}{1 + \beta A_v} = \frac{99}{1 + 873.6} = 113.2m\Omega$$

R_{out}은 R_L과 병렬연결되어 있으므로 다음과 같이 구해진다.

$$R_{out} = 1 / \left(\frac{1}{R_{of}} - \frac{1}{R_L} \right) = 1 / \left(\frac{1}{113 \times 10^{-3}} - \frac{1}{10 \times 10^3} \right)$$

$$= 1 / (8.84956 - 0.0001) = 113.0m\Omega$$

13.3.2 직렬–직렬 귀환 증폭기(전달컨덕턴스 증폭기)

직렬-직렬 귀환 증폭기의 이상적인 구조를 그림 13.7(a)에 보였다. 기본 증폭기는
입력이 전압이고 출력이 전류이며 전달컨덕턴스(G_m)로 이득을 나타낸다. 따라서 귀
환도 출력단에 직렬연결하여 전류를 따내고 입력단에 직렬연결하여 전압을 먹이는
직렬-직렬 귀환이 된다.

● **폐루프이득** A_f 그림 13.7(a)의 귀환 증폭기의 이득 A_f는 식 (13.4)로부터 다음 수
식으로 표현된다.

$$A_f \equiv \frac{i_o}{v_s} = \frac{G_m}{1 + \beta G_m} \tag{13.18}$$

여기서, $G_m \equiv \dfrac{i_o}{v_s}\bigg|_{\substack{\text{개방루프} \\ (v_f=0)}} = \dfrac{i_o}{v_i}$ 이다.

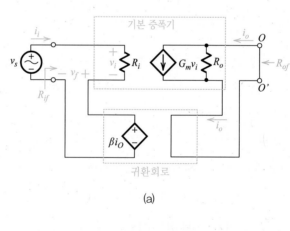

(a)

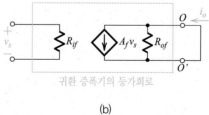

(b)

그림 13.7   직렬–직렬 귀환 증폭기
(a) 이상적인 구조   (b) 등가회로

그림 13.7(b)는 직렬-직렬 귀환 증폭기의 등가회로로 R_{if}와 R_{of}는 귀환이 있는 상태에서의 입력저항과 출력저항이다.

- 입력저항 R_{if} 입력저항 R_{if}는 그림 13.7(a) 회로에서 다음과 같이 구해진다.

$$R_{if} \equiv \frac{v_s}{i_i} = \frac{v_s}{v_i / R_i} = R_i \frac{v_i + \beta G_m v_i}{v_i} = R_i(1 + \beta G_m) \tag{13.19}$$

식 (13.19)로부터 귀환신호가 입력에 직렬로 먹여질 경우 입력저항을 $(1 + \beta G_m)$배로 증가시킴을 알 수 있다.

- 출력저항 R_{of} 출력저항 R_{of}를 구하기 위해 그림 13.7(a) 회로에서 v_s를 0으로 놓고, 그림 13.8에서 보인 것처럼 O와 O' 사이를 끊고 테스트 전원 i_x를 인가한다. 이때 i_x 양단의 전압을 v_x라고 하면 출력저항 R_{of}는 다음 수식으로 구해진다.

$$R_{of} \equiv \frac{v_x}{i_x} \tag{13.20}$$

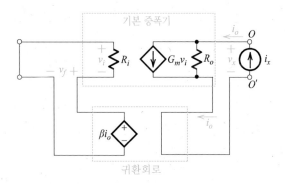

그림 13.8 전류 따냄(직렬연결)인 경우 출력저항 구하기

그림 13.8으로부터 v_x를 구하면 다음 수식으로 표현된다.

$$v_x = R_o(i_x - G_m v_i) = R_o(i_x + G_m \beta i_x) \tag{13.21}$$

식 (13.21)을 식 (13.20)에 대입하여 풀면 다음과 같이 출력저항 R_{of}가 구해진다.

$$R_{of} = R_o(1 + G_m \beta) \tag{13.22}$$

식 (13.22)로부터 출력단자에서 직렬로 따낼 경우 출력저항을 $(1 + \beta G_m)$배로 증가시킴을 알 수 있다.

개념잡이

[귀환이 입·출력저항에 미치는 영향]
귀환 증폭기의 입력 및 출력저항은 귀환회로가 직렬로 연결되면 $(1 + \beta)$배로 증가하고 병렬로 연결되면 $1/(1 + \beta)$배로 감소한다.

예제 13.6

그림 13E6.1의 소스 저항이 있는 공통소스 증폭기에서 MOS 트랜지스터의 $g_m = 1mA/V$, $r_o = 100K\Omega$, $R_S = 1K\Omega$, $R_D = 2K\Omega$이고, 바디효과는 무시하기로 한다. 다음에 답하시오.

(a) 귀환이 없는 개방루프 상태의 등가회로를 그리고 이득 A, 입력저항 R_i, 출력저항 R_o를 구하시오.

(b) 귀환이 있는 폐루프 상태의 이득 A_f, 입력저항 R_{if}, 출력저항 R_{of} 및 귀환율 β를 구하시오.

(c) 부하저항 R_D를 제외한 출력저항 R_{out}을 구하시오.

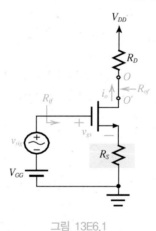
그림 13E6.1

풀이

(a) 그림 13E6.1은 직렬-직렬 귀환 증폭기이므로 이득은 전달컨덕턴스 이득($A = G_m$)이 된다. 그림 13E6.1에서 교류등가회로를 구하기 위해 직류전원을 제거하면 그림 13E6.2의 회로가 구해진다. 그림 13E6.2의 회로에서 귀환 없는 등가회로를 구하면 그림 13E6.3과 같다. 그림 13E6.3으로부터 소신호 교류등가회로를 구하면 13E6.4와 같다. 그림 13E6.4의 귀환이 없는 등가회로로부터 이득 G_m을 구하기로 한다.

우선, 전압 v_{gs}는

$$v_{gs} = v_{sig}$$

따라서, 이득 G_m은

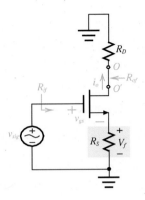

그림 13E6.2

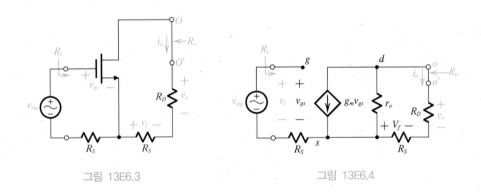

그림 13E6.3   그림 13E6.4

$$G_m \equiv \frac{i_o}{v_{sig}} \overset{r_o >> (R_d + R_S)}{\cong} -\frac{g_m v_{gs}}{v_{gs}} = -g_m = -1\,\text{mA/V}$$

또한, 입력저항 R_i를 구하면 다음과 같다.

$$R_i = \infty$$

출력저항 R_o는 $O\text{-}O'$을 끊어내고 들여다본 저항으로 다음과 같이 구해진다.

$$R_o = r_o + R_D + R_S = 100K + 2K + 1K = 103K\Omega$$

(b) 한편, 귀환율 β는 그림 13E6.3으로부터

$$\beta \equiv \frac{v_f}{i_o} = \frac{-i_o R_S}{i_o} = -R_S = -10^3 \ \ \text{V/A}$$

따라서 폐루프이득 A_f는 식 (13.18)로부터

$$A_f = \frac{G_m}{1 + \beta G_m} = \frac{-10^{-3}}{1 + (-10^3) \times (-10^{-3})} = -0.5 mA/V$$

입력저항 R_{if}는 식 (13.19)로부터

$$R_{if} = R_i(1+\beta G_m) = \infty \times (1+1) = \infty$$

출력저항 R_{of}는 식 (13.22)로부터

$$R_{of} = R_o(1+\beta G_m) = 103K \times (1+1) = 206K\Omega$$

(c) R_{out}과 R_D는 직렬연결되어 있으므로 R_{out}은 다음과 같이 구해진다.

$$R_{out} = R_{of} - R_D = 206K = 2K = 204K\Omega$$

13.3.3 병렬–병렬 귀환 증폭기(전달임피던스 증폭기)

병렬-병렬 귀환 증폭기의 이상적인 구조를 그림 13.9에 보였다. 기본 증폭기는 입력이 전류이고 출력이 전압이며 전달임피던스(Z_m)로 이득을 나타낸다. 따라서 귀환도 출력단에 병렬연결하여 전압을 따내고 입력단에 병렬연결하여 전류를 먹이는 병렬-병렬 귀환이 된다.

- 폐루프이득 A_f 그림 13.9의 귀환 증폭기의 이득 A_f는 식 (13.4)로부터 다음 수식으로 표현된다.

$$A_f \equiv \frac{v_o}{i_s} = \frac{Z_m}{1+\beta Z_m} \tag{13.23}$$

여기서, $Z_m \equiv \left.\frac{v_o}{i_s}\right|_{\substack{\text{개방루프} \\ (i_f=0)}} = \frac{v_o}{i_i}$ 이다.

- 입력저항 R_{if} 입력에서의 병렬 접속은 입력저항 R_{if}를 감소시키게 되어 다음과 같이 표현된다.

$$R_{if} = \frac{R_i}{1+\beta Z_m} \tag{13.24}$$

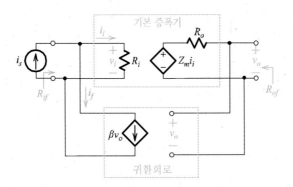

그림 13.9 병렬-병렬 귀환 증폭기의 이상적인 구조

- **출력저항 R_{of}** 출력에서의 병렬 접속은 출력저항 R_{of}를 감소시키게 되어 다음과 같이 표현된다.

$$R_{of} = \frac{R_o}{1 + \beta Z_m} \tag{13.25}$$

예제 13.7

그림 13E7.1의 회로에서 연산증폭기의 $A_d = 10^4$, $R_{id} = 200\,K\Omega$, $r_{op} = 0.1\,K\Omega$이고, $R_F = 1\,M\Omega$, $R_{sig} = 10\,K\Omega$, $R_L = 10\,K\Omega$이다. 다음에 답하시오.

(a) 귀환이 없는 개방루프 상태의 등가회로를 그리고 이득 A, 입력저항 R_i, 출력저항 R_o를 구하시오.

(b) 귀환이 있는 폐루프 상태의 이득 A_f, 귀환율 β, 입력저항 R_{if} 및 출력저항 R_{of}를 구하시오.

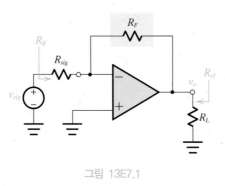

그림 13E7.1

풀이

(a) 그림 13E7.1의 회로는 병렬-병렬 귀환을 하므로 이득은 전달임피던스 이득($A = Z_m$)이 된다. 따라서, 그림 13E7.1 회로에서 입력 신호를 노튼 등가로 변환하여 입력전압원을 전류원으로 표현하고 교류등가회로를 구하면 그림 13E7.2와 같이 구해진다. 그림 13E7.2 회로로부터 귀환이 없

는 등가회로를 구하면 그림 13E7.3을 얻는다. 그림 13E7.3의 귀환 없는 등가회로로부터 이득 Z_m 을 구하면

$$Z_m = \frac{v_o}{i_{sig}} = \frac{A_d v_d \dfrac{R_F /\!/ R_L}{r_{op} + R_F /\!/ R_L}}{\dfrac{-v_d}{R_{id} /\!/ R_F /\!/ R_{sig}}} \overset{r_{op} \ll (R_L /\!/ R_F)}{\cong} -A_d (R_{id} /\!/ R_F /\!/ R_{sig})$$

$$\overset{R_{sig} \ll R_{id}, R_F}{\cong} -A_d R_{sig} = -10^8 = -100 \text{M}\Omega$$

또한, 입력저항 R_i와 출력저항 R_o를 구하면 다음과 같다.

$$R_i = R_{sig} /\!/ R_{id} /\!/ R_F \cong R_{sig} = 10 \text{K}\Omega$$

$$R_o = R_F /\!/ R_L /\!/ r_{op} \cong r_{op} = 0.1 \text{K}\Omega$$

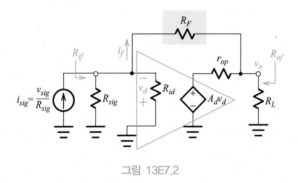

그림 13E7.2

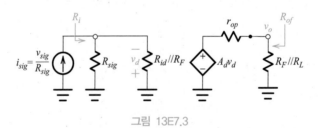

그림 13E7.3

(b) 그림 13E7.2로부터 귀환율 β는

$$\beta \equiv \frac{i_f}{v_o} \cong -\frac{1}{R_F} = -10^{-6} \text{A/V}$$

따라서 폐루프이득 A_f는 식 (13.23)으로부터

$$A_f \equiv \frac{Z_m}{1 + \beta Z_m} = \frac{-10^8}{1 + (-10^{-6})(-10^8)} \cong -10^6 = -1 M\Omega$$

입력저항 R_{if}는 식 (13.24)로부터

$$R_{if} = \frac{R_i}{1+\beta Z_m} = \frac{10\text{K}\Omega}{1+100} \cong 0.1\text{K}\Omega$$

출력저항 R_{of}는 식 (13.25)로부터

$$R_{of} = \frac{R_o}{1+\beta Z_m} = \frac{0.1\text{K}\Omega}{1+100} \cong 1\Omega$$

13.3.4 병렬–직렬 귀환 증폭기(전류 증폭기)

병렬-직렬 귀환 증폭기의 이상적인 구조를 그림 13.10에 보였다. 기본 증폭기는 입력이 전류이고 출력도 전류이며 증폭률은 전류이득으로 나타낸다. 따라서 귀환도 출력단에 직렬연결하여 전류를 따내고 입력단에 병렬연결하여 전류를 먹이는 병렬-직렬 귀환이 된다.

- 폐루프이득 A_f 그림 13.10의 귀환 증폭기의 이득 A_f는 식 (13.4)로부터 다음 수식으로 표현된다.

$$A_f \equiv \frac{i_o}{i_s} = \frac{A_i}{1+\beta A_i} \tag{13.26}$$

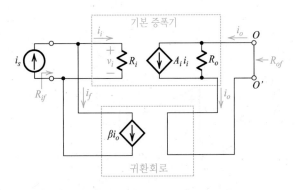

그림 13.10 병렬–직렬 귀환 증폭기의 이상적인 구조

여기서, $A_i \equiv \left. \dfrac{i_o}{i_s} \right|_{\substack{\text{개방루프} \\ (i_f=0)}} = \dfrac{v_o}{i_i}$ 이다.

- 입력저항 R_{if} 입력에서의 병렬 접속은 입력저항 R_{if}를 감소시키게 되어 다음과 같이 표현된다.

$$R_{if} = \frac{R_i}{1 + \beta A_i}$$ (13.27)

- 출력저항 R_{of} 출력에서의 직렬 접속은 출력저항 R_{of}를 증가시키게 되어 다음과 같이 표현된다.

$$R_{of} = R_o(1 + \beta A_i)$$ (13.28)

예제 13.8

그림 13E8.1에서 연산증폭기의 이득 $A_d = 10^4$, 입력저항 $R_{id} = 100\,K\Omega$, 출력저항 $r_{op} = 0\,\Omega$이다. $R_{sig} = 1\,K\Omega$, $R_F = 200\,K\Omega$, $R_S = 2\,K\Omega$, $R_D = 3\,K\Omega$이고, MOSFET M_1의 $g_m = 10\,mA/V$, $r_o = 100\,K\Omega$이고, 바디효과는 무시하기로 한다. 다음에 답하시오.

(a) 그림 13E8.1 회로의 교류등가회로를 구하시오.

(b) 귀환이 없는 개방루프 상태의 등가회로를 구하고 이로부터 이득 A, 입력저항 R_i 및 출력저항 R_o를 구하시오.

(c) 귀환이 있는 폐루프 상태에서의 이득 A_f, 입력저항 R_{if} 및 출력저항 R_{of}를 구하시오.

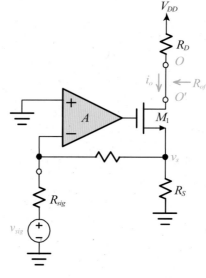

그림 13E8.1

풀이

(a) 그림 13E8.1은 병렬-직렬 귀환 증폭기이므로 이득은 전류이득($A = A_i$)이 된다. 그림 13E8.1의 회로에서 노튼 등가를 이용하여 전압 신호원을 전류 신호원으로 바꾸고 난 후 교류등가회로를 구하면 그림 13E8.2와 같다.

(b) 그림 13E8.2를 귀환이 없는 등가회로로 변환하면 그림 13E8.3을 얻는다. 그림 13E8.3의 귀환이 없는 등가회로로부터 전류이득 A_i를 구하면 다음과 같다. 우선, 연산증폭기의 출력전압은 v_g가 되므로 다음 수식으로 표현된다.

$$v_g = A_d v_d = -A_d \{R_{sig} // (R_F + R_S) // R_{id}\} i_{sig} \overset{R_{sig} \ll R_F, R_{id}}{\cong} -A_d R_{sig} i_{sig}$$

MOSFET으로 이루어진 소스 팔로워 증폭기의 이득은 $\dfrac{g_m R_S'}{1 + g_m R_S'} \cong 1$이므로 $v_g \cong v_s$가 된다. 따라서 i_o는

$$i_o = \frac{v_s}{R_S // R_F} \cong \frac{v_g}{R_S} = -\frac{A_d R_{sig} i_{sig}}{R_S}$$

따라서 개방루프이득 A_i는

$$A_i \equiv \frac{i_o}{i_{sig}} = -\frac{A_d R_{sig}}{R_S} = -\frac{10^4 \times 1K\Omega}{2K\Omega} = -5 \times 10^3$$

또한, 입력저항 R_i를 구하면 다음과 같다.

$$R_i = R_{sig} // (R_F + R_S) // R_{id} \cong R_{sig} = 1K\Omega$$

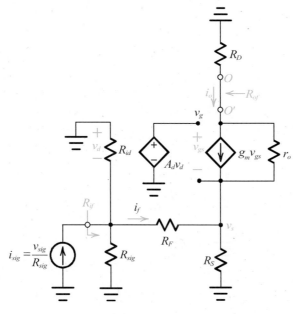

그림 13E8.2

출력저항 R_o는 그림 10.14(a)의 임피던스 변환 공식으로 구하면 다음과 같다.

$$R_o = r_o(1+g_mR_s)+R_D = 100 \times 10^3(1+10 \times 10^{-3} \times 1.98 \times 10^3)+3+10^3$$
$$= 1.983 \times 10^3 = 1.983 K\Omega$$

(c) 그림 13E8.3로부터 귀환율 β는

$$\beta \equiv \frac{i_f}{i_o} = -\frac{R_S}{R_S + R_F} = -\frac{2K}{202K} \cong -0.01$$

따라서 폐루프이득 A_f는 식 (13.18)로부터

$$A_f = A_{if} = \frac{A_i}{1+\beta A_i} = \frac{-5 \times 10^3}{1+(-0.01) \times (-5 \times 10^3)} = -98$$

입력저항 R_{if}는 식 (13.27)로부터

$$R_{if} = \frac{R_i}{1+\beta A_i} = \frac{1K}{1+(-0.01) \times (-5 \times 10^3)} = 19.6\Omega$$

출력저항 R_{of}는 식 (13.28)로부터

$$R_{of} = R_o(1+\beta A_i) = 1.983 \times 10^3[1+(-0.01) \times (-5 \times 10^3)] = 99.15 K\Omega$$

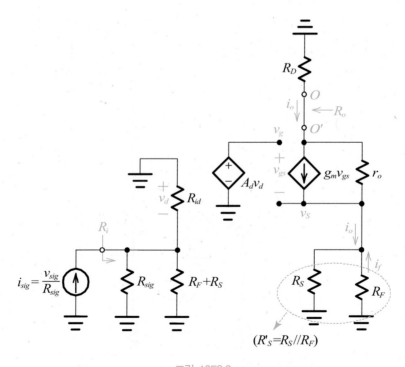

그림 13E8.3

13.4 귀환 증폭기의 안정도와 주파수 보상

13.4.1 귀환 증폭기의 안정도

귀환 증폭기의 안정도는 귀환이득 βA의 주파수에 따른 특성을 조사함으로써 알 수 있다. 식 (13.4)의 폐루프이득 수식으로부터 $\beta A = -1$의 조건을 만족하면 폐루프이 득 $Af = \infty$가 되어 증폭기가 발진하게 된다. 다시 말해서, $|\beta A| = 1$이고, $\angle A = 180°$ 의 조건이 만족하면 증폭기가 발진하게 되어 불안정해진다.

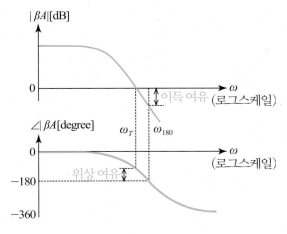

그림 13.11　귀환 이득의 보드선도

그림 13.11은 귀환이득의 보드선도를 보여준다. 위 그래프는 귀환이득의 크기 특 성을, 아래 그래프는 귀환이득의 위상 특성을 보여준다. 위상이 180°일 때에 이득이 1(즉, $0dB$)보다 작으면 발진조건을 만족하기까지는 이득의 여유분이 있게 된다. 이 를 이득 여유(gain margin)라고 부른다. 한편, 이득이 1(즉, $0dB$)일 때에 위상이 180° 보다 작으면 발진조건을 만족하기까지는 위상의 여유분이 있게 된다. 이를 위상 여유 (phase margin)라고 부른다.

13.4.2 주파수 보상

이득과 위상의 주파수에 따른 변화는 폴(pole)에 의해서 결정된다. 1개의 폴은 이득을 -20dB/decade로 떨어뜨리고 위상을 90°만큼 변화시킨다. 따라서 폴이 여러 개일 경우 그림 13.12에서와 같이 각 폴을 지날 때마다 -20dB/decade, -40dB/decade, -60dB/decade로 이득 경사도가 증가하고, 위상은 3개의 폴에 의해 270°까지 변화한다.

그림 13.12의 이득 특성에서 실선의 경우 위상이 180°일 때에 이득이 0dB보다 크므로 발진조건을 만족한다. 따라서 이 증폭기는 발진하므로 정상적인 증폭작용을 할 수 없다. 이때에 의도적으로 고주파 대역에서의 이득을 감소시켜 위상이 180°인 주파수에서 이득이 0dB보다 작아지게 함으로써 발진을 방지할 수 있는데 이를 주파수 보상(frequency compensation)이라고 한다.

우성 폴(dominant pole) 방법은 주파수 보상에서 흔히 쓰는 방법으로 기존의 폴(f_{p1}, f_{p2}, f_{p3})보다 훨씬 낮은 주파수에 고의적으로 우성 폴 f_D를 만들어준다. 그림 13.12에서 점선은 우성 폴 f_D에 의한 보상효과를 보여주고 있다. 우성 폴 f_D에 의한 주파수 보상 결과 위상이 180°인 주파수에서 이득이 0dB보다 작아졌고 따라서 발진이 방지되었음을 알 수 있다.

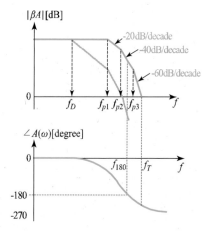

그림 13.12 우성 폴에 의한 주파수 보상

EXERCISE

[13.1] 그림 P13.1의 연산증폭기로 구성된 귀환 증폭기에 대해 답하시오.

(a) 이상적인 연산증폭기로 가정할 때 귀환율 β는 얼마인가?

(b) 개방루프이득 $A = 10^4$이라고 할 때 폐루프이득 $A_f = 20$으로 만들기 위한 R_F / R_A 를 구하시오.

(c) 위의 (b)항에서 개방루프이득이 $A = 5 \times 10^3$으로 변했을 때에 폐루프이득 A_f는 얼마인가?

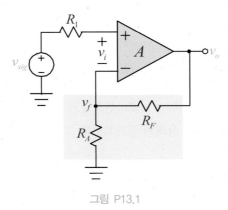

그림 P13.1

[13.2] 그림 P13.1의 귀환 증폭기에서 기본 증폭기의 평탄대역 이득 $A_o = 10^5$이고, 3-dB 주파수 $f_H = 400Hz$이다. 귀환 증폭기의 평탄대역 이득 $A_{of} = 2 \times 10^2$이라면 이때의 3-dB 주파수 f_{Hf}는 얼마인가?

[13.3] 그림 P13.3은 어떤 증폭기의 전압이득이 입력전압(V_I)의 크기에 따라 변화하는 특성을 보여준다. (a) 곡선은 귀환이 없을 때의 특성이고, (b) 곡선은 귀환을 가했을 때의 특성이다. $A_1 = 400$, $A_2 = 200$, 귀환율 $\beta = 0.05$라고 할 때 귀환 증폭기의 이득 변화율을 구하고 귀환이 없을 때의 변화율과 비교하여 몇 %만큼 감소했는지를 구하시오.

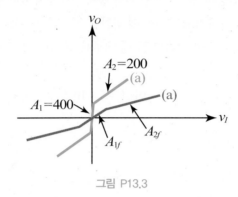

그림 P13.3

[13.4] 그림 P13.4의 이미터 팔로워 증폭기에서 트랜지스터의 $g_m = 10\,mA/V$, $r_\pi = 1\,K\Omega$, $r_o = 100\,K\Omega$, 이미터 저항 $R_E = 1\,K\Omega$, 신호원 저항 $R_{sig} = 50\,\Omega$이다. 다음에 답하시오.

(a) 귀환이 없는 개방루프 상태의 등가회로를 그리고 이득 A, 입력저항 R_i, 출력저항 R_o를 구하시오.

(b) 귀환이 있는 폐루프 상태의 이득 A_f, 입력저항 R_{if}, 출력저항 R_{of} 및 귀환율 β를 구하시오.

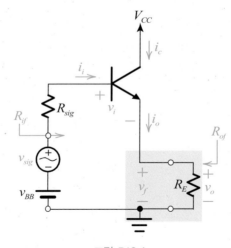

그림 P13.4

[13.5] 그림 P13.5에서 연산증폭기의 이득 $A_d = 10^5$, 입력저항 $R_{id} = 200\,K\Omega$, $r_{op} = 0.5\,K\Omega$ 이다. $R_A = 10\,K\Omega$, $R_F = 100\,K\Omega$이라고 할 때 다음에 답하시오.

(a) 귀환이 없는 개방루프 상태의 등가회로, 이득 A, 입력저항 R_i, 출력저항 R_o를 구하시오.

(b) 귀환이 있는 폐루프 상태의 이득 A_f, 입력저항 R_{if}, 출력저항 R_{of} 및 귀환율 β를 구하시오.

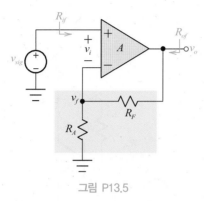

그림 P13.5

[13.6] 그림 P13.6의 이미터 저항이 있는 공통이미터 증폭기에서 트랜지스터의 $g_m = 10\,mA/$ V, $r_\pi = 1\,K\Omega$, $r_o = 100\,K\Omega$, 신호원 저항 $R_{sig} = 50\,\Omega$, 콜렉터 저항 $R_C = 10\,K\Omega$, 이미터 저항 $R_E = 1\,K\Omega$이다. 다음에 답하시오.

(a) 귀환이 없는 개방루프 상태의 등가회로를 그리고 이득 A, 입력저항 R_i, 출력저항 R_o를 구하시오.

(b) 귀환이 있는 폐루프 상태의 이득 A_f, 입력저항 R_{if}, 출력저항 R_{of} 및 귀환율(β)을 구하시오.

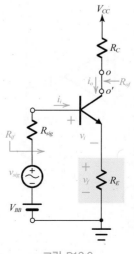

그림 P13.6

[13.7] 그림 P13.7에서 $R_C = 5\,K\Omega$, $R_F = 5\,K\Omega$, $R_{sig} = 10\,K\Omega$이고, $V_{CC} = 15V$, 트랜지스터의 전류이득 $h_{fe} = 50$, $r_o = 100\,K\Omega$, $g_m = 10 \times 10^{-3}$A/V이라고 할 때 다음에 답하시오.

(a) 귀환이 없는 개방루프 상태의 등가회로, 이득 A, 입력저항 R_i, 출력저항 R_o를 구하시오.

(b) 귀환이 있는 폐루프 상태의 이득 A_f, 입력저항 R_{if}, 출력저항 R_{of} 및 귀환율 β를 구하시오.

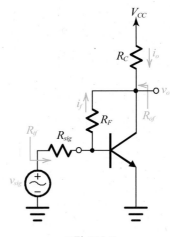

그림 P13.7

[13.18] 그림 P13.8은 예제 13.8의 귀환회로와 같은 회로이다. 예제 13.8의 결과를 이용하여 귀환회로의 전압이득($A_{vf} = v_o/v_{sig}$)을 구하시오.

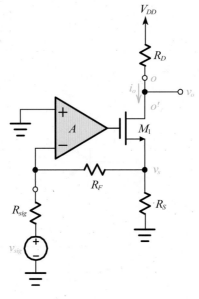

그림 P13.8

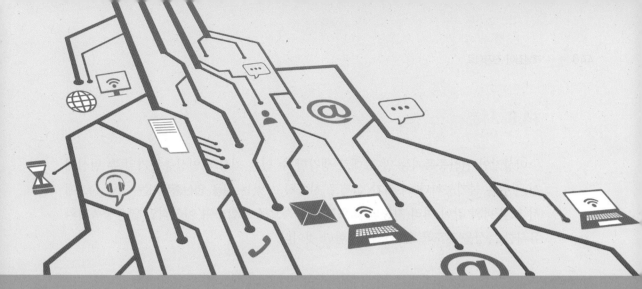

14

실용 연산증폭기와 응용

14.0 서론

이상적인 연산증폭기는 말 그대로 생각할 수 있는 최상의 연산증폭기일 뿐 현실에서 구현은 불가능하다. 우리가 실제로 사용하고 있는 **실용 연산증폭기**는 그림 14.1에서 보인 바와 같이 여러 기능의 회로를 복합적으로 조합하여 이상적인 연산증폭기와 유사한 특성을 갖도록 함으로써 구현한 것이다.

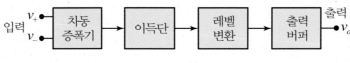

그림 14.1 실용 연산증폭기의 구조

초기의 연산증폭기는 진공관 등의 개별 소자를 사용하여 만들었으며 매우 고가였다. 그러나 집적회로 기술의 발달로 현재는 집적회로화되어 매우 싼 가격으로 좋은 성능의 연산증폭기를 구할 수 있게 되었다. 표 14.1은 이상적인 연산증폭기의 특성과 실용 연산증폭기의 특성을 비교하여 보여주고 있다.

표 14.1 실용 연산증폭기의 특성

항목	이상적인 연산증폭기	실용 연산증폭기 (μA741)
입력저항(Ri)	∞	$10M\Omega$
출력저항(Ro)	0	75Ω
개방루프 전압이득(Ao)	∞	10^5
개방루프 대역폭(BW)	∞	$\approx 10Hz$ (우성 폴)
CMRR	∞	$90dB$
오프셋전압/전류	0/0	$2mV/20nA$
입력 바이어스 전류	0	$80nA$

14.1 CMOS 연산증폭기

● CMOS 연산증폭기의 구조 그림 14.2는 CMOS를 이용하여 구현한 연산증폭기의 구조를 보여준다. 연산증폭기는 2개의 증폭단으로 구성되어 있다. 첫 번째 증폭단은 M_1-M_2의 차동 트랜지스터 쌍과 M_3-M_4의 능동부하로 구성되고 정전류원

M_5에 의해서 직류바이어스되는 차동증폭기다. 차동입력은 능동부하를 거치면서 단일종단(single-ended)으로 출력되므로 요구되는 공통성분 제거비($CMRR$)가 이 단에서 확보되어야 한다.

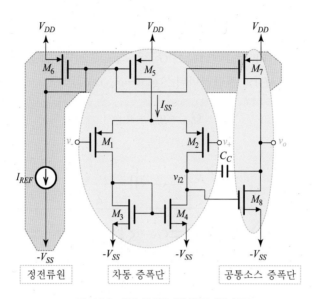

그림 14.2 2단 CMOS 연산증폭기의 구조

$M_5 - M_7$의 정전류원은 M_5와 M_7의 2개의 출력 트랜지스터를 갖고 있으며 I_{REF}는 칩 외부에 정밀한 저항을 음전원 $-V_{SS}$에 연결하여줌으로써 생성된다.

두 번째 증폭단은 트랜지스터 M_8으로 구성된 공통소스 증폭기로서 정전류원 M_7이 부하로 사용되어 능동부하를 형성하고 있다.

● **주파수 보상회로** 한편, 기생 커패시터는 연산증폭기 내부에 귀환 경로를 형성하여 높은 주파수 대역에서 발진을 야기할 수 있다. 이를 방지하기 위해 두 번째 증폭단의 출력과 입력 사이에 커패시터 C_C를 삽입하여 우성 폴을 형성하여줌으로써 주파수 보상을 하여준다. 여기서, C_C는 부귀환 경로를 형성하며 주파수가 높아질수록 귀환량이 증가하므로 고주파 대역에서의 이득을 현저히 떨어뜨려 발진을 방지한다. 결과적으로 커패시터 C_C로써 주파수 보상회로가 형성되므로 C_C를 보상 커패시터(compensation capacitor)라고 부른다.

14.1.1 전압이득

CMOS 연산증폭기의 전압이득 특성을 구하기 위해 그림 14.3에 보인 바와 같이 간략화된 CMOS 연산증폭기 소신호 등가회로를 생각하자. 여기서, 2개의 증폭단은 전달컨덕턴스 증폭기로 모델화되었으며 입력단이 MOS의 게이트로 구성되었으므로 입력저항은 무한대로 간주한다.

$$R_{in} = \infty \tag{14.1}$$

차동증폭기인 첫 단의 전달컨덕턴스 G_{m1}은 식 (12.24)의 차동증폭기 이득으로부터 트랜지스터 $M_1(=M_2)$의 전달컨덕턴스 $g_{m1}(=g_{m2})$과 같다.

$$G_{m1} = g_{m1} = g_{m2} \tag{14.2}$$

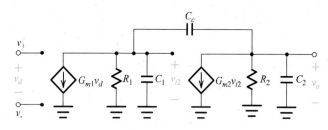

그림 14.3 CMOS 연산증폭기의 소신호 등가회로

한편, 차동증폭기의 두 입력단자를 접지($v_+ = v_- = 0$)시키면 $v_d = v_+ - v_- = 0$인 동작점이 된다. $g_{m1}(=g_{m2})$을 구하기 위해 이때의 직류바이어스 상태를 보면 입력 바이어스 전압이 $V_{GS1} = V_{GS2} = V_{GS}$로 동일하므로 M_1과 M_2의 드레인 전류는 $I_{SS}/2$가 된다. 따라서 차동증폭기의 전달컨덕턴스 $G_{m1}(=g_{m1}=g_{m2})$은 식 (12.24)로부터 다음과 같이 구해진다.

$$G_{m1} = g_{m1} = g_{m2} = \frac{I_{SS}}{V_{GS} - V_T} \tag{14.3}$$

R_1은 첫 단의 출력저항이므로 그림 14.2 회로에서 다음과 같이 구해진다.

$$R_1 = (r_{o2} // r_{o4}) \tag{14.4}$$

여기서, $r_{o2} = \dfrac{|V_{A2}|}{I_{SS}/2}$, $r_{o4} = \dfrac{|V_{A4}|}{I_{SS}/2}$ 이다.

따라서 첫 단의 전압이득 A_1은 다음 수식으로 구해진다.

$$A_1 = -G_{m1}R_1 = -G_{m1}(r_{o2}//r_{o4}) = -g_{m1}(r_{o2}//r_{o4}) \tag{14.5}$$

한편, 둘째 단은 공통소스 증폭기로서 전압이득 A_2는 다음과 같이 구해진다.

$$A_2 = -G_{m2}R_2 = -G_{m2}(r_{o7}//r_{o8}) = -g_{m8}(r_{o7}//r_{o8}) \tag{14.6}$$

여기서, $R_2 = (r_{o7}//r_{o8})$, $r_{o7} = \dfrac{|V_{A7}|}{I_{D7}}$, $r_{o4} = \dfrac{|V_{A8}|}{I_{D8}}$ 이다.

따라서 CMOS 연산증폭기의 전체 전압이득 A_v는 다음과 같다.

$$A_v = A_1 A_2 = G_{m1}R_1 G_{m2}R_2 = g_{m1}g_8(r_{o2}//r_{o4})(r_{o7}//r_{o8}) \tag{14.7}$$

식 (14.7)로부터 CMOS 연산증폭기의 이득은 트랜지스터 $M_1(= M_2)$과 M_8의 전달 컨덕턴스인 $g_{m1}(= g_{m2})$과 g_{m8}에 의해 좌우되고 있으며 무한히 클 수는 없음을 쉽게 알 수 있다. 상용 연산증폭기의 경우 표 14.1에 보인 바와 같이 일반적으로 10^5보다 는 큰 정도이지 이상적 연산증폭기에서처럼 무한대가 될 수는 없다.

14.1.2 주파수응답

그림 14.3의 CMOS 연산증폭기의 등가회로에서 C_1과 C_2는 첫째 단과 둘째 단의 출력단자에서의 총 기생 커패시터이고 C_c는 우성 폴을 형성하기 위해 고의적으로 삽입해준 커패시터이다. C_c의 영향이 C_1이나 C_2의 영향보다 상대적으로 매우 크도 록 C_c 값을 설정하므로 C_1이나 C_2를 무시하고 C_c만 존재하는 것으로 간주할 수 있 다. C_c는 둘째 단 증폭기의 출력단자와 입력단자를 연결하고 있으므로 둘째 단 증폭 기를 전압 증폭기 A_2로 표시하면 그림 14.4(a)에서와 같이 CMOS 연산증폭기의 고주 파 등가회로를 얻을 수 있다. 여기서, $Z = 1 / (sC_c)$로 놓고 밀러의 정리를 적용하면 다음의 Z_1과 Z_2의 수식을 얻는다.

$$Z_1 = \frac{1}{sC_c(1 + G_{m2}R_2)} \cong \frac{1}{sC_c G_{m2}R_2} \tag{14.8a}$$

$$Z_2 \cong \frac{1}{sC_c} \tag{14.8b}$$

여기서, $A_2(= G_{m2} R_2) \gg 1$이라고 가정하면 Z_2의 영향은 $Z1$의 영향에 비해 상대적 으로 매우 작게 된다. 따라서 Z_2를 무시하면 그림 14.4(b)의 등가회로를 얻는다.

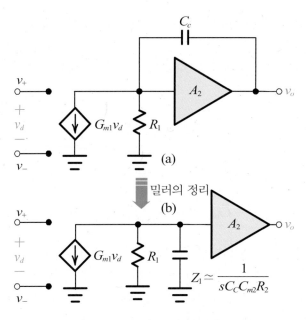

그림 14.4 CMOS 연산증폭기의 고주파 등가회로

그림 14.4(b)의 등가회로로부터 CMOS 연산증폭기의 전체 전압이득 $A_v(s)$를 구하면 다음의 결과식을 얻는다.

$$A_v(s) = G_{m1}(R_1 /\!/ Z_1)A_2 = G_{m1}G_{m2}R_1R_2\left(\frac{1}{sC_cG_{m2}R_1R_2 + 1}\right)$$

$$\rightarrow A_v(s) = \frac{A_o}{1 + s/\omega_H} \tag{14.9}$$

여기서, $A_o = G_{m1}G_{m2}R_1R_2$이고, $\omega_H = 1/(C_cG_{m2}R_1R_2)$이다.

식 (14.9)로부터 CMOS 연산증폭기의 3-dB 대역폭은 다음과 같다.

$$BW = \omega_H = \frac{1}{C_cG_{m2}R_1R_2} \tag{14.10a}$$

$$BW = f_H = \frac{1}{2\pi C_cG_{m2}R_1R_2} \tag{14.10b}$$

식 (14.10)으로부터 CMOS 연산증폭기의 대역폭은 보상 커패시터 C_c, 트랜지스터의 전달컨덕턴스, 저항 R_1 및 R_2에 의해 좌우되고 있으며 무한히 클 수는 없다. 오히려 상용 연산증폭기의 경우 표 14.1에 볼 수 있듯이 10Hz 정도로 매우 작다는 것을 알 수 있다.

한편, CMOS 연산증폭기의 주파수응답은 식 (14.9)로부터 1-폴 시스템이 됨을 알 수 있다. 이것은 보상 커패시터 C_c로 우성 폴을 형성하여줌으로써 기생 커패시터 등에 의한 다른 폴들이 무시된 결과이다. 따라서 주파수 보상회로를 갖춘 연산증폭기는 근사적으로 식 (14.9)와 같은 1-폴 시스템으로 간주할 수 있다.

14.2 실용 연산증폭기의 고찰

지금까지 연산증폭기는 이상적이란 가정하에 연산증폭기의 여러 응용회로를 해석하였다. 많은 회로 응용에서 이상적 연산증폭기 가정에 의한 해석은 유용한 해석 방법이 된다. 그러나 보다 더 완전하고 현실적인 설계를 위하여 실용 연산증폭기의 특성을 이해하고 설계에 반영할 수 있어야 한다. 이 절에서는 이상적 연산증폭기의 특성과 차이를 보이는 실제 연산증폭기의 몇 가지 중요한 특성에 대해 살펴보고 이를 고려한 회로 설계법을 공부하기로 한다.

14.2.1 유한한 개방루프이득의 영향

이상적 연산증폭기 회로를 해석할 때에는 두 입력단자가 가상접지되었다고 가정함으로써 쉽게 풀 수 있었다. 그러나 가상접지는 개방루프이득 $A_o = \infty$라는 가정하에서 얻어진 조건이었다. 그렇다면 실용 연산증폭기의 유한한 개방루프이득이 연산증폭기 해석에 얼마나 영향을 미칠까? 실용 연산증폭기로 구성된 반전증폭기 해석을 통해 살펴보기로 한다.

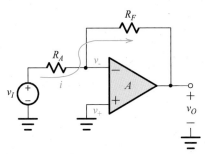

그림 14.5 실용 연산증폭기로 구성된 반전증폭기

그림 14.5는 실용 연산증폭기로 구성된 반전증폭기로서 개방루프이득이 유한하므로 가상접지 조건이 성립되지 않는다. 따라서 입력의 차신호는 다음 수식으로 표현된다.

$$v_d \equiv v_+ - v_- = \frac{v_O}{A_o}$$

그림 14.5로부터 $v_+ = 0$이므로 위 식을 v_-에 대해 정리하면 다음 수식을 얻을 수 있다.

$$v_- = -v_d = -\frac{v_O}{A_o}$$

따라서, 저항 R_A를 통해 흐르는 전류 i는 다음과 같다.

$$i = \frac{v_I - v_-}{R_A} = \frac{v_I + \dfrac{v_O}{A_o}}{R_A}$$

한편, 출력전압 v_O은

$$v_O = -R_F i + v_- = -R_F i - \frac{v_O}{A_o} = -R_F \left(\frac{v_I + \dfrac{v_O}{A_o}}{R_A} \right) - \frac{v_O}{A_o}$$

이므로

$$v_O \left(1 + \frac{R_F}{R_A A_o} + \frac{1}{A_o} \right) = -\frac{R_F}{R_A} v_I$$

따라서 폐루프이득 A_f는 다음 수식으로 구해진다.

$$A_f \equiv \frac{v_O}{v_I} = \frac{-R_F / R_A}{1 + (1 + R_F / R_A)/A_o} \tag{14.11}$$

여기서, 개방루프이득 $A_o \rightarrow \infty$가 되면 폐루프이득 $A_f \rightarrow -R_F / R_A$가 되어 이상적인 연산증폭기의 경우와 같아진다. 즉, 개방루프이득 $A_o \gg (1 + R_F / R_A)$로 충분히 커지면 이상적인 연산증폭기의 경우와 같이 가상접지 조건을 적용해도 무방함을 알 수 있다.

예제 14.1

그림 14E1.1의 실용 연산증폭기로 구성된 비반전증폭기에 대해 폐루프 전압이득 A_f를 구하시오.

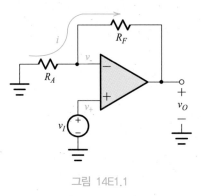

그림 14E1.1

풀이

입력의 차신호는 다음 수식으로 표현된다.

$$v_d \equiv v_+ - v_- = v_I - v_- = \frac{v_O}{A_o}$$

위 식을 v_-에 대해 정리하면 다음 수식을 얻을 수 있다.

$$v_- = v_I - v_d = v_I - \frac{v_O}{A_o}$$

따라서, 저항 R_A를 통해 흐르는 전류 i는 다음과 같다.

$$i = -\frac{v_-}{R_A} = -\frac{v_I - \dfrac{v_O}{A_o}}{R_A}$$

한편, 출력전압 v_O은

$$v_O = -(R_A + R_F)i = (R_A + R_F)\left(\frac{v_I - \dfrac{v_O}{A_o}}{R_A}\right)$$

이므로

$$v_O\left(1 + \frac{R_A + R_F}{R_A A_o}\right) = \frac{R_A + R_F}{R_A}v_I$$

따라서 폐루프이득 A_f는 다음 수식으로 구해진다.

$$A_f \equiv \frac{v_O}{v_I} = \frac{1+(R_F/R_A)}{1+\dfrac{1+(R_F/R_A)}{A_o}}$$

여기서, 개방루프이득 $A_o \to \infty$가 되면 폐루프이득 $A_f \to 1 + R_F/R_A$가 되어 이상적인 연산증폭기의 경우와 같아진다. 즉, 개방루프이득 $A_o \gg (1 + R_F/R_A)$로 충분히 커지면 이상적인 연산증폭기의 경우와 같이 가상접지 조건을 적용해도 무방함을 알 수 있다.

14.2.2 유한한 대역폭의 영향

실용 연산증폭기의 주파수 특성은 14.1.2절에서 설명했듯이 다음의 식 (14.12)와 같이 1-폴 시스템으로 간주할 수 있다.

$$A(s) = \frac{A_o}{1+s/\omega_H} \tag{14.12}$$

여기서, A_o는 개방루프이득의 평탄대역에서의 값이고, ω_H는 3-dB 대역폭이다. 그림 14.6은 식 (14.12)의 1-폴 시스템을 가정한 실용 연산증폭기의 주파수응답특성을 보여준다.

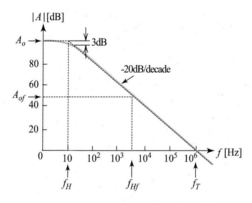

그림 14.6 실용 연산증폭기의 주파수응답특성

그림 14.7과 같이 비반전증폭기를 구성하여 폐루프이득 A_F를 구하기로 하자. 일반적인 경우 개방루프이득 A_o가 충분히 커서 근사적으로 가상접지 조건을 적용할 수 있으므로 여기서도 가상접지 조건을 적용할 수 있을 정도로 개방루프이득 A_o가 충분히 크다고 가정하기로 한다.

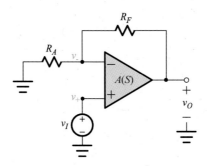

그림 14.7 실용 연산증폭기로 구성된 비반전증폭기

그림 14.7의 회로에서 v_- 단자에서 키르히호프의 전류법칙을 적용함으로써 다음의 관계식을 얻는다.

$$v_- = \frac{R_A}{R_A + R_F} v_O \tag{14.13}$$

한편, $v_+ = v_I$이므로 출력전압 v_O은 다음과 같이 표현된다.

$$v_O = A(s)(v_+ - v_-) = A(s)\left(v_I - \frac{R_A}{R_A + R_F} v_O\right) = A(s)(v_I - \gamma v_O)$$

여기서, $\gamma = \dfrac{R_A}{R_A + R_F}$이다.

위 식을 v_O와 v_I에 대해 정리하면

$$v_O[1 + \gamma A(s)] = A(s)v_I$$

따라서 폐루프이득 A_f는 다음 수식으로 구해진다.

$$A_f(s) \equiv \frac{v_O}{v_I} = \frac{A(s)}{1 + \gamma A(s)} \tag{14.14}$$

여기서, $\gamma = \dfrac{R_A}{R_A + R_F}$ 이다.

식 (14.12)를 식 (14.14)에 대입함으로써 폐루프이득의 주파수 특성을 구할 수 있다.

$$A_f(s) = \frac{A_o}{1 + \gamma A_o + s/\omega_H} \overset{\gamma A_o \gg 1}{\approx} \frac{1}{\gamma} \frac{1}{1 + s/(\gamma A_o \omega_H)} \tag{14.15}$$

식 (14.15)로부터 폐루프이득 A_f의 3-dB 대역폭 ω_{Hf}를 구하면

$$\omega_{Hf} = \gamma A_o \omega_H \qquad (14.16)$$

식 (14.16)은 다음과 같이 정리된다.

$$\frac{1}{\gamma}\omega_{Hf} = A_o\omega_H \qquad (14.17)$$

여기서, $1/\gamma = (1 + R_F/R_A)$로 비반전증폭기의 이득이다. 따라서 식 (14.17)은 좌항의 폐루프 상태의 이득과 대역폭의 곱이 우항의 개방루프 상태의 이득과 대역폭의 곱과 같음을 의미한다. 즉, 그림 14.6 주파수응답특성에서 볼 수 있듯이 부귀환으로 대역폭을 증가시키면 이득이 감소하게 되므로 이득-대역폭 곱(GBP: Gain-Bandwidth Product)은 항상 일정하게 유지됨을 보여준다.

따라서 증폭기의 성능은 이득-대역폭 곱으로 표현된다. 예를 들어 μA741 연산증폭기의 경우 이득-대역폭 곱(GBP)은 $10^6[Hz]$가 되며 식 (14.18)의 관계식이 성립한다.

$$GBP = A_{of}f_{Hf} = \left(1 + \frac{R_F}{R_A}\right)f_{Hf} = A_o f_H = 10^6 \qquad (14.18)$$

다시 말해, 식 (14.18)의 관계식을 이용하면 귀환을 통해 이득과 대역폭을 조절할 수 있다.

예제 14.2

전압이득이 400이고 대역폭이 20KHz 이상이 되는 증폭기를 μA741 연산증폭기를 써서 설계하라.

풀이

μA741 연산증폭기의 이득-대역폭 곱(GBP)이 10^6이므로 20 KHz 대역폭을 1단 증폭으로 구현할 경우 얻을 수 있는 최대 이득은

$$A_{of} = \frac{GBP}{f_{Hf}} = \frac{10^6}{20 \times 10^3} = 50$$

50으로서 필요로 하는 이득 400을 1단으로 구현하는 것은 불가능함을 알 수 있다. 따라서 증폭회로를 2단으로 구성해야 하며 이때 각 단의 이득을 20으로 설정한다면 400의 이득을 구현할 수 있다. 따라서 이득이 20인 증폭단을 설계하면

$$A_{of} = 1 + \frac{R_F}{R_A} = 20$$

이므로 $R_F / R_A = 19$를 만족해야 한다. 만약 $R_A = 10\,K\Omega$으로 설정하면 $R_F = 190\,K\Omega$이 된다. 그림 14E2.1은 설계된 회로도를 보여 주고있다. 설계된 회로의 대역폭은

$$f_{Hf} = \frac{GBP}{A_{of}} = \frac{10^6}{20} = 50 \times 10^3 \text{Hz}$$

$50KHz$가 되어 설계 스펙인 $20KHz$ 이상의 조건을 만족한다.

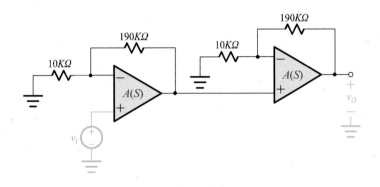

그림 14E2.1

14.2.3 슬루 레이트(SR)

일반적으로 시스템은 입력의 변화에 대해서 출력이 즉각적으로 반응할 수는 없고 일정 시간의 지연을 갖고 반응하게 된다. 그림 14.8은 실용 연산증폭기로 단위 이득 증폭기를 구성한 후 계단 입력을 인가했을 때의 출력특성을 보여주고 있다.

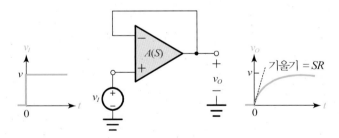

그림 14.8   계단 입력이 인가되었을 때의 출력특성

● 슬루 레이트 *SR*   슬루 레이트(SR: Slew Rate)는 식 (14.19)에서와 같이 계단 입력 (step-input)이 인가되었을 때 출력전압의 최대 변동률로 정의된다.

$$SR \equiv \frac{dv_O(t)}{dt}\Big|_{max} \tag{14.19}$$

식 (14.15)로부터 크기 V의 계단입력($V_I(s) = V/s$)이 인가되었을 때의 출력은 다음과 같이 구해진다.

$$v_O(s) = v_I(s)A_f(s) = \frac{V}{s} \cdot \frac{1}{\gamma} \frac{1}{1+s/\omega_{Hf}} \tag{14.20}$$

여기서, $\omega_{Hf} = \gamma A_o \omega_H$이다.

식 (14.20)을 라플라스 역변환함으로써 시간 영역에서의 출력 $v_O(t)$를 얻는다.

$$v_O(t) = \frac{V}{\gamma}(1 - e^{-\omega_{Hf}t}) \tag{14.21}$$

따라서 슬루 레이트 SR은 정의에 의해 다음과 같이 구해진다.

$$SR = \frac{dv_O(t)}{dt}\Big|_{max} = \frac{V\omega_{Hf}}{\gamma}e^{-\omega_{Hf}t}\Big|_{t=0} = \frac{V\omega_{Hf}}{\gamma} = VA_{of}\omega_{Hf} = V \times GBP \tag{14.22}$$

- **최대전력 대역폭** f_p 최대전력 대역폭(full-power bandwidth: f_p)은 출력이 사인파일 때 왜곡이 일어나기 시작하는 주파수로 정의된다. 진폭이 V_p이고 주파수 $f = f_p$일 때의 출력은 다음 수식으로 표현된다.

$$v_O(t) = V_p \sin(2\pi f_p t) \tag{14.23}$$

위의 출력에 대해 최대 변동률을 구하면 다음과 같다.

$$\frac{dv_O}{dt}\Big|_{max} = V_p 2\pi f_p \cos(2\pi f_p t)\Big|_{max} = V_p 2\pi f_p \tag{14.24}$$

한편, $\frac{dv_O}{dt}\Big|_{max} = V_p 2\pi f_p > SR$ 일 때 왜곡이 발생하므로 식 (14.25)의 최대전력 대역폭 f_p와 SR과의 관계식을 얻을 수 있다.

$$f_p = \frac{SR}{2\pi V_p} \tag{14.25}$$

예제 14.3

$SR = 1V / \mu s$인 연산증폭기로 사인파형을 피크 왜곡 없이 증폭하고자 한다. 다음 항목에 답하시오.

(a) $50KHz$의 사인파를 증폭할 경우 피크 왜곡 없이 얻을 수 있는 출력의 최대 진폭 V_p는 몇 V인가?

(b) 출력의 최대 진폭 $V_p = 10V$가 되도록 사인파를 증폭할 경우 피크 왜곡 없이 얻을 수 있는 최대 주파수 f_p는 몇 Hz인가?

풀이

(a) 식 (14.25)로 부터

$$V_p = \frac{SR}{2\pi f_p} = \frac{10^6 V / s}{2\pi \times 50 \times 10^3 \, \text{Hz}} = 3.18\text{V}$$

(b) 식 (14.25)로부터

$$f_p = \frac{SR}{2\pi V_p} = \frac{10^6 \, \text{V/s}}{2\pi \times 10\text{V}} = 15.9\text{KHz}$$

14.2.4 오프셋전압과 전류

- 입력 오프셋전압 V_{io} 연산증폭기 내의 차동증폭단이 제작상의 오차 등으로 완벽한 정합이 이루어지지 못할 경우 입력 $v_d(= v_+ - v_-)$가 0V임에도 불구하고 출력에 직류전압 성분 V_O가 발생한다. 이것을 출력 오프셋전압이라고 한다. 출력 오프셋전압은 식 (14.26)에서와 같이 이득 A로 나누어줌으로써 입력전압 값으로 환산될 수 있으며 이를 입력 오프셋전압 V_{io}라고 부른다.

$$V_{io} \equiv \frac{V_O}{A_o}\Big|_{v_+=v_-} \tag{14.26}$$

일반적으로 입력 오프셋전압으로 오프셋전압을 표시하며 그림 14.9는 입력 오프셋전압을 고려한 연산증폭기의 등가회로를 보여준다. 오프셋전압은 응용회로에서 오차로 나타나게 되므로 적절한 보상회로로써 제거해주어야 한다.

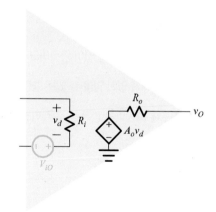

그림 14.9 입력 오프셋전압을 고려한 연산증폭기의 등가회로

- 입력 오프셋전류 I_{io} 연산증폭기로 회로를 구성할 경우 어떤 형태로든 입력에 직류바이어스가 인가되게 된다. 이때 그림 14.10에서 볼 수 있듯이 두 입력단자를 통해서 바이어스 전류(I_{B1}, I_{B2})가 흐를 수 있다. 여기서, 식 (14.27)으로 입력 바이어스 전류 I_B를 정의한다.

$$I_B \equiv \frac{I_{B1} + I_{B2}}{2}$$
(14.27)

완벽한 정합이 이루어지지 못할 경우 입력 I_{B1}과 I_{B2} 값에 차가 발생할 수 있으며 이 차 전류 성분을 입력 오프셋전류 $\mathbf{I}_{io}$라고 부른다.

$$\mathbf{I}_{io} = |\mathbf{I}_{B1} - \mathbf{I}_{B2}|$$
(14.28)

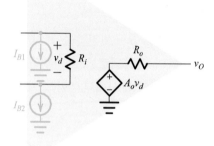

그림 14.10 입력 바이어스 전류를 고려한 연산증폭기의 등가회로

• 바이어스 밸런스 입력 오프셋전압과 마찬가지로 입력 오프셋전류도 0A가 되는 것이 바람직하다. 그러나 입력 오프셋전류가 0A가 되어 $I_{B1} = I_{B2} = I_B$가 되었다고 해서 오차 문제가 해결되는 것은 아니다.

그림 14.11은 연산증폭기로 증폭회로를 구성했을 때의 등가회로를 보여준다. 여기서 입력 오프셋전류가 0A가 되어 $I_{B1} = I_{B2} = I_B$가 되었다고 가정하고 두 입력단자에서의 전압 v_+와 v_-를 구해보기로 하자. 각 입력단자에서의 전압은 각 단자에서의 등가 저항에 바이어스 전류를 곱해줌으로써 다음 수식으로 구해진다.

$$v_- = I_B(R_A // R_F)$$
$$v_+ = I_B R_1$$

여기서, 각 입력단자에서의 등가 저항 값이 서로 다를 경우 두 입력단자의 전압차를 발생시킬 수 있다. 따라서 $v_+ = v_-$로 바이어스 밸런스를 유지하기 위해 저항 R_1은 다음의 조건을 만족하도록 설계되어야 한다.

$$R_1 = R_A // R_F \tag{14.29}$$

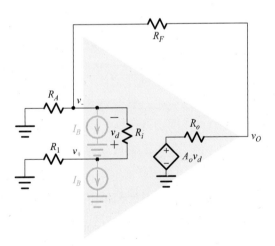

그림 14.11 연산증폭기의 바이어스 밸런스

예제 14.4

[예제 14.2]에서 설계된 회로를 바이어스 밸런스가 유지되도록 수정하시오.

풀이

식 (14.29)로부터 각 증폭단의 바이어스 밸런스를 확보하기 위한 저항 값은 다음과 같이 구해진다.

$$R_1 = R_A /\!/ R_F = 10\mathrm{K} /\!/ 190\mathrm{K} = 9.5\mathrm{K}\Omega$$

$$R_2 = R_A /\!/ R_F = 10\mathrm{K} /\!/ 190\mathrm{K} = 9.5\mathrm{K}\Omega$$

수정된 회로는 그림 14E4.1에 보였다.

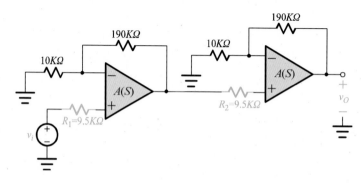

그림 14E4.1

14.3 응용회로

14.3.1 비교기

- 비교기의 동작 두 전압을 비교하여 어느 쪽이 더 큰가를 판단하는 것은 많은 회로에서 흔히 요구되는 중요한 기능이다. 비교기(comparator)는 입력전압(v_I)을 기준전압레벨(V_{REF})과 비교하여 어느 쪽이 큰가를 판단해주는 회로로서 그림 14.12(a)에 회로도를 보였다.

그림 14.12(b)는 비교기의 전달특성곡선을 보여준다. $v_I < V_{REF}$이면 연산증폭기는 최고 전압인 양의 포화전압($+V_{sat}$)을 출력하고, $v_I > V_{REF}$이면 연산증폭기는 최저 전압인 음의 포화전압($-V_{sat}$)을 출력함으로써 비교 결과를 알려준다. 실용 비교기의 정밀도는 출력이 한 포화상태에서 다른 포화상태로 변화하는 데에 필요한 최소한의 차입력전압으로 표현한다.

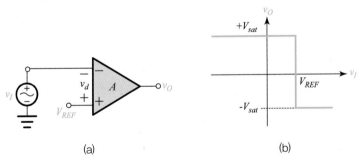

그림 14.12 비교기
(a) 비교기 (b) 비교기의 전달특성곡선

예제 14.5

그림 14E5.1의 비교기는 입력 신호가 $0V$ 레벨을 통과하는 것을 검출하는 0레벨 검출기로 응용되고 있다. 좌측의 입력 신호가 인가되었을 때 출력 파형을 그리시오.

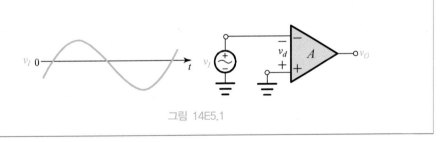

그림 14E5.1

풀이

비교기의 기준전압 $V_{REF} = 0V$이므로 $v_I > 0V$이면 $v_O = -V_{sat}$가 되고 $v_I < 0V$이면 $v_O = +V_{sat}$가 된다. 따라서 그림 14E5.2에 보인 출력 파형이 얻어진다.

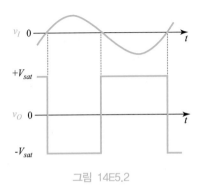

그림 14E5.2

입력 신호가 $0V$ 레벨을 통과할 때마다 출력은 토글함으로써 입력 신호의 $0V$ 레벨을 검출해내고 있다.

14.3.2 쉬미트 트리거

● 비교기의 문제점 　[예제 14.5]에서 입력 신호에 잡음이 섞일 경우의 0레벨 검출기의 출력 파형은 어떻게 될까? 그림 14.13은 [예제 14.5]의 입력 신호에 잡음이 섞여 있을 때 비교기 출력을 보여주고 있다.

기준 전압인 0V 근처에서 발생하는 잡음은 비교기 출력을 변화시켜 토글시키고 있음을 볼 수 있다. 즉, 입력 신호가 0V 레벨을 통과하지 않을 때도 잡음에 의해서 출력이 토글되고 있는 것이다. 이것은 곧바로 0레벨 검출기의 오류로 나타나게 된다. 이러한 문제점은 0레벨 검출기에 국한되는 것이 아니다. 비교기가 기준전압과 유사한 크기의 신호를 비교할 때는 언제나 잡음에 의한 오류의 위험에 노출되는 것이다.

비교기의 이러한 문제점을 해결하기 위해 고안된 것이 **쉬미트 트리거**(Schmitt trigger)이다. 쉬미트 트리거는 히스테리시스(hysteresis) 특성을 갖는 비교기로서 잡음에 내성을 갖는다. 히스테리시스는 입력 신호가 증가할 때의 기준전압과 감소할 때의 기준전압을 서로 다르게 함으로써 얻어지는 특성으로 정 귀환(positive feedback)을 이용해 구현된다.

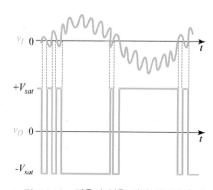

그림 14.13　잡음이 있을 때의 비교기 출력

● 쉬미트 트리거 　그림 14.14(a)는 쉬미트 트리거 회로를 보여주고 있다. 앞서의 비교기와 달라진 점은 출력전압을 R_1과 R_2로 전압분배하여 비교를 위한 기준전압으로 삼는다는 점이다.

쉬미트 트리거의 동작을 해석하기 위해 우선 $v_O = -V_{sat}$의 상태에 있다고 가정하고 이때의 비교 기준전압 V_{LT}를 구하면 전압분배법칙에 의해 다음 수식으로 구해진다.

$$V_{LT} = \frac{R_1}{R_1 + R_2}(-V_{sat}) \qquad (14.30)$$

이때에 입력 v_I를 감소시켜 출력을 토글시키려면 V_{LT} 이하로 감소시켜야 한다. 따라서 그림 14.14(b)의 전달특성곡선 중 아래의 경로를 따르는 특성을 보이게 된다. 이번에는 $v_O = +V_{sat}$의 상태에 있을 때 비교 기준전압 V_{UT}를 구하면 전압분배법칙에 의해 다음 수식으로 구해진다.

$$V_{UT} = \frac{R_1}{R_1 + R_2}(+V_{sat}) \qquad (14.31)$$

이때에 입력 v_I를 증가시켜 출력을 토글시키려면 V_{UT} 이상으로 증가시켜야 한다. 따라서 그림 14.14(b)의 전달특성곡선 중 위의 경로를 따르는 특성을 보이게 된다.

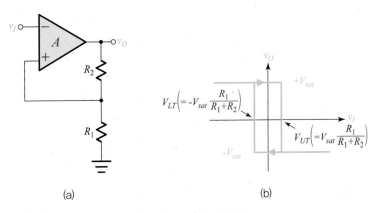

그림 14.14 쉬미트 트리거
(a) 쉬미트 트리거 회로 (b) 쉬미트 트리거의 전달특성곡선

결과적으로 입력 v_I가 낮은 전압에서 높은 전압으로 증가하여 출력 v_O를 토글할 때의 비교 기준전압이 V_{UT}인 반면에 입력 v_I가 높은 전압에서 낮은 전압으로 감소하여 출력 v_O를 토글할 때의 비교 기준전압은 V_{LT}로서 서로 다르게 되어 그림 14.14(b)에서 보는 바와 같이 전달특성곡선에 히스테리시스 루프(hysteresis loop)가 형성된다. 이때 히스테리시스 V_{hys}는 다음 수식으로 정의한다.

$$V_{hys} \equiv V_{UT} - V_{LT} = \frac{2R_1}{R_1 + R_2}V_{sat} \qquad (14.32)$$

예제 14.6

[예제 14.5]에서 입력 신호에 섞인 잡음의 최댓값이 $V_{np}[V_{p-p}]$라고 할 때 그림 14.14의 쉬미트 트리거를 사용하여 잡음의 영향을 받지 않는 0레벨 검출기를 설계하는 방법을 설명하고 그 출력 파형을 그리시오.

풀이

그림 14E6.1의 입력 신호에서 잡음의 최대 피크치 V_{np}가 출력을 토글시키지 못하게 하려면 히스테리시스 $V_{hys} > V_{np}$의 조건을 만족시켜줘야 한다. 따라서 식 (14.32)로부터

$$V_{hys} \equiv V_{UT} - V_{LT} = \frac{2R_1}{R_1 + R_2} V_{sat} > V_{np}$$

의 조건을 만족하도록 쉬미트 트리거를 설계하여야 한다.

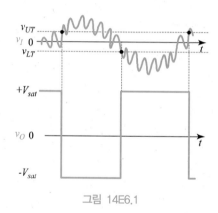

그림 14E6.1

이 경우 한번 결정된 출력은 V_{hys}보다 큰 입력의 반전이 있지 않는 한 그대로 유지되므로 잡음의 영향을 받지 않고 그림 14E6.1의 출력특성에서 볼 수 있듯이 올바른 0레벨 검출기 기능을 수행할 수 있음을 알 수 있다.

여기서, 반전 쉬미트 트리거로 구현하였으므로 출력은 [예제 14.5]에서의 출력이 반전된 형태로 나타난다.

EXERCISE

[14.1] 그림 P14.1의 반전증폭기에서 연산증폭기의 개방루프이득(A_o)은 유한하나 나머지 특성은 이상적인 연산증폭기와 같다고 가정하여 폐루프이득($A_f = v_O/v_I$)을 구하시오.

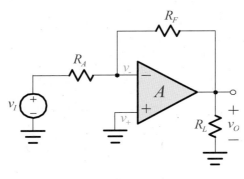

그림 P14.1

[14.2] μA741 연산증폭기의 이득-대역폭 곱(GBP)은 $10^6[Hz]$이다. 전압이득이 500이고 대역폭이 $30KHz$ 이상이 되는 증폭기를 μA741 연산증폭기를 써서 설계하라. 단, 입력저항은 $10K\Omega$이 되도록 하고, 바이어스 밸런스가 이루어지도록 하라.

[14.3] μA741 연산증폭기의 이득-대역폭 곱(GBP)은 $10^6[Hz]$이다. 전압이득이 -400이고 대역폭이 $20KHz$ 이상이 되는 증폭기를 μA741 연산증폭기를 써서 설계하라. 단, 입력저항은 $2M\Omega$ 이상이 되도록 하고, 바이어스 밸런스가 이루어지도록 하라.

[14.4] SR=2V/μs인 연산증폭기로 사인파형을 피크 왜곡 없이 증폭하고자 한다. 다음 항목에 답하시오.
 (a) $100KHz$의 사인파를 증폭할 경우 피크 왜곡 없이 얻을 수 있는 출력의 최대 진폭 V_p는 몇 V인가?
 (b) 출력의 최대 진폭 f_p = 15V가 되도록 사인파를 증폭할 경우 피크 왜곡 없이 얻을 수 있는 최대 주파수 f_p는 몇 Hz인가?

[14.5] 그림 P14.5에 보인 비교기의 전달특성곡선을 그리시오. 또한, 그림 14.12의 비교기와
비교하여 기능상 달라진 점을 설명하시오.

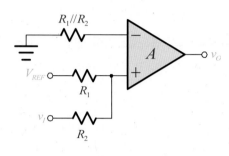

그림 P14.5

[14.6] 그림 P14.6에 보인 비교기의 전달특성곡선을 그리시오. 또한, 그림 14.14의 쉬미트
트리거와 비교하여 기능상 달라진 점을 설명하시오. 단, 다이오드는 이상적이라고
가정한다.

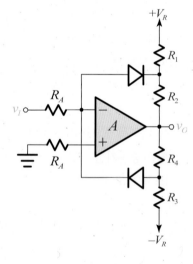

그림 P14.6

[14.7] 그림 P14.7은 창(window) 비교기이다. 전달특성곡선을 그리고 그림 14.12의 비교기와 비교하여 기능상 달라진 점을 설명하시오. 단, $V_U > V_L$이고 다이오드는 이상적이라고 가정한다.

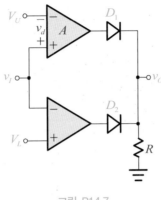

그림 P14.7

[14.8] 그림 P14.8에 보인 쉬미트 트리거의 전달특성곡선을 그리시오. 그리고 그림 14.14의 쉬미트 트리거와 비교하여 기능상 달라진 점을 설명하시오.

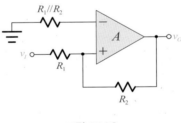

그림 P14.8

[14.9] 그림 P14.9에 보인 쉬미트 트리거의 전달특성곡선을 그리시오. 그리고 그림 14.14의 쉬미트 트리거와 비교하여 기능상 달라진 점을 설명하시오.

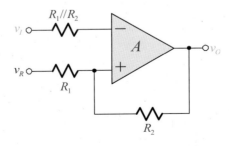

그림 P14.9

[14.10] 그림 P14.10에 보인 전달 특성을 갖는 쉬미트 트리거의 입력단자에 다음의 입력 신호 v_i가 인가되었을 때 출력 파형을 그리시오.

$$vi = 2\sin 100\pi t \ [V]$$

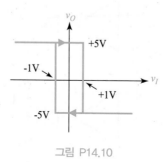

그림 P14.10

15

주요 응용회로

15.0 서론

이 장에서는 전자 시스템에 공통적으로 가장 흔히 쓰이는 발진기, 데이터 변환기 및 필터에 대해 설명한다. 발진기는 규칙적인 파형을 생성하는 회로로서 통신회로뿐만 아니라 디지털 회로에서 클럭(clock)으로도 사용되는 중요한 회로이다. 데이터 변환기는 아날로그 시스템과 디지털 시스템 사이에서 인터페이스 역할을 하는 회로로서 아날로그 신호를 디지털 신호로 혹은 그 반대로 변환해주는 회로이다. 필터는 신호를 주파수에 따라 구분하여 선별하는 회로로서 통신회로나 신호처리에서 매우 유용하게 이용된다.

이들 응용회로에 대해 상세하게 설명하기 위해서는 각각에 대해 별도의 책을 써야 할 만큼 방대한 양이 된다. 따라서 여기서는 기본 개념을 중심으로 단순화하여 설명하기로 한다.

15.1 발진기

귀환 시스템은 정귀환(positive feedback)이 걸릴 경우 입력 없이 스스로 파형을 생성하는 발진회로가 될 수 있으며 사인파 발생기는 이 원리에 의해 구현된다.

식 (15.1)로 표현되는 귀환 시스템에서 루프이득(βA)의 크기가 1이고 위상이 180°가 되면 즉, $\beta A = -1$이 되면 발진을 하게 된다. 이것을 바르크하우젠(Barkhausen)의 발진기준이라고 부른다.

$$A_f \equiv \frac{x_o}{x_s} = \frac{A}{1 + \beta A} \qquad (15.1)$$

루프이득 $\beta A = -1$이 되면 식 (15.1)에서 귀환 시스템 이득이 무한대로 커지게 되며 입력 없이도 스스로 파형을 생성하는 발진기(oscillator)가 된다. 모든 발진기는 공통적으로 정귀환을 이용하여 구현되지만 회로적으로는 다양한 구조가 가능하다. 여기서는 그중 기본이 되는 구조로서 위상천이(phase-shift) 발진기, 윈브리지(Wien bridge) 발진기, LC귀환 형태의 콜피츠(Colpitts) 발진기와 하틀리(Hartley) 발진기 및 수정 (crystal) 발진기에 대해 설명하기로 한다.

15.1.1 위상천이 발진기

● **위상천이 발진기** 그림 15.1은 위상천이(phase-shift) 발진기의 기본 구조를 보여 준다. 이득 A인 이상적인 전압 증폭기의 출력을 RC로 구성된 귀환회로를 통해 위 상을 변화시켜 귀환시킴으로써 바르크하우젠의 발진기준을 만족시켜 발진을 하 게 된다.

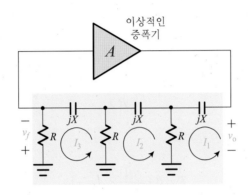

그림 15.1 위상천이 발진기

커패시터 C의 임피던스를 jX라고 놓고 I_1, I_2 및 I_3 루프에 대해 키르히호프 전압 법칙을 적용하면 식 (15.2)의 방정식을 얻는다.

$$V_o = jXI_1 + R(I_1 - I_2) \tag{15.2a}$$

$$R(I_2 - I_1) + jXI_2 + R(I_2 - I_3) = 0 \tag{15.2b}$$

$$R(I_3 - I_2) + jXI_3 + RI_3 = 0 \tag{15.2c}$$

식 (15.2)의 방정식을 연립하여 풀면 귀환율 β는 다음과 같이 구해진다.

$$\beta \equiv \frac{V_f}{V_o} = \frac{-1}{j\left(\dfrac{X}{R}\right)\left\{6 - \left(\dfrac{X}{R}\right)^2\right\} + 1 - 5\left(\dfrac{X}{R}\right)^2} \tag{15.3}$$

한편, 이득 A는 실수이므로 $\beta A = -1$이 되기 위해서 β도 실수여야 한다. 따라서 식 (15.3)의 허수부는 0이 되어야 한다.

$$\left(\frac{X}{R}\right)\left\{6 - \left(\frac{X}{R}\right)^2\right\} = 0 \tag{15.4}$$

식 (15.4)로부터 $X/R = 0$과 $(X/R)^2 = 6$의 해가 얻어지나 $X/R = 0$은 의미 없는 해가 되므로 $(X/R)^2 = 6$의 해로부터 발진주파수 f_o를 구할 수 있다.

$$\left(\frac{X}{R}\right)^2 = \left(\frac{-1}{\omega_o RC}\right)^2 = \left(\frac{-1}{2\pi f_o RC}\right)^2 = 6$$

$$f_o = \frac{1}{2\pi\sqrt{6}RC} \tag{15.5}$$

식 (15.5)를 식 (15.3)에 대입하면 귀환율 β는 다음과 같이 구해진다.

$$\beta = \frac{-1}{1 - 5\left(\dfrac{X}{R}\right)^2} = \frac{1}{29} \tag{15.6}$$

따라서 $\beta A = -1$의 조건으로부터

$$T = \beta A = \frac{1}{29} \times A = -1 \tag{15.7}$$

이 되므로 발진을 위해 필요한 이득 $A = -29$가 된다.

즉, RC회로로 구성된 180° 위상-천이기에서 1/29의 감쇄가 발생하므로 증폭기의 이득이 29배 이상이 되어야 이 감쇄분을 상쇄시키고 루프이득이 1보다 커지게 하여 발진시킬 수 있다.

예제 15.1

이상적인 연산증폭기로 구성된 [그림 15E1.1]의 위상천이 발진회로에서 $R = 1\,K\Omega$, $C = 1nF$이다. $R_A = 10\,K\Omega$으로서 $R_A \gg R$라고 간주하고 다음 항목에 답하시오.

(a) 발진주파수 f_o는 몇 Hz인가?

(b) 귀환율 β는 얼마인가?

(c) 발진하기 위해 필요한 최소한의 R_F는 몇 W인가?

풀이

(a) 식 (15.5)로부터

$$f_o = \frac{1}{2\pi\sqrt{6}RC} = \frac{1}{2\pi\sqrt{6}\times 10^3 \times 10^{-9}} = 65KHz$$

(b) 식 (15.6)으로부터

$$\beta = \frac{1}{29}$$

(c) [그림 15E1.1]의 위상천이 발진회로에서 증폭기는 이득 $A = -R_F / R_A$인 반전증폭기로서 $T = -1$의 조건을 구하면 다음과 같다.

$$T = \beta A = \beta \left(-\frac{R_F}{R_A} \right) = \frac{1}{29} \times \left(-\frac{R_F}{10K} \right) = -1$$

위 식으로부터 R_F를 구하면 다음과 같다.

$$R_F = 29 R_A = 29 \times 10K = 290K\Omega$$

따라서, 발진을 위해 필요한 최소한의 R_F는 $290KW$이 된다.

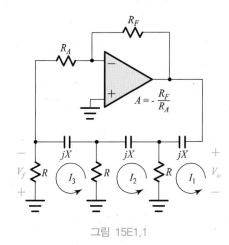

그림 15E1.1

15.1.2 윈브리지 발진기

● **윈브리지 발진기**   그림 15.2는 윈브리지 발진기의 구조를 보여준다. 윈브리지 발진기는 가장 단순한 발진기 구조 중의 하나로 이득 $A = (1 + R_F / R_A)$인 비반전증폭기의 출력을 두 임피던스 Z_S와 Z_p로 전압분배하여 귀환시킴으로써 위상을 변화시켜 바르크하우젠의 발진기준을 만족시킨다.

그림 15.2로부터 귀환율 β는 다음과 같이 구해진다.

$$\beta \equiv \frac{V_f}{V_o} = -\frac{Z_P}{Z_S + Z_P} = -\frac{\omega RC}{j(\omega^2 R^2 C^2 - 1) + 3\omega RC} \tag{15.8}$$

한편, $A = (1 + R_F / R_A)$로 실수이므로 $\beta A = -1$이 되기 위해서 β도 실수여야 한다.

따라서 식 (15.8)의 허수부는 0이 되어야 한다.

$$\omega_o^2 R^2 C^2 - 1 = 0 \tag{15.9}$$

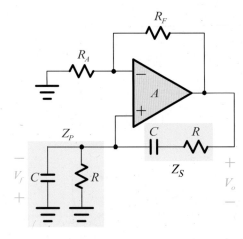

그림 15.2 윈브리지 발진기

식 (15.9)의 조건으로부터 발진주파수 f_o는 다음과 같이 구해진다.

$$f_o = \frac{1}{2\pi RC} \tag{15.10}$$

또한, 식 (15.10)을 식 (15.8)에 대입하면 귀환율 β는 다음과 같이 구해진다.

$$\beta = -\frac{1}{3} \tag{15.11}$$

따라서 $\beta A = -1$의 조건으로부터

$$T = \beta A = -\frac{1}{3} \times \left(1 + \frac{R_F}{R_A}\right) = -1 \tag{15.12}$$

이 되므로 발진을 위해 필요한 최소 이득 $A = (1 + R_F / R_A) = 3$이 된다.

윈브리지 발진기는 일반적으로 수백 Hz~수십 KHz의 주파수 범위에서 사용된다.

예제 15.2

그림 15.2에서 $R = 100\,K\Omega$, $C = 1.5\text{nF}$, $R_A = 20\,K\Omega$이다. 다음 항목에 답하시오.

(a) 발진주파수 f_o는 몇 Hz인가?

(b) 귀환율 β는 얼마인가?

(c) 발진하기 위해 필요한 최소한의 R_F 값은 얼마인가?

풀이

(a) 식 (15.10)으로부터

$$f_o = \frac{1}{2\pi RC} = \frac{1}{2\pi \times 10^5 \times 1.5 \times 10^{-9}} = 10.6 KHz$$

(b) 식 (15.11)로부터

$$\beta = -\frac{1}{3}$$

(c) 식 (15.12)로부터

$$R_F = 2R_A = 40K\Omega$$

15.1.3 LC동조 발진기(콜피츠 및 하틀리 발진기)

- LC동조 발진기 그림 15.3(a)는 LC동조(LC-tuned) 발진기의 기본 구조를 보여준다. LC동조 발진기는 LC는 병렬로 구성된 동조회로를 통해 귀환을 한다. 그림에서의 임피던스 Z, Z_1 및 Z_2는 순수 리액턴스로서 L이나 C가 된다. LC동조형 중에서 가장 흔히 쓰이는 두 가지 형태로서 콜피츠(Colpitts) 발진기와 하틀리(Hartley) 발진기가 있다.

  그림 15.3(b)는 LC동조 발진기의 등가회로를 보여준다. 부하 임피던스를 Z_L이라고 하면 출력전압 $V_o = -A_o V_i Z_L / (R_o + Z_L)$이므로 증폭기의 이득 A는 다음과 같이 구해진다.

$$A \equiv \frac{V_o}{V_i} = -A_o \frac{Z_L}{R_o + Z_L} \overset{Z_L \to \infty}{=} -A_o \tag{15.13}$$

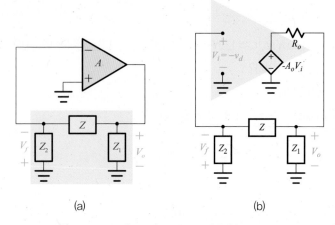

그림 15.3 *LC*동조 발진기
(a) *LC*동조 발진기의 구조   (b) *LC*동조 발진기의 등가회로

여기서, 부하 임피던스 Z_L은 다음과 같다.

$$Z_L = Z_1 /\!/ (Z + Z_2) = \frac{Z_1(Z + Z_2)}{Z + Z_1 + Z_2} \tag{15.14}$$

또한, 귀환전압 V_f는 출력전압 V_o가 임피던스 Z와 Z_2에 의해 전압분배된 값이므로 $V_f = -V_o Z_2 / (Z + Z_2)$이다. 따라서 귀환율 β는 다음과 같이 구해진다.

$$\beta \equiv \frac{V_f}{V_o} = -\frac{Z_2}{Z + Z_2} \tag{15.15}$$

식 (15.13)과 식 (15.15)로써 루프이득 $T(\equiv \beta A)$를 구하고 식 (15.14)의 Z_L을 대입하여 정리하면 다음의 수식을 얻는다.

$$T \equiv \beta A = \frac{A_o Z_2 Z_1}{R_o(Z + Z_1 + Z_2) + Z_1(Z + Z_2)} \tag{15.16}$$

여기서, 임피던스는 모두 순수 리액턴스이므로 $Z = jX$, $Z_1 = jX_1$, $Z_2 = jX_2$라고 하면 식 (15.16)은 식 (15.17)로 표현된다.

$$T = \frac{-A_o X_2 X_1}{jR_o(X + X_1 + X_2) - X_1(X + X_2)} \tag{15.17}$$

바르크하우젠의 발진기준 $T = -1$을 만족시키기 위해서는 식 (15.17)에서 허수 항은 0이 되어야 하므로 $X + X_1 + X_2 = 0$이 된다. 따라서 다음의 관계식을 얻는다.

$$X + X_2 = -X_1 \tag{15.18}$$

식 (15.18)을 식 (15.17)에 대입함으로써 루프이득에 대한 간단한 수식을 얻는다.

$$T \equiv \beta A = -\frac{A_o X_2}{X_1} = \frac{X_2}{X_1} A \tag{15.19}$$

여기서, $A_o > 0$이므로 $T = -1$이 되기 위해선 X_1과 X_2는 같은 부호, 즉 같은 종류의 리액턴스이어야 한다. 반면에 식 (15.18)로부터 X는 X_1 및 X_2와 다른 부호, 즉 다른 종류의 리액턴스이어야 한다.

X가 인덕터 L로 구성되고 X_1 및 X_2가 커패시터 C_1 및 C_2로 구성될 경우 콜피츠 (Colpitts) 발진기라고 부른다. 반면에, X가 커패시터 C로 구성되고 X_1 및 X_2가 인덕터 L_1 및 L_2로 구성될 경우 하틀리(Hartley) 발진기라고 부른다.

식 (15.18)의 발진조건으로부터 $X + X_1 + X_2 = 0$이고 Z, Z_1 및 Z_2는 순수 리액턴스이므로 $Z + Z_1 + Z_2 = 0$이 된다. 따라서 식 (15.14)로부터 $Z_L \rightarrow \infty$가 되고, 이를 식 (15.13)에 대입하면 발진상태에서 $A = -A_o$가 됨을 알 수 있다. 따라서 식 (15.19)의 우측 끝 항의 관계가 성립한다.

● **콜피츠 발진기**　그림 15.4는 콜피츠 발진기로서 그림 15.3에서 임피던스 Z를 인덕터 L로 구성하고 Z_1 및 Z_2를 커패시터 C_1 및 C_2로 구성함으로써 얻어진다. 따라서 $Z = j\omega L$, $Z_1 = 1 / j\omega C_1$, $Z_2 = 1 / j\omega C_2$라고 하여 식 (15.19)로부터 루프이득을 구하면 다음과 같다.

$$T = \frac{X_2}{X_1} A = \frac{C_1}{C_2} A \tag{15.20}$$

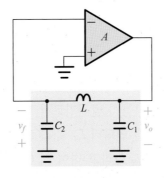

그림 15.4　**콜피츠 발진기**

바르크하우젠의 발진기준 $T = -1$을 만족하도록 식 (15.20)에서 $T = -1$로 둠으로써 식 (15.21)에 보인 바와 같이 발진에 필요한 최소한의 이득 A를 구할 수 있다.

$$A = -\frac{C_2}{C_1} \tag{15.21}$$

한편, 식 (15.18)에서 $X = j\omega L$, $X_1 = 1 / j\omega C_1$, $X_2 = 1 / j\omega C_2$라고 하면 발진주파수 ω_o는 다음의 수식으로 구해진다.

$$\omega_o = 2\pi f_o = \sqrt{\frac{C_1 + C_2}{LC_1C_2}} \tag{15.22}$$

콜피츠 발진기는 일반적으로 $100KHz$ ~ 수백 MHz의 주파수 범위에서 사용되며, RC를 이용한 회로들보다 높은 Q 값을 나타낸다. 반면에 넓은 범위에 걸쳐 발진 주파수를 조정하기 어렵다는 단점을 가지고 있다.

예제 15.3

그림 15.4에서 $L = 20nH$, $C_1 = C_2 = 100pF$이다. 다음 항목에 답하시오.

(a) 발진주파수 f_o는 몇 Hz인가?

(b) 발진하기 위해 필요한 최소한의 이득 A는 얼마인가?

풀이

(a) 식 (15.22)로부터

$$f_o = \frac{1}{2\pi}\sqrt{\frac{C_1 + C_2}{LC_1C_2}} = \frac{1}{2\pi}\sqrt{\frac{10^{-10} + 10^{-10}}{20 \times 10^{-9} \times 10^{-10} \times 10^{-10}}} = 159MHz$$

(b) 식 (15.21)로부터

$$A = -\frac{C_2}{C_1} = -1$$

● 하틀리 발진기   그림 15.5는 하틀리 발진기로서 그림 15.3에서 임피던스 Z를 커패시터 C로 구성하고 Z_1 및 Z_2를 인덕터 L_1 및 L_2로 구성함으로써 얻어진다. 따라서 $Z = 1 / j\omega C$, $Z_1 = j\omega L_1$, $Z_2 = j\omega L_2$라고 하여 식 (15.19)로부터 루프이득을 구하면 다음과 같다.

$$T = \frac{X_2}{X_1} A = \frac{L_2}{L_1} A \qquad (15.23)$$

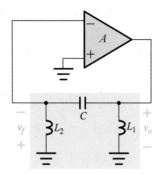

그림 15.5 하틀리 발진기

바르크하우젠의 발진기준을 만족시키기 위해 식 (15.23)에서 $T = -1$로 둠으로써 식 (15.24)의 발진에 필요한 최소한의 이득 A를 구할 수 있다.

$$A = -\frac{L_1}{L_2} \qquad (15.24)$$

한편, 식 (15.18)에서 $X = 1/j\omega C$, $X_1 = j\omega L_1$, $X_2 = j\omega L_2$라고 하면 발진주파수 ω_o 는 다음과 같이 구해진다.

$$\omega_o = 2\pi f_o = \sqrt{\frac{1}{C(L_1 + L_2)}} \qquad (15.25)$$

예제 15.4

그림 15.5에서 $C = 120pF$, $L_1 = 20nH$, $L_2 = 5nH$이다. 다음 항목에 답하시오.

(a) 발진주파수 f_o는 몇 Hz인가?

(b) 발진하기 위해 필요한 최소한의 이득 A는 얼마인가?

풀이

(a) 식 (15.25)로부터

$$f_o = \frac{1}{2\pi} \sqrt{\frac{1}{C(L_1 + L_2)}} = \frac{1}{2\pi} \sqrt{\frac{1}{120 \times 10^{-12}(20+5) \times 10^{-9}}} = 91.9 MHz$$

(b) 식 (15.21)로부터

$$A = -\frac{L_1}{L_2} = -4$$

15.1.4 수정 발진기

• **수정 발진기** LC동조 발진기에서 발진주파수는 귀환회로의 LC 값에 의해 결정되었다. L과 C 소자의 특성은 일반적으로 온도에 따라 변하므로 LC동조 발진기는 발진주파수의 안정도가 높지 못한 단점이 있다.

수정의 피에조전기효과(piezoelectric effect)를 전기적 등가회로로 표현하면 그림 15.6(b)와 같이 L과 C로 구성된 등가회로가 된다. 여기서의 L과 C는 온도에 대해 매우 안정하고 높은 Q 값을 갖는다. 따라서 수정으로 귀환회로를 구성할 경우 매우 안정된 발진주파수를 얻을 수 있으며 이를 **수정 발진기**라고 부른다.

수정의 Q 값은 매우 크므로 그림 15.6(b)의 등가회로에서 R을 무시하고 임피던스 Z를 구하면 다음 수식으로 표현된다.

$$Z(s) = 1/[sC_P + \frac{1}{sL + 1/sC_s}] = \frac{1}{sC_P} \frac{s^2 + (1/LC_s)}{s^2 + [(C_s + C_p)/LC_sC_p]} \tag{15.26}$$

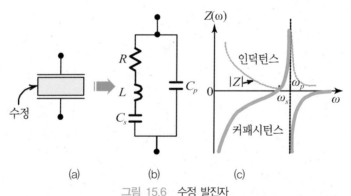

그림 15.6 수정 발진자
(a) 수정 발진자의 회로심벌 (b) 등가회로 (c) 주파수에 따른 수정 발진자의 임피던스 특성

식 (15.26)에서 $s = j\omega$로 놓고 그래프를 그리면 그림 15.6(c)와 같다. 식 (15.26)과 그림 15.6(c)의 그래프로부터 수정은 다음과 같이 $|Z|$가 0과 ∞가 되는 두 개의 공진주파수(ω_s, ω_p)를 갖고 있음을 알 수 있다.

$$\omega_s = 1/\sqrt{LC_s} \qquad (15.27)$$

$$\omega_P = 1/\sqrt{L(\frac{C_s C_P}{C_s + C_P})} \qquad (15.28)$$

여기서, ω_s를 직렬 공진주파수라고 하고, ω_p를 병렬 공진주파수라고 한다. 한편, C_p는 단자의 두 평행 판 사이에서 발생하는 기생 커패시터로서 C_s에 비해 매우 크다. 즉, $C_p \gg C_s$가 되므로 식 (15.27)과 식 (15.28)로부터 ω_p는 ω_s에 매우 근접해 있음을 알 수 있다.

또한, $\omega_p > \omega_s$이므로 그림 15.6(c)에서 볼 수 있듯이 ω_p와 ω_s 사이의 매우 좁은 대역에서 Z는 인덕터 특성을 띠게 된다. 따라서 그림 15.7에서 보인 것처럼 수정 발진자로 콜피츠 발진기에서의 L을 대체하여 발진기를 구현할 수 있으며 이를 수정 발진기라고 부른다.

이 경우 등가 커패시터는 C_s와 $(C_p + C_1 C_2 / (C_1 + C_2))$가 직렬연결된 값이고 C_s가 여타 커패시터들에 비해 상대적으로 매우 작으므로 C_s로 근사된다. 따라서 공진주파수 ω_o는 식 (15.28)로부터 다음 수식으로 표현된다.

$$\omega_o = 1/\sqrt{LC_s} \qquad (15.29)$$

수정 발진기는 이 공진주파수에서 발진하므로 식 (15.29)의 공진주파수가 발진주파수가 된다.

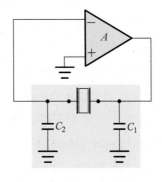

그림 15.7 수정 발진기

예제 15.5

그림 15.6(b)의 수정 등가회로에서 $L = 0.5H$, $C_s = 0.01pF$, $C_p = 4pF$, $R = 100\Omega$이다.

(a) 직렬 공진주파수 f_s는 얼마인가?

(b) 병렬 공진주파수 f_p는 얼마인가?

(c) $f_p - f_s$는 얼마인가?

풀이

(a) 식 (15.27)로부터

$$f_s = \frac{1}{2\pi}\frac{1}{\sqrt{LC_S}} = \frac{1}{2\pi}\sqrt{\frac{1}{0.5 \times 0.01 \times 10^{-12}}} = 2.25079MHz$$

(b) 식 (15.28)로부터

$$f_P = \frac{1}{2\pi}\frac{1}{\sqrt{L(\frac{C_S C_P}{C_S + C_P})}} = \frac{1}{2\pi}\frac{1}{\sqrt{0.5 \times (\frac{0.01 \times 10^{-12} \times 4 \times 10^{-12}}{0.01 \times 10^{-12} + 4 \times 10^{-12}})}} = 2.25360MHz$$

(c) $f_p - f_s = 2.25360 - 2.25079 = 2.81KHz$

15.2 데이터 변환기

자연계의 모든 신호는 아날로그이므로 트랜스튜서를 통해 얻은 전기적 신호도 아날로그 신호이다. 그러나 컴퓨터와 같은 디지털 회로를 통해 이 신호를 처리 혹은 가공하고자 한다면 이러한 아날로그 신호는 디지털 회로가 받아들일 수 있는 디지털 신호로 변환되어야 한다. 이러한 필요에 의해 아날로그 신호를 디지털 신호로 변환시켜주는 회로를 A/D 변환기(Analog to Digital Converter)라고 부른다. 반면에, 신호처리가 끝난 디지털 신호를 자연계의 신호로 되돌려주기 위해서는 디지털 신호를 아날로그 신호로 변환시켜주어야 한다. 이와 같이 디지털 신호를 아날로그 신호로 변환시켜주는 회로를 D/A 변환기(Digital to Analog Converter)라고 부른다.

15.2.1 D/A 변환기

디지털 신호는 일련의 이진수로서 D/A 변환기는 이 일련의 숫자를 아날로그 전압이나 전류 신호로 변환하는 역할을 한다.

1. 이진-가중 저항 D/A 변환기

그림 15.8은 N-비트 디지털 신호를 아날로그 신호로 변환하는 이진-가중 저항 (binary-weighted resistors) D/A 변환기를 보여준다. 전체 회로는 기준 전압 V_{REF}와 N-비트 이진-가중 저항 R, $2R$, $4R$, $8R$, $\cdots$, $2^{N-1}R$ 그리고 N개의 스위치 S_1, S_2, $\cdots$, S_N과 귀환저항 R_F를 갖는 연산증폭기로 구성되었다.

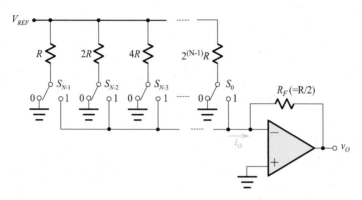

그림 15.8 이진-가중 저항 D/A 변환기

N-비트 디지털 신호 D는 b_0을 최하위 비트, b^{N-1}을 최상위 비트라고 할 때 다음 수식으로 표현된다.

$$D = 2^{N-1}b_{N-1} + \cdots + 2^2 b_2 + 2^1 b_1 + 2^0 b_0 \tag{15.30}$$

스위치 S_0을 b_0으로, 스위치 S_1을 b_1로,$\cdots$, 스위치 S_{N-1}을 b_{N-1}로 제어하여 각 비트가 '0'이면 스위치를 접지에 연결하고 '1'이면 스위치를 가상접지에 연결하도록 하여 준다. 이 경우 접지나 가상접지 모두가 0V이므로 각 저항을 통해 흐르는 전류는 스위치 상태에 상관없이 일정하며 단지 전류가 흐르는 방향이 달라진다.

가상접지로 흐르는 전류는 모두 합해져서 귀환저항 R_F로 흐른다. 이 전류를 i_O라고 하면 다음 수식으로 표현된다.

$$
\begin{aligned}
i_O &= \frac{V_{REF}}{R}b_{N-1} + \frac{V_{REF}}{2R}b_{N-2} + \cdots + \frac{V_{REF}}{2^2 R}b_1 + \frac{V_{REF}}{2^{N-1}R}b_0 \\
&= \frac{V_{REF}}{2^{N-1}R}(2^{N-1}b_{N-1} + 2^{N-2}b_{N-2} + \cdots + 2^1 b_1 + 2^0 b_0)
\end{aligned}
$$

따라서 i_O는

$$i_O = \frac{V_{REF}}{2^{N-1} R} D \tag{15.31}$$

출력전압 v_O는 귀환저항에 걸리는 전압이므로 다음 수식으로 표현된다.

$$v_O = -i_O R_F = -\frac{V_{REF} R_F}{2^{N-1} R} D \tag{15.32}$$

식 (15.32)로부터 출력전압 v_O는 디지털 신호 D에 비례하므로 디지털 신호가 아날로그 신호로 변환되는 D/A 변환 기능이 수행됨을 알 수 있다. 여기서, $V_{REF} R_F / (2^{N-1} R)$는 디지털 값이 아날로그 전압 값으로 변환될 때의 비례계수로서 1만큼의 디지털 값 증분에 대해 아날로그 전압 증분인 **변환 해상도**(conversion resolution)가 된다. 변환 해상도가 $V_{REF} / 2^N$이 되도록 설계할 경우 $R_F = R / 2$이 된다.

$$\frac{V_{REF} R_F}{2^{N-1} R} = \frac{V_{REF}}{2^N} \rightarrow R_F = \frac{R}{2}$$

이 경우 D/A 변환기의 정확도는 스위치 동작의 완벽한 정도와 V_{REF} 및 이진-가중 저항 값의 정확도에 의해서 좌우된다. 이진-가중 저항 D/A 변환기는 비트 수가 커질 경우(N > 4) 최소 저항과 최대 저항의 크기 차가 너무 커져서 이진-가중 저항 값의 정확도를 유지하기 어려운 단점이 있다. 이 문제를 극복한 구조가 다음에 설명하는 R-2R 래더 D/A 변환기이다.

2. *R-2R* 래더 D/A 변환기

그림 15.9는 *R-2R* 래더(ladder) D/A 변환기를 보여준다. *R-2R* 래더는 R과 $2R$로서 구성된 사다리 모양의 회로로서 각 마디에서 우측으로 본 등가 저항은 항상 $2R$이 된다. 또한, 각 마디에서 아래로 본 저항도 항상 $2R$이므로 각 마디에서 좌측으로부터 들어온 전류는 우측과 아래로 2등분되어 흐르게 된다.

따라서, 각 $2R$에 흐르는 전류는 다음의 관계를 만족하게 된다.

$$I_1 = 2I_2 = 4I_3 = \cdots = 2^{N-1} I_N = V_{REF} / (2R) \tag{15.33}$$

여기서, 각 스위치는 디지털 신호 D의 각 비트에 의해서 제어되므로 귀환저항 R_F로 흐르는 전류 i_O는 다음 수식으로 표현된다.

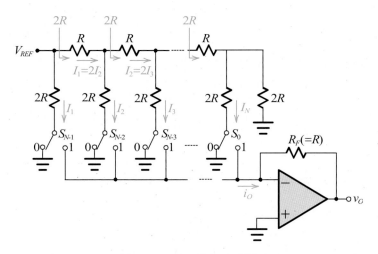

그림 15.9 R-2R 래더 D/A 변환기

$$i_O = \frac{V_{REF}}{2R}b_{N-1} + \frac{V_{REF}}{2^2 R}b_{N-2} + \cdots + \frac{V_{REF}}{2^{N-1}R}b_1 + \frac{V_{REF}}{2^N R}b_0$$

$$= \frac{V_{REF}}{2^N R}(2^{N-1}b_{N-1} + 2^{N-2}b_{N-2} + \cdots + 2^1 b_1 + 2^0 b_0)$$

따라서 i_O는

$$i_O = \frac{V_{REF}}{2^N R}D \tag{15.34}$$

출력전압 v_O는 귀환저항에 걸리는 전압이므로 다음 수식으로 표현된다.

$$v_O = -i_O R_F = -\frac{V_{REF}R_F}{2^N R}D \tag{15.35}$$

식 (15.35)로부터 출력전압 v_O는 디지털 신호 D에 비례하므로 디지털 신호가 아날로그 신호로 변환되는 D/A 변환 기능이 수행됨을 알 수 있다. 여기서, $V_{REF}R_F / (2^N R)$는 디지털 값이 아날로그 전압 값으로 변환될 때의 비례계수로서 변환 해상도가 $V_{REF} / 2^N$이 되도록 설계할 경우 $R_F = R$이 된다.

$$\frac{V_{REF}R_F}{2^N R} = \frac{V_{REF}}{2^N} \rightarrow R_F = R \tag{15.36}$$

한편, R-2R 래더 D/A 변환기에서는 최소 저항이 R이고 최대 저항이 2R로서 저항 값의 차가 두 배 이내이므로 저항 값의 정확도를 유지하는 것이 용이해진다.

예제 15.6

그림 15.9와 같은 구조의 5비트 R-2R 래더 D/A 변환기에서 D = 10011의 디지털 입력에 대해 아날로그 출력 v_O는 얼마인가? 단, $V_{REF} = 5V$이고 $R_F = R$이다.

풀이

식 (15.35)로부터

$$v_O = -i_O R_F = -\frac{V_{REF} R_F}{2^N R} D$$

$$= -\frac{5}{2^5}(2^4 + 2^1 + 2^0) = -\frac{5}{32} \times 19 = 2.969V$$

15.2.2 A/D 변환기

• **아날로그 신호의 표본화** 아날로그 신호를 디지털 신호로 변환하려면 우선 아날로그 신호를 주기적으로 표본화하는 과정이 선행되어야 한다. 입력 신호는 시간에 따라 계속하여 변화하므로 한 시점에서의 크기를 추출해야 하는데 이를 표본화(sampling)라고 한다. 실제로 표본화를 하기 위해서는 한 시점에서의 크기를 순간적으로 추출하고 이를 일정 시간 동안 유지시켜줘서 그 시점에서의 신호 크기를 측정할 수 있는 시간을 확보해주어야 하는데 이러한 역할을 하는 회로를 S/H(Sample and Hold) 회로라고 부른다.

그림 15.10은 아날로그 신호를 표본화하는 과정을 설명하고 있다. 그림 15.10(a)는 S/H 회로로서 아날로그 스위치와 커패시터로 구성되어 있다. 주기적으로 스위치를 매우 짧은 시간 t 동안 단락시켜줌으로써 입력 신호가 커패시터에 축적되어 표본화(Sampling)되게 하고 그 외 구간에서는 스위치를 개방하여줌으로써 표본화된 값을 유지(Hold)하도록 한다.

이 경우 스위치는 그림 15.10(a)의 우측 회로와 같이 MOSFET으로 간단히 구현할 수 있다. 여기서, MOSFET의 게이트에 펄스폭이 τ인 주기적 펄스를 표본 신호 v_S로 인가하면 시간 τ 동안 표본화하는 스위치로 작동하게 된다. 그림 15.10(b)는 입력 신호의 파형을 보여주고 있다. MOSFET의 게이트에 그림 15.10(c)의 표본화 신호 v_S를 인가하면 그림 15.10(d)의 표본화 출력 신호 v_O를 얻는다.

즉, S/H 회로는 표본화 구간인 시간 t 동안 스위치를 단락하여 입력 신호가 커패시터에 짧은 시간 내에 축적되게 함으로써 표본화한다. 표본화 이후부터 다음 표본화까지의 유지(hold) 구간에서는 스위치를 개방하여 표본화된 값을 그대로 유지해줌으로써 다음 단인 양자화 회로가 표본화된 아날로그 값을 디지털 값으로 환산하는 데 필요한 시간을 확보해준다.

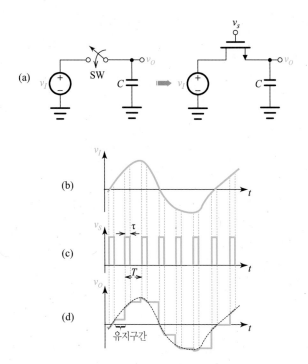

그림 15.10 아날로그 신호의 주기적 표본화
(a) S/H 회로 (b) 아날로그 입력 신호 (c) 표본화 신호(스위치 제어신호) (d) 출력 신호

● **양자화** 표본화된 아날로그 값이 디지털 값으로 표현되어야 비로소 디지털 신호가 된다. 이와 같이 표본화된 아날로그 값을 디지털 값으로 변환하는 것을 **양자화**(quantization)라고 부른다.

예를 들어 아날로그 입력 신호가 0~9V 사이의 값이라고 가정하고 이 신호를 4비트 이진수로 된 디지털 신호로 변환하기로 하자. 4비트 이진수가 표현할 수 있는 값은 0부터 15까지의 16가지의 서로 다른 숫자를 표현할 수 있으므로 변환 해상도는 $9V / (2^4 - 1) = 0.6V$가 된다. 따라서 0V의 아날로그 신호는 0000로 표현되고, 0.6V는 0001로, 1.2V는 0010로, … 3V는 0101로, 9V는 1111로 표현된다.

표본화된 모든 신호는 **변환 해상도**인 0.6V의 정수배로 표현된다. 따라서 0.6V의 정수배가 아닌 값은 반올림 등의 방법을 써서 양자화를 해야 한다. 예를 들어 그림 15.11에서 볼 수 있듯이 0.8V는 1.2V보다는 0.6V에 가까우므로 0.6V로 간주하여 0001이 된다. 반면에 1.0V는 0.6V보다는 1.2V에 가까우므로 1.2V로 간주하여

0010이 된다. 따라서 반올림에 의한 오차가 발생하며 최대 0.3V까지 발생할 수 있음을 알 수 있다. 이와 같이 양자화 과정에서 오차가 발생하게 되는 데 이를 양자화 오차(quantization error)라고 한다. 양자화 오차는 비트 수를 늘려 해상도를 높임으로써 감소시킬 수 있다.

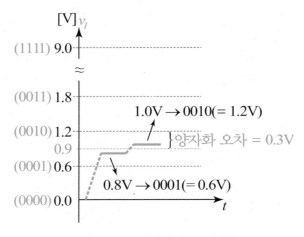

그림 15.11 표본화된 신호의 양자화

예제 15.7

0부터 $10V$까지 변하는 아날로그 신호를 10비트의 디지털 신호로 변환한다.

(a) 변환 해상도는 몇 V인가?

(b) $6V$의 입력은 디지털 숫자 얼마로 변환되는가?

(c) 양자화 오차는 몇 V인가?

풀이

(a) 변환 해상도는

$$\text{변환 해상도} = \frac{10V}{2^{10}-1} = 9.775171 mV$$

(b) $6V$의 입력의 디지털 숫자 D는

$$D = \frac{6V}{\text{변환 해상도}} = \frac{6V}{9.775171 mV} = 613.8 \rightarrow 614 = 0100110010$$

(c) 양자화 오차는 = 변환 해상도/2 = $4.8875855 mV$

1. 귀환형 A/D 변환기

그림 15.12는 귀환형(feedback-type) A/D 변환기로서 비교기와 업/다운 카운터 및 D/A 변환기로 구성되어 있다. 업/다운 카운터의 디지털 출력은 D/A 변환기에 의해 아날로그 신호 v_O로 변환되어 비교기로 입력된다. 비교기는 아날로그 입력 v_A와 D/A 변환기 출력 v_O를 비교하여 $v_A > v_O$이면 업 카운팅을 하도록 제어하고 $v_A < v_O$이면 다운 카운팅을 하도록 제어함으로써 v_O가 v_A에 접근하여 같아지도록 하여준다. 따라서 이때의 업/다운 카운터 출력이 입력 v_A가 A/D 변환된 디지털 신호가 된다.

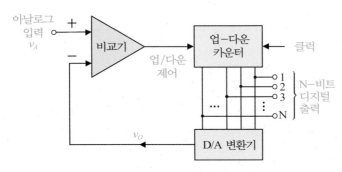

그림 15.12 귀환형 A/D 변환기

2. 듀얼슬롭 A/D 변환기

그림 15.13(a)는 듀얼슬롭(dual-slope) A/D 변환기를 보여주고 있다. 듀얼슬롭 A/D 변환기의 동작을 이해하기 위해 아날로그 신호 $v_A > 0$이고 기준전압 $V_{REF} < 0$이라고 가정하자.

우선 S_2를 단락하여 커패시터 C를 완전히 방전시키고 카운터는 리셋(reset)시킨다. $t = t_1$에서 S_2를 개방하고 S_1을 아날로그 신호 v_A에 연결하여 정해준 시간 T_1 동안 아날로그 신호 v_A가 적분기를 통해 적분되도록 한다. 카운터를 n_1까지로 정해줄 경우 클럭의 주기를 T라고 하면 $T_1 = n_1 T$가 된다. 적분기의 출력 v_C는 그림 15.13(b)에서 보는 바와 같이 음으로 증가하게 된다.

0부터 시작된 카운터가 n_1번째에 도달하면 카운터를 리셋시킴과 동시에 S_1을 기준전압 V_{REF}에 연결하여준다. $V_{REF} < 0$이므로 이번에는 적분 방향이 바뀌어 적분기의 출력 v_C가 증가하게 된다.

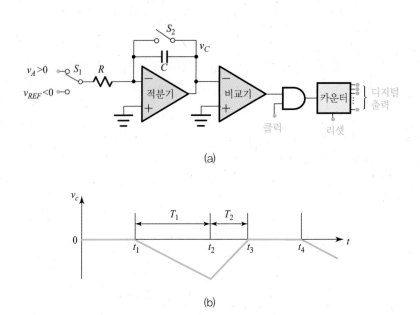

$$(a)$$

$$(b)$$

그림 15.13 듀얼슬롭 A/D 변환기
(a) 듀얼슬롭 A/D 변환기의 구조 (b) 적분기의 출력 파형

$t = t_3$에서 v_C가 0V보다 커지게 되므로 비교기의 출력이 고레벨('1')에서 저레벨('0')로 전환된다. 이때 AND 게이트는 카운터로부터 클럭을 차단하게 되므로 카운터의 동작이 그 시점에서 멈추게 되는데 이때의 카운터 값을 n_2라고 하자.

한편, 적분기의 출력 v_C를 수식으로 표현하면 다음과 같다.

$$v_C = -\frac{1}{RC}\int_{t_1}^{t_2} v_A dt - \frac{1}{RC}\int_{t_2}^{t_3} V_{REF} dt = 0$$

v_A와 V_{REF}가 일정하다고 가정하면

$$v_A(t_2 - t_1) = -V_{REF}(t_3 - t_2)$$

따라서 v_A는 다음 수식으로 표현된다.

$$v_A = |V_{REF}|\frac{T_2}{T_1} = |V_{REF}|\frac{n_2}{n_1} \tag{15.37}$$

여기서, n_1은 정해준 값으로 상수이고 V_{REF}도 상수이므로 아날로그 신호 v_A는 카운터 값 n_2에 비례한다. 즉, n_2가 v_A의 A/D 변환된 디지털 신호가 된다.

식 (15.37)의 관계는 회로 내의 R과 C의 값과는 무관하다. 즉, 듀얼슬롭 A/D 변환기는 R과 C 값의 오차에 영향을 받지 않으므로 높은 해상도(12~14비트)를 얻는 것이

용이하다. 그러나 동작 속도가 느린 단점이 있으므로 저속 고해상도 A/D 변환에 적합한 구조로서 널리 쓰이고 있다.

예제 15.8

그림 15.12의 듀얼슬롭 A/D 변환기의 $V_{REF} = -5V$라고 가정하자. 카운터가 999를 세는 동안 아날로그 신호 v_A를 표본화한 후 S_1을 V_{REF}로 연결을 바꾸어서 카운터가 76까지 세고 멈추었다. 표본화된 v_A는 몇 V인가?

풀이

식 (15.37)로부터

$$v_A = |V_{REF}| \frac{n_2}{n_1} = 5 \times \frac{76}{999} = 0.38V$$

3. 플래시 A/D 변환기

앞에서 설명한 두 A/D 변환기는 저속 동작에 적합한 구조로서 주로 저속 A/D 변환기에 사용되고 고속 A/D 변환기로는 적합하지 않다. 고속동작이 요구될 경우 플래시(flash) A/D 변환기를 사용한다. N비트의 플래시 A/D 변환기는 2^{N-1}개의 비교기로 아날로그 입력 신호를 $2^N - 1$개의 양자화 레벨과 비교함으로써 디지털 신호로 변환한다.

그림 15.14는 3비트 플래시 A/D 변환기의 구조를 보여준다. 7개의 비교기에 동시에 인가된 아날로그 신호 v_A는 각 비교기의 기준전압으로 인가된 7개의 양자화 레벨과 동시에 비교되어 단번에 양자화된다. 양자화된 비교기의 출력은 우선순위 인코더(priority-encoder)에 의해 3비트의 디지털 신호로 변환된다.

여기서, 각 비교기는 v_A가 주어진 기준전압보다 높으면 고출력 '1'을 내고 v_A가 주어진 기준전압보다 낮으면 저출력 '0'을 내므로 기준전압이 v_A보다 작은 비교기의 출력은 모두 '1'이 되고, 기준전압이 v_A보다 큰 비교기의 출력은 모두 '0'이 된다. 따라서 비교기의 출력이 '1'에서 '0'으로 변화하는 사이 구간에 v_A가 존재한다. 따라서 우선순위 인코더를 이용하여 디지털 값으로 변환할 수 있다. 이 경우 우선순위 인코더의 진리표를 표 15.1에 보였다.

한편, 직렬연결된 7개의 저항은 전압 V를 8(= 2^3)등분하여 V/8의 균등한 차를 갖는 양자화 레벨을 생성하여 각 비교기의 기준전압으로 공급하고 있다.

플래시 A/D 변환기의 변환 시간은 비교기와 우선순위 인코더의 속도에 의해 제한되며 양자화 과정이 병렬로 단번에 이루어지므로 A/D 변환기 중 가장 빠른 변환특성을 보인다. 반면에 $2^N - 1$개의 비교기가 소요되므로 비트 수가 증가함에 따라 회로의 복잡도가 급격히 증가하는 단점이 있다.

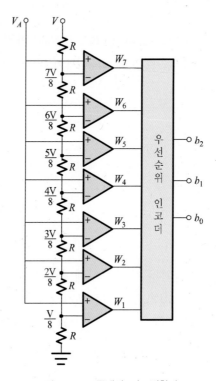

그림 15.14 플래시 A/D 변환기

표 15.1 우선순위 인코더의 진리표

입력(W)							출력(D)		
w_7	w_6	w_5	w_4	w_3	w_2	w_1	b_2	b_1	b_0
0	0	0	0	0	0	0	0	0	0
0	0	0	0	0	0	1	0	0	1
0	0	0	0	0	1	1	0	1	0
0	0	0	0	1	1	1	0	1	1
0	0	0	1	1	1	1	1	0	0
0	0	1	1	1	1	1	1	0	1
0	1	1	1	1	1	1	1	1	0
1	1	1	1	1	1	1	1	1	1

예제 15.9

그림 15.14의 3비트 플래시 A/D 변환기에서 $V = 0.8V$라고 가정하고 다음에 답하시오.

(a) 변환 해상도는 몇 V인가?

(b) $v_A = 0.54V$일 때의 비교기 출력 W와 변환된 디지털 값 D를 구하시오.

풀이

(a) 변환 해상도 $= \dfrac{0.8V}{2^3 - 1} = 114.29\text{mV}$

(b) $v_A = 0.54V$이므로 w_5까지는 '1'이 되고 w_6부터는 '0'이 되므로

$W = 0011111$이 된다.

한편, 표 15.1의 우선순위 인코더의 진리표로부터 디지털 값 D는 $D = 101$이 된다.

4. 전하 재분배 A/D 변환기

그림 15.15는 전하 재분배(charge-redistribution) A/D 변환기로서 특별히 CMOS 기술로 제작하기에 적합한 구조이다. 전체 회로는 이진-가중 커패시터, 비교기 및 스위치로 구성되었고 그림 15.15에서는 생략되었지만 제어로직이 포함된다. 그림 15.15는 5비트 변환기의 예로서 이진-가중 커패시터의 맨 끝에 커패시터 C_T를 연결하여 총 커패시터 값이 $2C$가 되도록 하여준다.

전하 재분배 A/D 변환기의 동작은 그림 15.15에서 보인 것처럼 표본 동작, 유지 동작 및 전하 재분배 동작의 세 동작으로 구분할 수 있다.

그림 15.15(a)의 표본 동작에서는 스위치 S_B가 단락하여 이진-가중 커패시터의 위쪽 단자가 접지되도록 하고, 스위치 S_A는 아날로그 입력 v_A에 연결하여 v_A가 총 커패시터 $2C$에 충전되도록 한다. 따라서 총 커패시터 $2C$에는 v_A에 비례하는 전하량 $2Cv_A$가 축적됨으로써 v_A가 표본화된다. 이 경우 스위치 S_B가 단락되었으므로 이진-가중 커패시터의 위쪽 단자 전압 $v_O = 0$이 된다.

그림 15.15(b)의 유지 동작에서는 스위치 S_B를 개방하고, 스위치 $S_1, S_2, \cdots, S_5, S_T$는 접지 쪽으로 연결한다. 이 경우 커패시터는 방전 통로 없이 고립되어 축적한 전하를 그대로 유지하며 $v_O = -v_A$가 된다. 한편, 스위치 S_A는 다음 동작을 위해 V_{REF}에 연결한다.

그림 15.15(c)의 전하 재분배 동작을 설명하면 다음과 같다. 우선, 스위치 S_1을 V_{REF}에 연결하면 V_{REF}, 해당 커패시터 C 및 접지에 연결된 나머지 커패시터(등가 값 = C)가 직렬로 연결되어 폐루프를 형성한다.

따라서 이진-가중 커패시터의 위쪽 단자에는 커패시터에 의해 전압분배된 V_{REF} / 2만큼의 전압 증가가 발생한다. 만약 $v_A > V_{REF}$ / 2이면 $v_O = {}^-v_A + V_{REF}$ / 2 < 0가 되고 이 경우 S_1을 그대로('1') 두고 스위치 S_2로 이동한다. 만약 $v_A < V_{REF}$ / 2이면 $v_O = {}^-v_A + V_{REF}$ / 2 > 0가 되고 비교기는 이 상황을 검출하여 제어로직에게 알려준다. 제어로직은 S_1을 접지('0') 연결로 되돌려주고 스위치 S_2로 이동하게 한다.

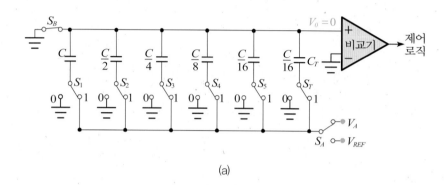

(a)

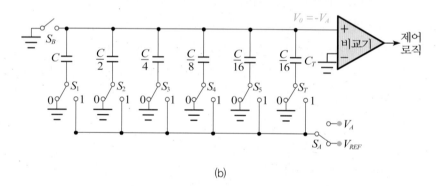

(b)

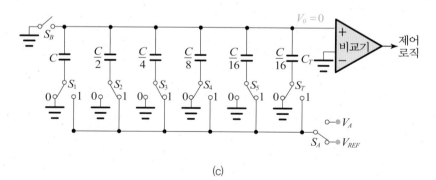

(c)

그림 15.15 전하 재분배 A/D 변환기
(a) 표본 동작 (b) 유지 동작 (c) 전하 재분배 동작

다음으로 스위치 S_2을 V_{REF}에 연결하면 V_{REF}에 의해 이진-가중 커패시터의 위쪽 단자에 $V_{REF} / 4$만큼의 전압 증가가 발생한다. 여기서, $v_O < 0$이면 이 경우 S_2를 그대로('1') 두고 스위치 S_3로 이동한다. 만약 $v_O > 0$가 되면 S_2을 접지('0') 연결로 되돌려 주고 스위치 S_3로 이동한다.

이와 같이 전하 재분배 과정이 진행되면서 단자 전압 v_O는 0으로 수렴하게 된다. 전하 재분배 과정이 완료된 후의 스위치 상태가 바로 변환된 디지털 값이 된다. 예를 들어 그림 15.15(c)의 경우 최종적으로 변환된 디지털 값 $D = 01101$이 된다.

결과적으로 커패시터에 축적되었던 모든 전하는 전하 재분배 이후에 비트 값이 1에 해당하는 커패시터에 축적되며 비트 값이 0에 해당하는 커패시터는 모두 방전된다.

이진-가중 커패시터의 아래쪽 단자는 접지나 V_{REF}에 연결되므로 아래쪽 단자의 기생 커패시턴스에 축적되었던 전하가 이진-가중 커패시터로 흐르지 않는다. 또한, 위쪽 단자는 전하 재분배의 시점과 종점에서 0V로 동일하므로 위쪽 단자와 접지 사이에서 발생하는 기생 커패시턴스의 영향을 받지 않는다. 따라서 전하 재분배 A/D 변환기의 정밀도는 기생 커패시턴스의 영향을 받지 않으므로 10비트 정도의 높은 정밀도를 얻는 것이 용이하다.

예제 15.10

그림 15.15에 보인 5비트 전하 재분배 A/D 변환기에서 $V_{REF} = 4V$로 가정한다.

(a) S_5가 스위칭되면 v_O에 얼마의 증분이 발생하는가?

(b) 이 변환기의 full-scale 전압은 몇 V인가?

(c) $v_A = 2.5V$라면 전하 재분배 후에 V_{REF}에 연결되는 스위치는 어떤 것인가?

풀이

(a) 전체 커패시터는 $2C$이고, S_4에 연결된 커패시터는 $C / 16$이므로

$$v_O \text{증분} = V_{REF} \mid \frac{C/16}{2C} = 4 \times \frac{1}{32} = \frac{1}{8} \ [V]$$

(b) 이 변환기의 변환 해상도는 $1/8V$이고 full-scale일 때 $D = 11111 \rightarrow 31$이므로

$$\text{full-scale 전압} = \frac{1}{8} \times 31 = 3.875 \ [V]$$

(c) $v_A = 2.5V$는

$$v_A = 2.5V = 4(\frac{1}{2}S_1 + \frac{1}{8}S_3)[V]$$

따라서 S_1과 S_3이다.

15.3 필터

신호를 처리함에 있어서 특정 주파수 성분을 선별해내는 주파수 선별 회로가 필요하며 이를 필터(filter)라고 부른다. 커패시터나 인덕터의 주파수응답특성을 이용하여 특정 주파수 성분을 선별해낼 수 있다. 이와 같이 커패시터(C), 인덕터(L) 및 저항(R)의 수동소자로 구성된 필터를 **수동필터**(passive filter)라고 한다. 반면에 트랜지스터나 연산증폭기와 같은 능동소자로 구성된 필터를 **능동필터**(active filter)라고 한다.

수동 필터는 높은 주파수에서도 잘 동작하는 유리한 점이 있으나 신호 감쇄 문제와 저주파수에서 소자의 크기가 커지고 특성이 저하되는 문제점이 있다. 반면에 능동필터는 증폭이 가능하므로 신호 감쇄 문제가 없어지고 인덕터 없이 필터가 구현될수 있어 소형화에 유리하다. 그 밖에도 입출력 임피던스 조절이 용이하므로 구동할 때의 과부하 문제를 해소할 수 있다.

15.3.1 필터의 전달특성과 형태

- **전달특성** 필터는 일종의 선형회로로서 그림 15.16에 보인 것처럼 4-단자 망으로 표현된다. 입력 $V_i(s)$에 대한 출력 $V_o(s)$의 비인 전달함수(transfer function)는 다음 수식으로 표현된다.

$$T(s) \equiv \frac{V_o(s)}{V_i(s)} \qquad (15.38)$$

$s = j\omega$의 물리적 주파수로 표현하면 전달함수는 다음과 같이 크기와 위상으로 표현된다.

$$T(j\omega) = |T(j\omega)| e^{j\phi(\omega)} \qquad (15.39)$$

따라서 주파수에 따른 신호 전달의 크기는 $|T(j\omega)|$에 의해 결정되고 위상 특성은 $e^{j\phi(\omega)}$에 의해 결정된다.

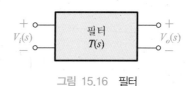

그림 15.16 **필터**

- **필터의 형태** 필터는 주파수를 선별하는 특성에 따라 4가지 형태(type)로 구분한다. 저주파 성분은 통과(pass)시키고 고주파 성분은 저지(stop)하는 형태를 **저역통과**(low pass) 필터라고 한다. 반면에 고주파 성분은 통과시키고 저주파 성분은 저지하는 형태를 **고역통과**(high pass) 필터라고 한다. 특정 주파수 대역의 성분은 통과시키고 그 외는 저지하는 형태를 **대역통과**(band pass) 필터라고 한다. 반면에 특정 주파수 대역의 성분은 저지하고 그 외는 통과하는 형태를 **대역저지**(band stop) 필터라고 한다.

- **이상적인 전달특성** 위의 4가지 필터 형태에 대한 이상적인 전달특성을 그림 15.17에 보였다.

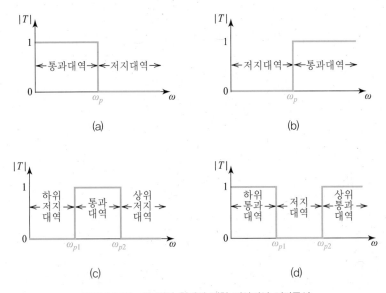

그림 15.17 각 필터 형태에 대한 이상적인 전달특성
(a) 저역통과 (b) 고역통과 (c) 대역통과 (d) 대역저지

15.3.2 필터의 설계

- **필터의 스펙** 그림 15.17의 이상적인 전달특성을 실제로 구현하는 것은 불가능하다. 실제로 구현 가능한 필터의 전달특성은 그림 15.18에 보인 것처럼 통과대역의 경계인 ω_p와 저지대역의 경계인 ω_s와의 사이에는 천이대역(transition band)이 존재한다. 통과대역에서 저지대역으로 갈 때 확보되어야 할 최소한의 감쇄율을 A_{min}이라고 하고, 통과대역 이득의 최대 변동 값을 A_{max}라 부르기로 한다. 위의 ω_p,

ω_s, A_{min}, A_{max} 등의 변수는 사용 목적에 따라 요구되는 값이 달라지며 이들이 설계하고자 하는 필터의 설계 스펙이 된다.

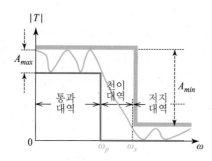

그림 15.18 실제 필터의 전달특성

● **필터의 차수** 필터의 전달함수는 다음과 같이 두 다항식의 비로 표현될 수 있다.

$$T(s) = \frac{a_M s^M + a_{M-1} s^{M-1} + \cdots + a_0}{s^N + b_{N-1} s^{N-1} + \cdots + b_0} \qquad (15.40)$$

여기서, N을 필터의 차수라고 하며, $N \geq M$으로서 분모의 차수가 분자의 차수보다 크거나 같다. 식 (15.40)의 분모와 분자의 다항식을 인수분해하면 다음의 형태의 전달함수를 얻는다.

$$T(s) = \frac{a_M(s - z_1)(s - z_2) \cdots (s - z_M)}{(s - p_1)(s - p_2) \cdots (s - p_N)} \qquad (15.41)$$

여기서, p_1, p_2, $\cdots$, p_N을 폴(pole)이라 하고 z_1, z_2, $\cdots$, z_M을 제로(zero)라고 한다.

필터의 차수는 주로 천이영역에서의 기울기에 영향을 준다. 그림 15.19는 필터의 차수에 따른 전달특성의 변화로서 폴이 1개인 1차의 경우 $-20dB$/decade, 폴이 2개인 2차의 경우 $-40dB$/decade, $\cdots$ 등으로 필터 차수가 1씩 증가함에 따라 기울기가 $20dB$/decade씩 증가한다. 따라서 필터 차수를 조정함으로써 원하는 천이대역에서의 기울기를 설계할 수 있다.

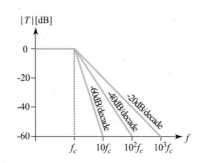

그림 15.19 필터의 차수에 따른 전달특성의 변화

● **버터워스, 체비세프, 베셀** 동일한 차수의 필터에서도 사용되는 소자 값에 따라 버터워스(Butterworth) 전달특성, 체비세프(Chebyshev) 전달특성 및 베셀(Bessel) 전달특성의 서로 다른 전달특성을 보이게 된다. 그림 15.20은 3가지 전달특성을 비교하여 보여주고 있다.

버터워스 전달특성은 통과대역에서 매우 평탄한 이득 특성을 갖고 천이대역에서 1개의 폴당 $-20dB$/decade의 기울기를 나타낸다. 한편, 위상 특성은 선형적이지 못하여 주파수 변화에 따라 비선형적인 위상 변화를 보이므로 오버슈트(overshoot)가 발생할 수 있다. 버터워스의 통과대역에서의 평탄한 이득 특성은 통과대역 내 모든 주파수 성분이 균일한 이득을 가져야 하는 경우에 유용하게 활용된다.

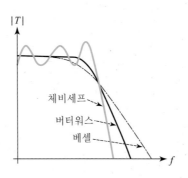

그림 15.20 3가지 전달특성의 비교

체비세프 전달특성은 천이대역에서 1개의 극당 $-20dB$/decade보다 큰 기울기를 나타내는 반면에 통과대역에서 오버슈트나 리플이 발생할 수 있으며 버터워스보다 선형성이 낮다.

따라서 통과대역에서의 큰 이득 변동이 허용되고 선형적 특성이 요구되지 않는 응용에서 체비세프의 전달특성을 활용하면 천이대역에서 큰 기울기를 얻을 수 있다. 물론 필터의 차수를 크게 하여 천이대역에서 큰 기울기를 얻을 수 있지만 이 경우 회로 복잡도가 증가하는 대가를 치러야 한다. 따라서 같은 차수의 필터에서 적절한 전달특성을 선택하여 원하는 특성을 구현하는 것이 더욱 효과적이다.

베셀 전달특성은 오버슈트가 거의 없고 위상 특성이 선형적이므로 특별히 왜곡 없는 특성이 요구될 때 사용한다.

15.3.3 저역통과 필터

1. 수동 저역통과 필터

그림 15.21은 저항 R과 커패시터 C로 구성된 수동 저역통과 필터를 보여준다.

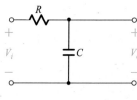

그림 15.21 **수동 저역통과 필터**

출력전압 v_o는 입력전압 v_i가 저항 R과 커패시터 C의 임피던스에 의해 전압분배되어 나타나므로 다음 수식으로 표현된다.

$$v_o = \frac{\frac{1}{sC}}{R + (\frac{1}{sC})} v_i = \frac{1}{sRC + 1} v_i$$

따라서, 전달함수 $T(s)$는 다음과 같이 구해진다.

$$T(s) \equiv \frac{v_o}{v_i} = \frac{1}{sRC + 1} \tag{15.42}$$

식 (15.42)는 1개의 폴을 가지므로 위의 수동 저역필터는 1차 필터이다. 입력 v_i가 정상상태의 정현파라고 가정하면 복소주파수 s가 $j\omega$로 대체되므로 전압이득 $T(j\omega)$는 다음과 같이 표현된다.

$$T(j\omega) = \frac{1}{j\omega RC + 1} \tag{15.43}$$

3-*dB* 주파수를 차단주파수 f_c라고 부르며 식 (15.43)으로부터 구하면 다음과 같다.

$$f_c = \frac{1}{2\pi RC}$$ (15.44)

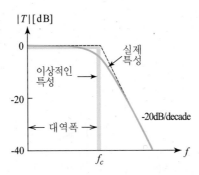

그림 15.22 저역통과 필터의 전달 특성

식 (15.43)의 크기를 보드선도로 그리면 그림 15.22의 곡선과 같은 특성을 보인다. 저역통과 필터의 이상적인 특성은 그림 15.22에서 보였듯이 $f = f_c$에서 급격히 떨어지나 실제로 그대로 구현될 수는 없다. 1차 필터인 실제 특성은 기울기가 $-20dB/$decade이나 필터 차수를 크게 함으로써 이상적인 특성에 근접하도록 할 수 있다. 그러나 이 경우 필터의 차수가 증가함에 따라 회로가 복잡해지게 된다.

2. 능동 저역통과 필터

그림 15.23은 연산증폭기를 능동소자로 사용한 1차 능동 저역통과 필터이다. 연산증폭기는 전압팔로워로 구성되어 있어 전압이득이 1인 버퍼 역할을 하여 부하에 의한 신호 감쇄를 막아주고 있다. 그러나 이를 제외하면 그림 15.23의 능동 저역통과 필터의 특성은 그림 15.21의 수동 저역통과 필터와 동일하다.

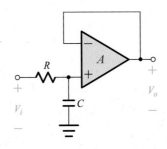

그림 15.23 1차 능동 저역통과 필터

한편, 필터의 차수를 높이기 위해 그림 15.24에서 보인 것 처럼 RC회로 2개를 연산증폭기에 결합하여 2차 능동 저역통과 필터를 구현할 수 있다. 이 경우 필터의 대역폭은 차단주파수로 표현되며 다음 수식으로 표현된다.

$$f_c = \frac{1}{2\pi\sqrt{R_1 C_1 R_2 C_2}} \underset{\substack{R_1=R_2=R\\C_1=C_2=C}}{=} \frac{1}{2\pi RC} \tag{15.45}$$

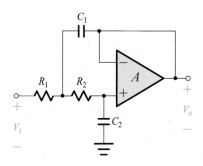

그림 15.24 2차 능동 저역통과 필터

한편, 필터의 차수를 3차 이상으로 설계할 경우 이미 구한 1차와 2차 필터를 종속 접속함으로써 쉽게 설계할 수 있다.

예제 15.11

그림 15.24에 보인 능동 저역통과 필터에서 $R_1 = R_2 = R$이고 $C_1 = C_2 = C$이다.
$R = 30 K\Omega$이라고 할 때 차단주파수를 $8KHz$로 하기 위한 C값을 구하시오.

풀이

식 (15.45)로부터

$$f_c = \frac{1}{2\pi RC} \rightarrow 8\times10^3 = \frac{1}{2\pi \times 30\times10^3 C}$$

$$C = \frac{1}{2\pi \times 30\times10^3 \times 8\times10^3} = 0.66\times10^{-9}$$

따라서 $C = 0.66nF$이다.

15.3.4 고역통과필터

1. 수동 고역통과필터

그림 15.25는 저항 R과 커패시터 C로 구성된 수동 고역통과필터를 보여준다.

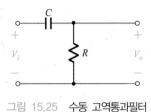

그림 15.25 수동 고역통과필터

출력전압 v_o는 입력전압 v_i가 저항 R과 커패시터 C의 임피던스에 의해 전압분배되어 나타나므로 전달함수 $T(s)$는 다음과 같이 구해진다.

$$T(s) \equiv \frac{v_o}{v_i} = \frac{sRC}{sRC+1} \tag{15.46}$$

식 (15.46)은 1개의 폴을 갖는 1차 필터이다. 입력 v_i가 정상상태의 정현파라고 가정하면 복소주파수 s가 $j\omega$로 대체되므로 전압이득 $T(j\omega)$는 다음과 같이 표현된다.

$$T(j\omega) = \frac{j\omega RC}{j\omega RC+1} \tag{15.47}$$

식 (15.47)로부터 차단주파수 f_c가 되며 구하면 다음과 같다.

$$f_c = \frac{1}{2\pi RC} \tag{15.48}$$

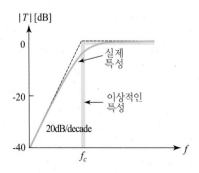

그림 15.26 고역통과필터의 전달 특성

식 (15.47)의 크기를 보드선도로 그리면 그림 15.26의 곡선으로 표현된다. 고역통과필터의 이상적인 특성은 그림 15.26에서 보였듯이 $f = f_c$에서 급격히 떨어지나 저역통과 필터에서와 마찬가지로 실제로 그대로 구현될 수는 없다. 1차 필터인 실제 특성은 기울기가 $20dB$/decade이나 필터 차수를 크게 함으로써 이상적인 특성에 근접하도록 할 수 있다. 그러나 이 경우 필터의 차수가 증가함에 따라 회로가 복잡해지게 된다.

2. 능동 고역통과필터

그림 15.27은 연산증폭기를 능동소자로 사용한 1차 능동 고역통과필터이다. 연산증폭기는 전압팔로워로서 전압이득이 1인 버퍼 역할을 하여 부하에 따른 신호 감쇄를 막아주고 있다. 그러나 이를 제외하면 능동 고역통과필터의 특성은 그림 15.25의 수동 고역통과필터와 동일하다.

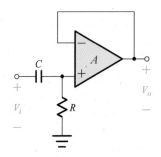

그림 15.27 1차 능동 고역통과필터

한편, 필터의 차수를 높이기 위해 그림 15.28에서 보인 것처럼 RC회로 2개를 연산증폭기에 결합하여 2차 능동 고역통과필터를 구현할 수 있다. 이 경우 필터의 대역폭은 차단주파수로 표현되며 다음 수식으로 표현된다.

$$f_c = \frac{1}{2\pi\sqrt{R_1 C_1 R_2 C_2}} \overset{\substack{R_1 = R_2 = R \\ C_1 = C_2 = C}}{=} \frac{1}{2\pi RC} \tag{15.49}$$

한편, 필터의 차수를 3차 이상으로 설계할 경우 이미 구한 1차와 2차 필터를 종속접속함으로써 쉽게 설계할 수 있다.

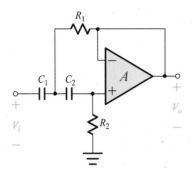

그림 15.28   2차 능동 고역통과필터

예제 15.12

그림 15.28에 보인 능동 고역통과필터에서 $R_1 = R_2 = 20\,K\Omega$ 이고, C_1 = 1nF, C_2 = 0.8nF이다. 고역통과필터의 차단주파수를 구하시오.

풀이

식 (15.48)로부터

$$f_c = \frac{1}{2\pi\sqrt{R_1 C_1 R_2 C_2}} = \frac{1}{2\pi \times 20 \times 10^3 \times 10^{-9} \times \sqrt{2 \times 0.8}} = 6.29 \times 10^6$$

따라서, 차단주파수는 $6.29 MHz$이다.

15.3.5 능동 대역통과 필터

대역통과 필터는 고역통과필터와 저역통과 필터를 종속접속함으로써 구현될 수 있다. 그림 15.29는 앞에서의 2차 고역통과필터와 2차 저역통과 필터를 직렬연결하여 구한 능동 대역통과 필터이다.

능동 대역통과 필터의 전달특성을 그림 15.30에 보였다. 저역통과 필터의 차단주파수 f_{c2}와 고역통과필터의 차단주파수 f_{c1}에 의해서 통과대역폭이 결정되므로 대역통과 필터의 대역폭 BW를 다음과 같이 정의한다.

$$BW \equiv f_{c2} - f_{c1} \tag{15.50}$$

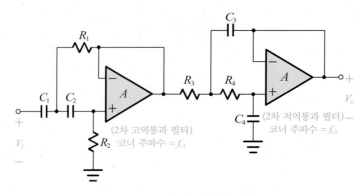

그림 15.29 능동 대역통과 필터

그림 15.30에서 f_r은 중심주파수(center frequency)로서 다음과 같이 차단주파수 f_{c1}과 f_{c2}의 기하평균으로 정의한다.

$$f_r \equiv \sqrt{f_{c2}f_{c1}} \tag{15.51}$$

또한, 대역통과 필터의 선택도 Q는 대역폭에 대한 중심주파수의 비로 정의한다.

$$Q \equiv \frac{f_r}{BW} \tag{15.52}$$

Q는 중심주파수 f_r에 대한 선택도로서 Q 값이 클수록 대역폭이 좁아져서 f_r을 집중적으로 선별하게 된다.

일반적으로 Q 값이 10 이상일 경우를 협대역 필터, 10 이하일 경우를 광대역 필터로 분류한다.

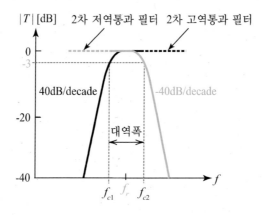

그림 15.30 능동 대역통과 필터의 전달특성

예제 15.13

그림 15.29에 보인 능동 대역통과 필터에서 $R_1 = R_2 = R_3 = R_4 = 3K\Omega$이고, $C_1 = C_2 = 10nF$이고, $C_3 = C_4 = 5nF$이다. 고역통과필터의 대역폭 BW와 중심주파수 f_r을 구하시오.

풀이

식 (15.45)와 식 (15.49)로부터

$$f_{c1} = \frac{1}{2\pi\sqrt{R_1 R_2 C_1 C_2}} = \frac{1}{2\pi \times 3 \times 10^3 \times 10 \times 10^{-9}} = 5.305 KHz$$

$$f_{c2} = \frac{1}{2\pi\sqrt{R_3 R_4 C_3 C_4}} = \frac{1}{2\pi \times 3 \times 10^3 \times 5 \times 10^{-9}} = 10.610 KHz$$

따라서, 대역폭(BW)은

$$BW = f_{c2} - f_{c1} = 10.610 - 5.305 = 5.31 KHz$$

또한, 중심주주파수(f_r)는

$$f_r = \sqrt{f_{c1} f_{c2}} = \sqrt{5.305 \times 10^3 \times 10.61 \times 10^3} = 7.5 KHz \ .$$

15.3.6 능동 대역저지 필터

고역통과필터와 저역통과 필터를 그림 15.31에 보인 것처럼 병렬 접속함으로써 대역저지 필터를 구현할 수 있다.

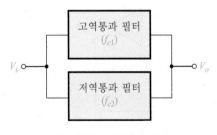

그림 15.31 대역저지 필터

대역저지 필터의 전달특성을 그림 15.32에 보였다. 저역통과 필터의 차단주파수 f_{c2}와 고역통과필터의 차단주파수 f_{c1}에 의해서 통과대역폭이 결정되므로 대역저지 필터의 저지 대역폭 BW를 다음과 같이 정의한다.

$$BW \equiv f_{c1} - f_{c2} \tag{15.53}$$

대역저지 필터의 중심주파수 f_r도 대역통과 필터의 경우와 같이 f_{c1}과 f_{c2}의 기하평
균으로 정의한다.

$$f_r \equiv \sqrt{f_{c2}f_{c1}} \tag{15.54}$$

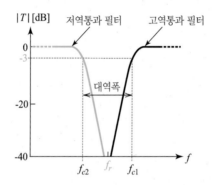

그림 15.32 대역저지 필터의 전달특성

그림 15.33에 고역통과필터와 저역통과 필터를 병렬 접속함으로써 능동 대역저지
필터를 구현한 예를 보여주고 있다.

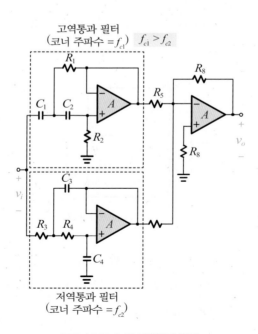

그림 15.33 능동 대역저지 필터

[15.1] 그림 P15.1의 위상 천이 발진기에서 $R_A = 10 K\Omega$이고 $R = 3 K\Omega$이다. 발진주파수 f_o 가 2.5KHz가 되도록 설계하시오.

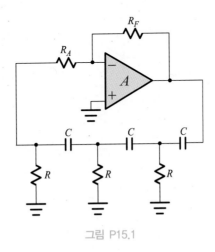

그림 P15.1

[15.2] 그림 P15.2의 윈브리지 발진기에서 $R_F = 80 K\Omega$이고 $R = 2 K\Omega$이다. 발진주파수 f_o 가 5KHz가 되도록 설계하시오.

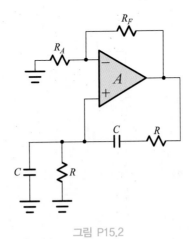

그림 P15.2

[15.3] 그림 P15.3의 콜피츠 발진기에서 다음 항목에 답하시오.

(a) 발진주파수 f_o는 몇 Hz인가?

(b) 발진하기 위해 필요한 최소한의 부하저항 R_L은 얼마인가?

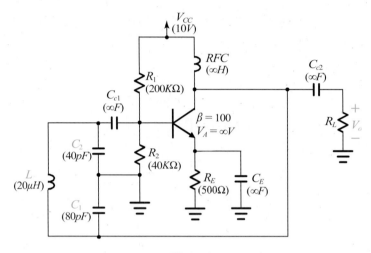

그림 P15.3

[15.4] 그림 P15.4의 하틀리 발진기에서 다음 항목에 답하시오. 단, MOSFET의 $K'_n = 0.1mA / V^2$, $W = 10\mu m$, $L = 1\mu m$이다.

(a) 발진주파수 f_o는 몇 Hz인가?

(b) 발진하기 위해 필요한 최소한의 부하저항 R_L은 얼마인가?

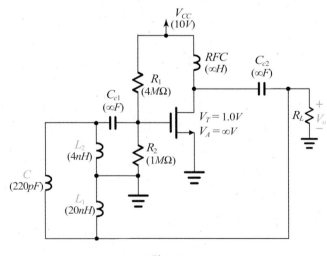

그림 P15.4

[15.5] 그림 P15.5는 수정 발진기이다. 사용된 수정 발진자의 등가회로 내의 $L = 0.5H$, $C_s = 0.01pF$, $C_p = 8pF$, $r = 10\Omega$이다. 발진주파수 f_o의 범위를 구하시오.

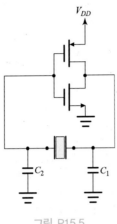

그림 P15.5

[15.6] 10비트 R-2R 래더 D/A 변환기를 설계하시오. 단, $V_{REF} = 5V$, 최대 저항 값은 1MW이다. 또한, 변환 해상도는 몇 V인가?

[15.7] 그림 15.14와 같은 구조로 4비트 플래시 A/D 변환기를 설계하시오. 단, $V = 10V$, 저항 $R = 1K\Omega$이다. 또한, 소요되는 비교기는 몇 개인가?

[15.8] 그림 P15.8에서 $R = 5K\Omega$이라고 할 때 차단주파수를 $7KHz$로 하기 위한 C 값을 구하시오.

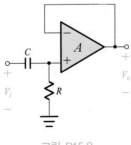

그림 P15.8

[15.9] 그림 P15.9에서 $R_1 = R_2 = 3\,K\Omega$이고 $C_1 = C_2 =$
7nF일 때 차단주파수를 구하고 어떤 형의 필터
인지를 말하시오.

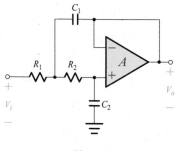

그림 P15.9

[15.10] 그림 P15.10에서 $R_1 = 10\,K\Omega,\ R_2 = 3\,K\Omega$이고
$C_1 = C_2 = 23$nF일 때 차단주파수를 구하고 어떤
형의 필터인지를 말하시오.

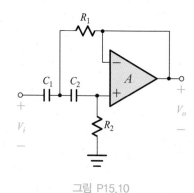

그림 P15.10

[15.11] 그림 P15.11에서 필터에서 $R_1 = R_2 = R_3 = R = 10\,K\Omega,\ C_1 = C_2 = C = 10$nF 및 $C_3 =$
30nF이다. 대역폭을 구하고 어떤 형의 필터인지를 말하시오.

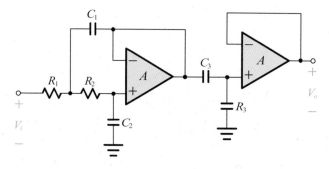

그림 P15.11

[15.12] 그림 15.33 구조로 중심주파수가 $5\,KHz$이고 대역폭이 $1KHz$인 대역저지 필터를 설
계하시오. 단, $R_1 = R_2 = R_3 = R_4 = R_5 = R_6 = R_7 = R = 10\,K\Omega,\ R_8 = 3.3\,K\Omega,\ C_1 =$
$C_2 = C_H$이고 $C_3 = C_4 = C_L$이다.

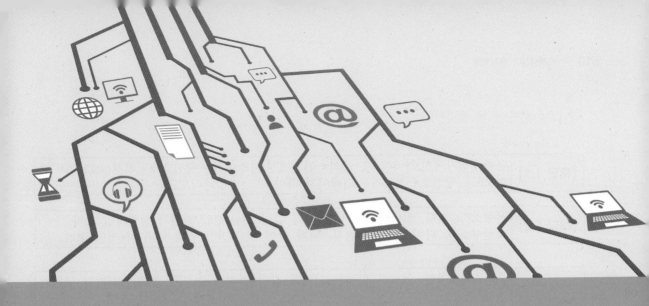

연습문제 해답

제 1 장 연습문제 풀이

[해답 1.1]	음파→전기적신호[마이크], 음파←전기적신호[스피커], 광신호→전기적신호[포토 다이오드], 광신호←전기적신호[레이저 다이오드, 발광다이오드]…등
[해답 1.2]	선형소자: 저항, 인덕터 및 커패시터와 같이 전류-전압 관계가 선형적인 소자. 비선형소자: 다이오드와 트랜지스터와 같이 전류-전압 관계가 비선형적인 소자.
[해답 1.3]	수동소자: 저항, 인덕터 및 커패시터와 같이 전력을 소모할 뿐 발생시키지 못하는 소자. 능동소자: 트랜지스터와 같이 입력신호보다 더 큰 전력의 신호를 출력하여 전력이득을 발생시키는 소자.
[해답 1.4]	입력전압에 대한 출력전압의 관계를 그래프로 그린 것으로서 회로의 동작 특성을 파악하기 위해 사용된다.

[해답 1.5]

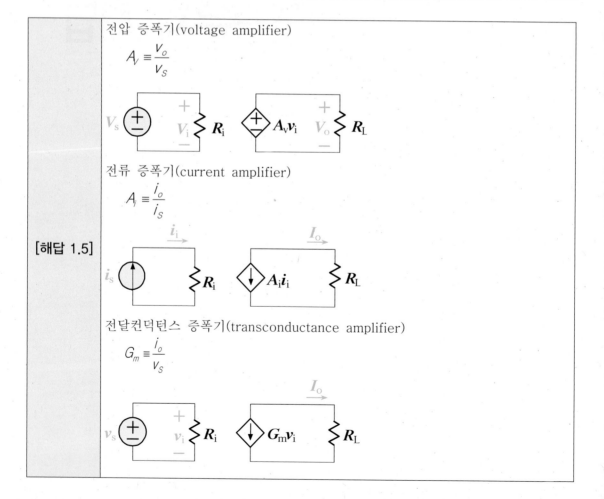

전압 증폭기(voltage amplifier)

$$A_V \equiv \frac{v_o}{v_S}$$

전류 증폭기(current amplifier)

$$A_I \equiv \frac{i_o}{i_S}$$

전달컨덕턴스 증폭기(transconductance amplifier)

$$G_m \equiv \frac{i_o}{v_S}$$

전달임피던스 증폭기(transimpedance amplifier)

$$Z_m \equiv \frac{v_o}{i_S}$$

[해답 1.6] 블랙박스로 표현된 회로블록을 각 단자들 간의 상호 관계를 기술함으로써 그 블록의 특성을 묘사한 것으로서 회로의 기능을 수식적으로 표현할 수 있도록 함으로써 수학적 해석이 가능하도록 하여준다.

[해답 1.7] 그림1.8에서 보였듯이 회로 구성 요소 중에 L과 C가 주파수에 따라 그 특성이 변하므로 L과 C가 주파수가 변화함에 따라 회로의 특성을 변화시키는 요인이 된다.

[해답 1.8] (a) ia= 0.1A, (b) iA= 1+0.1sin(ωt), (c) Ia= $\dfrac{0.1}{\sqrt{2}}$ A, (d) IA= 1A

[해답 1.9] (a) VAB=17.5-15.4=2.1V, (b) VA=3.2-0=3.2V, (c) IA =-2A

제 2 장 연습문제 풀이

[해답 2.1] $R_A = 20\text{K}\Omega$, $R_F = 200\text{K}\Omega$

[풀이 2.1]

$R_A = 20\text{K}\Omega$,

$$-10 = -\frac{R_F}{20\text{K}\Omega}$$

따라서 $R_F = 200\text{K}\Omega$

[해답 2.2] $A_V = -10$, $A_I = -100$

[풀이 2.2]

$$A_V = -\frac{R_F}{R_A} = -\frac{100K\Omega}{10K\Omega} = -10[V/V]$$

$$A_I = \frac{i_L}{i_I} = \frac{v_O/R_L}{v_I/R_A} = \frac{R_A}{R_L} A_V$$

$$= \frac{10K\Omega}{1K\Omega} \times (-10) = -100[A/A]$$

[해답 2.3] $R_A = R_F = 90K\Omega$ $R_B = 10K\Omega$ $R_C = 18K\Omega$

[풀이 2.3]

$$-\frac{R_F}{R_A} = -1, \quad -\frac{R_F}{R_B} = -9, \quad -\frac{R_F}{R_C} = -5$$

$$R_A = R_F, \quad R_B = \frac{R_F}{9}, \quad R_C = \frac{R_F}{5}$$

최소 저항은 R_B이므로

$$R_B = 10K\Omega$$

따라서

$$R_F = 9R_B = 90K\Omega$$

$$R_A = R_F = 90K\Omega$$

$$R_C = \frac{R_F}{5} = 18K\Omega$$

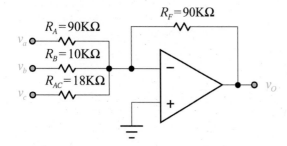

[해답 2.4] $A_F = -65.6$

[풀이 2.4]

식 (2.19)로부터

$$A_V \equiv \frac{V_O}{V_I} = -\frac{R_2}{R_1}(1+\frac{R_4}{R_2}+\frac{R_4}{R_3}) = -\frac{40K}{50K}(1+\frac{40K}{40K}+\frac{40K}{0.5K})$$

$$= -\frac{4}{5}(1+1+80) = -65.6$$

[해답 2.5] $v_o = -10^4 i_I,\ R_i = 1k\Omega,\ R_o = 0\Omega$

[풀이 2.5]

$$v_o = 10k\Omega \times (-i_I) = -10^4 i_I$$

$$R_i = 1k\Omega$$

$$R_o = 0\Omega$$

[해답 2.6] $A_V = 10,\ R_i = 40k\Omega,\ R_o = 5k\Omega$

[풀이 2.6]

$$A_V = 1+\frac{R_F}{R_A} = 10$$

$$R_i = 40k\Omega$$

$$R_o = 5k\Omega$$

[해답 2.7]

$$A_V = \frac{v_O}{v_I} = \frac{1}{\dfrac{R_2}{R_L}+\dfrac{R_1+R_2}{R_1+R_F}},\qquad i_O = \frac{v_O}{R_L} = \frac{1}{R_2+R_L\dfrac{R_1+R_2}{R_1+R_F}}v_I$$

[풀이 2.7]

회로도에서 R_L 을 제외한 나머지 부분을 테브냉의 등가전원으로 대체하여 풀도록 한다.

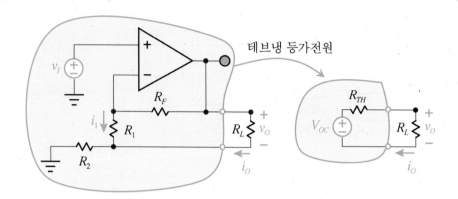

개방단자 전압(v_{oc})을 구하기 위해 $R_L=\infty$로 놓고 단자의 전압을 구한다.

$$v_{OC} = (R_1 + R_F)i_1 = (R_1 + R_F)\frac{v_I}{R_1 + R_2} = \frac{R_1 + R_F}{R_1 + R_2}v_I$$

단락단자 전류(i_{sc})을 구하기 위해 $R_L=0$ 으로 놓고 단자의 전류를 구한다. 이 경우 단자가 단락되므로 R_1 및 R_F 를 통해 흐르는 전류는 0A 가 된다. 따라서, R_1 양단의 전압차가 0V 가 되므로 R_2 에 걸리는 전압은 v_I 가 되고 R_2 를 통해 흐르는 전류가 단락전류(i_{sc})와 같다.

$$i_{SC} = \frac{v_I}{R_2}$$

$$R_{TH} = \frac{v_{OC}}{i_{SC}} = \frac{(R_1 + R_F)R_2}{R_1 + R_2}$$

$$v_O = \frac{R_L}{R_{TH} + R_L}v_{OC} = \frac{R_L}{\frac{(R_1 + R_F)R_2}{R_1 + R_2} + R_L}\frac{R_1 + R_F}{R_1 + R_2}v_1$$

$$= \frac{R_L(R_1 + R_2)}{(R_1 + R_F)R_2 + R_L(R_1 + R_2)}\frac{R_1 + R_F}{R_1 + R_2}v_1 = \frac{R_L(R_1 + R_F)}{(R_1 + R_F)R_2 + R_L(R_1 + R_2)}v_1$$

$$= \frac{1}{\frac{R_2}{R_L} + \frac{R_1 + R_2}{R_1 + R_F}}v_1$$

$$A_V = \frac{v_O}{v_I} = \frac{1}{\frac{R_2}{R_L} + \frac{R_1 + R_2}{R_1 + R_F}}$$

$$i_O = \frac{v_O}{R_L} = \frac{1}{R_2 + R_L\frac{R_1 + R_2}{R_1 + R_F}}v_1$$

[해답 2.8] $v_O = \dfrac{5}{3}(v_1 + v_2 + v_3)$

[풀이 2.8]

$$v_O = \left(1 + \frac{100k\Omega}{25k\Omega}\right) \frac{50k\Omega \| 50k\Omega}{50k\Omega + (50k\Omega \| 50k\Omega)}(v_1 + v_2 + v_3)$$

$$= 5 \times \frac{25}{50 + 25}(v_1 + v_2 + v_3)$$

$$= \frac{5}{3}(v_1 + v_2 + v_3)$$

[해답 2.9] (a) $R_{i1} = R_A = 40K\Omega$, (b) $R_{i1} = R_A \dfrac{R_1 + R_2}{R_1 + 2R_2} = 24K\Omega$,

(c) $R_{i1} = R_A\left(1 + \dfrac{R_2}{R_1}\right) = 120K\Omega$

[풀이 2.9]

2 장 본문의 식 (2.42)를 적용하여 푼다.

$$R_{i1} \equiv \frac{v_1}{i_1} = R_A + \frac{R_A R_2 v_2}{(R_1 + R_2)v_1 - R_2 v_2} \quad (2.42)$$

(a) $v_2 = 0$일 경우

$$R_{i1} = R_A = 40K\Omega$$

(b) $v_2 = -v_1$일 경우

$$R_{i1} \equiv \frac{v_1}{i_1} = R_A + \frac{-R_A R_2}{(R_1 + R_2) + R_2} = R_A\left(\frac{R_1 + 2R_2 - R_2}{R_1 + 2R_2}\right)$$

$$= R_A \frac{R_1 + R_2}{R_1 + 2R_2} = 40K \frac{40K + 80K}{40K + 160K} = 24K\Omega$$

(c) $v_2 = +v_1$일 경우

$$R_{i1} \equiv \frac{v_1}{i_1} = R_A + \frac{R_A R_2 v_2}{(R_1 + R_2)v_1 - R_2 v_2} = R_A\left(1 + \frac{R_2}{(R_1 + R_2) - R_2}\right)$$

$$= R_A\left(1 + \frac{R_2}{R_1}\right) = 40K\left(1 + \frac{80K}{40K}\right) = 120K\Omega$$

[해답 2.10] (a), (b), (c) 모두에서 $R_{i2} = R_3 + R_4 = 120k\Omega$

[풀이 2.10]

2 장 본문의 식 (2.40)를 적용하여 푼다.

(a), (b), (c) 모두에서

$R_{i2} = R_3 + R_4 = 40K + 80K = 120k\Omega$

즉, v_2단자에서 바라본 입력저항은 v_1단자에 가한 전압과 무관하다.

[해답 2.11] (a) $v_O = A_d v_d = \dfrac{R_F}{R_A} v_d = 2 \times 0.2 \sin 1000t = 0.4 \sin 1000t$

(b) $R_{id} = 2R_A = 2 \times 40k\Omega = 80k\Omega$

[풀이 2.11]

(a) 출력전압 v_o

식 (2.46)으로부터 차동모드 $A_d = \dfrac{R_F}{R_A} = \dfrac{80k\Omega}{40k\Omega} = 2$이득은 이므로

출력전압 $v_O = A_d v_d = \dfrac{R_F}{R_A} v_d = 2 \times 0.2 \sin 1000t = 0.4 \sin 1000t$

(b) 차동모드 입력저항 R_{id}

식(2.48)으로부터 $Rd = 2R_A = 2 \times 40k\Omega = 80k\Omega$

[해답 2.12] $V_{O1} - V_{O2} = (1 + \dfrac{R_{F1} + R_{F2}}{R_1})v_I$

[풀이 2.12]

가상 단락의 원리로부터 R_1양단의 전압은 v_1과 0V 이므로 R_1에 흐르는 전류 $i_1 = v_1 / R_1$. 따라서,

$V_{O1} - V_{O2} = (R_{F1} + R_1 + R_{F2})i_1 = \dfrac{R_{F1} + R_1 + R_{F2}}{R_1} v_I = (1 + \dfrac{R_{F1} + R_{F2}}{R_1})v_I$

[해답 2.13]	$v_O(t) = -RC \cdot L^{-1}(sV_i(s)) = -RC\dfrac{dv_i(t)}{dt}$

[풀이 2.13]

$$V_O(s) = A_v(s)V_i(s) = -\frac{R}{(1/sC)}V_i(s) = -RCsV_i(s)$$

양변에 대하여 역 Laplace 변환을 취하면

$$v_O(t) = -RC \cdot L^{-1}(sV_i(s)) = -RC\frac{dv_i(t)}{dt}$$

이 결과는 시간 영역에서 구한 식 (2.57)과 동일하다.

<HPF>

$$H(s) = \frac{V_O(s)}{V_i(s)} = -RCs$$

[해답 2.14]	$V_O(s) = A_v(s)V_i(s) = -\dfrac{1/sC}{R}V_i(s) = -\dfrac{1}{RC}\dfrac{V_i(s)}{s}$ 양변에 대하여 Laplace 역변환을 취하면 $v_O(t) = -\dfrac{1}{RC}L^{-1}\left(\dfrac{V_i(s)}{s}\right) = -\dfrac{1}{RC}\int v_i(t)dt$ 이 결과는 시간 영역에서 구한 식 (2.60)과 동일하다.

[풀이 2.14]

$$V_O(s) = A_v(s)V_i(s) = -\frac{1/sC}{R}V_i(s) = -\frac{1}{RC}\frac{V_i(s)}{s}$$

양변에 대하여 Laplace 역변환을 취하면

$$v_O(t) = -\frac{1}{RC}L^{-1}\left(\frac{V_i(s)}{s}\right) = -\frac{1}{RC}\int v_i(t)dt$$

이 결과는 시간 영역에서 구한 식 (2.60)과 동일하다.

<LPF>

$$H(s) = \frac{V_O(s)}{V_i(s)} = -\frac{1}{RC}\frac{1}{s}$$

제 3 장 연습문제 풀이

[해답 3.1]	(a) $i_D = 2mA$, $v_D = 0V$ (b) $i_D = 0A$, $v_D = 10V$ (c) $i_D = 0A$, $v_D = -10V$ (d) $i_D = -2mA$, $v_D = 0V$

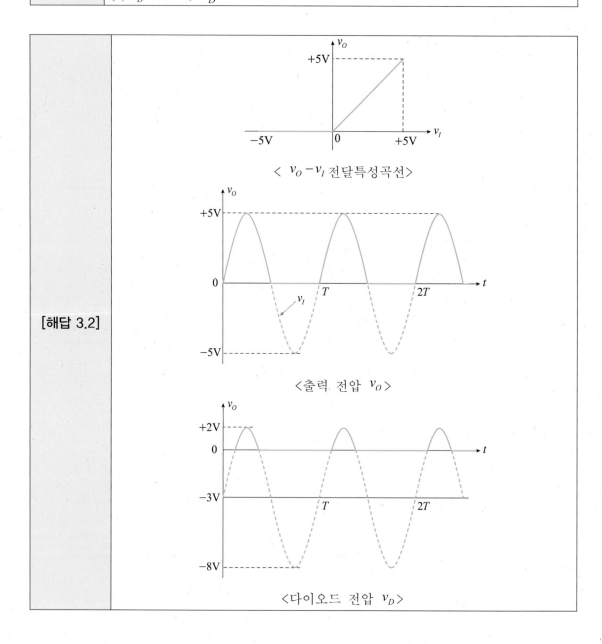

$< v_O - v_I$ 전달특성곡선$>$

$<$출력 전압 $v_O>$

$<$다이오드 전압 $v_D>$

[해답 3.2]

[해답 3.3]

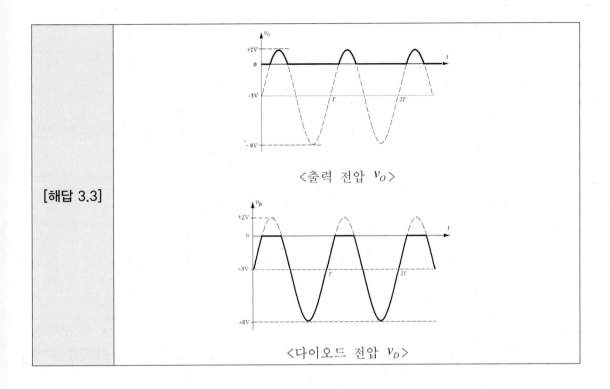

<출력 전압 v_O>

<다이오드 전압 v_D>

[해답 3.4]

v_1 [V]	v_2 [V]	v_3 [V]
0	0	0
0	5	5
5	0	5
5	5	5

→ OR 게이트

[해답 3.5]

v_1 [V]	v_2 [V]	v_3 [V]
0	0	0
0	5	0
5	0	0
5	5	5

→ AND 게이트

[해답 3.6] $V = 1V$, $I = 0.133mA$

[풀이 3.6]

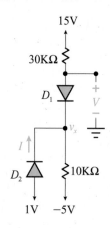

D_1 에는 순바이어스가 걸리므로 턴온된다.

D_2 의 케소드 전압을 알기 위해 D_2 가 v_x 마디에서 떨어져있다고 가정하고 전압 v_x 를 구하면 0V 가 되므로 D_2 를 v_x 마디에 연결하면 D_2 는 턴온된다. 따라서 등가회로는 다음과 같이 구해진다.

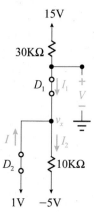

$V = 1V$

$$I_1 = \frac{15V - 1V}{30K\Omega} = 0.467mA$$

$$I_2 = \frac{1V - (-5V)}{10K\Omega} = 0.6mA$$

$$I = I_2 - I_1 = 0.6mA - 0.467mA = 0.133mA$$

[해답 3.7]	(a) $I = 9.09mA$, $V = 0.91V$ (b) $I = 7.18mA$, $V = 2.82V$, (c) $I = 7.05mA$, $V = 2.95V$

[풀이 3.7]

(a) $I = \dfrac{10V}{1K\Omega + 0.1K\Omega} = 9.09mA$

$V = I \times 0.1K\Omega = 0.91V$

(b) $V_\gamma = 0.7V$ 이므로

$I = \dfrac{10V - 3 \times 0.7V}{1K\Omega + 0.1K\Omega} = 7.18mA$

$V = 10V - I \times 1K\Omega = 2.82V$

(c) $V_\gamma = 0.7V, R_f = 7\Omega$ 이므로

$I = \dfrac{10V - 3 \times 0.7V}{1K\Omega + 0.1K\Omega + 3 \times 0.007K\Omega} = 7.05mA$

$V = 10V - I \times 1K\Omega = 2.95V$

[해답 3.8]	(a) $I = 0.825mA$, $V = 0.825V$, (b) $I = 0.702mA$, $V = 0.702V$, (c) $I = 0.697mA$, $V = 0.697V$

[풀이 3.8]

주어진 문제의 전류원을 다음과 같이 전압원으로 등가 변환하여 푼다.

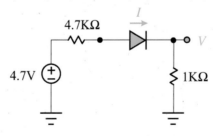

(a) $I = \dfrac{4.7V}{4.7K\Omega + 1K\Omega} = 0.825mA$

$V = I \times 1K\Omega = 0.825mA \times 1K\Omega = 0.825V$

(b) $I = \dfrac{4.7V - 0.7V}{4.7K\Omega + 1K\Omega} = 0.702mA$

$V = I \times 1K\Omega = 0.702mA \times 1K\Omega = 0.702V$

(c) $V_\gamma = 0.7V, R_f = 35\Omega$

$$I = \frac{4.7V - 0.7V}{4.7K\Omega + 1K\Omega + 0.035K\Omega} = 0.697mA$$

$$V = I \times 1K\Omega = 0.697mA \times 1K\Omega = 0.697V$$

[해답 3.9]	(a) 스위치 오프 상태에서 $I_D = \dfrac{V_{DD} - 2V_\gamma}{R} = \dfrac{10V - 1.4V}{1K\Omega} = 8.6mA$ $V_O = 2V_\gamma = 1.4V$ (b) 스위치 온 상태에서 $I_D = I - I_L = 8.6mA - 6.4mA = 2.2mA$ $V_O = 2V_\gamma = 1.4V$

[풀이 3.9]

(a) 스위치 오프 상태에서

$$I_D = \frac{V_{DD} - 2V_\gamma}{R} = \frac{10V - 1.4V}{1K\Omega} = 8.6mA$$

$$V_O = 2V_\gamma = 1.4V$$

(b) 스위치 온 상태에서

$$I_L = \frac{V_O - 5V}{R_L} = \frac{1.4V - (-5V)}{1K\Omega} = 6.4mA$$

$$I = \frac{V_{DD} - 2V_\gamma}{R} = \frac{10V - 1.4V}{1K\Omega} = 8.6mA$$

$$I_D = I - I_L = 8.6mA - 6.4mA = 2.2mA$$

$$V_O = 2V_\gamma = 1.4V$$

[해답 3.10] | $v_o = 6.84\sin\omega t [mV]\ i_o = 6.84\sin\omega t [\mu A]$

[풀이 3.10]

<직류 등가회로>

$$I_L = \frac{V_O}{R_L} = \frac{1.4V}{1K\Omega} = 1.4mA$$

$$I = \frac{V_{DD} - 2V_\gamma}{R} = \frac{10V - 1.4V}{1K\Omega} = 8.6mA$$

$$I_D = I - I_L = 8.6mA - 1.4mA = 7.2mA$$

$$r_d = \frac{\eta V_t}{I_D} = \frac{25mV}{7.2mA} = 3.47\Omega$$

<소신호 등가회로>

$$v_o = (0.1\sin\omega t) \times \frac{(2r_d)\|R_L}{R + (2r_d)\|R_L} = (0.1\sin\omega t) \times \frac{6.94\ //\ 1000}{1000 + 6.94\ //\|1000} = 6.84\sin\omega t [mV]$$

$$i_o = \frac{v_o}{R_L} = \frac{6.84\sin\omega t [mV]}{1K\Omega} = 6.84\sin\omega t [\mu A]$$

제 4 장 연습문제 풀이

[해답 4.1]	(a) 이상적인 다이오드 모델을 적용했을 때 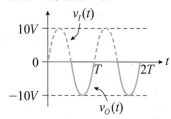 (b) 고정전압 다이오드 모델을 적용했을 때 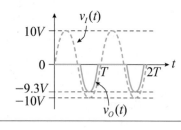
[해답 4.2]	(a) v_O의 파형 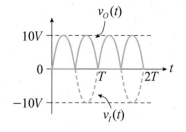 (b) $PIV = 10V$ (c) 직류전압=출력전압의 평균값 $= 2\dfrac{V_m}{\pi} = 6.37V$

[해답 4.3]	(a) v_O 의 파형 10V 5V 0 $-10V$ $v_o(t)$ $v_I(t)$ T $2T$ t (b) $PIV = 5V$ (c) 직류전압=출력전압의 평균값 $= \dfrac{2}{\pi} \times \dfrac{V_m}{2} = \dfrac{V_m}{\pi} = 3.18[V]$

[풀이 4.3]

(a) 양의 반주기 동안: D_1=온, D_2=오프

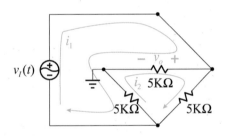

$$-v_I + 5K(i_I - i_2) + 5K(i_I - i_2) = 0 \cdots (1)$$
$$5K(i_2 - i_I) + 5K(i_2 - i_I) + 5Ki_2 = 0 \cdots (2)$$

식(1), 식(2)를 연립하여 풀면

$$i_I = \frac{3v_I}{10K}, i_2 = \frac{2v_I}{10K}, \text{가 된다. 따라서,}$$

$$v_O = 5K(i_1 - i_2) = \frac{v_I}{2}$$

음의 반주기 동안: D_1=오프, D_2=온

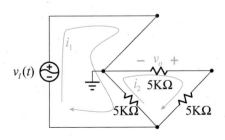

$$-v_I + 5K(i_I - i_2) = 0 \cdots (1)$$
$$5K(i_2 - i_I) + 5Ki_2 + 5Ki_2 = 0 \cdots (2)$$

식(1),(2)를 연립하여 풀면

$$i_2 = \frac{v_I}{10K} \text{ 가 된다. 따라서,}$$

$$v_O = 5K(-i_2) = -\frac{v_I}{2}$$

결과적으로 v_O 의 파형은 아래 그림과 같다.

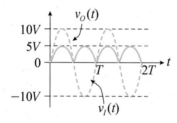

(b) $PIV = 5V$

(c) 직류전압=출력전압의 평균값$= \frac{2}{\pi} \times \frac{V_m}{2} = \frac{V_m}{\pi} = 3.18[V]$

[해답 4.4]	v_O 의 파형
	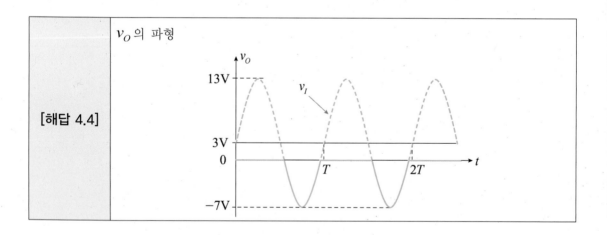

[해답 4.5]	v_O 의 파형 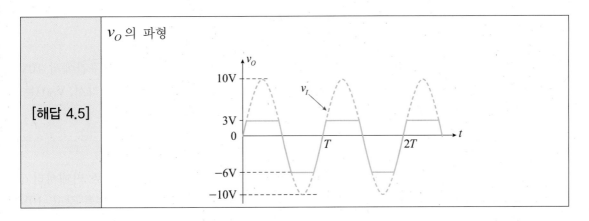
[해답 4.6]	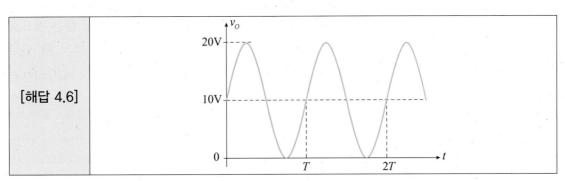
[해답 4.7]	(a) 스위치 오프일 때 (b) 스위치 온일 때 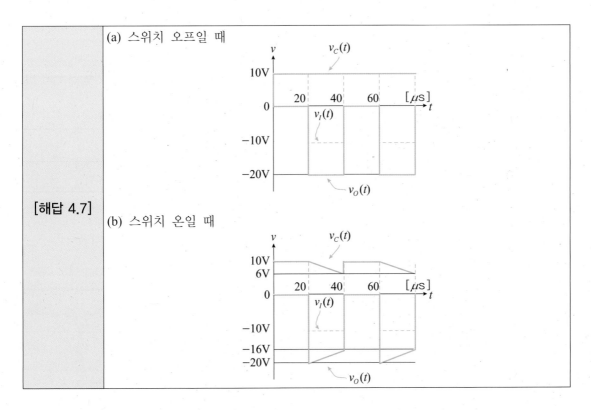

[풀이 4.7]

(a) 스위치 오프일 때

커패시터의 충전시상수 = 0, 방전시상수 = ∞이므로 커패시터가 $0 < t < T/2$구간에서 10V 만큼 즉각 충전된 후 방전하지 못하고 계속 유지되므로 $V_C(t)=10V$가 된다. 따라서, $V_O(t)$는

$$v_O(t) = v_I(t) - v_C(t) = v_I(t) - 10V$$

(b) 스위치 온일 때

커패시터의 충전시상수=0, 방전시상수 $= RC = 1K\Omega \times 0.1\mu F = 100\mu S$이므로 커패시터가 $0 < t < T/2$구간에서 10V만큼 충전된 후 $T/2 < t < T$구간에서 $100\mu S$의 시상수를 갖고 -10V 를 향해 방전하게 된다. 이때 방전시상수($=100\mu S$) >> $T/2(=20\mu S)$이므로 방전구간에서 지수함수적으로 감소하는 $V_C(t)$파형을 초기치 기울기를 갖고 선형적으로 감소하는 것으로 근사할 수 있다. 따라서 커패시터 전압 $V_C(t)$는 방전구간에서 10V에서 선형적으로 4V 만큼 감소하여 6V까지 떨어져서 그림에 보인 것과 같은 파형이 된다. $v_O(t) = v_I(t) - v_C(t)$이므로 $V_O(t)$파형은 그림과 같이 된다.

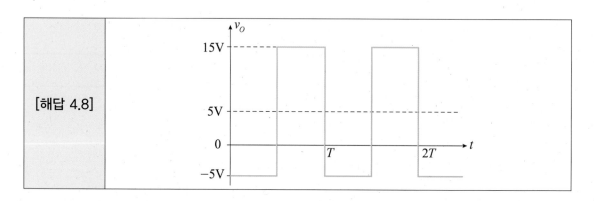

| [해답 4.8] | |

| [해답 4.9] | $V_O = 10V$, $I_L = 50mA$, $I_Z = 10mA$, $I = 60mA$ |

[풀이 4.9]

$$V_O = V_Z = 10V$$

$$I_L = \frac{V_O}{R_L} = \frac{10V}{200\Omega} = 50mA$$

$$I = \frac{V_S - V_O}{R} = \frac{20V - 10V}{167\Omega} = 60mA$$

$$I_Z = I - I_L = 60mA - 50mA = 10mA$$

| **[해답 4.10]** | $V_O = 10V$, $I_L = 25mA$, $I_z = 35mA$, $I = 60mA$ |

[풀이 4.10]

$$V_O = V_Z = 10V$$

$$I_L = \frac{V_O}{R_L} = \frac{10V}{400\Omega} = 25mA$$

$$I = \frac{V_S - V_O}{R} = \frac{20V - 10V}{167\Omega} = 60mA$$

$$I_z = I - I_L = 60mA - 25mA = 35mA$$

제 5 장 연습문제 풀이

	npn 트랜지스터	pnp 트랜지스터
[해답 5.1]	$i_E = 15nA$ $i_C = 14nA$ $i_B = 1nA$ $v_{BE} = -1V$ $v_{CE} = 5V$	$i_E = 10mA$ $i_C = -9.99mA$ $i_B = -10\mu A$ $v_{BE} = -0.7V$ $v_{CE} = -5V$

	동작모드	npn 형 트랜지스터		pnp 형 트랜지스터	
		이미터 접합	콜렉터 접합	이미터 접합	콜렉터 접합
[해답 5.2]	순방향 포화	순바이어스	순바이어스	순바이어스	순바이어스
	차단	역바이어스	역바이어스	역바이어스	역바이어스
	역방향 활성	역바이어스	순바이어스	역바이어스	순바이어스

| **[해답 5.3]** | (a) $r_d = 10\Omega$, (b) $V_O = 0.99\sin\omega t[V]$, (c) $A_V = \dfrac{V_O}{V_{in}} = 99$ |

[풀이 5.3]

(a) $r_d = \dfrac{V_t}{i_E} = \dfrac{25mV}{2.5mA} = 10\Omega$

(b) $v_o = (-\alpha i_E) R_L = \alpha R_L (-i_E) = \alpha R_L \dfrac{v_{in}}{r_d}$

$\qquad = \dfrac{0.99 \times 1k\Omega \times 10mV}{10\Omega} \sin \omega t$

$\qquad = 0.99 \sin \omega t [V]$

(c) (b)로부터 $A_V = \dfrac{v_o}{v_{in}} = \alpha \dfrac{R_L}{r_d} = 0.99 \times \dfrac{1k\Omega}{10\Omega} = 99$

[해답 5.4]	$V_{BB} = 3.697V$

[풀이 5.4]

$V_{BE1} = 0.657V$ 이고 $\alpha = \dfrac{\beta}{1+\beta} = 0.99$

$I_{C1} = 2mA$ 일 때, $I_{E1} = \dfrac{I_{C1}}{\alpha} = \dfrac{2mA}{0.99} = 2.02mA$

$I_{C2} = 3mA$ 일 때 $I_{E2} = \dfrac{I_{C2}}{\alpha} = \dfrac{3mA}{0.99} = 3.03mA$ 이므로

$V_{BE2} = V_{BE1} + V_t \ln \dfrac{I_{E2}}{I_{E1}}$

$\qquad = 0.657V + 25mV \ln \dfrac{3.03mA}{2.02mA}$

$\qquad = 0.657V + 0.01V$

$\qquad = 0.667V$

따라서

$V_{BB2} = V_{BE2} + R_E I_{E2}$

$\qquad = 0.667V + 1k\Omega \times 3.03mA$

$\qquad = 3.697V$

[해답 5.5]	$I_E = 2.15mA, \quad I_B = 35.2\mu A, \quad I_C = 2.11mA$

[풀이 5.5]

$I_E = \dfrac{V_E}{R_E} = \dfrac{4.3V}{2k\Omega} = 2.15mA$

BJT가 활성영역에서 동작하는 것으로 가정하면

$$I_B = \frac{I_E}{\beta+1} = \frac{2.15mA}{61} = 35.2\mu A$$

$$I_C = \alpha I_E = \frac{\beta}{\beta+1}I_E = \frac{60}{61}\times2.15mA = 2.11mA$$

$$V_C = V_{CC} - R_C I_C = 15V - 3k\Omega\times2.11mA = 8.67V$$

따라서 $V_{CE} = V_C - V_E = 8.67V - 4.30V = 4.37V > 0.2V$ 이므로 BJT 는 가정한 대로 활성 영역에서 동작한다.

[해답 5.6] $I_E = 2.06mA$, $I_B = 20.4\mu A$, $I_C = 2.04mA$

[풀이 5.6]

$$I_E = \frac{V_E}{R_E} = \frac{10.3V}{5k\Omega} = 2.06mA$$

BJT 가 활성영역에서 동작하는 것으로 가정하면

$$I_B = \frac{I_E}{\beta+1} = \frac{2.06mA}{10} = 20.4\mu A$$

$$I_C = \alpha I_E = \frac{\beta}{\beta+1}I_E = \frac{100}{101}\times2.06mA = 2.04mA$$

$$V_C = V_{CC} - R_C I_C = 15V - 1k\Omega\times2.04mA \approx 13.0V$$

따라서 $V_{CE} = V_C - V_E = 13.0V - 10.3V = 2.7V > 0.2V$ 이므로 BJT 는 가정한대로 활성 영역에서 동작한다.

[해답 5.7] $I_E = 1.43mA$, $I_B = 14.2\mu A$, $I_C = 1.42mA$

[풀이 5.7]

$$I_E = \frac{V_{CC} - V_E}{R_E} = \frac{15V - 10.7V}{3k\Omega} = 1.43mA$$

BJT 가 활성영역에서 동작하는 것으로 가정하면

$$I_B = \frac{I_E}{\beta+1} = \frac{1.43mA}{101} = 14.2\mu A$$

$$I_C = \alpha I_E = \frac{\beta}{\beta+1}I_E = \frac{100}{101}\times1.43mA = 1.42mA$$

$$V_C = R_C I_C = 2k\Omega\times1.42mA = 2.84V$$

따라서 $V_{EC} = V_E - V_C = 10.7V - 2.84V = 7.86V > 0.2V$ 이므로 BJT 는 가정한대로 활성 영역에서 동작한다.

[해답 5.8]	$I_B = 6.10\mu A$, $I_C = 0.61mA$, $V_{CE} = 1.29V$

[풀이 5.8]

$V_{CC} = 200k\Omega \times I_B + V_{BE} + 5k\Omega \times I_E$

BJT 가 활성영역에서 동작하는 것으로 가정하면

$V_{CC} = 200k\Omega \times I_B + V_{BE} + 5k\Omega \times (\beta+1)I_B$

$5V = 200k\Omega \times I_B + 0.7V + 5k\Omega \times 101I_B$

$I_B = \dfrac{5V - 0.7V}{200k\Omega + 505k\Omega} = \dfrac{4.3V}{705k\Omega} = 6.10\mu A$

$I_C = \beta I_B = 100 \times 6.10\mu A = 0.61mA$

$I_E = (\beta+1)I_B = 101 \times 6.10\mu A = 0.62mA$

$V_C = V_{CC} - R_C I_C = 5V - 1k\Omega \times 0.61mA = 4.39V$

$V_E = R_E I_E = 5k\Omega \times 0.62mA = 3.10V$

$V_{CE} = V_C - V_E = 4.39V - 3.10V = 1.29V > 0.2V$

따라서 BJT 는 가정한대로 활성영역에서 동작한다

[해답 5.9]	$I_B = 17.0\mu A$, $I_C = 0.85mA$, $V_{EC} = 0.69V$

[풀이 5.9]

$V_{CC} = 3k\Omega \times I_E + V_{EB} + 100k\Omega \times I_B$

BJT 가 활성영역에서 동작하는 것으로 가정하면

$V_{CC} = 3k\Omega \times (\beta+1)I_B + V_{EB} + 100k\Omega \times I_B$

$5V = 3k\Omega \times 51I_B + 0.7V + 100k\Omega \times I_B$

$I_B = \dfrac{5V - 0.7V}{153k\Omega + 100k\Omega} = \dfrac{4.3V}{253k\Omega} = 17.0\mu A$

$I_C = \beta I_B = 50 \times 17.0\mu A = 0.85mA$

$I_E = (\beta+1)I_B = 51 \times 17.0\mu A = 0.87mA$

$V_E = V_{CC} - R_E I_E = 5V - 3k\Omega \times 0.87mA = 2.39V$

$V_C = R_C I_C = 2k\Omega \times 0.85mA = 1.70V$

$V_{EC} = V_E - V_C = 2.39V - 1.70V = 0.69V > 0.2V$

따라서 BJT 는 가정한대로 활성영역에서 동작한다.

[해답 5.10] $I_B = 10.5\mu A$, $I_C = 1.05mA$, $V_{CE} = 3.21V$

[풀이 5.10]

베이스 측의 전압분배 바이어스 회로를 다음과 같이 태브냉 등가회로로 변환하여 푼다.

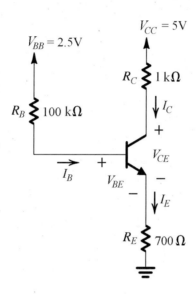

$V_{BB} = 100k\Omega \times I_B + V_{BE} + 0.700k\Omega \times I_E$

BJT 가 활성영역에서 동작하는 것으로 가정하면

$V_{BB} = 100k\Omega \times I_B + V_{BE} + 0.700k\Omega \times (\beta + 1)I_B$

$2.5V = 100k\Omega \times I_B + 0.7V + 0.700k\Omega \times 101 I_B$

$I_B = \dfrac{2.5V - 0.7V}{100k\Omega + 70.7k\Omega} = \dfrac{1.8V}{170.7k\Omega} = 10.5\mu A$

$I_C = \beta I_B = 100 \times 10.5\mu A = 1.05mA$

$I_E = (\beta + 1)I_B = 101 \times 10.5\mu A = 1.06mA$

$V_C = V_{CC} - R_C I_C = 5V - 1k\Omega \times 1.05mA = 3.95V$

$V_E = R_E I_E = 0.700k\Omega \times 1.06mA = 0.74V$

$V_{CE} = V_C - V_S = 3.95V - 0.74V = 3.21V > 0.2V$

따라서 BJT 는 가정한대로 활성영역에서 동작한다.

제 6 장 연습문제 풀이

| **[해답 6.1]** | $I_{CQ} = 2.08mA$ |

[풀이 6.1]

직류 등가회로는 아래의 왼쪽 그림과 같으나 BJT 의 베이스 측 바이어스 전압분배 회로에 대하여 태브냉 등가 변환을 실시하면 오른쪽 그림과 같이 간략화 된다.

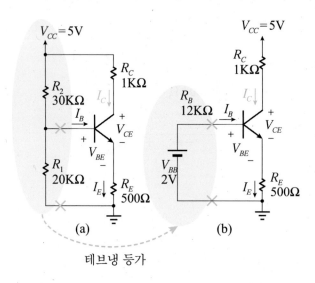

(a)   (b)

테브냉 등가

$2V = 12k\Omega \times I_B + 0.7V + 0.5k\Omega \times I_E$

BJT 가 활성영역에서 동작한다고 가정하면

$2V = 12k\Omega \times I_B + 0.7V + 0.5k\Omega \times (\beta+1)I_B$

$I_B = \dfrac{2V - 0.7V}{12k\Omega + 0.5k\Omega \times 101} = \dfrac{1.3V}{62.5k\Omega} = 20.8\mu A$

$I_C = \beta I_B = 100 \times 20.8\mu A = 2.08mA = I_{CQ}$

$I_E = (\beta+1)I_B = 101 \times 20.8\mu A = 2.1mA$

(활성영역에서 동작하는지 여부 검증)

$V_C = V_{CC} - R_C I_C = 5V - 1k\Omega \times 2.08mA = 2.92V$

$V_E = R_E I_E = 0.5k\Omega \times 2.1mA = 1.05V$

$V_{CE} = V_C - V_E = 2.92V - 1.05V = 1.87V > 0.2V$

따라서 BJT 는 가정한대로 활성영역에서 동작한다.

[해답 6.2] $\quad A_v = -80$, $A_i = -100$

[풀이 6.2]

연습문제 6.1 의 계산결과로부터

$$r_\pi = \frac{V_t}{I_B} = \frac{25mV}{20.8\mu A} = 1.20k\Omega$$

Early 효과를 무시하면 r_o 는 $\infty\,\Omega$ 이 되므로 개방회로로 볼 수 있다.

따라서, 소신호 등가회로를 그리면 다음과 같다. 여기서, $r_\pi = 1.2K\Omega \ll R_1 /\!/ R_2 = 12k\Omega$ 이므로 $R_1 /\!/ R_2$ 에 의한 효과는 무시한다.

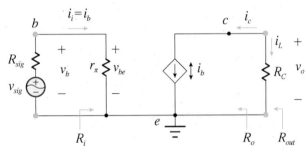

$$A_v \equiv \frac{v_o}{v_{sig}} = -\frac{R_C \beta i_b}{(R_{sig} + r_\pi)i_b} = -\frac{1k\Omega \times 100}{0.05K\Omega + 1.2K\Omega} = -80$$

$$A_i = \frac{i_L}{i_i} = \frac{-i_c}{i_i} = -\frac{\beta i_b}{i_b} = -\beta = -100$$

[해답 6.3] $\quad R_{in} = 1.20k\Omega$, $R_{out} = 1K\Omega$

[풀이 6.3]

연습문제 6.2 의 계산결과로부터

$$R_{in} = r_\pi = 1.20k\Omega$$

$$R_{out} = r_o /\!/ R_C = R_C = 1K\Omega$$

[해답 6.4] $\quad I_{CQ} = 2.08mA$

[풀이 6.4]

직류 등가회로가 연습문제 6.1 과 동일하다.

| [해답 6.5] | $R_{in} = 9.7k\Omega$, $R_{out} = 1k\Omega$, $A_v = -1.93$, $A_i = -18.8$ |

[풀이 6.5]

연습문제 6.2 에서 구한 바와 같이

$r_\pi = 1.2k\Omega$,

저항반사법칙에 의해

$R_i = r_\pi + (\beta+1)R_E$

$= 1.2k\Omega + 101 \times 0.5k\Omega = 51.7k\Omega$ 이고

$R_B = R_1 // R_2 = 12k\Omega$ 이므로

R_B 에 의한 효과를 무시할 수가 없다.

$R_{in} = R_B // R_{ib} = 12k\Omega // 51.7k\Omega = 9.7k\Omega$

$$A_v \equiv \frac{v_o}{v_{sig}} = \frac{v_i}{v_{sig}} \times \frac{v_o}{v_i} = \frac{R_{in}}{R_{sig}+R_{in}} \times \frac{-\beta R_C}{r_\pi + (\beta+1)R_E}$$

$$= \frac{9.7k\Omega}{0.05K\Omega+9.7k\Omega} \times \frac{-100 \times 1k\Omega}{1.2K\Omega+101 \times 0.5k\Omega} = -1.93$$

$$A_i \equiv \frac{i_e}{i_i} = \frac{i_b}{i_i} \times \frac{i_c}{i_b} = -\frac{R_B}{R_B+R_i} \times \beta = -\frac{12k\Omega}{12k\Omega+51.7k\Omega} \times 100 = -18.8$$

$R_{out} = R_C = 1k\Omega$

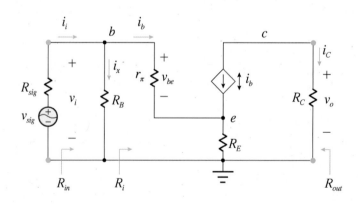

[해답 6.6] $A_v = 16$, $A_i = -0.99$

[풀이 6.6]

소신호 등가회로는 다음과 같다.

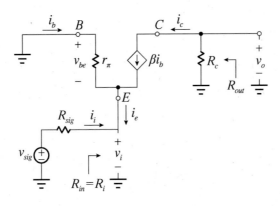

$I_E = I_{EE} = 2mA$ 이므로 1200

$$r_\pi = \beta \frac{V_t}{I_E} = 100 \times \frac{25mV}{2mA} = 1.25K\Omega$$

$$R_{in} \equiv \frac{v_i}{i_i} = \frac{-v_{be}}{-i_e} = \frac{r_\pi i_b}{(\beta+1)i_b} = 12.5\Omega$$

따라서

$$A_v \equiv \frac{v_o}{v_{sig}} = \frac{v_i}{v_{sig}} \frac{v_o}{v_i} = \frac{R_i}{R_{sig}+R_i} \frac{-\beta i_b R_C}{-v_{be}}$$

$$= \frac{R_i}{R_{sig}+R_i} \frac{\beta i_b R_C}{r_\pi i_b} = \frac{R_i}{R_{sig}+R_i} \frac{\beta R_C}{r_\pi}$$

$$= \frac{R_i}{R_{sig}+R_i} \frac{\beta R_C}{r_\pi} = \frac{12.5\Omega}{50\Omega+12.5\Omega} \frac{100 \times 1K\Omega}{1.25K\Omega} = 16$$

$$A_i = \frac{i_c}{i_i} = \frac{\beta}{-(\beta+1)} = -\frac{100}{101} = -0.99$$

[해답 6.7] $R_{in} = 12.5\Omega$, $R_{out} = 1k\Omega$

[풀이 6.7]

$R_{in} = R_i = 12.5\Omega$,

$R_{out} = R_C = 1k\Omega$

[해답 6.8]	$A_v = 0.98$, $A_i = 19$

[풀이 6.8]

직류해석 계산과정과 결과는 연습문제 6.1 과 동일하므로

$I_B = 20.8 \mu A$ 이고

$$r_\pi = \frac{V_t}{I_B} = \frac{25mV}{20.8 \mu A} = 1.20 k\Omega$$

소신호 등가회로는 다음과 같다.

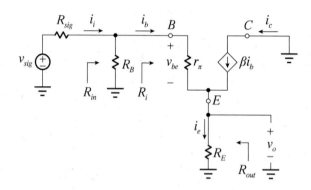

$R_i = r_\pi + (\beta+1)R_E$

$= 1.2k\Omega + 101 \times 0.5k\Omega = 51.7k\Omega$ 이고

$R_B = R_1 // R_2 = 12k\Omega$ 이므로

R_B 에 의한 효과를 무시할 수가 없다.

$R_{in} = R_B // R_i = 9.7k\Omega$

$$A_v \equiv \frac{v_o}{v_{sig}} = \frac{v_i}{v_{sig}} \times \frac{v_o}{v_i} = \frac{R_{in}}{R_{sig}+R_{in}} \times \frac{R_E i_e}{R_i i_b} = \frac{R_{in}}{R_{sig}+R_{in}} \times \frac{R_E(\beta+1)}{R_i}$$

$$= \frac{R_{in}}{R_{sig}+R_{in}} \times \frac{R_E(\beta+1)}{r_\pi+(\beta+1)R_E} = \frac{R_{in}}{R_{sig}+R_{in}} \times \frac{R_E}{r_\pi/(\beta+1)+R_E}$$

$R_{sig} = 50\Omega \ll R_i = 51.7k\Omega$ 이므로

$$A_v \approx \frac{R_E}{r_\pi/(\beta+1)+R_E} = \frac{500\Omega}{12\Omega+500\Omega} = 0.98$$

$$A_i \equiv \frac{i_e}{i_i} = \frac{i_b}{i_i} \times \frac{i_e}{i_b} = \frac{R_B}{R_B+R_i} \times (\beta+1) = \frac{12k\Omega}{12k\Omega+51.7k\Omega} \times 101 = 19$$

[해답 6.9]	$R_{in} = 10.1K\Omega$, $R_{out} = 12.2\Omega$

[풀이 6.9]

연습문제 6.8 의 계산결과로부터

$$R_{in} = R_i // R_B = 51.7K\Omega // 12.5K\Omega = 10.1K\Omega$$

$$R_{out} = \left(\frac{R_{sig} // R_B + r_\pi}{\beta + 1} \right) // R_E \approx \left(\frac{R_{sig} + r_\pi}{\beta} \right) // R_E$$

$$= \left(\frac{50\Omega + 1200\Omega}{100} \right) // 500\Omega = 12.2\Omega$$

제 7 장 연습문제 풀이

[해답 7.1]	(a) $\eta = 1$ [%], (b) $\eta = 9$ [%], (c) $\eta = 25$ [%]

[풀이 7.1]

교재 본문의 식(7.7)로부터 $\eta \equiv \dfrac{V_m^{\,2}}{V_{CC}^{\,2}} \times 100$ (%)

(a) $V_m = 0.5V$ 일 때

$$\eta = \frac{0.5^2}{5^2} \times 100 = 1 \ (\%)$$

(b) $V_m = 1.5V$ 일 때

$$\eta = \frac{1.5^2}{5^2} \times 100 = 9 \ (\%)$$

(c) $V_m = 2.5V$ 일 때

$$\eta = \frac{2.5^2}{5^2} \times 100 = 25 \ (\%)$$

[해답 7.2] | $\eta_{max} = 6.25(\%)$

[풀이 7.2]

$$\eta_{max} = \frac{P_{L,max}}{P_S} \times 100(\%)$$

$$P_{L,max} = \frac{1}{2}\frac{V^2_{m,max}}{R_L}$$

여기서, $V_{m,max} = (R_C \| R_L)I_{CQ}$ 이므로

$$P_{L,max} = \frac{1}{2}\frac{V^2_{m,max}}{R_L} = \frac{1}{2}\frac{[(R_C \| R_L)I_{CQ}]^2}{R_L}$$

한편, $P_S = V_{cc}I_{CQ}$ 이므로 최대 전력변환효율 η_{max} 은

$$\eta_{max} = \frac{P_{L,max}}{P_S} \times 100(\%) = \frac{1}{2}\frac{[(R_C \| R_L)]^2 I_{CQ}}{R_L V_{CC}} \times 100(\%)$$

여기에 $R_C = R_L = 1k\Omega$, $V_{CC} = 5V$, $I_{CQ} = 2.5mA$ 를 대입하면

$$\eta_{max} = \frac{1}{2}\frac{(0.5k\Omega)^2(2.5mA)}{1k\Omega \times 5V} \times 100(\%) = 6.25(\%)$$

[해답 7.3] | (a) $P_Q = 6.125mW$, (b) $P_Q = 3.125mW$

[풀이 7.3]

교재 본문의 식(7.10)으로부터

$$P_Q = \frac{1}{2}(I_{CQ}V_{CC} - I_m V_m), \; I_{CQ} = \frac{V_{CC}}{2R_L} \text{이고 } I_m = \frac{V_m}{R_L} \text{ 이므로}$$

$$P_Q = \frac{1}{2}(\frac{V_{CC}}{2R_L}V_{CC} - \frac{V_m}{R_L}V_m) = \frac{1}{4R_L}(V^2_{CC} - 2V_m^2)$$

(a) $V_m = 0.5V$ 일 때

$$P_Q = \frac{1}{4 \times 1k\Omega}(5^2 - 2 \times 0.5^2)V^2 = 6.125mW$$

(b) $V_m = 2.5V$ 일 때

$$P_Q = \frac{1}{4 \times 1k\Omega}(5^2 - 2 \times 2.5^2)V^2 = 3.125mW$$

[해답 7.4] (a) $P_L = 12.5mW$, (b) $P_S = 31.8mW$, (c) $\eta \equiv 39.3(\%)$, (d) $P_Q = 13.7mW$

[풀이 7.4]

① $V_m = 5V$ 일 때

(a) 부하 R_L 로 전달된 평균 신호전력 P_L

  교재의 식 (7.13)으로부터

$$P_L = \frac{1}{2}\frac{V_m^2}{R_L} = \frac{1}{2}\frac{(5V)^2}{1k\Omega} = 12.5mW$$

(b) 전원에 의한 공급전력 P_S

  교재의 식 (7.17)로부터

$$P_S = \frac{2V_m}{\pi R_L}V_{CC} = \frac{2 \times 5V}{\pi \times 1k\Omega} \times 10V = 31.8mW$$

(c) 전력변환효율 η

$$\eta \equiv \frac{P_L}{P_S} \times 100(\%) = \frac{12.5mW}{31.8mW} \times 100(\%) = 39.3(\%)$$

(d) 두 트랜지스터가 소모하는 전력

$$P_Q = P_S - P_L = 31.8mW - 12.5mW = 19.3mW$$

② $V_{m,max} = 10V$ 이므로

(a) 부하 R_L 로 전달된 평균 신호전력 P_L

  교재의 식 (7.13)으로부터

$$P_L = \frac{1}{2}\frac{V_m^2}{R_L} = \frac{1}{2}\frac{(10V)^2}{1k\Omega} = 50.0mW$$

(b) 전원에 의한 공급전력 P_S

  교재의 식 (7.17)로부터

$$P_S = \frac{2V_m}{\pi R_L}V_{CC} = \frac{2 \times 10V}{\pi \times 1k\Omega} \times 10V = 63.7mW$$

(c) 전력변환효율 η

$$\eta \equiv \frac{P_L}{P_S} \times 100(\%) = \frac{50.0mW}{63.7mW} \times 100(\%) = 78.5(\%)$$

(d) 두 트랜지스터가 소모하는 전력

$$P_Q = P_S - P_L = 63.7mW - 50.0mW = 13.7mW$$

| [해답 7.5] | 연습문제 7.4 와 결과가 동일함 |

[풀이 7.5]

연습문제 7.4 와 결과가 동일함. 그림 P7.4 의 회로는 V_{CC} 와 $-V_{CC}$ 의 2 개의 전원을 사용하나 그림 P7.5 는 1 개의 전원을 사용하며 그 기능은 동일함.

| [해답 7.6] | (a) $V_{CC} = 13.94V$, (b) $I_{m,max} = 2.24A$, (c) $P_{S\_V_{cc}} = 9.92W$,
 (d) $\eta = 50.4(\%)$, (e) $P_{QN} = P_{QP} = 4.92mW$ |

[풀이 7.6]

(a) 공급전원

$$P_L = \frac{1}{2}\frac{V_m^{\ 2}}{R_L} = 10\text{W로부터}$$

$$V_m = \sqrt{2R_L P_L} = \sqrt{2 \times 4\Omega \times 10W} = \sqrt{80}V = 8.94V$$
$$V_{CC} = V_m + 5V = 13.94V$$

(b) 각 전원에서 공급되는 피크 전류 $I_{m,max}$

$$I_{m,max} = \frac{V_m}{R_L} = \frac{8.94V}{4\Omega} = 2.24A$$

(c) 각 전원에서 공급되는 평균전력

교재 본문의 식(7.16)으로부터

$$P_{S\_v_{cc}} = P_{S\_-v_{cc}} = \frac{V_m}{\pi R_L}V_{CC} = \frac{8.94V}{\pi \times 4\Omega} \times 13.94V = 9.92W$$

(d) 전력변환효율 η

$$\eta \equiv \frac{P_L}{P_S} \times 100(\%) = \frac{10mW}{2 \times 9.92mW} \times 100(\%) = 50.4(\%)$$

(e) 각 트랜지스터가 소모하는 전력

$$P_{QN} = P_{QP} = \frac{1}{2}(P_S - P_L) = \frac{1}{2}(2 \times 9.92W - 10W) = 4.92mW$$

[해답 7.7]	$V_m = 12V$

[풀이 7.7]

$$\frac{0.6V}{V_m} = 0.05$$

$$V_m = 0.6V / 0.05 = 12V$$

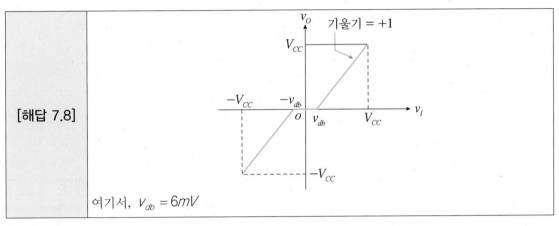

[해답 7.8]	
	여기서, $v_{db} = 6mV$

[풀이 7.8]

전달특성곡성은 아래의 그림과 같으며 여기서 dead band 전압 v_{db} 은

$$v_{db} = \frac{v_\gamma}{A_o} = \frac{0.6V}{100} = 6mV$$

로서 귀환루프를 사용하기 전의 턴온 전압(0.6V)에 비하면 매우 작은 값이다.

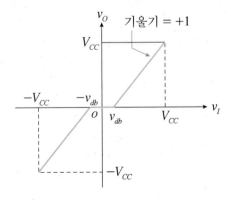

[해답 7.9] (a) $I_{BIAS} = 4mA$, (b) $P_{QN} + P_{QP} = 0.48W$, (c) $V_{BB} = 1.27V$

[풀이 7.9]

(a) I_{BIAS} 값 설정하기

$$i_{N,max} = i_{L,max} = \frac{V_m}{R_L} = \frac{15V}{100\Omega} = 150mA$$

Q_N 의 최대 베이스 $i_{N,max}/\beta = 150mA/50 = 3mA$ 전류는

이 때에도 바이어스 다이오드에는 $1mA$ 가 흘러야 하므로

$$I_{BIAS} = 4mA$$

(b) 동작점 상태에서 두 트랜지스터가 소모하는 전력:

동작점 상태에서 트랜지스터의 베이스 전류는 매우 작으므로 무시하면

다이오드 전류 $= I_{BIAS} = 4mA$

트랜지스터의 접합 면적이 다이오드 접합 면적의 3 배이므로

동작점 상태에서 Q_N 과 Q_P 에 흐르는 전류는 다이오드 전류의 3 배인 $12mA$ 가 된다.

따라서 두 트랜지스터가 소모하는 총 전력은

$$P_{QN} + P_{QP} = 2P_Q = 2V_{CC}I_{CQ} = 2 \times 20V \times 12mA = 0.48W$$

(c) V_{BB} 의 값 구하기

$v_o = 0V$ 일 경우

동작점 상태에서의 Q_N 의 베이스 전류를 I_{BNQ} 이라 하면

다이오드 전류 $I_D = I_{BIAS} - I_{BNQ} = 4mA - \dfrac{12mA}{50} = 3.76mA$

$I_D = I_S e^{(V_{BB}/2)/V_t}$ 로부터

$$V_{BB} = 2V_t \ln \frac{I_D}{I_{SD}} = 2 \times 25mV \times \ln \frac{3.76mA}{(1/3) \times 10^{-13}A}$$

$$= 50mV \times \ln(3 \times 3.76 \times 10^{10}) = 1.27V$$

☞ 트랜지스터 베이스-이미터 접합의 I_S 가 $10^{-13}A$ 로 주어져 있고 트랜지스터의

이미터 접합 면적이 다이오드의 경우보다 3 배 크므로 다이오드의 포화전류는

$I_{SD} = \dfrac{1}{3} \times I_S$ 이다.

$v_o = +15V$ 일 경우

Q_N 의 이미터 전류는 $v_o / R_L = 15V / 100\Omega = 150mA$ 이고

Q_N 의 베이스 전류는 $I_{BN,max} = 150m / \beta = 150mA / 50 = 3mA$ 이므로

다이오드 전류는 $I_D = I_{BIAS} - I_{BN,max} = 4mA - 3mA = 1mA$

$$V_{BB} = 2V_t \ln\frac{I_D}{I_{SD}} = 2 \times 25mV \times \ln\frac{1mA}{(1/3) \times 10^{-13}A}$$
$$= 50mV \times \ln(3 \times 10^{10}) = 1.21V$$

$v_o = -15V$ 일 경우

Q_N 은 turn-off 상태이므로 Q_N 의 베이스 전류는 $0A$ 이고 따라서

다이오드 전류 $I_D = I_{BIAS} = 4mA$

$I_D = I_S e^{(V_{BB}/2)/V_t}$ 로부터

$$V_{BB} = 2V_t \ln\frac{I_D}{I_{SD}} = 2 \times 25mV \times \ln\frac{4mA}{(1/3) \times 10^{-13}A}$$
$$= 50mV \times \ln(3 \times 4 \times 10^{10}) = 1.28V$$

[해답 7.10]	(a) $I_{BIAS} = 4mA$, (b) $V_{BB} = 1.26V$, (c) $R_1 + R_2 = 2.42k\Omega$, (d) $R_1 = 1.21k\Omega$, $R_2 = 1.21k\Omega$

[풀이 7.10]

① I_{BIAS} 값 설정하기

연습문제 7.9 (a)로부터 $I_{BIAS} = 4mA$

② V_{BB} 구하기

동작점에서 $i_N = i_P = 3mA$ 이므로

$$V_{BB} = 2V_t \ln\frac{I_D}{I_{SD}} = 2 \times 25mV \times \ln\frac{3mA}{(1/3) \times 10^{-13}A} = 50mV \times \ln(3 \times 3 \times 10^{10}) = 1.26V$$

③ $R_1 + R_2$ 구하기

출력전압 v_o이 $+15V$ 일 때에는 Q_N 의 베이스 전류($I_{BN,\max}$)가 $3mA$ 이므로 V_{BE} 곱셈기 회로에는 $I_{BIAS} - I_{BN,\max} = 4mA - 3mA = 1mA$ 가 흐르게 된다.

이 때 $\mathrm{I_R = I_{R,\min}}$이 되므로 $I_R = 0.5mA$ 로 설정하면

$$R_1 + R_2 = \frac{V_{BB}}{I_R} = \frac{1.21V}{0.5mA} = 2.42k\Omega$$

④ $\mathrm{R_1, R_2}$ 구하기

$$I_{C1} = I_{BIAS} - I_R - I_{BNQ} = 4mA - 0.5mA - \frac{3mA}{50} = 3.44mA \text{ 이므로}$$

V_{BE} 곱셈기의 Q_1 의 역포화전류 $I_S = 10^{-13}A$ 이므로

$$V_{BE1} = V_t \ln \frac{I_{C1}}{I_S} = 25mV \times \ln \frac{3.44mA}{10^{-13}A} = 25mA \times \ln(3.44 \times 10^{10}) = 0.607V$$

$$R_1 = \frac{v_{BE1}}{I_R} = \frac{0.607V}{0.5mA} = 1.21k\Omega$$
$$R_2 = (R_1 + R_2) - R_1 = 2.42k\Omega - 1.21k\Omega = 1.21k\Omega$$

제 8 장 연습문제 풀이

[해답 8.1] 수퍼트랜지스터의 전류이득 $\beta = \beta 1 \beta 2$; 수퍼트랜지스터의 턴온전압 Von=2Vγ

[풀이 8.1]

$\mathrm{i_c = i_{c1} + i_{c2} = \beta_1 i_{b1} + \beta_2 (1 + \beta_1) i_{b1} \approx \beta_1 \beta_2 i_{b1}}$ 이므로 전류이득

$$A_i = \frac{i_c}{i_{b1}} \approx \beta_1 \beta_2 = \text{수퍼트랜지스터의 전류이득 } \beta$$

Q1 과 Q2 의 턴온전압은 모두 V_γ 이므로 수퍼트랜지스터의 턴온전압은 $2V_\gamma$ 이다.

[해답 8.2]	$A_i \equiv \dfrac{i_e}{i_{in}} \approx 99$; $R_o \approx 4.95\Omega$

[풀이 8.2]

$$R_i = r_{\pi 1} + (1+\beta_1)r_{\pi 2} + (1+\beta_1)(1+\beta_2)R_E \approx \beta_1\beta_2 R_E = 500K\Omega$$

$$i_{b1} = i_{in}\frac{R_1 // R_2}{R_i + R_1 // R_2} = i_{in}\frac{5K\Omega}{500K\Omega + 5K\Omega} = 9.9\times10^{-3}i_{in}$$

$$i_e = (1+\beta_2)(1+\beta_1)i_{b1} \approx 99i_{in}$$

$$A_i \equiv \frac{i_e}{i_{in}} \approx 99$$

한편, R_o 는 저항 반사법칙에 의해

$$R_o = \frac{\dfrac{r_{\pi 1}}{(1+\beta_1)} + r_{\pi 2}}{(1+\beta_2)} \approx \frac{r_{\pi 2}}{(1+\beta_2)} = 4.95\Omega$$

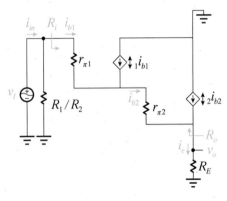

[해답 8.3]	$A_i \equiv \dfrac{i_c}{i_{in}} \approx 1900$; $R_o = \infty\Omega$

[풀이 8.3]

$$R_i = r_{\pi 1} + (1+\beta_1)r_{\pi 2} \approx \beta_1 r_{\pi 2} = 50K\Omega$$

$$i_{b1} = i_{in}\frac{R_1 // R_2}{R_i + R_1 // R_2} = i_{in}\frac{12K\Omega}{50K\Omega + 12K\Omega} = 0.19i_{in}$$

$$i_c = \beta_2(1+\beta_1)i_{b1} \approx 1900i_{in}$$

$$A_i \equiv \frac{i_c}{i_{in}} \approx 1900$$

한편, R_o 는 $r_{o1} = r_{o2} = \infty$ 이므로

$R_o = \infty\Omega$

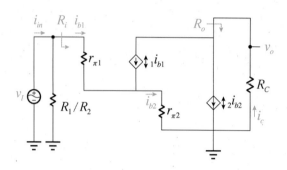

| **[해답 8.4]** | 풀이의 유도 과정 참조 |

[풀이 8.4]

(a) $i_C = (\beta_P + 1)i_B + \beta_N\beta_P i_B = (\beta_P + 1 + \beta_N\beta_P)i_B \approx \beta_N\beta_P i_B$ 이므로

$\dfrac{i_C}{i_B} \approx \beta_N\beta_P$

또한, $i_E = (\beta_N + 1)\beta_P i_B \approx \beta_N\beta_P i_B = i_C$ 이므로 $i_C \approx i_E$ 이다.

(b) Q_P 의 이미터 전류$(= (\beta_P + 1)i_B)$는 이미터 접합 다이오드의 전류$(= \beta_N I_{sp} e^{v_{CB}/V_t})$와 같으므로

$i_C \approx \beta_N\beta_P i_B \approx \beta_N(\beta_P + 1)i_B = \beta_N I_{sp} e^{v_{CB}/V_t}$ 가 된다.

| **[해답 8.5]** | (a) $\dfrac{i_C}{i_B} \approx \beta_N\beta_P = 1800$; $v_{CB} = 663\text{mV}$ |

(a) [풀이 8.4]에서 $\dfrac{i_C}{i_B} \approx \beta_N\beta_P$ 이므로

$\dfrac{i_C}{i_B} \approx \beta_N\beta_P = 1800$

(b) [풀이 8.4]에서 $i_C = (\beta_P + 1)i_B + \beta_N\beta_P i_B$ 이고, $i_1 = (\beta_P + 1)i_B$, $i_2 = \beta_N\beta_P i_B$ 가 되므로

$i_1 = i_C \dfrac{i_1}{i_1 + i_2} = i_C \dfrac{(\beta_P + 1)}{(\beta_P + 1) + \beta_N\beta_P} \approx i_C \dfrac{1}{\beta_N + 1} \approx i_C \dfrac{1}{\beta_N} = 3.3\text{mA}$

Q_P 의 이미터 다이오드 전류식에 의해

$v_{CB} = \eta V_t \ln(\dfrac{i_1}{I_{sp}}) = 25\text{mV} \times \ln(\dfrac{3.3 \times 10^{-3}}{1 \times 10^{-14}}) = 663\text{mV}$

| **[해답 8.6]** | 입력신호 전압의 진폭은 24V |

[풀이 8.6]

달링톤 쌍을 수퍼트랜지스터로 간주할 때 턴온전압이 $2V_\gamma(=1.2V)$이므로 2.4V 의 데드대역이
생긴다. 반주기 즉 진폭에 대한 데드대역의 크기는 반이 되므로 1.2V 가 된다. 따라서, 크기가
5%감소하는 입력 신호 전압의 진폭은

$$0.05 = \frac{\text{deadband}/2}{V_{m,\text{input}}} \rightarrow V_{m,\text{input}} = \frac{1.2}{0.05} = 24V \text{ 가 된다.}$$

| **[해답 8.7]** | $v_{o2} = -3\sin\omega t[v]$; $i_L = -3\sin\omega t[mA]$ |

[풀이 8.7]

커패시터를 거치면 직류는 블록킹되어 차단되고 교류는 커플링되어 넘어가므로

$v_{o2} = -3\sin\omega t[v]$가 된다. 또한,

$i_L = \dfrac{v_{O2}}{R_L} = -3\sin\omega t[mA]$가 된다.

| **[해답 8.8]** | $v_{o2} = 1.7+1.5\sin\omega t)[v]$; $i_L = (1.7+1.5\sin\omega t)[mA]$ |

[풀이 8.1]

각 다이오드는 턴온전압 만큼 직류전압레벨을 떨어뜨리므로

3 개의 다이오드에 의해 $3V_\gamma(=2.1V)$ 의 직류 전압이 감소한다. 따라서

$v_{o2} = v_{o1} - 2.1V = (1.7+1.5\sin\omega t)[v]$가 된다. 또한,

$i_L = \dfrac{v_{O2}}{R_L} = (1.7+1.5\sin\omega t)[mA]$가 된다.

| **[해답 8.9]** | $v_{o2} = 4\sin\omega t[v]$; $i_L = 4\sin\omega t[mA]$ |

[풀이 8.9]

변압기를 거치면 직류는 블록킹되고 교류만 커플링되어 넘어간다. 또한 변압기의 권선비가
1:2 이므로 커플링된 신호는 전압이 2 배로 증가한다. 따라서

$v_{o2} = 2 \times (2\sin\omega t) = 4\sin\omega t[v]$가 된다. 또한,

$i_L = \dfrac{v_{O2}}{R_L} = 4\sin\omega t[mA]$ 가 된다.

| **[해답 8.10]** | $v_{o2} = (1.9 - 0.5\sin\omega t)[v]$; $i_L = (1.9 - 0.5\sin\omega t)[mA]$ |

[풀이 8.10]

광결합기는 교류뿐만 아니라 직류도 결합한다, 결합이득이 1 이므로 손실없이 그대로 전달된다. 단, 광결합기의 구조상 신호 결합 시 위상이 반전되고 있다. 따라서

$v_{o2} = 3V - v_{o2} = 3 - (1.1 + 0.5\sin\omega t) = (1.9 - 0.5\sin\omega t)[v]$ 가 된다. 또한,

$i_L = \dfrac{V_{O2}}{R_L} = (1.9 - 0.5\sin\omega t)[mA]$ 가 된다.

제 9 장 연습문제 풀이

| **[해답 9.1]** | 교재 9.1.3 절 참조 |

[풀이 9.1]

교재 9.1.3 절 참조

| **[해답 9.2]** | (a) $C_{ox} = \dfrac{\varepsilon_{ox}}{t_{ox}} = 4.32\text{fF}/\mu m^2$, $k'_n = \mu_n C_{ox} = 225\mu A/V^2$ |
| | (b) $V_{GS} = 0.763[V]$, $V_{DS-min} = V_{GS} - V_T = 0.163V$ (c) $V_{GS} = 0.75V$ |

[풀이 9.2]

(a) $C_{ox} = \dfrac{\varepsilon_{ox}}{t_{ox}} = \dfrac{3.9\varepsilon_0}{t_{ox}} = \dfrac{3.9 \times 8.854 \times 10^{-12} F/m}{8 \times 10^{-9} m}$

$= 4.32 \times 10^{-3} F/m^2$

$= 4.32\text{fF}/\mu m^2$

$k'_n = \mu_n C_{ox} = (520 cm^2/V \cdot s)(4.32 \times 10^{-3} F/m^2)$

$= (520 \times 10^{-4} m^2/V \cdot s)(4.32 \times 10^{-3} F/m^2)$

$= 225\mu A/V^2$

(b) $I_D = \dfrac{1}{2}k'_n\left(\dfrac{W}{L}\right)(V_{GS} - V_T)^2$

$100 = \dfrac{1}{2} \times 225 \times \left(\dfrac{10}{0.3}\right)(V_{GS} - 0.6)^2$

$$100 = 3750\left(V_{GS} - 0.6\right)^2$$

$$V_{GS} - 0.6 = 0.163$$

$$V_{GS} = 0.6 + 0.163 = 0.763[V]$$

$V_{DS-\min}$ 이란 주어진 MOSFET 가 포화영역에서 동작하기 위한 최소 V_{DS} 값이므로 결국 pinch-off 시의 V_{DS} 값을 의미한다. pinch-off 조건을 적용하면

$$V_{DS-\min} = V_{GS} - V_T = 0.163V$$

(c) 트라이오드 영역에서 V_{DS} 가 $V_{GS} - V_T$ 에 비하여 아주 작을 때 다음의 근사식이 성립한다.

$$I_D \cong k_n'\left(\frac{W}{L}\right)\left(V_{GS} - V_T\right)V_{DS}$$

이로부터 드레인과 소스 사이의 저항 r_{DS} 는

$$r_{DS} = \frac{V_{DS}}{I_D} = 1/\left[k_n'\left(\frac{W}{L}\right)\left(V_{GS} - V_T\right)\right]$$

따라서

$$900 = 1/\left[225 \times 10^{-6}\left(\frac{10}{0.3}\right)\left(V_{GS} - 0.6\right)\right]$$

$$V_{GS} - 0.6 = 0.15$$

$$V_{GS} = 0.75V$$

[해답 9.3] $\quad r_o = 10k\Omega$

[풀이 9.3]

$$r_o = \frac{V_A}{I_{DQ}} = \frac{1/\lambda}{I_{DQ}} = \frac{(1/0.02)V}{5mA} = \frac{50V}{5mA} = 10k\Omega$$

[해답 9.4] $\quad V_T = 0.882[V]$

[풀이 9.4]

$$V_T = V_{TO} + \gamma\left(\sqrt{2\phi_F + V_{SB}} - \sqrt{2\phi_F}\right)$$

$$= 0.6 + 0.35\left(\sqrt{0.7 + 2} - \sqrt{0.7}\right)$$

$$= 0.6 + 0.35(1.643 - 0.837)$$

$$= 0.6 + 0.282$$

$$= 0.882[\text{V}]$$

[해답 9.5]	$\text{R}_\text{D} = 5\text{k}\Omega$, $\text{R}_\text{S} = 3.18\text{k}\Omega$

[풀이 9.5]

$< R_D$ 구하기$>$

$$R_D = \frac{V_{DD} - V_D}{I_D} = \frac{5V - 3.5V}{0.3mA} = 5k\Omega$$

$< R_S$ 구하기$>$

$\text{V}_\text{S} = \text{R}_\text{S}\text{I}_\text{D}$ 라고 하면

$\text{V}_\text{DS} = \text{V}_\text{D} - \text{V}_\text{S} = 3.5\text{V} - \text{V}_\text{S}$ $\text{V}_\text{GS} - \text{V}_\text{T} = \text{V}_\text{GG} - \text{V}_\text{S} - \text{V}_\text{T} = 2\text{V} - 0.6\text{V} - \text{V}_\text{S} = 1.4\text{V} - \text{V}_\text{S}$ 이므로

$\text{V}_\text{DS} \rangle \text{V}_\text{GS} - \text{V}_\text{T}$ 이다.

따라서 그림 P9.5 의 MOSFET 은 $V_{DS} \rangle V_{GS} - V_T$ 조건을 만족하므로 포화영역에서 동작하고 있다.

$I_D = \frac{1}{2}k'_n\left(\frac{W}{L}\right)(V_{GS} - V_T)^2$ 로부터

$$0.3 \times 10^{-3} = \frac{1}{2} \times (120 \times 10^{-6})\left(\frac{20}{0.8}\right)(V_{GS} - 0.6)^2$$

$$(V_{GS} - 0.6)^2 = 0.2$$

$$V_{GS} - 0.6 = \sqrt{0.2} = 0.447$$

$$V_{GS} = 0.6 + 0.447 = 1.047[V]$$

따라서, $V_S = V_{GG} - V_{GS} = 2.0 - 1.047 = 0.953[V]$ 이므로

$$R_S = \frac{V_S}{I_D} = \frac{0.953V}{0.3mA} = 3.18k\Omega$$

[해답 9.6] (a) $R_D = 39.7k\Omega$, $V_{D1} = 1.424V$ (b) $I_{D2} = 90\mu A$, $V_{D2} = 4.1V$

[풀이 9.6]

(a) M_1은 드레인과 소스가 묶여 있어서 $V_{DS1} = V_{GS1}$이므로 포화 조건인 $V_{DS1} \rangle V_{GS1} - V_T$를 만족한다.

$I_{D1} = \dfrac{1}{2} k'_n \left(\dfrac{W}{L}\right)\left(V_{GS1} - V_T\right)^2$ 로부터

$90 \times 10^{-6} = \dfrac{1}{2}\left(100 \times 10^{-6}\right)\left(\dfrac{8}{0.8}\right)\left(V_{GS1} - 1\right)^2$

$90 = 500\left(V_{GS1} - 1\right)^2$

$V_{GS1} = 1 + 0.424 = 1.424[V]$

$V_{D1} = V_{GS1}$ 이므로 $V_{D1} = 1.424V$

$R_D = \dfrac{V_{DD} - V_{D1}}{I_{D1}} = \dfrac{5V - 1.424V}{90\mu A} = 39.7k\Omega$

(b) M_1이 포화영역에서 동작하고있고, $V_{GS2} = V_{GS1}$, $10k\Omega < R_D = 39.7k\Omega$이므로 M_2도 포화 영역에 있다. 따라서

$I_{D2} = \dfrac{1}{2} k'_n \left(\dfrac{W}{L}\right)\left(V_{GS2} - V_T\right)^2$

$= \dfrac{1}{2} k'_n \left(\dfrac{W}{L}\right)\left(V_{GS1} - V_T\right)^2 = I_{D1}$

즉, $I_{D2} = I_{D1}$가 성립하므로

$I_{D2} = 90\mu A$

한편,

$V_{D2} = V_{DD} - R_{D2}I_{D2} = 5V - \left(10k\Omega \times 90\mu A\right) = 4.1V$

♣ 포화상태에서 동작하는 동일 규격의 MOSFET M_1과 M_2의 게이트와 소스가 각각 같은 마디에 연결되어 있으면 항상 $I_{D1} = I_{D2}$의 관계가 유지되며 이 회로를 전류 미러(current mirror)라고 부른다. R_D값을 조절하여 I_{D1}의 값을 조정하면 I_{D2}는 거울을 보는 것처럼 항상 I_{D1}과 같은 값을 갖는다.

[해답 9.7]	$r_{DS} = 250\Omega$, $R_D = 12.25k\Omega$, R_D의 값을 두 배로 증가시켰을 때 r_{DS}의 값: $r_{DS} = 500\Omega$

[풀이 9.7]

<r_{DS} 구하기>

$V_{DS} = 0.1V$ 이므로 $V_{GS} - V_T = 5 - 1 = 4 \langle\langle V_{DS}$

따라서 MOSFET는 트라이오드영역 중에서도 저항성영역에서 동작하며 드레인 전류는

$I_D \cong k_n'\left(\dfrac{W}{L}\right)(V_{GS} - V_T)V_{DS}$ 로 표현된다. 따라서,

$$r_{DS} = \frac{V_{DS}}{I_D} = \left[k_n'\left(\frac{W}{L}\right)(V_{GS} - V_T)\right]^{-1}$$

$$= \left[(100 \times 10^{-6})\left(\frac{10}{1}\right)(5-1)\right]^{-1}$$

$$= 250[\Omega]$$

<R_D 구하기>

$$I_D \cong k_n'\left(\frac{W}{L}\right)(V_{GS} - V_T)V_{DS}$$

$$= (100 \times 10^{-6})\left(\frac{10}{1}\right)(5-1)(0.1)$$

$$= 0.4mA$$

$$R_D = \frac{V_{DD} - V_D}{I_D}$$

$$= \frac{5V - 0.1V}{0.4mA} = 12.25k\Omega$$

<R_D의 값을 두 배로 증가시켰을 때 r_{DS}의 값>

$R_D = 12.25k\Omega \times 2 = 24.5k\Omega$ 일 때

$$I_D = \frac{V_{DD} - V_D}{R_D} = \frac{5V - 0.1V}{24.5k\Omega} = 0.2mA$$

따라서

$$r_{DS} = \frac{V_{DS}}{I_D} = \frac{0.1V}{0.2mA} = 500\Omega$$

[해답 9.8]	$R_{G2} = 4M\Omega$, $R_D = 5k\Omega$, $R_S = 8.173k\Omega$

[풀이 9.8]

$<R_{G2}$ 구하기$>$

$V_G = V_{DD} - R_{G1}I_G = 5V - (1M\Omega)(1\mu A) = 4V$

R_{G2} 에도 I_G 가 흐르므로

$R_{G2} = \dfrac{V_G}{I_G} = \dfrac{4V}{1\mu A} = 4M\Omega$

$<R_D$ 구하기$>$

$R_D = \dfrac{V_{DD} - V_D}{I_D} = \dfrac{5V - 3.5V}{0.3mA} = 5k\Omega$

$<R_S$ 구하기$>$

$V_D = 3.5V$, $V_G = 4V$, $V_T = 1V$ 이므로

$V_{DS} = V_D - V_S = 3.5V - V_S$ ------①

$V_{GS} - V_T = V_G - V_S - V_T = 4V - V_S - 1V = 3V - V_S$ ------②

식 ①과 식 ②를 비교하면

$V_{DS} \rangle V_{GS} - V_T$ 이므로 MOSFET 는 포화영역에서 동작한다. 따라서

$I_D = \dfrac{1}{2} k_n' \left(\dfrac{W}{L}\right)(V_{GS} - V_T)^2$

$0.3 \times 10^{-3} = \dfrac{1}{2}(0.1 \times 10^{-3})\left(\dfrac{20}{1}\right)(V_{GS} - 1)^2$

$V_{GS} = 1 + \sqrt{0.3} = 1 + 0.548 = 1.548[V]$

$V_S = V_G - V_{GS} = 4 - 1.548 = 2.452[V]$

따라서

$R_S = \dfrac{V_S}{I_D} = \dfrac{2.452V}{0.3mA} = 8.173k\Omega$

[해답 9.9]	$R_D = 6.67k\Omega$

[풀이 9.9]

$I_D = 0.3mA$ 조건을 유지하면서 R_D 가 커지면 V_D 가 낮아지다가 포화의 경계 조건인

$V_{DS} = V_{GS} - V_T$ 에 이르게 된다.

즉, $V_D = V_G - V_T = 4 - 1 - 3[V]$ 가 포화의 경계에서의 V_D 값이다.

이 때,

$$R_D = \frac{V_{DD} - V_D}{I_D} = \frac{5V - 3V}{0.3mA} = 6.67k\Omega$$

[해답 9.10]	(1) (a) $I_{Dn} = I_{Dp} = 0A, V_O = 2.5V$
	(b) $I_{Dn} = I_{Dp} = 0A, \ V_O = 0V$
	(c) $I_{Dn} = 0A, \ I_{Dp} = 0.481mA, \ V_O = 4.81V$
	(2) (a) $I_{Dn} = I_{Dp} = 0A, \ V_O = high \ impedance$
	(b) $I_{Dn} = I_{Dp} = 0A, V_O = 0V$
	(c) $I_{Dn} = 0A, \ I_{Dp} = 0.476mA, \ V_O = 4.76V$

[풀이 9.10]

(1) $V_{Tn} = -V_{Tp} = 2.5V$ 인 경우

(a) $V_I = 2.5V(R_L = \infty)$ 일 때

$V_{GSn} = 2.5V = V_{Tn}$ 이고 $V_{SGp} = 2.5V = |V_{Tp}|$ 이므로 NMOS 와 PMOS 가 모두 turn-on 과 turn-off 의 경계에 있다 따라서 $I_{Dn} = 0A$, $I_{Dp} = 0A$ 이고 NMOS 와 PMOS 가 정합된(동일한) 특성을 갖으므로 $V_{SDp} = V_{DSn} = 2.5V$ 여서 $V_O = 2.5V$

(b) $V_I = 5V$ 일 때

PMOS 의 게이트 전압 $V_{GSp} = 0V$ 이므로 PMOS 는 turn-off 되어 $I_{Dp} = 0A$, NMOS 의 게이트 전압 $V_{GSn} = 5V \rangle V_{Tn} = 2.5V$ 이므로 NMOS 는 turn-on 상태이지만 출력 단자가 R_L 을 통하여 접지되어 있으므로 출력루프에는 전류를 흘려줄 수 있는 전원이 연결되어 있지 않다. 따라서 $I_{Dn} = 0A$ 이고 $V_O = 0V$

(c) $V_I = 0V$ 일 때

NMOS 의 게이트 전압 $V_{GSn} = 0V$ 이므로 NMOS 는 turn-off 되어 $I_{Dn} = 0A$, PMOS 의 게이트 전압 $V_{GSp} = 5V \rangle |V_{Tp}| = 2.5V$ 이므로 PMOS 는 turn-on 된다. V_{SDp} 가 0 에 가까운 값을 갖는다고 가정하면 PMOS 는 트라이오드영역 중에서도 저항성영역에서 동작하므로 PMOS 의 드레인 전류를 다음과 같이 근사 표현할 수 있다.

$$I_{Dp} \cong k'_p \left(\frac{W_p}{L_p} \right) \left(V_{SGp} - |V_{Tp}| \right) V_{SDp}$$

$$= (5 - 2.5)(5 - V_O) \quad [mA]$$

즉, $2I_{Dp} = 25 - 5V_O$ $\qquad$ ------①

한편 $I_{Dp} = \dfrac{V_O}{R_L} = \dfrac{V_O}{10}$ $\;[mA]$ $\qquad$ ------②

위의 두 식 ①과 ②를 연립하여 풀면

$I_{Dp} = 0.481mA$, $V_O = 4.81V$

$V_{SDp} = 5 - V_O = 0.19V$ 이고 $V_{SGp} - |V_{Tp}| = 5 - 2.5 = 2.5[V]$

따라서 $V_{SDp} \langle\langle V_{SGp} - |V_{Tp}|$ 이므로 PMOS 가 트라이오드영역 중에서도 저항성영역에서 동작한다는 가정은 정당하다.

(2) $V_{Tn} = -V_{Tp} = 3V$ 인 경우

(a) $V_I = 2.5V(R_L = \infty)$ 일 때

$V_{GSn} = 2.5V \langle 3V = V_{Tn}$ 이고 $V_{SGp} = 2.5V \langle 3V = |V_{Tp}|$ 이므로

NMOS 와 PMOS 가 모두 turn-off 상태이다.

$I_{Dn} = 0A$, $I_{Dp} = 0A$, $V_O = high\ impedance$

(b) $V_I = 5V$ 일일 때

PMOS 의 게이트 전압 $V_{GSp} = 0V$ 이므로 PMOS 는 turn-off 되어 $I_{Dp} = 0A$

NMOS 의 게이트 전압 $V_{GSn} = 5V \rangle V_{Tn} = 3V$ 이므로 NMOS 는 turn-on 상태이지만 출력단자가 R_L 을 통하여 접지되어 있으므로 출력루프에는 전류를 흘려줄 수 있는 전원이 연결되어 있지 않다. 따라서 $I_{Dn} = 0A$ 이고 $V_O = 0V$

(c) $V_I = 0V$ 일 때

　　NMOS 의 게이트 전압 $V_{GSn} = 0V$ 이므로 NMOS 는 turn-off 되어 $I_{Dn} = 0A$

　　PMOS 의 게이트 전압 $V_{GSp} = 5V \rangle |V_{Tp}| = 3V$ 이므로 PMOS 는 turn-on 된다.

　　V_{SDp} 가 0 에 가까운 값을 갖는다고 가정하면 PMOS 는 트라이오드영역 중에서도

　　저항성영역에서 동작하므로 PMOS 의 드레인 전류를 다음과 같이 근사 표현할 수 있다.

$$I_{Dp} \cong k'_p \left(\frac{W_p}{L_p} \right) \left(V_{SGp} - |V_{Tp}| \right) V_{SDp}$$

$$= (5-3)(5-V_O) \ [mA]$$

　　즉, $I_{Dp} = 10 - 2V_O$ 　　　　　　------③

　　한편 $I_{Dp} = \dfrac{V_O}{R_L} = \dfrac{V_O}{10} \ [mA]$ 　　　------④

　　위의 두 식 ③과 ④를 연립하여 풀면

　　$I_{Dp} = 0.476mA$, $V_O = 4.76V$

　　$V_{SDp} = 5 - V_O = 0.24V$ 이고 $V_{SGp} - |V_{Tp}| = 5 - 3 = 2[V]$

　　따라서 $V_{SDp} \langle\langle V_{SGp} - |V_{Tp}|$ 이므로 PMOS 가 트라이오드영역 중에서도 저항성영역에서

　　동작한다는 가정은 정당하다.

제 10 장 연습문제 풀이

[해답 10.1] ｜ $I_{DQ} = 0.600mA$, $V_{GSQ} = 1.400V$, $g_m = 2[mA/V]$

[풀이 10.1]

$V_{DS} = V_{GS}$ 이므로 MOSFET 가 포화영역에서 동작한다. 따라서

$$I_D = \frac{1}{2} k'_n \left(\frac{W}{L} \right) (V_{GS} - V_T)^2$$

$$I_D = \frac{1}{2} (0.1) \left(\frac{20}{0.6} \right) (V_{GS} - 0.8)^2 \ [mA]$$

즉, $0.6I_D = (V_{GS} - 0.8)^2$ $[mA]$　　　　　------①

한편 $V_{GS} = V_{DS} = V_{DD} - R_D I_D = 5 - 6I_D$　　　------②

식 ②를 식 ①에 대입하면

$0.6I_D = (4.2 - 6I_D)^2$ $[mA]$

이 I_D에 대한 2차 방정식을 풀면

$I_D = 0.817mA$ or $0.600mA$

I_D값을 식 ②에 대입하면

$V_{GS} = 0.098V$ or 1.400V

$V_{GS} = 0.098V < V_T = 0.8V$ 이므로 $V_{GS} = 0.098V$ 일 때에는 채널형성이 되지 않는다.

그러므로 I_D에 대한 두 개의 해 중 $I_D = 0.817mA$는 부적합하다.

따라서 $\text{I}_{DQ} = 0.600\text{mA}$, $\text{V}_{GSQ} = 1.400\text{V}$ 이고 이 때

$$g_m = k'_n \left(\frac{L}{W}\right)(V_{GS} - V_T) = 0.1 \times \frac{20}{0.6} \times (1.4 - 0.8) = 2[mA/V]$$

[해답 10.2]	(a) $\text{I}_{DQ} = 0.172\text{mA}$, $\text{V}_{DSQ} = 3.538\text{V}$, $\text{V}_{GSQ} = 1.914\text{V}$
	(b) $g_m = 0.828[\text{mA}/\text{V}]$, $r_o = 174\text{k}\Omega$
	(c) 풀이에 있음
	(d) $\text{R}_{in} = 1.2\text{M}\Omega$, $\text{A}_v = -3.24[\text{V}/\text{V}]$, $\text{R}_{out} = 7.65\text{k}\Omega$

[풀이 10.2]

(a) 동작점에서의 I_D, V_{DS}, V_{GS} 구하기

$$V_{GG} = \frac{R_1}{R_1 + R_2} V_{DD} = \frac{2}{2+3} \times 5V = 2V$$

$$R_G = R_1 \| R_2 = \frac{2 \times 3}{2+3} M\Omega = 1.2M\Omega$$

MOSFET가 포화영역에서 동작한다고 가정하고

$I_D = \frac{1}{2} k'_n \left(\frac{W}{L}\right)(V_{GS} - V_T)^2$ 을 사용하면

$$I_D = \frac{1}{2}(0.1)\left(\frac{20}{1}\right)(V_{GS} - 1.5)^2 \quad [mA]$$

즉, $I_D = (V_{GS} - 1.5)^2 \; [mA]$ ------①

또한 $V_{GS} = V_{GG} - R_S I_D$ 로부터

$V_{GS} = 2 - 0.5 I_D$ ------②

식 ②를 식 ①에 대입하면

$I_D = 0.25(1 - I_D)^2$

이 I_D에 대한 2 차 방정식을 풀면

$I_D = 5.828 mA$ or $0.172 mA$

$I_D = 5.828 mA$ 를 위의 ②식에 대입하면 $V_{GS} < 0$ 이어서 채널형성이 안되므로

$I_D = 5.828 mA$ 는 부적합하다. 따라서 $I_D = 0.172 \text{mA}$

I_D 값을 식 ②에 대입하면

$V_{GS} = 1.914 V$

$V_{DS} = V_{DD} - (R_D + R_S') I_D = 5 - (8 + 0.5) \times 0.051 = 3.538$

$V_{DS} > V_{GS} - V_T$ 가 성립하므로 포화영역에서 동작한다는 가정은 정당하다.

답: $I_{DQ} = 0.172 \text{mA}$, $V_{DSQ} = 3.538 V$, $V_{GSQ} = 1.914 V$

(b) g_m, r_o 구하기

$g_m = k_n' \left(\dfrac{L}{W} \right)(V_{GS} - V_T) = 0.1 \times \dfrac{20}{0.6} \times (1.914 - 1.5) = 0.828 [mA/V]$ 이고

$r_o = \dfrac{V_A}{I_D} = \dfrac{30V}{0.051 mA} = 174 k\Omega$

(c) 소신호 등가회로

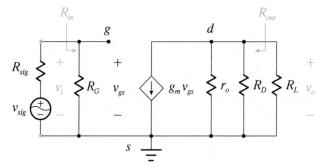

(d) R_{in}, A_v, R_{out} 구하기

$R_{in} = R_G = 1.2M\Omega$

$A_v = -g_m(r_o\|R_D\|R_L) \cong -g_m(R_D\|R_L) = -0.828 \times (8\|8) = -3.24[V/V]$

$R_{out} = r_o\|R_D = 174k\Omega\|8k\Omega = 7.65k\Omega$

[해답 10.3]	1.414 배 줄어든다.

[풀이 10.3]

C_S를 제거하면 교류등가회로는 아래 그림과 같아진다. C_S가 있는 경우에는 $v_{gs} = v_{sig}$이었다.

그러나 C_S가 있는 경우에는 아래 그림의 교류등가회로로부터 $v_{gs} = \dfrac{v_{sig}}{1+g_m R_S}$ 가 된다.

따라서, [연습 10.2]에서 구한 A_v 보다 $1+g_m R_S = 1+0.828 \times 0.5 = 1.414$배 줄어든다.

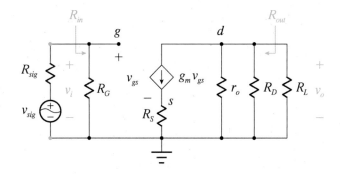

[해답 10.4]	(a) $I_{DQ} = 0.3mA$, $V_{GSQ} = 1.316V$, $V_{DSQ} = 2.016V$ (b) 아래 그림 (c) $R_{in} = 0.527k\Omega$, $A_v = 5.20[V/V]$, $R_{out} = 6k\Omega$

[풀이 10.4]

(a) 동작점에서의 I_D, V_{DS}, V_{GS} 구하기

$V_{GG} = \dfrac{R_1}{R_1+R_2}V_{DD} = \dfrac{5M\Omega}{5M\Omega+5M\Omega} \times 5V = 2.5V$

$I_{DQ} = I_{SS} = 0.3mA$

MOSFET 가 포화영역에서 동작한다고 가정하고

$$I_D = \frac{1}{2} k_n' \left(\frac{W}{L} \right) (V_{GS} - V_T)^2$$ 을 사용하면

$$0.3 = \frac{1}{2} (0.1) \left(\frac{60}{1} \right) (V_{GS} - 1)^2 \quad [mA]$$

즉, $0.1 = (V_{GS} - 1)^2 \quad [mA]$

$V_{GS} - 1 = \sqrt{0.1}$ ($V_{GS} - 1 = -\sqrt{0.1} < 0$ ☞ 채널을 형성시킬 수 없으므로 부적합)

즉, $V_{GSQ} = 1 + \sqrt{0.1} = 1 + 0.316 = 1.316 [V]$

$V_S = V_{GG} - V_{GS} = 2.5 - 1.316 = 1.184 [V]$

$V_D = V_{DD} - R_D I_D = 5 - 6 \times 0.3 = 3.200 [V]$

이로부터 $V_{DSQ} = V_D - V_S = 3.200 - 1.184 = 2.016 [V]$

(☞ $V_{DS} = 2.016 > V_{GS} - V_T = 0.316V$ 가 성립하므로 포화영역에서 동작할 것이라는 가정은 정당하다.)

답 : $I_{DQ} = 0.3mA$, $V_{DSQ} = 2.016V$, $V_{GSQ} = 1.316V$

(b) 소신호 등가회로 그리기

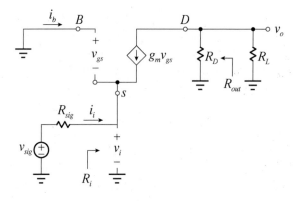

(c) R_{in}, A_v, R_{out} 구하기

$$g_m = k_n' \left(\frac{L}{W} \right) (V_{GS} - V_T) = 0.1 \times \frac{60}{1} \times 0.316 = 1.869 [mA/V]$$

$$R_{in} = \frac{1}{g_m} = \frac{1}{1.869 mA/V} = 0.527 k\Omega$$

$$A_v = \frac{R_D \| R_L}{R_{sig} + (1/g_m)} = \frac{6k\Omega \| 6k\Omega}{0.050k\Omega + 0.527k\Omega} = 5.20[V/V]$$

$$R_{out} = R_D = 6k\Omega$$

[해답 10.5] $\mathrm{I_{DQ}} = 0.206\mathrm{mA}$, $\mathrm{V_{DSQ}} = 3.764\mathrm{V}$, $\mathrm{V_{GSQ}} = 1.264\mathrm{V}$

[풀이 10.5]

(a) 동작점에서의 I_D, V_{DS}, V_{GS} 구하기

$$V_{GG} = \frac{R_1}{R_1 + R_2} V_{DD} = \frac{5M\Omega}{5M\Omega + 5M\Omega} \times 5V = 2.5V$$

$$R_G = R_1 \| R_2 = (5M\Omega) \| (5M\Omega) = 2.5M\Omega$$

MOSFET 가 포화영역에서 동작한다고 가정하고

$$I_D = \frac{1}{2} k_n' \left(\frac{W}{L}\right) (V_{GS} - V_T)^2 \text{을 사용하면}$$

$$I_D = \frac{1}{2} (0.1) \left(\frac{60}{1}\right) (V_{GS} - 1)^2 \quad [mA]$$

즉, $I_D = 3(V_{GS} - 1)^2 \; [mA]$ ------①

$V_{GS} = V_{GG} - R_S I_D$ 로부터 $V_{GS} = 2.5 - 6I_D$ ------②

식②를 식①에 대입하면

$$I_D = 3(1.5 - 6I_D)^2$$

이 I_D 에 대한 이차방정식을 풀면

$$I_D = 0.303mA \text{ or } \mathbf{0.206mA}$$

$I_D = 0.303mA$를 식②에 대입하면 $V_{GS} = 0.682V < V_T$ 이므로 채널을 형성시킬 수 없어서 부적합하다.

한편, $I_D = 0.206mA$를 식②에 대입하면 $V_{GS} = 1.264V > V_T$

V_{GS}가 채널을 형성시킬 수 있는 값이므로 $I_D = 0.206mA$는 해가 될 수 있는 필요조건을 만족시킨다.

이때, $\mathrm{V_{DS}} = \mathrm{V_{DD}} - \mathrm{R_S I_D} = 5 - 6 \times 0.206 = 3.764[\mathrm{V}]$

(☞ $V_{DS} = 3.764V > V_{GS} - V_T = 0.264V$ 가 성립하므로 포화영역에서 동작할 것이라는 가정은 정당하다.)

답: $I_{DQ} = 0.206mA$, $V_{DSQ} = 3.764V$, $V_{GSQ} = 1.264V$

(b) 소신호 등가회로 그리기

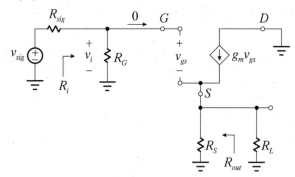

(c) R_{in}, A_v, R_{out} 구하기

$$g_m = k'_n\left(\frac{L}{W}\right)(V_{GS} - V_T) = 0.1 \times \frac{60}{1} \times 0.264 = 1.584[mA/V]$$

$$\frac{1}{g_m} = \frac{1}{1.584mA/V} = 0.631k\Omega$$

$$r_o = \frac{V_A}{I_D} = \frac{\infty}{0.206mA} = \infty$$

$$R_{in} = R_G = 2.5M\Omega$$

$$A_v = \frac{R_S \| R_L}{R_S \| R_L + (1/g_m)} = \frac{3k\Omega}{3k\Omega + 0.631k\Omega} = 0.826[V/V]$$

$$R_{out} = \frac{1}{g_m} \| R_S = 0.631k\Omega \| 6k\Omega = 0.571k\Omega$$

[해답 10.6] (a) $A_v = 0.89[V/V]$, (b) $R_o = 0.471k\Omega$, $R_{out} = 0.444k\Omega$

[풀이 10.6]

(a) 전압이득 A_v 구하기

$$v_{gs} = v_i - v_o \Big|_{v_o = g_m v_{gs}(R_S // R_L)} = v_i - g_m v_{gs}(R_S // R_L)$$

$$\rightarrow v_i = [1 + g_m(R_S // R_L)]v_{gs}$$

$$A_v \equiv \frac{v_o}{v_i} = \frac{g_m(R_S/\!/R_L)v_{gs}}{[1+g_m(R_S/\!/R_L)]v_{gs}} = \frac{g_m(R_S/\!/R_L)}{1+g_m(R_S/\!/R_L)} = \frac{8}{1+8} = 0.89[V/V]$$

(b) 출력저항 R_o, R_{out} 구하기

$$R_o = \left(\frac{1}{g_m}\right)\Big\|R_S = 0.5k\Omega\|8k\Omega = 0.471k\Omega$$

$$R_{out} = \frac{1}{g_m}\|R_S\|R_L = 0.5k\Omega\|(8k\Omega\|8k\Omega) = 0.5k\Omega\|4k\Omega = 0.444k\Omega$$

[해답 10.7] (a) $A_v = -0.17$, (b) $R_{in} = 0.471k\Omega$

[풀이 10.7]

(a) 전압이득 A_v 구하기

아래 그림의 등가회로로부터

$$A_v \equiv \frac{v_o}{v_i} = \frac{-(4K\Omega/\!/2K\Omega)\times g_m v_{gs}}{8K\Omega \times g_m v_{gs}} = \frac{-(4K\Omega/\!/2K\Omega)}{8K\Omega} = -0.17$$

$$A_v = g_m(R_D\|R_L) = (2mA/V)(4k\Omega\|2k\Omega) = 2.67$$

(b) 입력저항 R_{in} 구하기

$$R_{in} = \frac{1}{g_m}\|R_S = \frac{1}{2mA/V}\|8k\Omega = 0.5k\Omega\|8k\Omega = 0.471k\Omega$$

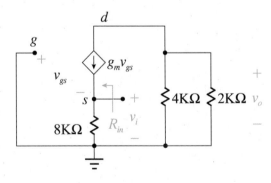

[해답 10.8]	$A_v = -2[V/V]$

[풀이 10.8]

아래 그림의 등가회로로부터

$$A_v = -g_m R_D = -(1mA/V)(2k\Omega) = -2[V/V]$$

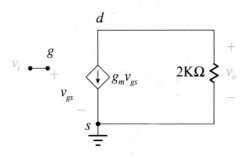

[해답 10.9]	$A_v = 0.67$

[풀이 10.9]

아래 그림의 등가회로로부터

$$v_{gs} = v_i - v_o \Big|_{v_o = g_m v_{gs} R_S} = v_i - g_m v_{gs} R_S$$

$$\rightarrow v_i = (1 + g_m R_S) v_{gs}$$

$$A_v \equiv \frac{v_o}{v_i} = \frac{R_S g_m v_{gs}}{(1 + g_m R_S) v_{gs}} = \frac{R_S g_m}{1 + g_m R_S} = \frac{2}{1+2} = 0.67$$

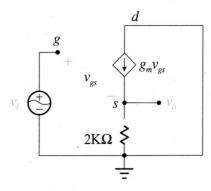

[해답 10.10] $\quad A_v = 0.25$

[풀이 10.10]

아래 그림의 등가회로로부터

$v_{gs} = v_i - g_m v_{gs} R_S$

$\rightarrow v_i = (1 + g_m R_S) v_{gs}$

$$A_v \equiv \frac{v_o}{v_i} = \frac{\dfrac{(1K + 1K) // 2K \times g_m v_{gs}}{2}}{(1 + g_m R_S) v_{gs}} = \frac{1K \times g_m}{2(1 + g_m R_S)} = \frac{1}{2(1 + 1)} = 0.25$$

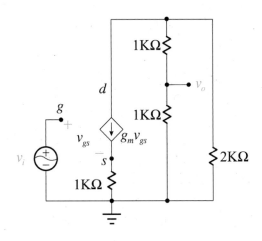

[해답 10.11] $\quad$ 풀이에 있음

[풀이 10.11]

그림 10.14(a) 회로로부터 교류 등가회로를 구하고 저항 R_L 을 전압원 v_x 로 대체하면 아래 그림과 같다.

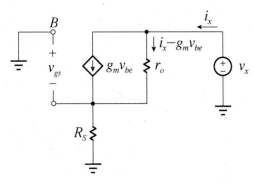

출력루프로부터 v_x는 저항 r_o에서의 전압강하와 R_S에서의 전압강하를 더한 것과 같으므로

$$v_x = r_o(i_x - g_m v_{gs}) + R_S i_x \qquad \text{------①}$$

또한 입력루프로부터 v_{gs}와 R_S에서의 전압강하를 더한 것은 0V 이므로

$$v_{gs} = -R_S i_x \qquad \text{------②}$$

식②를 식①에 대입한 후 정리하면

$$v_x = [r_o + R_S(1 + g_m r_o)]i_x$$

따라서 $R_{od} \equiv \dfrac{v_x}{i_x} = r_o + (1 + g_m r_o)R_S \cong r_o + (g_m r_o)R_S \quad (\because g_m r_o \gg 1)$

여기서 $A_{vo} = g_m r_o$(open-circuit voltage gain: 개방회로 전압이득)이라고 하며 통상적으로 1 보다 훨씬 큰 값이다. 따라서 R_{od}는 다음과 같이 표현된다.

$$R_{od} = r_o + A_{vo} R_S$$

☞ 결국 드레인 측에서 소스 저항을 보면 A_{vo} 배만큼 커 보인다.

[해답 10.12]	풀이에 있음

[풀이 10.12]

가. 그림 10.14(b) 회로로부터 R_{oc} 유도하기

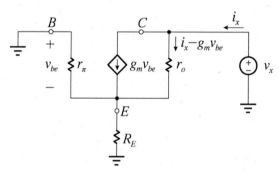

출력루프로부터 v_x는 저항 r_o에서의 전압강하와 $R_E \| r_\pi (= R_E')$에서의 전압강하를 더한 것과 같으므로

$$v_x = r_o(i_x - g_m v_{be}) + R_E' i_x \qquad \text{------①}$$

또한 입력루프로부터 v_{be}와 R_E에서의 전압강하를 더한 것은 0V 이므로

$$v_{be} + R_E\left(i_x + \frac{v_{be}}{r_\pi}\right) = 0 \qquad \text{------②}$$

식②를 정리하면

$$v_{be}\left(\frac{1}{R_E}+\frac{1}{r_\pi}\right)+i_x=0$$

$$v_{be}=-R_E'i_x \qquad\qquad ------②'$$

식②'을 식①에 대입한 후 정리하면

$$v_x=\left[r_o+R_E'\left(1+g_mr_o\right)\right]i_x$$

따라서 $R_{oc}\equiv\dfrac{v_x}{i_x}=r_o+\left(1+g_mr_0\right)R_E'\cong r_o+\left(g_mr_o\right)R_E'\ \left(\because g_mr_o\gg1\right)$

여기서 $A_{vo}=g_mr_o$(open-circuit voltage gain: 개방회로 전압이득)이라고 하며 통상적으로 1 보다 훨씬 큰 값이다. 따라서 R_{oc}는 다음과 같이 표현된다.

$$R_{oc}=r_o+A_{vo}R_E'$$

☞ 결국 콜렉터 측에서 이미터 저항($R_E'=R_E\|r_\pi$)을 보면 A_{vo}배만큼 커 보인다.

나. 그림 10.14(b) 회로로부터 R_{oe} 유도하기

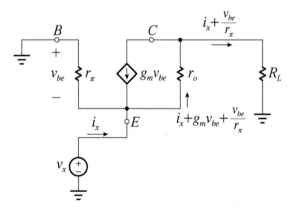

출력루프로부터 v_x는 저항 r_o에서의 전압강하와 R_L에서의 전압강하를 더한 것과 같으므로

$$v_x=r_o\left(i_x+g_mv_{be}+\frac{v_{be}}{r_\pi}\right)+R_L\left(i_x+\frac{v_{be}}{r_\pi}\right) \qquad\qquad ------①$$

또한 입력루프로부터

$$v_{be}+v_x=0$$

즉, $v_{be}=-v_x \qquad\qquad ------②$

식②을 식①에 대입하면

$$v_x = r_o\left(i_x + g_m v_x + \frac{v_x}{r_\pi}\right) + R_L\left(i_x + \frac{v_x}{r_\pi}\right)$$

$$\left[(1 + g_m r_o) + \frac{r_o + R_L}{r_\pi}\right]v_x = (r_o + R_L)i_x$$

양변을 $r_o + R_L$로 나누면

$$\left[\frac{1 + g_m r_o}{r_o + R_L} + \frac{1}{r_\pi}\right]v_x = i_x$$

따라서 R_{oe}는 다음과 같이 표현된다.

$$R_{oe} = \frac{v_x}{i_x} = \frac{1}{\dfrac{1 + g_m r_o}{r_o + R_L} + \dfrac{1}{r_\pi}} = \frac{r_o + R_L}{1 + g_m r_o}\Big\| r_\pi \cong \frac{r_o + R_L}{A_{vo}}\Big\| r_\pi$$

여기서 $A_{vo} = g_m r_o$(open-circuit voltage gain: 개방회로 전압이득)이라고 하며 통상적으로 1 보다 훨씬 큰 값이다.

☞ $\dfrac{r_o + R_L}{A_{vo}} = \dfrac{r_o + R_L}{g_m r_o} \cong \dfrac{1}{g_m} = r_e = \dfrac{r_\pi}{\beta + 1} \langle\!\langle r_\pi$ 이므로

$R_{oe} \cong \dfrac{r_o + R_L}{A_{vo}} = r_e + \dfrac{R_L}{A_{vo}}$ 로 근사시킬 수 있는데, 이로부터 이미터 측에서 콜렉터 측에 연결된 부하 저항을 보면 A_{vo} 배만큼 작아 보인다는 사실을 알 수 있다.

제 11 장 연습문제 풀이

[해답 11.1] (a) 풀이 참조, (b) 고주파이득 함수: $A_v(s) = \dfrac{10}{1 + \dfrac{s}{10^9}}$, (c) 풀이 참조

[풀이 11.1]
(a) 고주파 등가회로

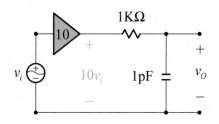

(b) 고주파이득 함수

$$\omega_H = \frac{1}{RC} = \frac{1}{10^3 \times 10^{-12}} = 10^9 [rad/\sec]$$

이므로 교재의 식 (11.3)을 참조하면

$$A_v(s) = \frac{A_o}{1 + \dfrac{s}{\omega_H}} = \frac{10}{1 + \dfrac{s}{10^9}}$$

(c) 고주파 이득 함수에 대한 보드 선도 그리기

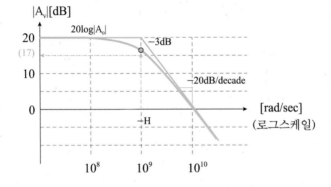

[해답 11.2] (a) 풀이 참조, (b) 저주파이득 함수: $A_v(s) = 10\dfrac{s}{s + 2 \times 10^2}$, (c) 풀이 참조

[풀이 11.2]

(a) 저주파 등가회로

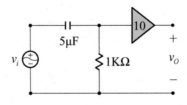

(b) 저주파이득 함수

$$\omega_L = \frac{1}{R_1 C_1} = \frac{1}{10^3 \times (5 \times 10^{-6})} = 2 \times 10^2 [rad/\sec]$$

이므로 교재의 식 (11.12)를 참조하면

$$A_v(s) = A_o \frac{s}{s + \omega_L} = 10 \frac{s}{s + 2 \times 10^2}$$

(c) 저주파 이득 함수에 대한 보드 선도 그리기

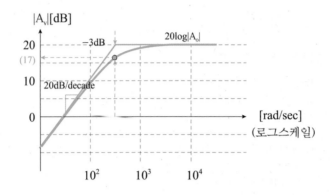

[해답 11.3]	(a)풀이 참조, (b) 평탄대역 이득 = 20[dB], (c) $f_H = 159MHz$

[풀이 11.3]

(a) 전체 주파수 응답에 대한 보드 선도

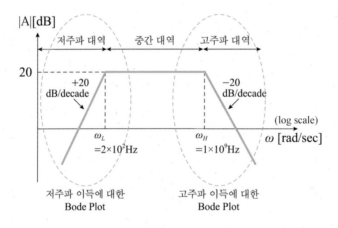

(b) 평탄대역 이득

평탄 대역에서는 $C_1(5\mu F)$는 단락시키고 $C(1\rho F)$는 개방시키므로 이득 $A_o = 10[V/V]$이 된다. 또한 이 값을 dB 단위로 나타내면 20log10=20[dB]가 된다.

(c) 대역폭

대역폭 $\cong \omega_H = 1 \times 10^9 [rad/\sec]$

대역폭을 Hz 단위로 나타내면 $f_H = \dfrac{10^9}{2\pi} Hz = 159MHz$

[해답 11.4]	(a) 풀이 참조, (b) $A_v(s) = \dfrac{-10}{1 + \dfrac{s}{27.4 \times 10^6}}$, (c) 연습문제 11.7(a) 풀이의 그림 참조, (d) $f_H = 4.36MHz$

[풀이 11.4]

(a) 고주파 등가회로 그리기

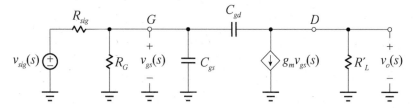

여기서 $R'_L = R_D \| R_L = 20k\Omega \| 20k\Omega = 10k\Omega$ 이고

$g_m R'_L = (2mA/V)(10k\Omega) = 20$

밀러의 정리를 이용하여 귀환이 없는 소신호 등가회로를 다시 그리면 다음과 같다.

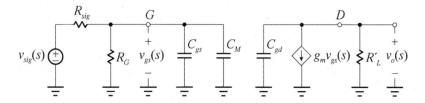

여기서 $C_M = C_{gd}(1 + g_m R'_L) = 0.3\rho F \times (1 + 20) = 6.3\rho F$

V_{sig}, R_{sig}, R_G 부분에 대하여 테브냉 등가변환하면

$V'_{sig} = \dfrac{R_G}{R_{sig} + R_G} V_{sig} = \dfrac{10k\Omega}{10k\Omega + 10k\Omega} \times V_{sig} = \dfrac{1}{2} V_{sig}$

$R'_{sig} = R_{sig} \| R_G = 10k\Omega \| 10k\Omega = 5k\Omega$

$C_{in} = C_{gd} + C_M = 1 + 6.3 = 7.3 [\rho F]$ 을 도입하여 위의 소신호 등가회로를 다시 그리면

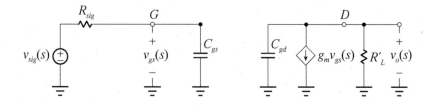

(b) 고주파 이득함수 구하기

입력루프 측의 시상수에 의한 상위 3 dB 주파수는

$$\omega_H = \frac{1}{R'_{sig} C_{in}} = \frac{1}{5k\Omega \times 7.3 \rho F} = 27.4 \times 10^6 [rad/\sec]$$

출력루프 측의 시상수에 의한 상위 3 dB 주파수는

$$\omega_{H2} = \frac{1}{R'_L C_{gd}} = \frac{1}{10k\Omega \times 0.3 \rho F} = 333 \times 10^6 [rad/\sec]$$

$\omega_H \langle\langle \omega_{H2}$ 여서 pole $s = -\omega_{H2}$는 동작주파수 영역에서 회로에 영향을 주지 못하므로 출력루프 측의 C_{gd}는 무시해도 좋다.

평탄대역 이득

평탄대역에서 $V_{gs} = V'_{sig} = \frac{1}{2} V_{sig}$ 이므로 $\frac{V_{gs}}{V_{sig}} = \frac{1}{2}$ 이고, $V_o = g_m v_{gs} R'_L$ 이므로

$\frac{V_o}{V_{gs}} = g_m R'_L$ 이다. 따라서

$$A_o = \frac{V_{gs}}{V_{sig}} \frac{V_o}{V_{gs}} = -\frac{1}{2}(2mA/V)(10k\Omega) = -10[V/V] 이다.$$

$\omega_H = 27.4 \times 10^6 [rad/\sec]$ 이므로

$$A_v(s) = \frac{A_o}{1 + \dfrac{s}{\omega_H}} = \frac{-10}{1 + \dfrac{s}{27.4 \times 10^6}}$$

(c) 고주파 이득 함수에 대한 보드선도 그리기

☞ 이득 함수의 위상에 대한 보드 선도는 생략함.

연습문제 11.7(a) 풀이의 그림 참조

(d) 상위 3 dB 주파수 f_H 구하기

$$f_H = \frac{\omega_H}{2\pi} = 4.36 \times 10^6 Hz = 4.36 MHz$$

[해답 11.5] (a) 풀이 $f_H = 16.7\text{MHz}$, (b) 풀이 참조

[풀이 11.5]

$R_D = R_L = 2k\Omega$이면 연습문제 11.4 에서 $R_L' = R_D \| R_L = 1k\Omega$인 경우이다.

(a) 상위 3 dB 주파수 f_H 구하기

$$g_m R_L' = (2mA/V)(1k\Omega) = 2$$

$$C_M = C_{gd}(1 + g_m R_L') = 0.3\rho F \times (1+2) = 0.9\rho F$$

$$C_{in} = C_{gd} + C_M = 1 + 0.9 = 1.9[\rho F]$$

$$R_{sig}' = R_{sig} \| R_G = 10k\Omega \| 10k\Omega = 5k\Omega$$

입력루프 측의 시상수에 의한 상위 3 dB 주파수는

$$\omega_H = \frac{1}{R_{sig}' C_{in}} = \frac{1}{5k\Omega \times 1.9\rho F} = 105 \times 10^6 [rad/\sec]$$

상위 3 dB 주파수는

$$f_H = \frac{\omega_H}{2\pi} = 16.7 \times 10^6 \text{Hz} = 16.7\text{MHz}$$

(b) $R_L' = R_D \| R_L = 10k\Omega$에서 $1k\Omega$으로 줄어듦에 따라 결과적으로 대역폭 f_H가 4.36MHz 에서 16.7MHz 로 증가했는데 이는 밀러 커패시턴스 $C_M = C_{gd}(1 + g_m R_L')$가 작아지고 이에 따라 밀러효과에 의한 대역폭 축소효과가 줄어든 때문이다.

[해답 11.6] (a) 풀이 참조, (b) $A_v(s) = -10 \cdot \dfrac{s}{s+25}$,

(c) 연습문제 3.7(a) 풀이의 그림 참조, (d) $f_L = 3.98[\text{Hz}]$

[풀이 11.6]

(a) 저주파 등가회로 그리기

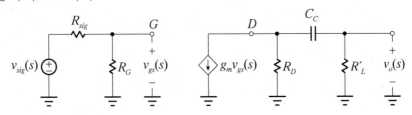

(b) 저주파 이득함수 구하기

저주파 이득함수 $A_v(s)$는

$$A_v(s) \equiv \frac{V_o(s)}{V_{sig}(s)} = \frac{V_{gs}(s)}{V_{sig}(s)} \frac{V_o(s)}{V_{gs}(s)}$$

$$\frac{V_{gs}(s)}{V_{sig}(s)} = \frac{R_G}{R_{sig} + R_G} = \frac{1}{2} 이고$$

$$\frac{V_o(s)}{V_{gs}(s)} = \frac{-g_m V_{gs}(s)}{V_{gs}(s)} \cdot \frac{R_D}{R_D + \dfrac{1}{sC_C} + R_L} \cdot R_L = \left(-g_m R_L'\right)\frac{s}{s+\omega_L}$$

여기서 $R_L' = R_D \| R_L$ 이고 $\omega_L = \dfrac{1}{(R_D + R_L)C_C}$

따라서 $A_v(s) = \left(-\dfrac{1}{2}g_m R_L'\right)\dfrac{s}{s+\omega_L}$

여기서 $R_L' = R_D \| R_L = 20k\Omega \| 20k\Omega = 10k\Omega$ 이고

평탄대역 이득 $A_o = -\dfrac{1}{2}g_m R_L' = -\dfrac{1}{2}(2mA/V)(10k\Omega) = -10[V/V]$ 이며

$$\omega_L = \frac{1}{(R_D + R_L)C_C} = \frac{1}{(20k\Omega + 20k\Omega)(1\mu F)} = 25[rad/\sec] 이므로$$

$$A_v(s) = -10 \cdot \frac{s}{s+25}$$

(c) 저주파 이득 함수에 대한 보드선도 그리기

☞ 이득 함수의 위상에 대한 보드 선도는 생략함.

연습문제 3.7(a) 풀이의 그림 참조

(d) 하위 3 dB 주파수 f_L 구하기

$$f_L = \frac{\omega_L}{2\pi} = \frac{25}{2\pi} = 3.98[Hz]$$

[해답 11.7] (a) 풀이 참조, (b) $A_o = -10[V/V]$, (c) $f_H - f_L \cong f_H = 4.36MHz$

[풀이 11.7]

(a) 전체 주파수 응답에 대한 보드선도 그리기

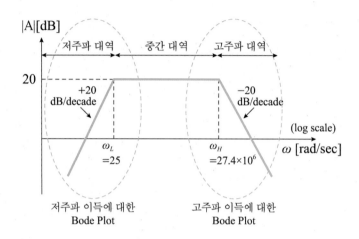

(b) 평탄대역 이득 A_o 구하기

$$A_o = -\frac{1}{2}g_m R_L' = -\frac{1}{2}(2mA/V)(10k\Omega) = -10[V/V]$$

또한 dB 단위로 표현하면

$$20\log|A_o| = 20\log 10 = 20[dB]$$

(c) 대역폭 구하기

$$대역폭 = \omega_H - \omega_L \cong \omega_H = 27.4 \times 10^6 \, rad/\sec$$

$$또는 \; 대역폭 = f_H - f_L \cong f_H = \frac{\omega_H}{2\pi} = \frac{27.4 \times 10^6 \, rad/\sec}{2\pi} = 4.36MHz$$

[해답 11.8]	(a) 풀이 참조, (b) $A_i(s) \equiv \dfrac{I_{out}(s)}{I_{in}(s)} = 20[A/A]$, (c) 평탄대역 전류이득: $A_o = 20[A/A]$

[풀이 11.8]

(a) 저주파 등가회로 그리기

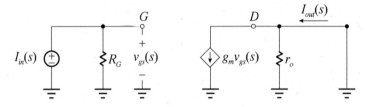

(b) 저주파 전류이득 $A_i(s) = I_{out}(s)/I_{in}(s)$ 구하기

종속전류 $g_m V_{gs}(s)$가 드레인 노드에서 모두 단락된 부하로 흐르고 r_o에는 전류가 흐르지 않으므로

$$I_{out}(s) = g_m V_{gs}(s) = g_m R_G I_{in}(s)$$

따라서 $A_i(s) \equiv \dfrac{I_{out}(s)}{I_{in}(s)} = g_m R_G = (2mA/V)(10k\Omega) = 20[A/A]$

(c) 평탄대역 전류이득 A_o

(b)에서 구한 저주파 전류이득 함수 $A_i(s) = 20[A/A]$로부터

평탄대역 전류이득 $A_o = 20[A/A]$

[해답 11.9]	(a)풀이 참조, (b) 풀이 참조, (c) 평탄대역 전류이득: $A_o = 20[A/A]$

[풀이 11.9]

(a) 고주파 등가회로 그리기

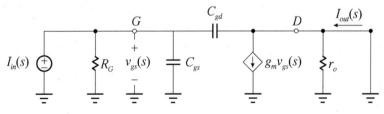

(b) 고주파 전류이득 $A_i(s) = I_{out}(s)/I_{in}(s)$ 구하기

드레인 노드에서 전류방정식을 세우면

$$I_{out}(s) = g_m V_{gs}(s) - sC_{gd}V_{gs} = (g_m - sC_{gd})V_{gs} \quad \text{------①}$$

한편 입력루프에서 전압방정식을 세우면

$$V_{gs} = \left[R_G \left\| \frac{1}{s(C_{gs} + C_{gd})} \right. \right] I_{in}(s) \qquad \text{------②}$$

식②를 식①에 대입하면

$$A_i(s) \equiv \frac{I_{out}(s)}{I_{in}(s)} = (g_m - sC_{gd}) \left[R_G \left\| \frac{1}{s(C_{gs} + C_{gd})} \right. \right]$$

$$= (g_m - sC_{gd}) \cdot \frac{1}{\dfrac{1}{R_G} + s(C_{gs} + C_{gd})}$$

$$= g_m R_G \left(1 - \frac{sC_{gd}}{g_m} \right) \cdot \frac{1}{1 + sR_G(C_{gs} + C_{gd})}$$

$$= g_m R_G \cdot \frac{\left(1 - \dfrac{sC_{gd}}{g_m} \right)}{1 + sR_G(C_{gs} + C_{gd})}$$

$$= g_m R_G \cdot \frac{\left(1 - \dfrac{s}{\omega_{H2}} \right)}{1 + \dfrac{s}{\omega_{H1}}}$$

여기서 $\omega_{H1} = \dfrac{1}{R_G(C_{gs} + C_{gd})} = \dfrac{1}{(10k\Omega)(1\rho F + 0.3\rho F)} = 76.9 \times 10^6 \, rad/\sec$ 이고

$\omega_{H2} = \dfrac{g_m}{C_{gd}} = \dfrac{2mA/V}{0.3\rho F} = 6.67 \times 10^9 \, rad/\sec$ 이다.

따라서 상기 고주파 전류이득 $A_i(s)$ 는 $s = -\omega_{H1}$ 에서 pole 을 갖고 $s = +\omega_{H2}$ 에서 zero 를 갖는 함수이다.

(c) 평탄대역 전류이득 A_o

(b)에서 구한 저주파 전류이득 함수 $A_i(s)$ 로부터 평탄대역 전류이득 A_o 은

$$A_o = \left| A_i(j\omega) \right|_{\omega \to 0} = g_m R_G = (2mA/V)(10k\Omega) = 20[A/A]$$

[해답 11.10]	(a) 풀이 참조, (b) $f_H = 12.2MHz$, (c) $f_T = A_o f_H = 244MHz$,
	(d) $A_o = g_m R_G = 20[A/A]$, (e) $f_T \cong A_o \cdot f_H$

[풀이 11.10]

(a) 전류이득에 대한 보드선도 그리기

[연습 11.8]의 (b)와 [연습 11.9]의 (b)로부터 전류이득의 전체 주파수 응답은

$$A_i(s) = g_m R_G \cdot \frac{\left(1 - \dfrac{s}{\omega_{H2}}\right)}{1 + \dfrac{s}{\omega_{H1}}} = A_o \cdot \frac{\left(1 - \dfrac{s}{\omega_{H2}}\right)}{1 + \dfrac{s}{\omega_{H1}}}$$

여기서 $\omega_{H1} = \dfrac{1}{R_G(C_{gs} + C_{gd})}$, $\omega_{H2} = \dfrac{g_m}{C_{gd}}$

$A_i(s)$는 $s = -\omega_{H1}$에서 pole 을 갖고 $s = +\omega_{H2}$에서 zero 를 가지며

평탄대역 전류이득 $A_o = g_m R_G = 20[A/A]$

이를 dB 단위로 나타내면

$20 \log A_o = 20 \log 20 = 26.0[dB]$

또한 $\omega \to \infty$에서 $A_i(j\omega)$의 크기는

$$|A_i(j\omega)|_{\omega \to \infty} = g_m R_G \cdot \frac{\omega_{H1}}{\omega_{H2}} = \frac{C_{gd}}{C_{gs} + C_{gd}} = \frac{0.3}{1 + 0.3} = 0.231$$

이를 dB 단위로 나타내면

$20 \log |A_i(j\infty)| = 20 \log 0.231 = -12.7[dB]$

상기의 정보들을 사용하여 보드선도를 그리면 다음과 같다.

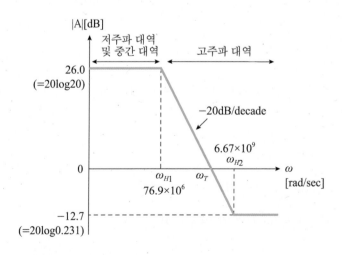

(b) 3 dB 주파수 f_H 구하기

$$f_H = \frac{\omega_{H1}}{2\pi} = \frac{76.9 \times 10^6\, rad/\sec}{2\pi} = 12.2 MHz$$

(c) 차단 주파수 f_T 구하기

$$A_i(s) = A_o \cdot \frac{\left(1 - \dfrac{s}{\omega_{H2}}\right)}{1 + \dfrac{s}{\omega_{H1}}}$$

$\omega_{H1} \lll \omega_T \lll \omega_{H2}$ 라고 가정하면

$$\left|A_i(j\omega_T)\right| \cong A_o \cdot \frac{1}{\left(\dfrac{\omega_T}{\omega_{H1}}\right)}$$

윗식의 좌변 대신 1 을 대입하고 우변을 정리하면

$$1 \cong A_o \frac{f_H}{f_T}$$

즉, $f_T \cong A_o \cdot f_H = 20 \times 12.2 MHz = 244 MHz$

☞ $f_T = 244 MHz$ 는 f_H 의 $A_o(=20)$ 배이므로 가정 $f_H \lll f_T$ 을 만족한다. 그러나

$$f_{H2} = \frac{\omega_{H2}}{2\pi} = \frac{6.67 \times 10^9\, rad/\sec}{2\pi} = 1.06 GHz \text{ 이므로}$$

$$\frac{f_{H2}}{f_T} = \frac{1.06 GHz}{244 MHz} = 4.34$$

따라서 가정 $f_T \lll f_{H2}$ 이 성립한다고 보기에는 다소 무리가 있다. 따라서

$$A_i(s) = A_o \cdot \frac{\left(1 - \dfrac{s}{\omega_{H2}}\right)}{1 + \dfrac{s}{\omega_{H1}}}$$

에 가정 $f_H \lll f_T$ 만을 적용하면

$$\left|A_i(j\omega_T)\right| \cong A_o \cdot \frac{\sqrt{1 + \left(\dfrac{f_T}{f_{H2}}\right)^2}}{\left(\dfrac{f_T}{f_{H1}}\right)}$$

$$1 = A_o f_H \sqrt{\left(\frac{1}{f_T}\right)^2 + \left(\frac{1}{f_{H2}}\right)^2}$$

$$\left(\frac{1}{A_o f_H}\right)^2 = \left(\frac{1}{f_T}\right)^2 + \left(\frac{1}{f_{H2}}\right)^2$$

$$f_T = \frac{A_o f_H}{\sqrt{1 - \left(\frac{A_o f_H}{f_{H2}}\right)^2}}$$

$$\left(\frac{A_o f_H}{f_{H2}}\right)^2 = \left(\frac{1}{4.34}\right)^2 = \frac{1}{18.8} \lll 1 \text{이므로}$$

$$f_T \cong A_o f_H \left[1 + \frac{1}{2}\left(\frac{A_o f_H}{f_{H2}}\right)^2\right] = 1.027 A_o f_H \cong A_o f_H$$

결국 좀 더 정확히 푼 결과는

$$f_T = 1.027 A_o f_H = 250 MHz \text{ 로서}$$

$$f_T = A_o f_H = 244 MHz \text{와 크게 다르지 않다.}$$

(d) A_o 구하기

$$A_o = g_m R_G = 20[A/A]$$

(e) f_H 와 f_T 와의 관계식 구하기

$$f_T \cong A_o \cdot f_H \text{ (☞ 이 값을 Gain-Bandwidth}$$

제 12 장 연습문제 풀이

[해답 12.1]

(a) $i_{D1} = i_{D2} = \dfrac{I_{SS}}{2} = 2mA$, $v_{GS1} = v_{GS2} = 2.414[V]$, $v_S = -2.414V$

(b) $i_{D1} = i_{D2} = 2mA$, $v_{GS1} = v_{GS2} = 2.414V$, $v_S = -1.414V$

(c) $i_{D1} = 3.31mA$, $i_{D2} = 0.69mA$, $v_{GS1} = 2.82V$, $v_{GS2} = 1.82V$, $v_S = -1.82V$

[풀이 12.1]

(a) 좌우의 회로가 대칭인 상태에서 공통모드 입력이 가해지고 있으므로

$$i_{D1} = i_{D2} = \frac{I_{SS}}{2} = 2mA \text{ 이고 } v_{GS1} = v_{GS2}$$

드레인 전류 공식

$$i_{D1} = \frac{1}{2} k'_n \left(\frac{W}{L} \right) (v_{GS1} - V_T)^2$$

에 주어진 값들을 대입하면

$$2mA = \frac{1}{2} (2mA/V^2)(V_{GS} - 1)^2$$

$$v_{GS1} = 1 + \sqrt{2} = 2.414[V] \text{------①}$$

따라서 $v_S = v_{G1} - v_{GS1} = 0V - 2.414V = -2.414V$

한편

$$v_{D1} = V_{DD} - R_D \times i_{D1} = 15V - (2k\Omega) \times (2mA) = 11V$$

$$v_{D2} = V_{DD} - R_D \times i_{D2} = 15V - (2k\Omega) \times (2mA) = 11V$$

$$v_{DS1} = v_{D1} - v_S = 11V - (-2.414V) = 13.414V > v_{GS1} - V_T = 1.414V$$

$$v_{DS2} = v_{D2} - v_S = 11V - (-2.414V) = 13.414V > v_{GS2} - V_T = 1.414V$$

따라서 MOSFET M_1과 M_2가 모두 포화영역에 동작한다는 가정은 정당하다.

답: $i_{D1} = i_{D2} = 2mA$, $v_{GS1} = v_{GS2} = 2.414V$, $v_S = -2.414V$

(b) 좌우의 회로가 대칭인 상태에서 공통모드 입력이 가해지고 있으므로

i_{D1}, i_{D2}, v_{GS1}, v_{GS2} 의 값은 (a)의 경우와 동일하고

v_{G1}과 v_{G2} 가 0V 에서 1V 로 증가하더라도 동일한 v_{GS1}, v_{GS2} 값 2.414V 를 유지하기 위하여

v_S 값만 $v_S = v_{G1} - v_{GS1} = 1V - 2.414V = -1.414V$ 로 증가한다.

한편,

$$v_{D1} = V_{DD} - R_D \times i_{D1} = 15V - (2k\Omega) \times (2mA) = 11V$$

$$v_{D2} = V_{DD} - R_D \times i_{D2} = 15V - (2k\Omega) \times (2mA) = 11V$$

$$v_{DS1} = v_{D1} - v_S = 11V - (-1.414V) = 12.414V > v_{GS1} - V_T = 1.414V$$

$$v_{DS2} = v_{D2} - v_S = 11V - (-1.414V) = 12.414V > v_{GS2} - V_T = 1.414V$$

따라서 MOSFET M_1 과 M_2 가 모두 포화영역에 동작한다는 가정은 정당하다.

답: $i_{D1} = i_{D2} = 2mA$, $v_{GS1} = v_{GS2} = 2.414V$, $v_S = -1.414V$

(c) MOSFET M_1 과 M_2 가 모두 포화영역에 동작한다고 가정하면

$i_{D1} = \dfrac{1}{2} k_n' \left(\dfrac{W}{L}\right)(v_{GS1} - V_T)^2$ 에 조건 $V_T = 1V$ 및 주어진 값을 대입하면

$$i_{D1} = (v_{GS1} - 1)^2 \; [mA] \text{------①}$$

$i_{D2} = \dfrac{1}{2} k_n' \left(\dfrac{W}{L}\right)(v_{GS2} - V_T)^2$ 에 조건 $V_T = 1V$ 및 주어진 값을 대입하면

$$i_{D2} = (v_{GS2} - 1)^2 \; [mA] \text{------②}$$

또한 $v_{G1} = 1V$ 이고 $v_{G1} = 0V$ 이므로

$$v_{GS2} = v_{GS1} - 1 \text{------③}$$

식 ③을 식 ②에 대입하면

$$i_{D2} = (v_{GS1} - 1)^2 \; [mA] \text{------②'}$$

①+②': $i_{D1} + i_{D2} = (v_{GS1} - 1)^2 + (v_{GS2} - 2)^2$

위식의 좌변은 정전류 $I_{SS} = 4mA$ 와 같으므로

$$4 = (v_{GS1} - 1)^2 + (v_{GS2} - 2)^2$$

$$2v_{GS1}^2 - 6v_{GS1} + 1 = 0$$

$$v_{GS1}^2 - 3v_{GS1} + 0.5 = 0$$

$v_{GS1} = 2.82V$ 또는 $v_{GS2} = 0.18V$ ($v_{GS2} < V_T$ 여서 채널형성을 시킬 수 없으므로 부적합)

식 ③으로부터 $v_{GS2} = v_{GS1} - 1 = 1.82$

$$v_S = v_{G2} - v_{GS2} = 0V - 1.82V = -1.82V$$

v_{GS1}과 v_{GS2}의 값을 식 ①에 각각 대입하면

$$i_{D1} = (2.82 - 1)^2 = 3.31[mA]$$

$$i_{D2} = I_{SS} - i_{D1} = 4 - 3.31 = 0.69[mA]$$

한편

$$v_{D1} = V_{DD} - R_D \times i_{D1} = 15V - (2k\Omega) \times (3.31mA) = 8.38V$$

$$v_{D2} = V_{DD} - R_D \times i_{D2} = 15V - (2k\Omega) \times (0.69mA) = 13.62V$$

$$v_{DS1} = v_{D1} - v_S = 8.38V - (-1.82V) = 10.20V > v_{GS1} - V_T = 1.82V$$

$$v_{DS2} = v_{D2} - v_S = 13.62V - (-1.82V) = 15.44V > v_{GS2} - V_T = 0.82V$$

따라서 MOSFET M_1과 M_2가 모두 포화영역에 동작한다는 가정은 정당하다.

답: $i_{D1} = 3.31mA$, $i_{D2} = 0.69mA$, $v_{GS1} = 2.82V$, $v_{GS2} = 1.82V$, $v_S = -1.82V$

[해답 12.2] v_{G1}의 최소치=2V, v_S의 최소치=−1V, $i_{D2} = 0mA$

[풀이 12.2]

$i_{D1} = 4mA$이면서 v_{GS1} 및 v_S가 최소가 되기 위해서는 우선 $i_{D1} = I_{SS} = 4mA$, $i_{D2} = 0mA$이 되어야하고, 이 상황에서 v_{GS1}의 최소치는 교재의 식(12.20)으로부터 $v_{GS1} = V_T + \sqrt{2}(V_{GS} - V_T)$ 여기서 V_{GS}는 공통모드 입력이 가해질 때의 v_{GS1} 또는 v_{GS2}의 값이므로 연습문제 12.1 (a)의 식 ①를 참조하면 $V_{GS} - V_T = \sqrt{2}$

또한 $V_T = 1V$

따라서

$$v_{GS1} = V_T + \sqrt{2}(V_{GS} - V_T) = 1 + 2 = 3[V]$$

이때 $v_{GS2} = V_T = 1V$

한편, $v_S = v_{G2} - v_{GS2} = v_{G2} - V_T = 0 - 1 = -1V$ 이므로

$$v_{G1} = v_{GS1} + v_S = 3 + (-1) = 2V$$

☞ 확인: $v_{D1} = V_{DD} - R_D \times i_{D1} = 15V - (2k\Omega) \times (4mA) = 7V$ 이므로

$$v_{DS1} = v_{D1} - v_S = 7 - (-1) = 8V \geq v_{GS1} - V_T = 2V$$

따라서 MOSFET M_1은 포화모드에서 동작한다는 가정은 정당하다.

답: v_{G1}의 최소치 2V, v_S의 최소치 −1V, $i_{D2} = 0mA$

[해답 12.3] 풀이 참조

[풀이 12.3]

$v_{D1} = V_{DD} - R_D \times i_{D1} = 15V - (5k\Omega) \times (4mA) = -5V$ 이므로 $i_{D1} = 4mA$인 상태는 존재할 수 없음.

[해답 12.4] $r_o = 100k\Omega$, $g_m = 2.83mA/V$, $A_d = -25.7[V/V]$

[풀이 12.4]

$$r_o = \frac{V_A}{I_{SS}/2} = \frac{20V}{0.2mA} = 100k\Omega$$

$$g_m = \sqrt{2\left(\frac{I_{SS}}{2}\right)\left(k'_n \frac{W}{L}\right)} = \sqrt{2 \times 0.2mA \times 20mA/V^2} = 2\sqrt{2}mA/V = 2.83mA/V$$

채널길이 변조효과를 고려하므로 드레인 측 부하저항에 r_o도 포함시켜야 한다. 따라서

$$R'_D = R_D \| r_o = 10k\Omega \| 100k\Omega = 9.09k\Omega$$

$$A_d = \frac{v_{o1} - v_{o2}}{v_d} = -g_m R'_D = -(2.83mA/V)(9.09k\Omega) = -25.7[V/V]$$

[해답 12.5] $r_o = 50k\Omega$, $g_m = 4.00mA/V$, $A_d = -33.3[V/V]$

[풀이 12.5]

$$r_o = \frac{V_A}{I_{SS}/2} = \frac{20V}{0.4mA} = 50k\Omega$$

$$g_m = \sqrt{2\left(\frac{I_{SS}}{2}\right)\left(k'_n \frac{W}{L}\right)} = \sqrt{2 \times 0.4mA \times 20mA/V^2} = 4.00mA/V$$

채널길이 변조효과를 고려하므로 드레인 측 부하저항에 r_o도 포함시켜야 한다. 따라서

$$R'_D = R_D \| r_o = 10k\Omega \| 50k\Omega = 8.33k\Omega$$

$$A_d = \frac{v_{o1} - v_{o2}}{v_d} = -g_m R'_D = -(4mA/V)(8.33k\Omega) = -33.3[V/V]$$

[해답 12.6] $A_c = -0.005[V/V]$, $CMRR = 5.66 \times 10^3$

[풀이 12.6]

채널길이 변조효과를 무시하는 경우 차동모드 전압이득은 식(12.26)으로부터

$$A_d = -g_m R'_D = -(2.83mA/V)(10k\Omega) = -28.3[V/V]$$

공통모드 전압이득은 식(12.30)으로부터

$$A_c = -\frac{R_D}{2R_{SS}} = -\frac{10k\Omega}{2 \times 1000k\Omega} = -0.005[V/V]$$

따라서 CMRR 은

$$CMRR = \frac{|A_d|}{|A_c|} = \frac{28.3}{0.005} = 5.66 \times 10^3$$

[해답 12.7] $V_{io} = 20.4mA$

[풀이 12.7]

드레인 전류에 대한 식

$$\frac{I_{SS}}{2} = \frac{1}{2}k'_n\left(\frac{W}{L}\right)(V_{GS} - V_T)^2$$

으로부터

$$V_{GS} - V_T = \sqrt{\frac{I_{SS}}{k'_n(W/L)}} = \sqrt{\frac{0.6mA}{10mA/V^2}} = 0.245V$$

이 결과를 입력 오프셋 전압에 대한 식 (12.36)에 적용하면

$$V_{io} = \frac{V_{GS} - V_T}{2}\frac{\Delta R_D}{R_D} = \frac{0.245V}{2}\frac{1k\Omega}{6k\Omega} = 20.4mA$$

[해답 12.8] (a) $V_{GS} = 1.258[V]$, (b) $R = 18.7k\Omega$, (c) $R_O = 250k\Omega$, (d) $V_O = 0.258V$

[풀이 12.8]

(a) $I_{REF} = I_{D1} = \frac{1}{2}k'_n\left(\frac{W}{L}\right)(V_{GS} - V_T)^2$

$0.2 = \frac{1}{2} \times 0.2 \times 30 \times (V_{GS} - 1)^2$

$V_{GS} = 1 + \sqrt{\frac{1}{16}} = 1.258[V]$

(b) $R = \dfrac{V_{DD} - V_{GS}}{I_{REF}} = \dfrac{5V - 1.258V}{0.2mA} = 18.7k\Omega$

(c) $R_O = r_{o2} = \dfrac{V_A}{I_O} = \dfrac{50V}{0.2mA} = 250k\Omega$

(d) $V_O \geq V_{GS} - V_T = 0.258V$

[해답 12.9] (a) $V_{GS1} = 1.2V$, $R = 440k\Omega$ (b) $W_2 = 10\mu m$, $W_5 = 20\mu m$

[풀이 12.9]

(a) $I_{REF} = I_{D1} = \dfrac{1}{2} k_n' \left(\dfrac{W}{L}\right)\left(V_{GS1} - V_{Tn}\right)^2$

$0.02 = \dfrac{1}{2} \times 0.2 \times 5 \times \left(V_{GS1} - 1\right)^2$

$\left(V_{GS1} - 1\right)^2 = 0.04$

$V_{GS1} = 1 + 0.2 = 1.2[V]$

$R = \dfrac{V_{DD} - \left(V_{GS1} - V_{SS}\right)}{I_{REF}} = \dfrac{5V - 1.2V + 5V}{0.02mA} = 440k\Omega$

(b) $\left(W/L\right)_2 = \left(W/L\right)_2 \dfrac{I_2}{I_{REF}} = 5 \times \dfrac{40\mu A}{20\mu A} = 10$

$W_2 = 10L = 10 \times 1\mu m = 10\mu m$

$\left(W/L\right)_3 = \left(W/L\right)_1 \dfrac{I_3}{I_{REF}} = 5 \times \dfrac{20\mu A}{20\mu A} = 5$

$W_3 = 5L = 5 \times 1\mu m = 5\mu m$

$I_4 = I_3 = 20\mu A$ 이므로

$\left(W/L\right)_5 = \left(W/L\right)_4 \dfrac{I_5}{I_4} = 5 \times \dfrac{80\mu A}{20\mu A} = 20$

$W_5 = 20L = 20 \times 1\mu m = 20\mu m$

[해답 12.10]	$A_v = 134[V/V]$

[풀이 12.10]

$$r_{o2} = \frac{V_{An}}{I_{SS}/2} = \frac{30V}{0.5mA} = 60k\Omega$$

$$r_{o4} = \frac{V_{Ap}}{I_{SS}/2} = \frac{30V}{0.5mA} = 60k\Omega$$

$$g_m = g_{m1} = \sqrt{2\left(k'_n \frac{W}{L}\right)\left(\frac{I_{SS}}{2}\right)} = \sqrt{2 \times (0.4mA/V^2 \times 50) \times 0.5mA} = 4.47mA/V$$

식(12.67)로부터

$$A_v = \frac{v_o}{v_d} = g_m(r_{o2}\|r_{o4}) = (4.47mA/V)(30k\Omega) = 134[V/V]$$

제 13 장 연습문제 풀이

[해답 13.1]	(a) $\beta = \dfrac{R_A}{R_A + R_F}$, (b) $\dfrac{R_F}{R_A} = 19$, (c) $A_f = 19.9$

[풀이 13.1]

(a) 정의식으로부터 귀환율은 다음과 같이 구해진다

$$\beta \equiv \frac{v_f}{v_o} = \frac{R_A}{R_A + R_F}$$

(b) 식(13.4)로부터 폐루프 이득 $A_f = 20$이 되는 조건을 구하면 다음과 같다.

$$A_f = \frac{A}{1+\beta A} = \frac{A}{1+\dfrac{AR_A}{R_A+R_F}} = \frac{10^4}{1+\dfrac{10^4 R_A}{R_A+R_F}} = 20$$

$$\rightarrow \frac{10^4}{20} - 1 = \frac{10^4}{1+\dfrac{R_F}{R_A}} \rightarrow 1+\frac{R_F}{R_A} = \frac{10^4}{\dfrac{10^4}{20}-1} \approx 20$$

$$\therefore \frac{R_F}{R_A} = 19$$

(c) 윗식으로부터

$$A_f = \cfrac{A}{1 + \cfrac{AR_A}{R_A + R_F}} = \cfrac{A}{1 + \cfrac{A}{1 + \cfrac{R_F}{R_A}}} \Bigg|_{\substack{A = 5 \times 10^3 \\ \frac{R_F}{R_A} = 19}} = \cfrac{5 \times 10^3}{1 + \cfrac{5 \times 10^3}{20}} = 19.9$$

| **[해답 13.2]** | $f_{Hf} = 200 KHz$ |

[풀이 13.2]

식(13.11)로부터

$$A_o \omega_H = 2\pi \times 400 \times 10^5 = A_{of} \omega_{Hf} = 2 \times 10^2 \times 2\pi \times f_{Hf}$$

$$\rightarrow f_{Hf} = \frac{2\pi \times 400 \times 10^5}{2 \times 10^2 \times 2\pi} = 200 \times 10^3 = 200 KHz$$

| **[해답 13.3]** | 귀환이 있을 때의 이득변화율은 귀환이 없을 때의 이득변화율에 비해 47.6%만큼 감소함. |

[풀이 13.3]

귀환이 없을 때의 이득변화율은 다음과 같다.

$$\frac{dA}{A} = \frac{400 - 200}{400} = 0.5 \rightarrow 50\%$$

귀환이 있을 때의 이득변화율은 식(13.7)로부터 다음과 같이 구해진다.

$$\frac{dA_f}{A_f} = \frac{1}{(1 + \beta A)} \frac{dA}{A} = \frac{1}{(1 + 0.05 \times 400)} 0.5 = 0.024 \rightarrow 2.4\%$$

따라서, 귀환이 있을 때의 이득변화율은 귀환이 없을 때의 이득변화율에 비해
47.6%(=50-2.4)만큼 감소했다.

| **[해답 13.4]** | (a) (등가회로→풀이 참조), $A = A_V = 9.4$, $R_i = 1.05 K\Omega$, $R_o = 0.99 K\Omega$ |
| | (b) $A_{Vf} = 0.9$, $R_{if} = 10.92$, $R_{of} = 95.2\Omega$, $\beta = 1$ |

[풀이 13.4]

(a) 그림 P13.4 의 회로에서 출력 단자를 단락 시켰을 때 신호가 귀환 되지 않으므로 병렬로
연결되어 전압이 귀환 되고 있다. 한편, 입력 단자를 단락 시켰을 때 귀환 신호가
입력되므로 직렬로 연결되어 전압이 귀환 되고 있다. 따라서 직렬-병렬 귀환 형태의
회로이다. 우선, 그림 P13.4 의 교류 등가 회로를 구하면 다음과 같다.

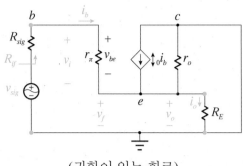

(귀환이 있는 회로)

위의 회로로부터 귀환이 없는 회로를 구하면, 직렬-병렬 귀환 형태이므로 출력 단자를 단락 시킨 상태에서 입력 등가회로를 구하고, 입력 단자를 개방 시킨 상태에서 출력 등가회로를 구하면 된다. 아래 회로는 이와 같은 방법으로 구해진 귀환이 없는 회로이다.

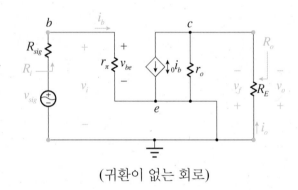

(귀환이 없는 회로)

귀환이 없는 교류 등가회로로부터 이득(A), 입력저항(R_i) 및 출력저항(R_o)을 구하면 다음과 같다. 직렬-병렬 귀환 형태는 전압증폭기가 되므로 이득(A)은 전압이득(A_v)이 된다.

$$A = A_V = \frac{v_o}{v_{sig}} = \frac{\beta_o i_b (r_o /\!/ R_E)}{(R_{sig} + r_\pi) i_b} = \frac{g_m r_\pi (r_o /\!/ R_E)}{(R_{sig} + r_\pi)} = \frac{10 \times 10^{-3} \times 1 \times 10^3 (100K /\!/ 1K)}{(50 + 1 \times 10^3)} = 9.4$$

$$R_i = \frac{v_i}{i_b} = R_{sig} + r_\pi = 1.05K\Omega$$

$$R_o = \frac{v_o}{i_o} = r_o /\!/ R_E = 0.99K\Omega$$

(b) 귀환율(β), 귀환이 있을 때의 전압이득(A_{vf}), 입력저항(R_{if}) 및 출력저항(R_{of})을 구하면 다음과 같다.

$$\beta = \frac{v_f}{v_o} = 1$$

식(13.13)으로부터

$$A_{Vf} = \frac{A_V}{1+\beta A_V} = \frac{\dfrac{\beta_o(r_o//R_E)}{(R_{sig}+r_\pi)}}{1+\dfrac{\beta_o(r_o//R_E)}{(R_{sig}+r_\pi)}} = \frac{\beta_o(r_o//R_E)}{R_{sig}+r_\pi+\beta_o(r_o//R_E)} = 0.9$$

식(13.14)로부터

$$R_{if} = R_i(1+\beta A_v) = (R_{sig}+r_\pi)(1+\frac{\beta_o(r_o//R_E)}{(R_{sig}+r_\pi)}) = R_{sig}+r_\pi+\beta_o(r_o//R_E) = 10.92$$

식(13.17)로부터

$$R_{of} = \frac{R_o}{1+\beta A_v} = \frac{r_o//R_E}{1+\dfrac{\beta_o(r_o//R_E)}{(R_{sig}+r_\pi)}} = 95.2\Omega$$

[해답 13.5]	(a) (등가회로→풀이 참조), $A=A_V=9.5\times10^4$, $R_i=209.1K\Omega$, $R_o=0.498K\Omega$
	(b) $A_{Vf}=11.1$, $R_{if}=1,787.8M\Omega$, $R_{of}=58m\Omega$, $\beta=0.09$

[풀이 13.5]

(a) 그림 P13.5 는 직렬-병렬 귀환 형태이므로 전압이득 증폭기가 되어 이득(A)은 전압이득(A_v)이 된다. 그림 P13.5 회로에 대한 귀환이 없는 등가회로를 구하면 다음과 같다.

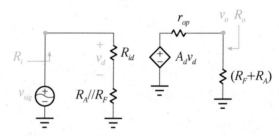

(그림 P13.5 회로에 대한 귀환이 없는 등가회로)

귀환이 없는 교류 등가회로로부터 이득($A=A_v$), 입력저항(R_i) 및 출력저항(R_o)을 구하면 다음과 같다.

$$A=A_V = \frac{v_o}{v_{sig}} = \frac{\dfrac{A_d v_d \dfrac{R_F+R_A}{r_{op}+R_F+R_A}}{v_{sig}}}{\Bigg|_{v_d=v_{sig}\frac{R_{id}}{R_{id}+R_F//R_A}}} = A_d \frac{R_{id}}{R_{id}+R_F//R_A}\frac{R_F+R_A}{r_{op}+R_F+R_A}$$

$$= 10^5 \frac{200K}{200K+9.1K}\frac{100K+10K}{0.5K+100K+10K} = 10^5 \frac{200K}{209.1K}\frac{110K}{110.5K} = 9.5\times10^4$$

$$R_i = R_{id} + R_F // R_A = 209.1K\Omega$$

$$R_o = r_{op} // (R_F + R_A) = 0.498K\Omega$$

(b) 귀환율(β), 귀환이 있을 때의 전압이득(A_{vf}), 입력저항(R_{if}) 및 출력저항(R_{of})을 구하면 다음과 같다.

$$\beta = \frac{v_f}{v_o} = \frac{R_A}{R_F + R_A} = 0.09$$

식(13.13)으로부터

$$A_{Vf} = \frac{A_V}{1 + \beta A_V} = \frac{9.5 \times 10^4}{1 + 0.09 \times 9.5 \times 10^4} = \frac{9.5 \times 10^4}{0.855 \times 10^4} = 11.1$$

식(13.14)로부터

$$R_{if} = R_i(1 + \beta A_v) = 209.1 \times 10^3 \times 0.855 \times 10^4 = 1,787.8M\Omega$$

식(13.17)로부터

$$R_{of} = \frac{R_o}{1 + \beta A_v} = \frac{0.498 \times 10^3}{0.855 \times 10^4} = 58m\Omega$$

[해답 13.6] (a) (등가회로→풀이 참조), $A = G_m = 8.6 \times 10^{-3} A/V$, $R_i = 2.05K\Omega$, $R_o = 111K\Omega$

(b) $G_{mf} = 0.9$, $R_{if} = 19.7K\Omega$, $R_{of} = 1.09M\Omega$, $\beta = 10^3$

[풀이 13.6]

(a) 그림 P13.6은 직렬-직렬 귀환 형태이므로 전달컨덕턴스 증폭기가 되어 이득(A)은 전달 컨덕턴스(G_m)가 된다. 그림 P13.7의 귀환이 없는 등가회로를 구하면 다음과 같다.

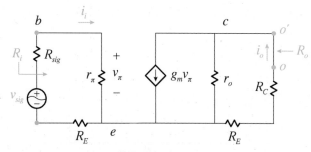

(그림 P13.6 회로에 대한 귀환이 없는 등가회로)

귀환이 없는 교류 등가회로로부터 이득($A=G_m$), 입력저항(R_i) 및 출력저항(R_o)을 구하면 다음과 같다. 직렬-병렬 귀환 형태는 전압증폭기가 되므로 이득(A)은 전압이득(A_v)이 된다.

$$A = G_m = \frac{i_o}{v_{sig}} = \frac{g_m v_\pi \dfrac{r_o}{r_o + R_C + R_E}}{(R_{sig} + r_\pi)i_b} = \frac{\dfrac{g_m r_\pi r_o}{r_o + R_C + R_E}}{R_{sig} + r_\pi} = 8.6 \times 10^{-3}\,\text{A/V}$$

$$R_i = R_{sig} + r_\pi + R_E = 0.05\text{K} + 1\text{K} + 1\text{K} = 2.05\text{K}\Omega$$

$$R_o = r_o + R_C + R_E = 100\text{K} + 10\text{K} + 1\text{K} = 111\text{K}\Omega$$

(b) 귀환율(β), 귀환이 있을 때의 전압이득(A_{vf}), 입력저항(R_{if}) 및 출력저항(R_{of})을 구하면 다음과 같다.

$$\beta = \frac{v_f}{i_o} = \frac{R_E i_o}{i_o} = R_E = 10^3$$

식(13.18)으로부터

$$G_{mf} = \frac{G_m}{1 + \beta G_m} = \frac{8.6 \times 10^{-3}}{1 + 10^3 \times 8.6 \times 10^{-3}} = 0.9$$

식(13.19)로부터

$$R_{if} = R_i(1 + \beta G_m) = 2.05\text{K}(1 + 10^3 \times 8.6 \times 10^{-3}) = 19.7\text{K}\Omega$$

식(13.22)로부터

$$R_{of} = R_o(1 + \beta G_m) = 111\text{K}(1 + 10^3 \times 8.6 \times 10^{-3}) = 1.09\text{M}\Omega$$

[해답 13.7]
(a) (등가회로→풀이 참조), $A = Z_m = -48.8\text{K}\Omega$, $R_i = 2\text{K}\Omega$, $R_o = 2.44\text{K}\Omega$

(b) $\beta = -0.2 \times 10^{-3}\,\text{A/V}$, $Z_{mf} = -4.5\text{K}\Omega$, $R_{if} = 0.29\text{K}\Omega$, $R_{of} = 0.23\text{K}\Omega$

[풀이 13.7]

(a) 그림 P13.7 은 병렬-병렬 귀환 형태이므로 전달임피던스 증폭기가 되어 이득(A)은 전달 임피던스 이득(Z_m)이 된다. 그림 P13.7 의 귀환이 없는 등가회로를 구하면 다음과 같다.

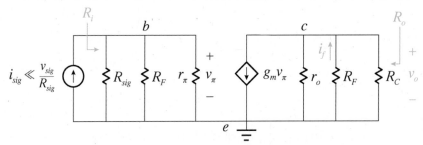

(그림 P13.7 회로에 대한 귀환이 없는 등가회로)

귀환이 없는 교류 등가회로로부터 이득($A=Z_m$), 입력저항(R_i) 및 출력저항(R_o)을 구하면 다음과 같다.

$$Z_m = \frac{v_o}{i_{sig}} = \frac{-g_m v_\pi (r_o // R_F // R_C)}{\dfrac{v_\pi}{R_{sig} // R_F // r_\pi}} = \frac{-g_m (r_o // R_F // R_C)}{\dfrac{1}{R_{sig} // R_F // r_\pi}} = -\frac{10 \times 10^{-3} \times 2.44K}{\dfrac{1}{2K}}$$

$$= -48.8 \times 10^3 = -48.8K\Omega$$

$$R_i = R_{sig} // R_F // r_\pi = 10K + 5K + 5K = 2K\Omega$$

$$R_o = r_o // R_F // R_C = 100K // 5K // 5K = 2.44K\Omega$$

(b) 귀환율(β), 귀환이 있을 때의 전압이득(A_{vf}), 입력저항(R_{if}) 및 출력저항(R_{of})을 구하면 다음과 같다.

귀환율(β)은 그림 P13.7 회로에 대한 귀환이 없는 등가회로로부터 다음과 같이 구해진다.

$$\beta = \frac{i_f}{v_o} = \frac{g_m v_\pi \dfrac{r_o // R_C}{r_o // R_C + R_F}}{-g_m v_\pi (r_o // R_F // R_C)} = -\frac{\dfrac{r_o // R_C}{r_o // R_C + R_F}}{r_o // R_F // R_C} = -\frac{\dfrac{4.8K}{4.8K + 5K}}{2.44K} = -0.2 \times 10^{-3} A/V$$

식(13.23)으로부터

$$Z_{mf} = \frac{Z_m}{1 + \beta Z_m} = \frac{-48.8 \times 10^3}{1 + (-0.2 \times 10^{-3} \times -48.8 \times 10^3)} = \frac{-48.8 \times 10^3}{1 + 9.76} = -4.5 \times 10^3 = -4.5K\Omega$$

식(13.24)로부터

$$R_{if} = \frac{R_i}{1 + \beta Z_m} = \frac{2K}{10.76} = 0.29K\Omega$$

식(13.25)로부터

$$R_{of} = \frac{R_o}{1 + \beta Z_m} = \frac{2.44K}{10.76} = 0.23K\Omega$$

[해답 13.8]	$A_{vf} = 294$

[풀이 13.8]

예제 13.8 에서 $A_f = i_o / i_{sig} = -98$, $R_{sig} = 1K\Omega$ 이고 $R_D = 3K\Omega$ 이다. 한편, 귀환 회로의 전압 이득(A_{vf})는 다음과 같이 표현된다.

$$A_{vf} = \frac{v_o}{v_{sig}} = \frac{-R_D i_o}{R_{sig} i_{sig}} = -\frac{R_D}{R_{sig}} A_f = -\frac{3K}{1K}(-98) = 294$$

제 14 장 연습문제 풀이

[해답 14.1]	$A_f = \dfrac{-R_F/R_A}{1+(1+R_F/R_A)/A_o}$

[풀이 14.1]

연산증폭기의 개방루프이득(A_o)은 유한하나 나머지 특성은 이상적인 연산 증폭기와 같다고 하였으므로 연산증폭기의 출력저항은 0Ω 이므로 출력단자에 연결된 부하저항 R_L 에 의해 이득이 영향을 받지는 않는다. 따라서 식(14.11)로부터 폐루프 이득($A_f=v_O/v_I$)은 다음과 같이 구해진다.

$$A_f \equiv \frac{v_O}{v_I} = \frac{-R_F/R_A}{1+(1+R_F/R_A)/A_o}$$

[해답 14.2]	풀이 참조

[풀이 14.2]

$$GPB = G \times BW = 10^6 [Hz]$$

$BW \geq 30kHz$ 이면

$$G = \frac{GPB}{BW} \leq \frac{10^6 Hz}{30kHz} = 33.3[V/V]$$

따라서 $BW \geq 30kHz$ 조건을 충족하면서 전압이득이 500 이 되게 하려면 연산증폭기를 2 단 사용해야 한다. 첫 번째 단의 이득을 G_1 이라 하고 두 번째 단의 이득을 G_2 라 하면 $G_1, G_2 \leq 33.3[V/V]$ 이면서 전체 전압이득 $G_1 \times G_2 = 500$ 을 충족시키되 G_1 과 G_2 값의 값아 같도록 하는 것이 최대 대역폭을 얻는데 유리하다. 그러나 $G_1 = G_2 = \sqrt{500} = 22.36$ 로 할 경우 이득 값이 정수가 아니므로 설계하기 불편하다. 따라서 일반적으로 G_1 과 G_2 값의 값이 정수이면서 가능한 한 비슷한 값이 되도록 설정한다. 따라서, 지금의 경우 $|G_1| = 20$, $|G_2| = 25$ 로 선택하는 것이 최적이다.

입력저항이 $10k\Omega$ 이 되게 하려면 첫 번째 단에는 반전증폭기를 사용해야 하므로 결국 $G_1 = -20$ 과 $G_1 = -25$ 이 되도록 회로를 구현해야 한다. 바이어스 밸런스까지 고려하여 설계된 회로는 아래와 같다.

첫째 단의 경우, $BW = \dfrac{GPB}{|G_1|} = \dfrac{10^6 Hz}{20} = 50kHz \geq 30kHz$ 이고

둘째 단의 경우, $BW = \dfrac{GPB}{|G_2|} = \dfrac{10^6\,Hz}{25} = 40kHz \geq 30kHz$ 이므로

$BW \geq 30kHz$ 조건도 충족된다.

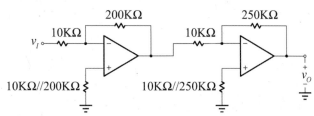

| **[해답 14.3]** | 풀이 참조 |

[풀이 14.3]

$GPB = G \times BW = 10^6\,[Hz]$

$BW \geq 20kHz$ 이면

$G = \dfrac{GPB}{BW} \leq \dfrac{10^6\,Hz}{20kHz} = 50\,[V/V]$

따라서 $BW \geq 20kHz$ 조건을 충족하면서 전압이득이 −400 이 되게 하려면 연산증폭기를 2 단 사용해야 한다. 첫 번째 단의 이득을 G_1 이라 하고 두 번째 단의 이득을 G_2 라 하면 $G_1, G_2 \leq 50\,[V/V]$ 이면서 전체 전압이득 $G_1 \times G_2 = -400$ 을 충족시키는 G_1 과 G_2 값은 각 단의 이득을 균등하게 분산시켜 $|G_1| = 20$, $|G_2| = 20$ 를 선택하기로 한다. 입력저항이 $2M\Omega$ 이상이 되게 하려면 첫 번째 단에는 비반전증폭기를 사용해야 하므로 결국 $G_1 = 20$ 과 $G_1 = -20$ 이 되도록 회로를 구현해야 한다. 바이어스 밸런스까지 고려하여 설계된 회로는 아래와 같다.

첫째 단의 경우, $BW = \dfrac{GPB}{|G_1|} = \dfrac{10^6\,Hz}{20} = 50kHz \geq 20kHz$ 이고

둘째 단의 경우, $BW = \dfrac{GPB}{|G_2|} = \dfrac{10^6\,Hz}{20} = 50kHz \geq 20kHz$ 이므로

$BW \geq 20kHz$ 조건도 충족된다.

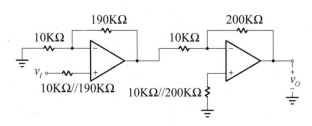

[해답 14.4] (a) $V_p = 3.18V$, (b) $f_p = 21.2kHz$

[풀이 14.4]

(a) $V_p = \dfrac{SR}{2\pi f_p} = \dfrac{2V/\mu s}{2\pi \times 100kHz} = 3.18V$

(b) $f_p = \dfrac{SR}{2\pi V_p} = \dfrac{2V/\mu s}{2\pi \times 15V} = 21.2kHz$

[해답 14.5] 풀이 참조

[풀이 14.5]

중첩의 원리를 이용하면

$$v_+ = V_{REF} \times \frac{R_2}{R_1 + R_2} + v_I \times \frac{R_1}{R_1 + R_2}$$

$v_+ = v_- = 0V$ 를 경계로 출력전압의 값이 전환되는데 이때의 v_I값을 $V_{REF}{}'$이라 한다면 위의 식으로부터

$$V_{REF}{}' = -\frac{R_2}{R_1} V_{REF}$$

따라서 이 문제에서 주어진 회로를 이용하면 **원래 사용된 V_{REF}와 크기와 부호가 다른 비교 기준전압을 얻을 수 있다.** 또한 비교기의 v_-단자에 $R_1 \| R_2$을 연결함으로써 바이어스 밸런스도 이루어지도록 하였다. $V_{REF} > 0$ 이라 가정하면 $v_I > 0$일 때 $v_+ > 0$인 것을 감안하여 전달특성 곡선을 구하면 다음과 같다. 이 전달특성 곡선으로부터 그림 14.12 의 비교기가 반전 전달특성을 보임에 비하여 이 문제에서 주어진 회로는 **비반전 전달특성**도 보이고 있다는 사실도 알 수 있다.

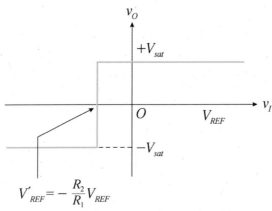

[해답 14.6] 풀이 참조

[풀이 14.6]

v_I가 충분히 커서 $v_O < 0$이라 한다면 위에 있는 다이오드(D_1)에는 순방향 바이어스(ON), 아래에 있는 다이오드(D_2)에는 역방향 바이어스(OFF)가 걸려 회로는 다음과 같이 단순화 시킬 수가 있다. ($R_3 + R_4$의 부하는 정상 동작 범위 내에서 이득에 영향을 주지 않으므로 생략하기로 한다)

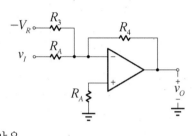

따라서 이때 얻어지는 출력전압은

$$v_O = -R_2 \left(\frac{v_I}{R_A} + \frac{V_R}{R_1} \right)$$

v_I를 감소시키다 보면 $v_I < -\dfrac{R_A}{R_1}V_R$이 되는 순간 $v_O > 0$이 되면서 다이오드의 바이어스 상태는 반전된다. 즉, $D_1 = OFF$, $D_2 = ON$이 된다. 이때 문제의 회로는 다음과 같이 단순화 시킬 수가 있다. ($R_1 + R_2$의 부하는 정상 동작 범위 내에서 이득에 영향을 주지 않으므로 생략하기로 한다)

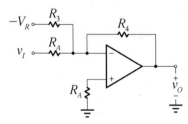

따라서 이때 얻어지는 출력전압은

$$v_O = -R_4 \left(\frac{v_I}{R_A} - \frac{V_R}{R_3} \right)$$

반대로 v_I를 증가시키다 보면 $v_I > +\dfrac{R_A}{R_3}V_R$이 되는 순간 다시 $v_O < 0$이 되면서 다이오드의 바이어스 상태는 반전된다. 즉, $D_1 = ON$, $D_2 = OFF$이 된다.

위의 결과와 함께 종합적으로 그리면 다음과 같은 전달특성을 얻게 된다.

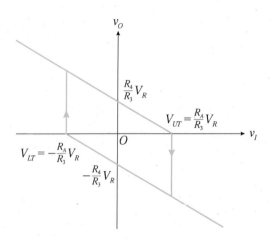

그림 14.14 의 슈미트 트리거와 비교하면 **출력전압 v_O 가 토글된 후에 일정한 값을 갖지 않고** **입력전압 v_I 에 대한 일차함수 형태**를 띤다.

[해답 14.7] 풀이 참조

[풀이 14.7]

전달특성 곡선을 그리면 아래 그림과 같다. 그림 14.12 의 비교기는 입력전압이 기준값보다 큰지 또는 작은지 여부를 감지하는 반면 이 문제의 창 비교기는 **입력전압이 기준범위 내에** **있는지 여부를 감지**하는 특성을 보인다.

[해답 14.8] 풀이 참조

[풀이 14.8]

i) v_I 가 충분히 커서 $v_O = +V_{sat}$ 이라고 하면 중첩의 원리에 의해

$$v_+ = \frac{R_2}{R_1 + R_2} v_I + \frac{R_1}{R_1 + R_2} V_{sat} \text{------①}$$

따라서 v_I 를 감소시키다 보면 $v_+ = 0$ 이 되는 순간 $v_O = -V_{sat}$ 로 반전된다.

따라서 식 ①에서 $v_+ = 0$ 이 되게 하는 v_I 의 값이 하위 경계전압 V_{LT} 이다.

즉, $V_{LT} = -\dfrac{R_1}{R_2}V_{sat}$

ii) v_I 가 충분히 작아서 $v_O = -V_{sat}$ 이라고 하면 중첩의 원리에 의해

$$v_+ = \frac{R_2}{R_1 + R_2}v_I + \frac{R_1}{R_1 + R_2}\left(-V_{sat}\right) \quad \text{------②}$$

따라서 v_I 를 증가시키다 보면 $v_+ = 0$ 이 되는 순간 $v_O = +V_{sat}$ 로 반전된다.

따라서 식 ②에서 $v_+ = 0$ 이 되게 하는 v_I 의 값이 상위 경계전압 V_{UT} 이다.

즉, $V_{UT} = +\dfrac{R_1}{R_2}V_{sat}$

i)과 ii)의 결과를 종합하여 전달특성 곡선을 그리면 아래 그림과 같다. 그림 14.14 의 슈미트 트리거와 달리 **비반전 전달특성**을 보인다.

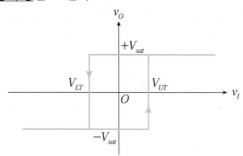

<hr>

[해답 14.9] 풀이 참조

[풀이 14.9]

i) v_I 가 충분히 작아서 $v_O = +V_{sat}$ 이라고 하면 중첩의 원리에 의해

$$v_+ = \frac{R_2}{R_1 + R_2}V_R + \frac{R_1}{R_1 + R_2}V_{sat} \quad \text{------①}$$

따라서 v_I 를 증가시키다 보면 $v_I > v_+$ 이 되는 순간 $v_O = -V_{sat}$ 로 반전된다.

따라서 식 ①에서 주어진 v_+ 의 값이 상위 경계전압 V_{UT} 이다.

즉, $V_{UT} = \dfrac{R_2}{R_1 + R_2}V_R + \dfrac{R_1}{R_1 + R_2}V_{sat}$

ii) v_I 가 충분히 커서 $v_O = -V_{sat}$ 이라고 하면 중첩의 원리에 의해

$$v_+ = \frac{R_2}{R_1 + R_2}V_R + \frac{R_1}{R_1 + R_2}\left(-V_{sat}\right) \quad \text{------②}$$

따라서 v_I를 감소시키다 보면 $v_I < v_+$ 이 되는 순간 $v_O = +V_{sat}$로 반전된다.

따라서 식 ②에서 주어진 v_+의 값이 하위 경계전압 V_{LT}이다.

즉, $V_{LT} = \dfrac{R_2}{R_1 + R_2} V_R + \dfrac{R_1}{R_1 + R_2}(-V_{sat})$

i)과 ii)의 결과를 종합하여 전달특성 곡선을 그리면 아래 그림과 같다. 그림 14.14 의 슈미트 트리거와 달리 **히스테리시스 대칭의 중심이** $\dfrac{R_2}{R_1 + R_2} V_R$ **만큼 수평이동**하였다.

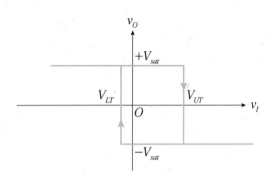

| [해답 14.10] | 풀이 참조 |

[풀이 14.10]

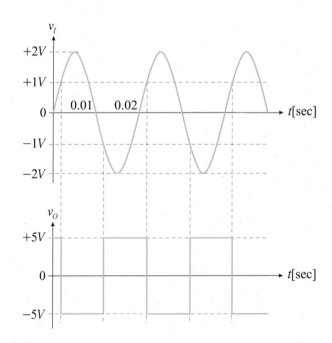

제 15 장 연습문제 풀이

[해답 15.1] $C = 8.67\text{nF}$, $R_F = 290\text{K}\Omega$

[풀이 15.1]

식(15.5)로부터

$$f_o = \frac{1}{2\pi\sqrt{6}RC} \rightarrow C = \frac{1}{2\pi\sqrt{6}Rf_o} = \frac{1}{2\pi\sqrt{6}\times 3\times 10^3 \times 2.5\times 10^3} = 8.67\times 10^{-9} = 8.67\text{nF}$$

식(15.6)과 식(15.7)로부터 이득 A=-29 가 되어야 하므로

$$A = -\frac{R_F}{R_A} = -29 \rightarrow R_F = 29R_A = 29\times 10\times 10^3 = 290\text{K}\Omega$$

[해답 15.2] $C = 15.9\text{nF}$ $R_A = 40\text{K}\Omega$

[풀이 15.2]

식(15.10)으로부터

$$f_o = \frac{1}{2\pi RC} \rightarrow C = \frac{1}{2\pi Rf_o} = \frac{1}{2\pi\times 2\times 10^3 \times 5\times 10^3} = 15.9\times 10^{-9} = 15.9\text{nF}$$

식(15.11)과 식(15.12)로부터 이득 A=3 이 되어야 하므로

$$A = 1 + \frac{R_F}{R_A} = 3 \rightarrow R_A = \frac{R_F}{2} = \frac{80\times 10^3}{2} = 40\times 10^3 = 40\text{K}\Omega$$

[해답 15.3] $f_o = 6.89\text{MHz}$, $R_L = 11\Omega$

[풀이 15.3]

식(15.22)로부터

$$f_o = \frac{1}{2\pi}\sqrt{\frac{C_1 + C_2}{LC_1C_2}} = \frac{1}{2\pi}\sqrt{\frac{80\times 10^{-12} + 40\times 10^{-12}}{20\times 10^{-6}\times 80\times 10^{-12}\times 40\times 10^{-12}}} = \frac{1}{2\pi}\sqrt{\frac{120\times 10^{-12}}{6.4\times 10^{-26}}}$$

$$= 6.89\times 10^6 = 6.89\text{MHz}$$

그림 P15.3 의 직류등가회로를 구하면 다음과 같다.

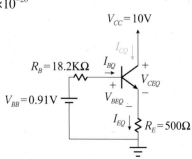

직류등가회로로부터

$$I_{BQ} = \frac{V_{BB} - V_{BEQ}}{R_B + (\beta+1)R_E} = \frac{1.67 - 0.7}{34.8 \times 10^3 + 101 \times 500} = 11.4 \times 10^{-6} = 11.4\mu A$$

$$I_{CQ} = \beta I_{BQ} = 100 \times 11.4 \times 10^{-6} = 1.14mA$$

식(6.7)과 식(6.8)로부터

$$r_\pi = \beta \frac{V_t}{I_{CQ}} = 100 \frac{25 \times 10^{-3}}{1.14 \times 10^{-3}} = 2.2 K\Omega$$

따라서, 그림 P15.3 에서 귀환루프가 끊어진 CE 증폭기 부분의 교류 등가 회로는 다음과 같다.

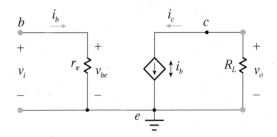

CE 증폭기의 전압 이득을 구하면

$$A_v \equiv \frac{v_o}{v_i} = \frac{-\beta i_b R_L}{i_b r_\pi} = -\frac{\beta R_L}{r_\pi}$$

식(15.21)로부터 발진에 필요한 이득 $A_v = -C_2/C_1$ 가 되므로

$$-\frac{\beta R_L}{r_\pi} = -\frac{C_2}{C_1} \rightarrow R_L = \frac{r_\pi C_2}{\beta C_1} = \frac{2.2 \times 10^3 \times 40 \times 10^{-12}}{100 \times 80 \times 10^{-12}} = 11\Omega$$

[해답 15.4] $f_o = 69MHz$, $R_L = 500\Omega$

[풀이 15.4]

식(15.24)로부터

$$f_o = \frac{1}{2\pi} \sqrt{\frac{1}{C(L_1 + L_2)}} = \frac{1}{2\pi} \sqrt{\frac{1}{220 \times 10^{-12}(4+20) \times 10^{-9}}} = 69 \times 10^6 = 69MHz$$

그림 P15.4 의 직류등가회로를 구하면 다음과 같다.

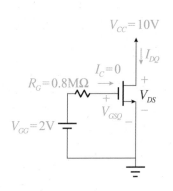

직류등가회로에서 MOSFE 의 드레인 전류를 구하면 식(9.10b)로부터

$$I_{DQ} = \frac{1}{2}k_n^{'}(\frac{W}{L})(V_{GS} - V_T)^2 = \frac{1}{2}0.1 \times 10^{-3} \times 10(2-1)^2 = 5mA$$

$$V_{GSQ} = V_{GG} = 2V$$

또한, 식(10.4c)로부터

$$g_m = \frac{2I_{DQ}}{(V_{GSQ} - V_T)} = \frac{2 \times 5 \times 10^3}{(2-1)} = 10mA/V$$

그림 P15.4 에서 귀환루프가 끊어진 CS 증폭기 부분의 교류 등가 회로는 다음과 같다.

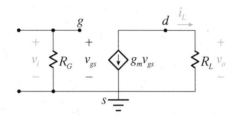

$$A_V \equiv \frac{g_m}{v_i} = -\frac{g_m v_{gs} R_L}{v_i} = -\frac{g_m v_i R_L}{v_i} = -g_m R_L = -10 \times 10^{-3} R_L$$

바르크하우젠 발진기준을 만족시키기 위하여 식(15.24)로부터 전압이득은 $A_v = -L_1/L_2$ 가 되어야하므로

$$A_V = -g_m R_L = -10 \times 10^{-3} R_L = -\frac{L_1}{L_2} = -\frac{20nH}{4nH} = -5$$

$$\rightarrow R_L = 500\Omega$$

[해답 15.5] 발진주파수(f_o)는 2.250791MHz~2.252197MHz의 범위 내에 있다.

[풀이 15.5]

식(15.27)로부터 직렬 공진 주파수 f_s는

$$f_S = \frac{1}{2\pi}\frac{1}{\sqrt{LC_s}} = \frac{1}{2\pi}\sqrt{\frac{1}{0.5 \times 0.01 \times 10^{-12}}} = 2.250791MHz$$

식(15.28)로부터 병렬 공진 주파수 f_p는

$$f_P = \frac{1}{2\pi}\frac{1}{\sqrt{L(\frac{C_sC_P}{C_s+C_P})}} = \frac{1}{2\pi}\frac{1}{\sqrt{0.5 \times (\frac{0.01 \times 10^{-12} \times 8 \times 10^{-12}}{0.01 \times 10^{-12} + 8 \times 10^{-12}})}} = 2.252197MHz$$

따라서, 발진주파수(f_o)는 2.250791MHz~2.252197MHz의 범위 내에 있다.

[해답 15.6] 풀이 참조.

[풀이 15.6]

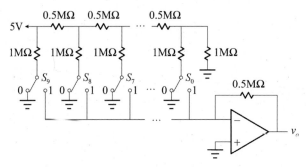

변환 해상도는 식(15.36)으로부터

$$변환해상도 = \frac{V_{REF}}{2^N} = \frac{5V}{2^{10}} = 4.88mV$$

[해답 15.7] 풀이 참조

[풀이 15.7]

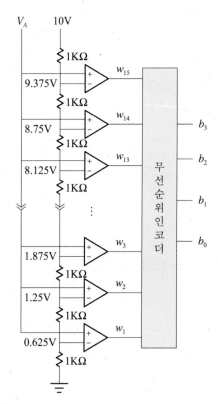

$$비교기수 = 2^N - 1 = 2^4 - 1 = 15개$$

[해답 15.8] $C = 4.55mF$

[풀이 15.8]

식(15.44)로부터 차단 주파수 f_c는

$$f_c = \frac{1}{2\pi RC} \rightarrow C = \frac{1}{2\pi R f_c} = \frac{1}{2\pi \times 5 \times 10^3 \times 7 \times 10^3} = 4.55 \times 10^{-3} = 4.55mF$$

[해답 15.9] $f_c = 7.58KHz$ 2차 능동 고역통과 필터

[풀이 15.9]

식(15.45)로부터 차단 주파수 f_c는

$$f_c = \frac{1}{2\pi\sqrt{R_1 C_1 R_2 C_2}} \overset{\substack{R_1 = R_2 = R \\ C_1 = C_2 = C}}{=} \frac{1}{2\pi RC} = \frac{1}{2\pi \times 3 \times 10^3 \times 7 \times 10^{-9}} = 7.58 \times 10^3 = 7.58KHz$$

필터타입: 2 차 능동 저역통과 필터

[해답 15.10] $f_c = 1.26KHz$ 2차 능동 고역통과 필터

[풀이 15.10]

식(15.49)로부터 차단 주파수 f_c는

$$f_c = \frac{1}{2\pi\sqrt{R_1 C_1 R_2 C_2}} = \frac{1}{2\pi\sqrt{10 \times 10^3 \times 23 \times 10^{-9} \times 3 \times 10^3 \times 23 \times 10^{-9}}} = 1.26 \times 10^3 = 1.26KHz$$

필터타입: 2 차 능동 고역통과 필터

[해답 15.11] 필터타입은 2차 능동 대역통과 필터이고, 대역폭은 1.06KHz이다.

[풀이 15.11]

2차 능동 저역통과 필터의 차단 주파수 f_{c1}는 식(15.45)로부터 다음과 같이 구해진다.

$$f_{c1} = \frac{1}{2\pi RC} = \frac{1}{2\pi \times 10 \times 10^3 \times 10 \times 10^{-9}} = 1.59 \times 10^3 = 1.59KHz$$

1차 능동 고역통과 필터의 차단 주파수 f_{c2}는 식(15.48)로부터 다음과 같이 구해진다.

$$f_{c2} = \frac{1}{2\pi R_3 C_3} = \frac{1}{2\pi \times 10 \times 10^3 \times 30 \times 10^{-9}} = 0.53 \times 10^3 = 0.53KHz$$

따라서, 필터타입은 2 차 능동 대역통과 필터이고, 대역폭은 다음과 같이 구해진다.

$$BW = f_{c1} - f_{c2} = 1.59KHz - 0.53KHz = 1.06KHz$$

[해답 15.12]	$C_1=C_2=C_H=3.5nF$, $C_3=C_4=C_L=2.9nF$

[풀이 15.12]

첫 단의 고역통과 필터의 차단 주파수 f_{cH}은 식(15.49)로부터 다음과 같이 구해진다.

$$f_{cH} = \frac{1}{2\pi\sqrt{R_1C_1R_2C_2}} = \frac{1}{2\pi RC_H} = \frac{1}{2\pi \times 10 \times 10^3 \times C_H} = \frac{1}{2\pi \times 10^4 \times C_H}$$

둘째 단의 저역통과 필터의 차단 주파수 f_{cL}은 식(15.45)로부터 다음과 같이 구해진다.

$$f_{cL} = \frac{1}{2\pi\sqrt{R_1C_1R_2C_2}} = \frac{1}{2\pi RC_L} = \frac{1}{2\pi \times 10 \times 10^3 \times C_L} = \frac{1}{2\pi \times 10^4 \times C_L}$$

대역저지필터의 중심 주파수 f_r 은 식(15.54)로부터 다음의 관계식을 얻는다.

$$f_r = \sqrt{f_{cH}f_{cL}} = \sqrt{f_{cH}f_{cL}} = \frac{1}{2\pi \times 10^4 \sqrt{C_H C_L}} = 5 \times 10^3$$

$$\rightarrow \sqrt{C_H C_L} = \frac{1}{2\pi \times 10^4 \times 5 \times 10^3} = \frac{10^{-8}}{\pi} \tag{e12.1}$$

한편, 대역저지필터의 대역폭(BW)은 식(15.53)로부터 다음과 같이 구해진다.

$$BW = f_{cH} - f_{cL} = \frac{1}{2\pi \times 10^4 \times C_H} - \frac{1}{2\pi \times 10^4 \times C_L} = \frac{1}{2\pi \times 10^4}(\frac{1}{C_L} - \frac{1}{C_H}) = 10^3$$

$$\rightarrow \frac{1}{C_L} - \frac{1}{C_H} = 2\pi \times 10^7 \tag{e12.2}$$

식(e12.1)과 식(e12.2)를 연립하여 풀면 C_H 와 C_L 은 다음과 같이 구해진다.

$C_1=C_2=C_H=3.5nF$

$C_3=C_4=C_L=2.9nF$

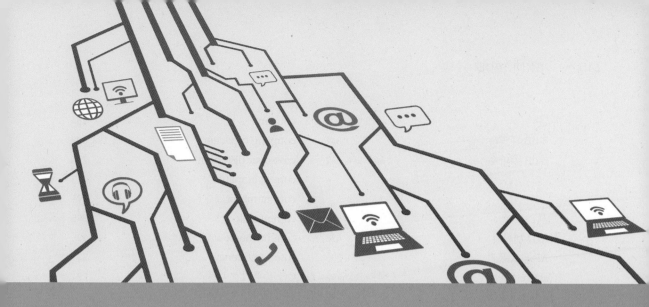

INDEX